U0888268

"十四五"职业教育国家规划教材

可编程控制器应用

（第三版） KEBIANCHENG KONGZHIQI YINGYONG

主　编　张林国　黄金花　徐　刚
副主编　冯　骥　邓　成　武　韡　赵小莲
　　　　宁平华　宋海辉　张树军　汤德荣

新形态教材

中国教育出版传媒集团
高等教育出版社·北京

内容提要

本书是“十四五”职业教育国家规划教材。

本书从 PLC 应用出发，以三菱 FX3U 系列 PLC 为基础，重点介绍可编程控制器的工作原理、基本指令、逻辑指令、功能指令、程序设计及其控制系统的设计方法，既注重知识的理论性和相对系统性，又重视提升学生的专业技能。本书选取 11 个技能训练和 19 个项目，重点强化学生从事本专业工作的基本专业能力、阅读程序能力、简单编程应用能力和岗位技能实践能力等。附录可供应用时查阅，力求实现“教、学、做”一体化。

本书为新形态一体化教材，借助先进技术，丰富内容呈现形式，配套多媒体助学助教资源，助力提高教学质量和教学效率。

本书可作为高等职业院校电气控制类和机电制造类专业及相关专业的教材，也可作为相关行业岗位培训教材或自学用书。

图书在版编目(CIP)数据

可编程控制器应用 / 张林国，黄金花，徐刚主编
. —3 版. —北京：高等教育出版社，2025.1(2025.8 重印)
ISBN 978-7-04-059889-6

Ⅰ. ①可… Ⅱ. ①张… ②黄… ③徐… Ⅲ. ①可编程序控制器 Ⅳ. ①TM571.61

中国国家版本馆 CIP 数据核字(2024)第 048883 号

策划编辑 谢永铭　责任编辑 谢永铭　封面设计 张文豪　责任印制 高忠富

出版发行	高等教育出版社	网　　址	http://www.hep.edu.cn
社　　址	北京市西城区德外大街 4 号		http://www.hep.com.cn
邮政编码	100120	网上订购	http://www.hepmall.com.cn
印　　刷	上海叶大印务发展有限公司		http://www.hepmall.com
开　　本	787mm×1092mm　1/16		http://www.hepmall.cn
印　　张	18.75	版　　次	2014 年 7 月第 1 版
字　　数	433 千字		2025 年 1 月第 3 版
购书热线	010-58581118	印　　次	2025 年 8 月第 2 次印刷
咨询电话	400-810-0598	定　　价	45.00 元

物 料 号　59889-00

配套学习资源及教学服务指南

二维码链接资源

本教材配套微视频、动画、文本等学习资源，在书中以二维码链接形式呈现。使用手机扫描书中的二维码即可查看，随时随地获取学习内容，享受学习新体验。

打开书中附有二维码的页面　　扫描二维码　　查看相应资源

教师教学资源索取

本教材配有与课程相关的教学资源，例如，教学课件、参考答案等。选用教材的教师，可扫描下方二维码，关注微信公众号“高职智能制造教学研究”，点击“教学服务”中的“资源下载”，或在电脑端访问网址（101.35.126.6），注册认证后下载相关资源。

★如您有任何问题，可加入工科类教学研究中心QQ群：240616551。

本书二维码资源列表

所属	页码	类型	说　　明
模块 1	4	图片	Q 系列与 FX3U 系列 PLC 主要性能
	5	文本	国产 PLC 品牌介绍
	5	图片	PLC 应用
	6	文本	软 PLC
	6	图片	PLC 通信连接方式
	8	图片	PLC 结构框图
	9	文本	国产芯片介绍
	10	微视频	双 PLC 连接运行
	17	图片	PLC 的工作原理
	17	图片	用户程序执行过程示意图
	17	图片	循环扫描工作方式
	19	动画	PLC 决定动作的顺序和状态
	20	文本	PLC 的基本功能
	21	动画	称重式料位计
模块 2	38	文本	FX 系列 PLC 的型号
	42	文本	基本指令
	54	图片	微分指令介绍
	55	图片	指令操作
	56	图片	程序与接线对应关系
模块 3	94	微视频	工作台往返运行
	109	文本	逻辑指令
	114	微视频	瞬时输入延时分断
	116	文本	PLC 外设监控与时钟继电器
	116	动画	炼钢过程
	119	文本	PLC 标志继电器
	124	动画	汽车称重
模块 4	131	动画	正反转控制
	131	动画	钻孔运动
	132	动画	继电器延时控制
	133	微视频	闪烁电路
	133	微视频	脉冲发生器
	134	图片	单按钮启停电路
	136	图片	先输入优先电路
	148	动画	红绿灯控制
	152	动画	机械手操作
	155	文本	PLC 步进继电器
模块 5	164	文本	连续运行三相异步电动机
	165	动画	冲孔操作
	169	文本	FX 系列 PLC 型号及功能简介
	170	动画	按钮开关动作
	171	图片	定时器振荡电路
	171	动画	多地控制电路
	173	微视频	电气控制柜安装与布线
	173	图片	电源连接 1
	173	图片	电源连接 2
	174	图片	开关量输入接线
	175	图片	开关量输出接线
	175	动画	手动控制
	177	文本	安全事故案例
项目训练	181	文本	PLC（三菱）实验控制面板
	181	文本	PLC（西门子）实验控制面板

续 表

所属	页码	类型	说　　明
项目训练	183	微视频	其他 PLC 编程软件的安装
	185	微视频	指令输入
	186	微视频	指令参数输入
	187	微视频	程序修改
	187	微视频	程序保存
	188	微视频	程序上传与下载
	189	图片	进入监控方式
	189	微视频	强迫设置与复位
	194	图片	开关量输入接线
	194	图片	开关量输出接线
	215	文本	用 SET、RST 指令控制电动机连续运行
	217	文本	用堆栈指令控制电动机正反转
	219	文本	用主控指令控制电动机星-三角启动
	221	文本	计数电路
	222	文本	用计数器设计一个 5 昼夜计时器
	224	动画	卷帘门自动控制
	224	动画	动作顺序与状态关系

所属	页码	类型	说　　明
项目训练	224	文本	定时步进控制
	225	动画	步进电机工作原理
	228	文本	选择顺序控制
	229	文本	移位指令实验要求
	229	图片	移位指令实验原理
	229	微视频	寄存器数据修改
	231	微视频	三相电动机结构
	231	动画	直流电动机工作原理
	232	动画	星-三角启动控制
	232	微视频	防止电动机频繁启停
	233	微视频	机床头往返运动
	234	文本	单向顺序控制
	234	动画	正反转运行控制
	236	文本	两台电动机延时启动控制
	242	动画	十字路口红绿灯控制
	242	微视频	北斗卫星导航系统
	244	文本	十字路口交通灯并行顺序控制
	252	微视频	物流周转箱全自动整理控制系统

前言

本书是“十四五”职业教育国家规划教材。

可编程控制器(PLC)是一门专业性强、实践性强的应用技术,是高等职业院校电气控制类和机电制造类专业的主干课程。在编写本书之前,编者同相关专家、学者与岗位能手反复探讨交流,在遵循技能型人才成长规律的基础上,多次修改和完善编写大纲,构建了结构合理、专业延续、技能训练与岗位需求相对接的教材体系,按职业标准、知识支撑、岗位导向、项目驱动、教学结合、练用一致等要求,科学地处理了目前教材偏重理论知识应用,专业技能较为薄弱,PLC课程一线教师感觉缺乏合适的职业技能训练项目和专业课不好开展课程思政活动等现实难题。本书在构思过程中,全面贯彻立德育人、培育大国工匠的育人目标,突出以学生为中心、以服务就业为导向的教学理念,突出以职业能力培养为主线、以岗位技能训练为目标、以职业素质提升为导向的育人模式,力求教材对接课程内容与教学标准、对接职业标准和岗位要求,实现专业素质与职业技能融合、实训过程与岗位情景融合的编写目标。

本书在上一版的基础上,考虑当前职业教育发展和高职教学改革、专业建设需要,以国内生产企业应用广泛、市场占有率较高的三菱 FX3U 系列 PLC 为教学重点,兼顾 FX2N 系列 PLC 控制系统的技术改造需要。本书由可编程控制器概述、指令系统、功能指令、程序设计和控制系统设计等 5 个理论模块和 11 个技能训练,以及三相电动机正反转运行控制、运用 PLC 实现 C6140 普通车床的技术改造等 19 个项目组成。本书采用导入式教学方法,按“理论教学、知识应用、技能训练、素质拓展”四个梯度,构建知识模块中的教学项目,增加了部分新知识、新内容、新标准,将学生专业认知规律、能力增长特点、岗位技能培训和职业素养培育等融入“教、学、做、思”四位一体的教材中,润物细无声地培育学生扎根基层、精益求精、乐于奉献的工匠精神和报国情怀。

本书可作为高等职业院校电气控制类和机电制造类专业及相关专业的教材,也可作为相关行业岗位培训教材或自学用书。本书参考学时为80～90学时;其中理论教学不超过40学时,各院校可根据专业教学要求自行取舍。

为方便教学,本书配有PPT课件、习题参考答案、微视频等教学资源,其中部分资源针对相关知识点以二维码链接的形式在书中呈现,方便学生利用移动终端设备随扫随学。

本书由湖北三峡职业技术学院张林国、武汉船舶职业技术学院黄金花、湖北三峡职业技术学院徐刚担任主编,参与本书编写的还有冯骥、邓成、武韡、赵小莲、宁平华、宋海辉、张树军、汤德荣等。

由于编者水平有限,书中难免存在错误与疏漏,敬请广大读者批评指正。

编 者

目 录

第一部分　可编程控制器基础

模块 1　可编程控制器概述

模块 2　可编程控制器指令系统

模块 3 可编程控制器功能指令

模块 4 可编程控制器程序设计

模块 5 可编程控制器控制系统设计

第二部分 项 目 训 练

附　　录

第一部分

可编程控制器基础

模块 1　可编程控制器概述
模块 2　可编程控制器指令系统
模块 3　可编程控制器功能指令
模块 4　可编程控制器程序设计
模块 5　可编程控制器控制系统设计

模块 1 可编程控制器概述

学习目标

知识目标

1. 了解可编程控制器(PLC)发展史、国内外 PLC 发展现状。
2. 熟悉 PLC 硬件结构组成、工作原理、性能指标、主要特点及选择应用。

能力目标

1. 能正确选择 PLC 配置和硬件。
2. 能完成 PLC 安装、接线和开关机等操作。

素质目标

1. 熟悉基本岗位要求与操作流程。
2. 掌握实习操作规程和安全生产常识。
3. 培养肩负振兴中国芯片事业重任的社会责任感。

知识要点

本模块是可编程控制器(PLC)基础,主要介绍可编程控制器的产生、应用价值与发展趋势,可编程控制器硬件结构组成及其工作原理,可编程控制器的应用范围和其他工业控制系统的差异。

1.1 可编程控制器(PLC)基础知识

1.1.1 可编程控制器的产生

20 世纪 60 年代,工业技术改造大潮冲击世界各国工业,发达国家迫切希望能找到一种比继电器更可靠、功能更齐全、响应速度更快捷的新型工业控制装置。起初,一些国家试图用小型计算机替代较复杂的继电器控制系统,却因成本高、I/O 电路匹配和编程技术复杂等原因，一直没有得到推广应用。直到 1968 年，美国通用汽车公司（GM）从用户需求出发再度提出新一代控制器应具备的十大条件，从而掀起了研发热潮。这十大条件是：

① 编程简单，可在现场修改程序；
② 维护方便，最好是插件式；
③ 可靠性高于继电器控制柜；
④ 体积小于继电器控制柜；
⑤ 可将数据直接写入管理计算机；
⑥ 成本上可与继电器控制器竞争；
⑦ 输入可以是交流 115 V；
⑧ 输出为交流 115 V、2 A 以上，能直接驱动电磁阀；
⑨ 扩展时，原有系统只作很小变更；
⑩ 用户程序存储器容量至少能扩展到 4 096 B。

由此可见：GM 在寻找一种新型控制装置，用它来尽可能减少重新设计控制系统和重新接线的工作，降低生产成本，缩短时间；设想将计算机功能完备、灵活、通用等优点和继电器控制系统的简单易懂、操作方便、价格便宜等优点有机地结合起来，研制出一种通用控制装置，并把计算机编程方法和程序输入方式加以简化，直接用面向控制对象、面向控制过程、面向用户的“自然语言”编写独特的控制程序，让不太熟悉计算机操作的技术人员都能方便地使用。

1969 年，美国数字设备公司（DEC）成功研制出世界上第一台可编程控制器 PDP-14，并在 GM 的汽车自动装配线上首次成功使用。接着 Modicon 公司也研制出 084 控制器，这项新技术从此迅速在世界各国得到推广应用。1971 年，日本从美国引进这项新技术，很快研制出日本第一台可编程控制器 DSC-18，代表企业有日本的三菱公司、欧姆龙公司等。1973 年，西欧国家也研制出第一台可编程控制器，代表企业有德国西门子公司、法国施耐德电气等。其中，日本三菱公司的研制能力，发展优势较为突出，先后推出 FX 系列、A 系列和 Q 系列产品。我国从 1974 年开始研制，1977 年开始工业推广应用。

图片
Q系列与FX3U系列PLC主要性能

进入 20 世纪 70 年代，随着微电子技术的发展，尤其是可编程控制器采用通用微处理器之后，这种控制器不再局限于当初的逻辑运算，功能得到进一步增强。进入 20 世纪 80 年代，随着大规模和超大规模集成电路等微电子技术的迅猛发展，以 16 位和少数 32 位微处理器构成微机化可编程控制器，增强了可编程控制器的应用功能，工作速度加快，体积减小，可靠性提高，成本下降，编程和故障检测更为灵活方便。现代的可编程控制器分别向超小型及超大型方向发展，且为运算速度更快、存储容量更大、智能化程度更高、网络通信更加发达便捷的产品，可实现开关量的顺序逻辑控制，而且具有数字运算、数据处理、运动控制、模拟量控制，还具有远程 I/O、完备的网络通信和完美人机界面下的图像显示等智能化功能，成为实现工厂生产自动化、管理自动化的重要支柱。

1.1.2　可编程控制器的应用价值

可编程控制器自诞生之日起，一直处于不断发展和更新换代之中，到目前为止，对其科学定义还难以达成共识。可编程控制器自 20 世纪 60 年代末在美国研制成功，并在传统的顺序控制器上应用，成为一种新型工业控制装置，标志着微电子技术和计算机技术进入了工业控制时代。

可编程控制器主要用来取代继电器，执行逻辑、计时、计数等顺序控制功能，建立一种柔性的程序控制系统。随着计算机技术应用领域的不断扩大，高集成度和多功能微处理器的不断发展，使可编程控制器的应用功能得到更进一步提高、完善和加强。

文本
国产PLC品牌介绍

国际电工委员会(IEC)曾在 1982 年 11 月颁发可编程控制器标准草案第一稿，1985 年 1 月又发表第二稿，1987 年 2 月发表第三稿，在第三稿草案中将可编程控制器定义为："可编程控制器是一种数字运算操作的电子系统，专为工业环境下应用而设计。它采用可编程存储器，用于内部存储并执行逻辑运算、顺序控制、定时、计数和算术运算等操作指令，通过数字式和模拟式的输入和输出，控制各种类型机械的生产过程。可编程控制器及其外围设备都按易于与工业系统联成整体、易于扩充其功能的原则设计。"

可编程控制器(programmable logic controller, PLC)是一种数字式电子装置。PLC 使用了可编程的记忆体存储指令，主要用来执行逻辑运算、顺序控制、计时、计数与演算等功能，通过数字式或模拟式的输入和输出，控制各种生产机械或生产过程。

图片
PLC应用

PLC 自诞生至今，广泛应用于冶金、化工、矿业、机械、轻工、电力、通信和日常生活设施等领域，具有很强的抗干扰能力、广泛的适应能力和应用范围，被直接应用于工业环境和智能化设备的控制，现已成为现代工业自动化控制的重要支柱之一。

1.1.3　可编程控制器的发展趋势

1. 产品更新换代速度加快

随着微电子技术、计算机技术和网络通信技术的不断发展，PLC 的结构和功能不断改进，生产厂家源源不断地推出功能更强的 PLC 新产品。据不完全统计表明：平均每 3～5 年，PLC 就更新换代一次，尤其是近十多年，PLC 产品更新速度更是提高一倍，仅日本三菱公司在小型 PLC 方面就先后推出 F、F1、F2、FX2N、FX3U、FX5U 等系列，A2S、A2US、Q2A 等 A 系列和 Q*n*、Q*n*PH 等 Q 系列，它们的性能价格比越来越高。例如，FX2N 系列具有很强的数学运算功能，有大量可供用户使用的编程空间，存储容量达到 16 000 步以上(一步：占用一个地址单元，一般占两个字节)，具有转移、循环、子程序调用、多层嵌套主控等功能，而 FX3U 系列 PLC 除具有 FX2N 系列产品功能外，增加了 I/O 接口数量，大型机 I/O 点数在 2 048 点以上，增设有专门的功能单元模块，采用功能模块化结构，带有硬件故障自控功能等，无故障时间可达 30 万小时，扫描速度由 0.08 μs/步提高到 0.065 μs/步。FX3U 系列采用插入式端子标准接口，具有较强的 I/O 扩展模块功能。

文本
软PLC

目前PLC的发展趋势：一是向体积更小、速度更快、功能（尤其是运算功能、数据处理功能、通信功能）更强、价格更低的微型化方向发展，以适用于单机、数控机床和工业机器人的控制要求；二是向控制、管理一体化方向发展，使之具备更完善的通信网络功能，与计算机组成单元控制系统。

2. 智能模块化功能不断增强

智能化I/O模块是以微处理器为基础的功能部件，它们的CPU与PLC的主机CPU为并行工作方式，占用主机CPU的时间很少，有利于提高PLC的扫描速度。例如，Q系列PLC采取模块化设计，智能化模块主要有模拟量I/O、PID回路控制、通信控制、机械运动控制、高速计数、中断输入等组件。由于智能I/O的应用，极大地增强了复杂的逻辑控制系统和连续生产线的过程控制功能，使某些PLC的过程控制具备更强的数据处理能力和计算能力、通信能力和模拟量的处理能力、自适应和参数自整定的智能化控制功能，缩短了调适时间，提高了控制精度。

3. 与个人计算机融合能力不断提升

个人计算机价格便宜，又具有很强的数据运算、处理和分析能力。因此，一是个人计算机可用于PLC的编程器、操作站或人机接口终端，PLC和个人计算机可以连接在同一网络上；二是PLC计算机化，采用功能强大的微处理器和大容量存储器，将逻辑控制、模拟量控制、数字运算和通信功能融为一体，增强PLC与个人计算机、工业控制计算机等在功能和应用上的渗透能力，提高控制系统的性能价格比。

4. 通信联网功能不断增强

目前，PLC之间通过双绞线、同轴电缆线或光缆连接，实现通信联网，这种通信联网功能使PLC与PLC之间、PLC与计算机之间能够自由交换信息，形成一个完整的PLC控制整体，实现分散与集中控制的网络化。

5. 新的编程语言增强容错功能

图片
PLC通信连接方式

改善和发展新的编程语言、高性能外部和图形监控技术，实现人/机对话功能，目前除梯形图、功能图（或流程图）、专用语言指令外，增加了BASIC语言、C语言和汇编语言的编程功能。通过增设以微处理器为基础的智能化I/O模块，提高了PLC的信息处理能力、控制功能、增强容错功能。例如，日本三菱公司FX2N系列、FX3U系列、A系列、Q系列PLC配备有高速计数模块、中断输入模块、定位控制模块、模拟量I/O模块、PID控制模块、通信模块等26种功能各异的智能化专用模块，简化了某些控制领域的系统设计和编程过程，提高了PLC的适应性和可靠性。

1.2　PLC组成及硬件的配置

目前，制造PLC的厂家很多，据美国《控制工程》杂志统计，截至2020年，全球有200多家PLC制造厂商，400多个品种，数千个不同规格的PLC产品，分为美国、欧洲和日本三个流派。国内有北方华创、中微公司、大族激光、中芯国际、兆易创新、TCL 科技、长电科技、圣邦股份、中环股份和紫光国徽等龙头企业，为 PLC 产业优化提供可能。要构建一个完善的具有自主可控能力和国际竞争力的现代产业体系，还需要芯片研发部门和科技人员抓住智能制造的时代机遇，落实中国“两化融合”发展战略和“智能制造”发展战略，集中资金和技术力量研发拥有完全自主知识产权的 PLC 系列产品，提升各类机械及生产过程自动化控制核心部件 PLC 的软件和硬件性能，开发面向大数据的专业化、智能化、高性能的 PLC。目前市场上有品种、规格繁多的 PLC，且各厂家均独具特色，鉴于我国现有工业生产控制系统中，FX2N 系列、FX3U 系列 PLC 产品占有相当的市场份额，本书重点介绍三菱 FX3U 系列产品，并对 FX2N 系列、FX3U 系列 PLC 的性能进行比较分析，方便读者在学习和工作中准确运用。

1.2.1　三菱 FX2N 系列、FX3U 系列 PLC 性能特点比较

三菱公司在 1981 年推出 F 系列小型 PLC 产品仅具有开关量控制功能。其后随着微电子技术在产品中的应用，系统结构的不断优化，指令系统功能的不断加强和通信功能、特殊功能单元的增加，三菱公司相继推出 F1 和 F2 系列升级产品。20 世纪 80 年代末，三菱公司对 PLC 的容量、速度、特殊功能和网络功能等进一步加强，推出整体式和模块式相结合的叠装式结构 FX2 系列产品，其在技术支持上采用 1 个 16 位微处理器和 1 个专用逻辑处理器，将基本指令执行速度提高到 0.48 μs/步。进入 21 世纪后，三菱公司全面提升和优化各种功能化模块和应用指令功能，陆续推出 FX1S、FX0N、FX1N、FX2N 和 FX3U 等多种产品，实现了微型、小型、中型、大型、超大型结构和功能化、模块化、标准化及智能化的组合型产品，满足用户的多样化需求。目前，在我国工业控制系统应用中，FX2N 系列、FX3U 系列 PLC 占据重要位置。

（1）FX2N 系列 PLC 的性能特点

FX2N 系列 PLC 是高速度、高性能、高档次、小型化及超小型程序控制装置。其性能特点如下：

① 系统配置固定灵活。系统可对 16～256 点输入输出端口，进行灵活组合和连接扩展模块，方便各类控制需求。

② 指令丰富，编程简单。系统配有多类功能指令和高速处理指令、数据处理指令、特殊用途指令等，方便用户编程需求。

③ 品种丰富，用途广泛。用户可根据电源及输出形式，自由选择 16/32/48/64/80/128 点的主机和最小 8 点的扩展模块进行扩展，满足多输入输出点的控制需求。

④ 高性能、高速度。主机内置程序容量达 8 000 步，最大可扩展至 16 000 步，系统配有丰富的应用软组件和直接输入注释；运行一条基本指令只需 0.08 μs，运行一条应用指令，用时 1.52 μs 至几百微秒。

⑤ 通信简单化。一台 FX2N 系列 PLC 主机加装一个功能扩展板，用 FX2N-485-BD 及 FX2N-485-ADP 就能实现多台 FX2N 系列 PLC 之间的通信连接；若加一个 MNET 网络连接通信模块，则满足网络连接通信要求。

⑥ 共享外部设备。共享 FX 系列外部设备，用 FX-20P-CAB0 连接电缆，实现 FX 系列 PLC 主机与便携式简易编程器相连；用 SC-09 电缆与微机连接，可使用 FX-PCS/WIN 编程软件。

(2) FX3U 系列 PLC 的性能特点

FX3U 系列 PLC 是三菱公司开发的第三代最高档次、小型化 PLC 产品，采用“基本单元＋扩展”结构形式，具有比 FX2N 系列 PLC 更高性能的 CPU，大幅提升了基本性能，它兼容 FX2N 系列 PLC 的全部基本功能。其性能特点如下：

① I/O 点数更多。主机控制的 I/O 点数为 256 点，最多 I/O 点数可达 384 点。

② 编程功能更强。内置辅助继电器 7680 点、状态继电器 4096 点和定时器 512 点，进一步增强了应用指令功能；FX3U 系列 PLC 编程软件 GX Developer 版本在 V8.52 以上，具有更强的编程功能。

③ 运行速度更快、存储容量更大。系统内置有大量的大容量存储器，进一步加快了主机的运行速度，完成一条基本指令只需 0.065 μs，执行一条应用指令只需 0.642 μs；用户程序存储器容量达 64 000 步，并可采用闪存卡。

④ 通信功能更强。内置配有 1～3 个速度为 115.2 kbit/s 的独立通信端口，增加了 RS-422 标准接口与网络连接的通信模块，能满足不同网络用户的连接需要。

⑤ 高速计数与定位控制。内置 6 点 100 kHz 高速计数功能，采用双相计数时能实现 4 倍频计数；晶体管输出型基本单元内置有 3 轴独立控制 100 kHz 脉冲输出的定位功能，增加了新的定位指令。

⑥ 多种特殊适配器。新增不占系统点数的高速输入输出、模拟量输入输出、温度输入适配器，有效地提高了高速计数与定位控制的运行速度；若选装高性能显示模块(FX3U-7DM)，就能实现显示控制功能。

综上所述：FX3U 系列 PLC 运算速度更快，可同时使用 3 个通信端口、3 轴独立控制的高频脉冲输出(FX2N 系列 PLC 为 2 轴)，FX3U 系列 PLC 扩展点数比 FX2N 系列 PLC 多，且 FX3U 系列 PLC 能覆盖兼容 FX2N 系列 PLC 同等型号 PLC 的全部源程序；FX3U 系列 PLC 与 FX2N 系列 PLC 的最大区别是接线，FX3U 系列 PLC 设有 S/S 端口，通过 S/S 端口的不同接线方式，改变 PLC 为漏型输入还是源型输入，满足不同负载的控制要求，FX2N 系列 PLC 没有此功能。

本书在突出三菱 FX 系列 PLC 产品的基本性能基础上，重点讲述 FX3U 系列 PLC 的结构组成、工作原理、指令系统及其在工业生产控制系统中的典型应用。

1.2.2 PLC 硬件结构组成

图片

PLC结构框图

目前市场上 PLC 品种、规格繁多，且各厂家均独具特色，但一般来说，PLC 基本组成框图和 FX3U 系列 PLC 基本单元内部结构图如图 1-1 和图 1-2 所示。它主要由中央处理单元(CPU 模块)、输入模块(或部件)、输出模块(或部件)、电源模块(或部件)和编程器五大部分组成。

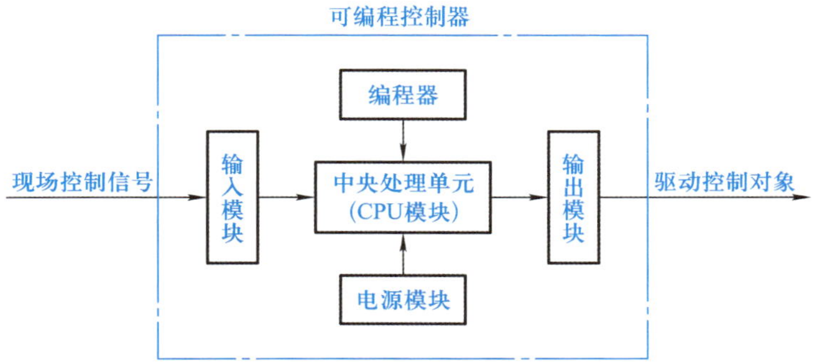

图 1-1　PLC 基本组成框图

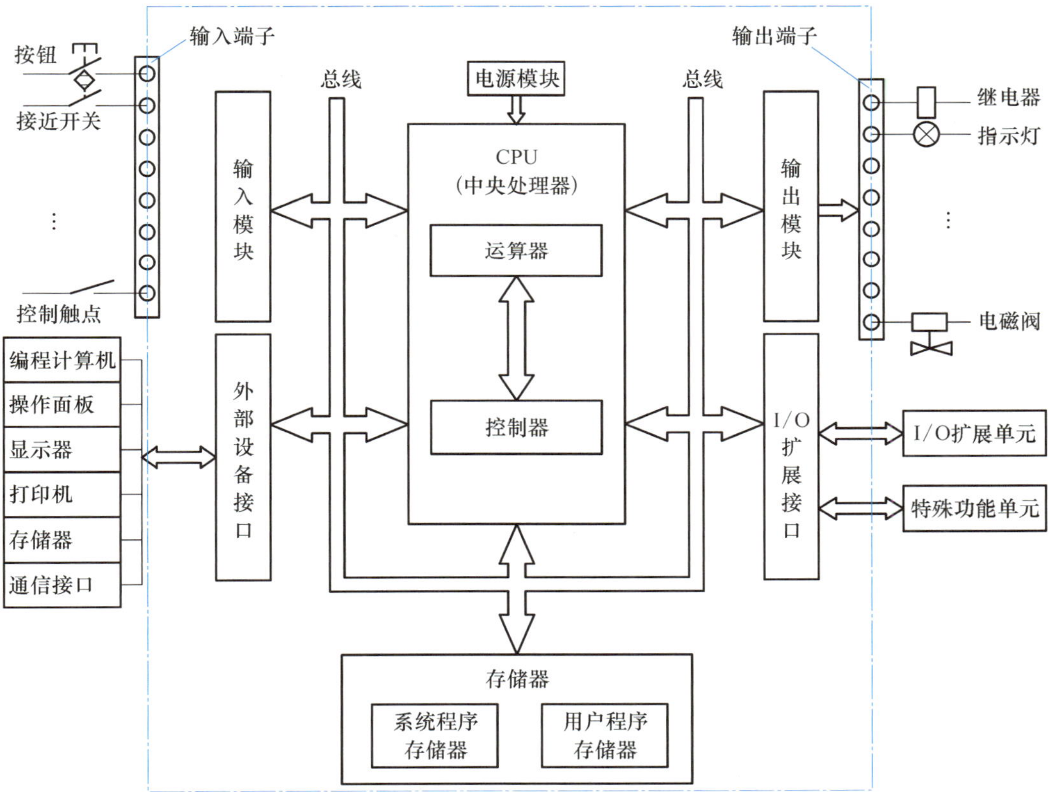

图 1-2　FX3U 系列 PLC 基本单元内部结构图

1. 中央处理单元(CPU 模块)

中央处理单元又称 CPU 模块或中央控制器，由中央处理器(CPU)和存储器构成，其中，CPU 主要有三类：一类为通用微型处理器(如 80286、80386 等)；一类为单片机芯片(如 8031、51/96 等系列)；再一类是位处理器(如 AMD2900 系列等)。CPU 的位数主要有 8 位、16 位和 32 位，小型 PLC 主要选用 8 位、16 位，CPU 位数越多，运行速度越快，功能指令越丰富。存储器主要有 ROM 和 RAM 两大类，分别存放系统程序和用户程序。

文本

国产芯片介绍

CPU 模块是可编程控制器的核心，其作用类似于人的大脑和心脏。

微视频
双PLC连接运行

CPU 模块按 PLC 系统程序规定的功能，具备接收并存储从编程器输入的用户程序和数据，用扫描方式采集由现场输入装置送来的信号状态或数据并分别存入规定的寄存器中，自诊电源、PLC 内部电路工作状态和编程语法错误等功能。当 PLC 进入工作运行状态后，CPU 从用户程序存储器中逐条读取指令，经解释后再按指令规定的任务产生相应的控制信号，去启闭有关的控制电路，然后分时、分渠道地去执行数据存取、传送、组合、比较和转换等操作，完成用户程序中规定的逻辑运算或算术运算的任务，根据处理结果，自动更新有关标志位的状态和输出状态寄存器的内容，实现输出控制、制表打印或数据通信等功能。

目前，PLC 均配有系统程序存储器和用户程序存储器。前者用于存放系统工作程序(或监控程序)、模块化应用功能子程序、命令解释、功能子程序的调用管理程序，以及按对应定义(如 I/O、内部继电器、计时器/计数器、移位寄存器等)存储的各种系统参数等。后者用于存放用户程序，即存放通过编程器输入到用户程序或用户编制的梯形图等。因系统程序关系到 PLC 的性能，不能由用户直接存取，故厂家为用户提供的 PLC 使用说明中所列存储器类型及其参量，均为用户存储器，其存储容量一般以步(2 个字节)为基本单位。

CPU 模块工作电压一般是 DC 5 V，而 PLC 的 I/O 信号电压一般较高，即 DC 24 V 和 AC 220 V，使用时要防止外部尖峰电压和干扰噪声侵入，以免损坏 CPU 模块中的部件或影响 PLC 正常工作。因此，CPU 模块不能直接与外部输入输出装置相接，而 I/O 模块除传递信号外，还增设电平转换与噪声隔离装置。

2. 输入输出模块(I/O 模块)

输入输出模块是 PLC 的 CPU 和现场 I/O 装置或其他外部设备之间的连接部件。输入模块(I 模块)用来接收和采集两种类型的输入信号，即一种是由按钮、选择开关、数字拨码开关、行程开关、接近开关、光电开关、压力电器、速度继电器等提供的开关量(或数字量)输入信号，如图 1-3 所示；另一种是由电位器、热电偶、测速发电机、各种变送器等提供的连续变化的模拟信号。输出模块(O 模块)是控制接触器、电磁阀、电磁铁、调节阀调节装置等执行对象和反映外部负载工作状态的指示灯、数字显示器与报警装置等控制对象，如图 1-4 所示。

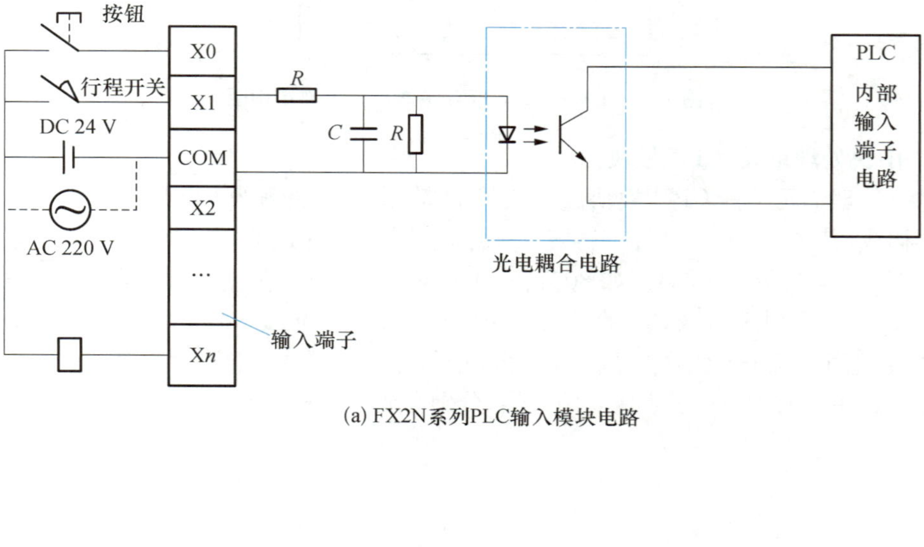

(a) FX2N系列PLC输入模块电路

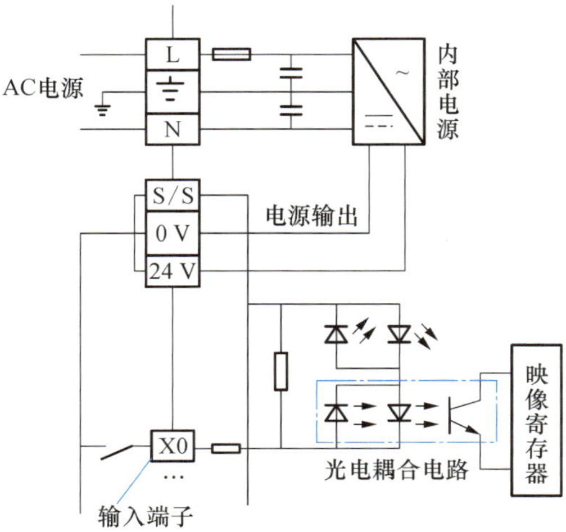

(b) FX3U系列PLC漏型输入模块电路

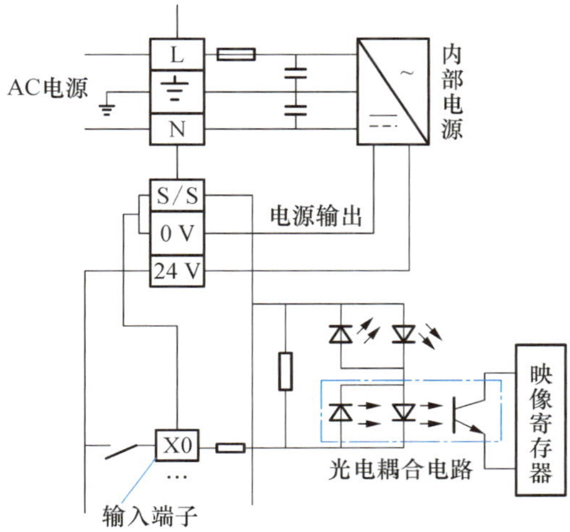

(c) FX3U系列PLC源型输入模块电路

图 1-3　输入模块

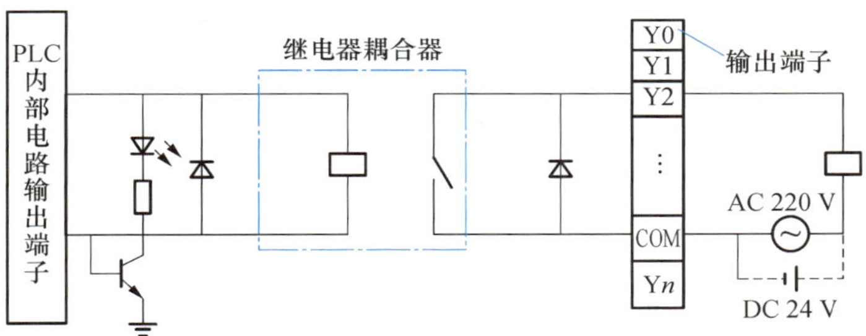

(a) 继电器输出模块电路

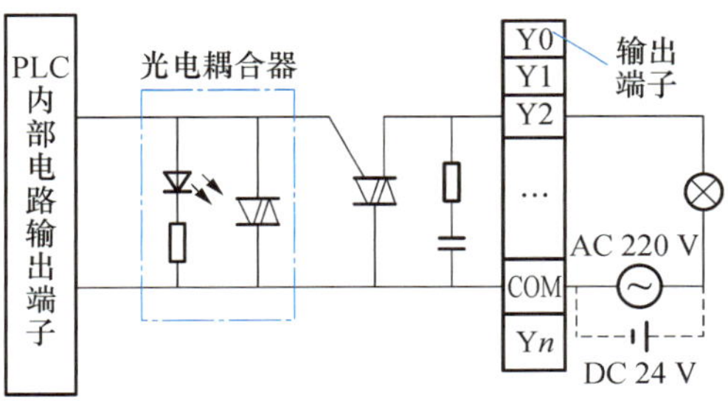

(b) 晶闸管输出模块电路

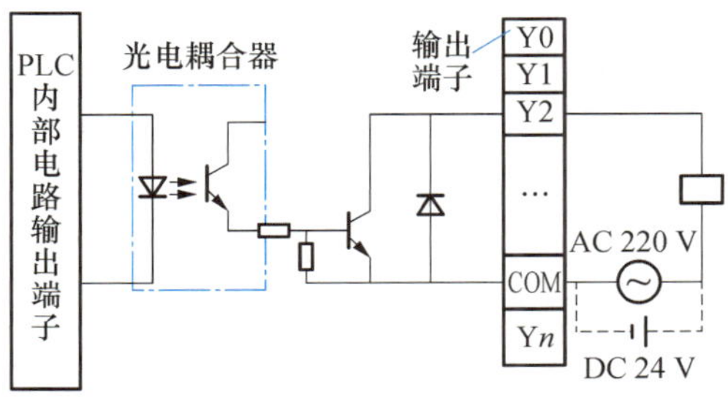

(c) 晶体管输出模块电路

图 1-4　输出模块

3. 编程器

编程器是用户用于程序的编写、调试、检查和监视的设备，可通过键盘调用显示 PLC 的内部状态和系统参数。编程器可以永久地接在 PLC 上，一般只在程序输入、调试阶段和检修时使用。一台编程器可供多台 PLC 使用。编程器可分为简易型和智能型两类：简易型编程器只能在联机状态下，通过其键盘上梯形图键符语言和屏幕对话方式完成编程；

智能型编程器可在联机状态或脱机状态下，通过其键盘输入键符语言和直接输入梯形图两种方式完成编程。

4. 电源模块

电源模块为 PLC 内部电路提供能源。根据 PLC 设计特点，它对电源无特殊要求，可使用一般工业电源，即 AC 220 V 电源，由它内部的直流稳压电源为各模块内的各电路或部件提供电源。为防止因外部电源发生故障造成 PLC 内部重要数据丢失，故一般装有备用电源。

1.2.3　PLC 控制面板

FX2N 系列、FX3U 系列 PLC 是三菱公司目前市场的主导产品，FX3U 系列将逐渐取代 FX2N 系列机型成为市场新宠。FX2N 系列、FX3U 系列 PLC 外形图如图 1-5 所示，图 1-5(a)为 FX2N 系列 PLC 外形图，图 1-5(b)为 FX3U 系列 PLC 外形图。

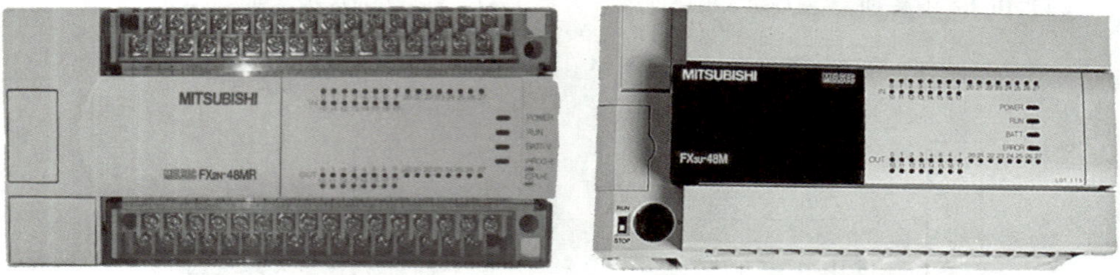

(a) FX2N系列　　　　(b) FX3U系列

图 1-5　FX2N 系列、FX3U 系列 PLC 外形图

PLC 控制面板主要由指示部分、接口部分及外部接线端子组成。

1. 指示部分

PLC 的各个状态对应由不同的状态指示灯显示，以 FX3U 系列 PLC 为例。

POWER：电源指示灯，电源正常时，绿色指示灯亮，否则指示灯熄灭。

RUN：运行指示灯，PLC 运行正常时，绿色指示灯亮，PLC 处于停止(STOP)状态时，指示灯熄灭。PLC 在 STOP 状态下，可以通过个人计算机或手持编程器向 PLC 输入编写好的程序。RUN/STOP 状态可通过面板内置转换开关控制，转换开关的上、下两挡对应 RUN、STOP 状态，“STOP”挡还具有强制 PLC 运行停止的功能。

BATT：电源故障指示灯，PLC 内部锂电池的工作电压不足时，红色指示灯亮，用于提醒用户更换电池。

ERROR：程序运行出错指示灯，当 PLC 系统检测到用户程序运行出错时，红色指示灯闪烁，否则灯熄灭。导致原因有：程序没有正确写入、梯形图出错、程序语法错误等。若指示灯持续闪烁出红色灯光，则处理器出现异常故障。

2. PLC 接口部分及连接

三菱 FX 系列 PLC 均配有标准的 RS-422 编程器通信接口，供手持编程器(HPP)、个人计算机(PC 机)及人机界面(HMI)等外部设备连接通信使用，为满足用户控制需要进行设备扩展，设置有存储器接口、扩展通信接口和特殊功能模块接口等，如图 1-6 所示。

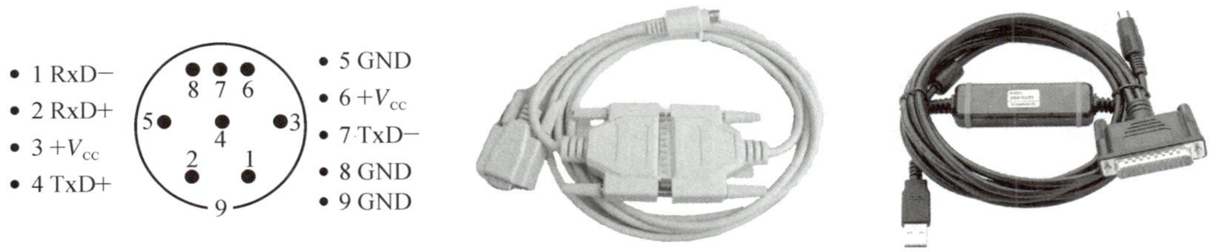

(a) RS-422接口　(b) SC-09电缆　(c) USB-SC-09电缆

图 1-6　FX2N/3U 系列 RS-422 接口及连接通信电缆

常用外围设备与 PLC 连接方式有：对于手持编程器(HPP)，通过专用 FX-20P-CAB 电缆与 RS-422 接口[图 1-6(a)]直接连接；其他外围设备(如个人计算机、人机界面)，则通过 SC-09 电缆连接，如图 1-6(b)(c)所示。

随着 USB 通信接口具有传输快、使用方便等优点而被广大用户欢迎和接受，且市面上绝大多数笔记本电脑均自带标准的 USB 接口，可直接采用 FX-USB-AW 电缆相连，不必再使用 FX-232AW/AWC 电缆连接。在进行设备连接前，要认真阅读设备使用说明书，在接线操作时，注意 PLC 设备上 RS-422 标准配件接口的插头方向、个人计算机或其他设备的 RS-232 串口形式，以免强行操作损坏设备接口。

3. PLC 外部接线端子

PLC 用于和外部设备、电源相连接的接线端子分别位于 PLC 两侧，有规律地排列在上、下两排，FX 系列 PLC 接线端子分布示意图如图 1-7 所示，图 1-7(a)为 FX2N 系列 PLC 接线端子分布示意图，图 1-7(b)为 FX3U 系列 PLC 接线端子分布示意图。

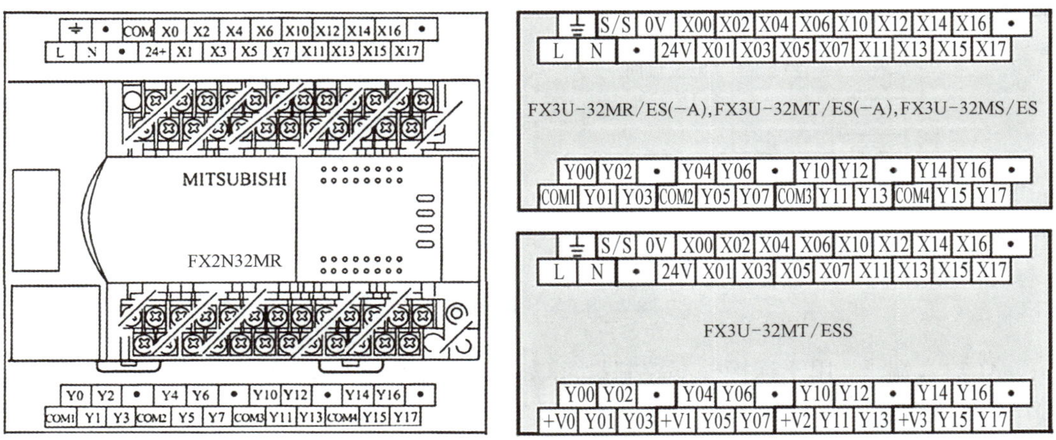

(a) FX2N系列　(b) FX3U系列

图 1-7　FX 系列 PLC 接线端子分布示意图

其中：① L、N 端及接地端：接市电网电压 220 V 供电，设备接地端与接地线可靠连接。

② 内部直流"+24 V"电源：内部直流电源只能向输入端子所接检测性器件(如电磁开关、传感器等)提供工作电压，对于 FX3U 系列 PLC 输入端子一侧的"24 V"或"0 V"端可向外提供 24 V 的直流工作电压。

③ S/S(sink/source)端：S/S 端是 FX3U 系列 PLC 独有的，通过对 S/S 端采用不同接线方式，可构成"漏型"和"源型"两类接线方式，满足不同负载的需求，如图 1-8 所示。若输入端为"漏型"接法，则 S/S 端与电源端"24 V"相连，形成电流从输入端流出的漏型接线方式，电流经输入侧"0 V"端流向输入设备所对应的输入点构成回路，如图 1-8(a)所示。若输入端为"源型"接法，则 S/S 端与电源端"0 V"相连，形成电流从输入端流入的源型接线方式，电流经输入侧"24 V"端流向输入设备所对应的输入点构成回路，如图 1-8(b)所示。

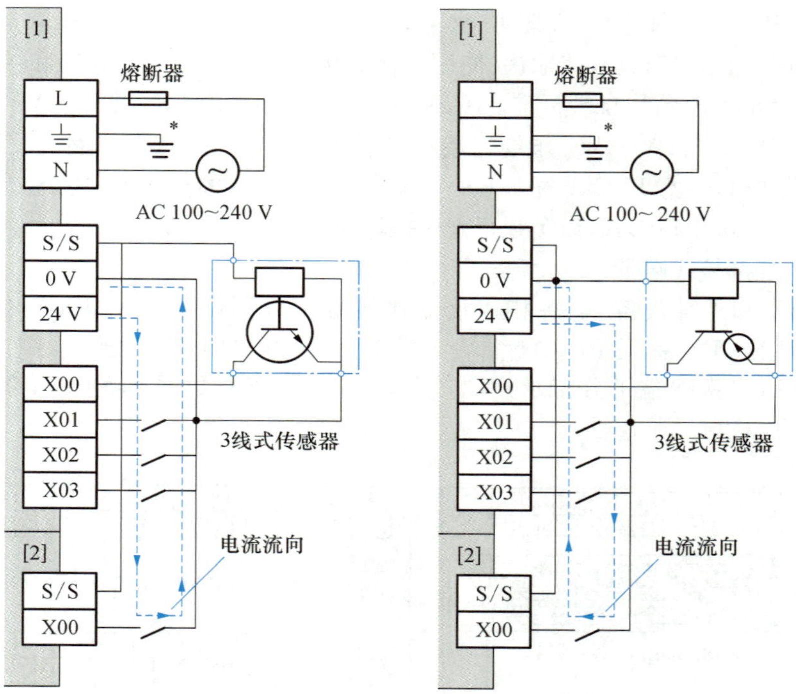

(a) 漏型输入接线方式　　(b) 源型输入接线方式

图 1-8　S/S 端接线方式

④ 输入端子：用于连接外部控制设备(如按钮、行程开关、转换开关、传感器)，将输入端口的开关控制信号传送到对应的输入接线端子。

输出端子：用于连接外部受控制的执行设备(如接触器、继电器)，利用输出端口的开关信号控制对应的输出接线端子所连接的执行设备(如灯泡、小型直流电动机等低压小功率电器)产生动作。

各接线端子采用可拆卸结构，以方便查找和连接，并在对应的位置标注相应的编号(如三菱 FX 系列 PLC 分别用 X、Y 接线端子作为对应的输入、输出端子的标识)。

输入输出(I/O)端子是 PLC 的重要外部控制部件,是 PLC 和外部输入输出设备相连的接口,其数量、类型决定着 PLC 的主要性能指标。不同型号的 PLC,其输入输出的接线端子点数、类型不尽相同,但 I/O 数量(输入点数/输出点数)、比例(一般为 1∶1)及编号规则是完全相同的。FX 系列 PLC 基本单元 I/O 端子采用三段八进制编号,即输入端子编号为 X00～X07,X10～X17,…,输出端编号为 Y00～Y07,Y10～Y17,…,以此类推;若采用扩展单元或模块,则其 I/O 的编号紧接 PLC 基本单元的 I/O 编号顺序递增。

1.2.4　FX 系列 PLC 型号

FX 系列 PLC 基本单元按 I/O 点数分,有 16、32、48、64、80、128 等 6 种;按电源及输入方式分,有 AC 电源、DC 输入,AC 电源、AC 输入,DC 电源、DC 输入等 3 种;按输出方式分,有继电器输出、晶体管输出和晶闸管输出等 3 种。通过 PLC 的型号可正确识别产品的主要性能指标、控制系统设备安装与运行安全等基本保障要素。FX 系列 PLC 型号标识,如图 1-9(a)所示,FX 系列 PLC 基本单元型号标识,如图 1-9(b)所示。

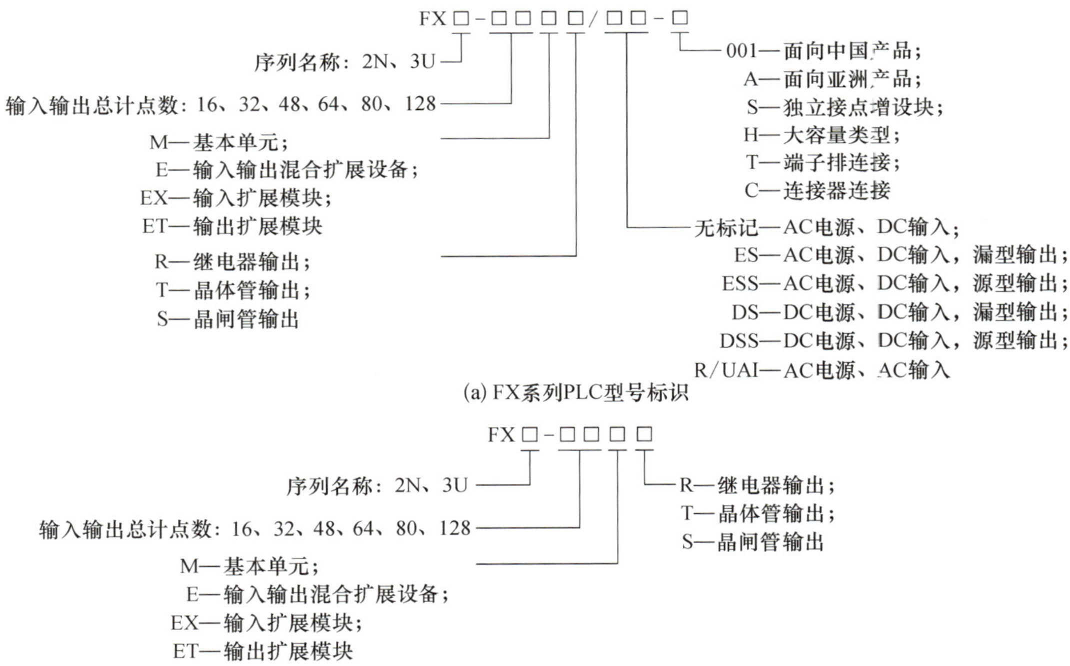

(a) FX系列PLC型号标识

(b) FX系列PLC基本单元型号标识

图 1-9　FX 系列 PLC 型号及基本单元型号标识

例如:FX2N-16ER,表示该产品为 FX2N 输入输出混合扩展设备,且输入输出点数为 16 点的继电器输出方式。

例如:FX3U-48MR/ES,表示该产品为 FX3U 基本单元,且输入输出点数为 48 点的继电器漏型输出方式。

1.3　PLC 的工作原理

PLC 运行时，CPU 不能同时去执行多个操作，只能按分时操作原理运行，即每一时刻执行一个操作，完成一个动作，随着时间的自然延伸，一个动作接一个动作地顺序执行下去。这种分时操作过程称为 CPU 对程序的扫描，PLC 的工作过程就是 CPU 扫描程序的执行过程，这些操作过程大致分为：以故障诊断处理为主的公共操作、联系工业控制现场的数据输入输出操作、执行用户程序和服务于外部设备的命令（若外部设备有中断请求）四大类。下面先分别作简要操作介绍。

1. 公共操作

公共操作是在每次程序扫描前的又一次自检，若发现故障，除通过指示灯显示故障外，还自动判断故障性质：一般性故障，只报警不停机，等待处理；严重故障，则停止用户程序运行，关闭 PLC 的一切输出信号和切断相关的输出联系。

2. 数据输入输出操作

数据输入输出操作也称 I/O 状态刷新。它完成采样输入信号（即刷新输入状态表的内容）和输出处理结果（即按输出状态表的内容刷新输出电路）两种操作，实现"采样→处理→输出→控制对象"的整个工作过程的闭环控制。

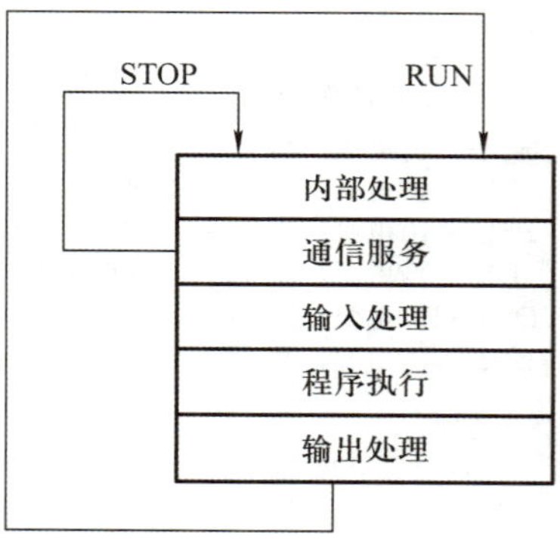

图 1-10　扫描过程示意图

3. 执行用户程序

执行用户程序是在监控定时器工作正常的条件下，CPU 开始执行扫描程序，将存放在存储器中的用户程序，按顺序从零步开始，逐条解释和执行，直到执行 END 指令才结束对用户程序的扫描，PLC 这种周而复始循环扫描的工作方式如图 1-10 所示。若程序在执行过程中因某种干扰使扫描失控或进入死循环，则监控定时器会发出超时报警信号，使程序重新开始执行。如果这种超时属于偶然因素所致，重新扫描程序执行后，会自动转入正常运行；如果属于不可恢复的确定性故障，系统自动停止执行用户程序，切断外部负载，发出故障信号，等待故障排除处理。

4. 执行外设命令

PLC 每次执行用户程序结束后，就进入通信服务外设命令的操作状态。外设命令是反映操作人员的介入，它不会影响系统的正常运行，只会使系统的控制和管理更优化。若没有外设命令，则系统就会自动循环地扫描运行。

为了便于加深对 PLC 工作过程的理解，下面就以大家熟悉的三相异步电动机的控制电路为例，说明 PLC 的工作过程及其 CPU 扫描程序的执行过程。

图 1-11 所示为用交流接触器控制三相异步电动机运行，图 1-11(a)(b)分别为其主电路和控制电路，图 1-11(c)为有关输入输出的波形图。按下启动按钮 SB1，交流接触器

线圈 KM 带电吸合，KM 辅助动合触点闭合形成“自保持”或“自锁”，KM 的 3 对主触点闭合，接通三相交流电源，使电动机开始运行。当需要停机时，按下停止按钮 SB2，接触器线圈 KM 失电，KM 动合触点返回断开状态，电动机断电停机。

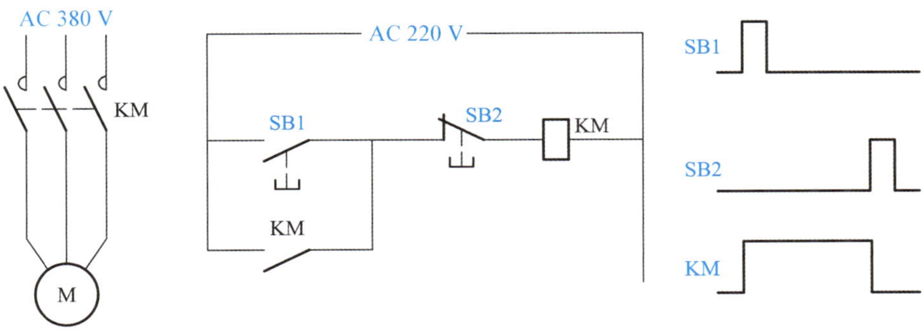

(a) 主电路　　(b) 控制电路　　(c) 波形图

图 1-11　用交流接触器控制三相异步电动机运行

三相异步电动机的运行状态和 PLC 的工作状态一样，均存在两种基本的工作状态，即运行(RUN)状态和停止(STOP)状态。在运行(RUN)状态，PLC 通过执行反映控制要求的用户程序来实现控制功能。同时，为了能使 PLC 的输出状态及时地反映随时可能发生变化的输入信号，用户程序不是只执行一次，而是反复不断地重复执行，直到停机或切换到停止(STOP)状态。

当 PLC 处于停止(STOP)状态时，只执行以上的停机操作；而 PLC 处于运行(RUN)状态时，还要完成另外三个阶段的操作。在 PLC 的内部寄存器中，设置了一定数量的用来存放输入信号和输出信号状态的寄存器，分别称为输入映像寄存器和输出映像寄存器。PLC 梯形图中的编程元件也有对应的映像存储区域，它们统称为映像寄存器。

图片 PLC的工作原理

用户程序执行过程按其工作目标不同，按如图 1-12 所示三个阶段进行。

(1) 输入处理阶段

PLC 把外部输入信号的通断(ON/OFF)状态读入到输入映像寄存器中。当进入程序执行阶段后，不论外部输入信号的状态发生什么变化，输入映像寄存器的状态都将被锁定不变，外部输入信号变化后的状态只能在下一个扫描周期的输入处理阶段被读入。

图片 用户程序执行过程示意图

(2) 程序执行阶段

PLC 的用户程序由若干条指令组成，指令按步序号顺序排列存放在存储器中。在没有跳转指令时，CPU 只能从第一条指令开始逐条顺序地执行用户程序，直到用户程序结束(END)处。在执行指令时，从输入映像寄存器或其他元件映像寄存器中将有关编程元件的通断(ON/OFF)状态读出，并按指令要求执行相应的逻辑运算，再将运算结果输入对应的元件映像寄存器中，故各编程元件的映像寄存器(输入映像寄存器除外)中的内容将随

图片 循环扫描工作方式

程序的执行过程而发生改变。

(3) 输出处理阶段

CPU 将输出映像寄存器的通断(ON/OFF)状态传送到输出锁存器中，经输出模块隔离和功率放大后驱动外部的负载。

以上所述是对图 1-10 所示的 PLC 扫描过程的进一步解释，是对图 1-11 所示三相异步电动机控制电路如何用 PLC 完成其控制功能的阐释。图 1-12 中仅画出了与用户程序执行过程有关的三个阶段。图 1-13 所示为 PLC 完成用户程序控制功能的外部接线图、I/O 映像寄存器、梯形图及时序波形图。

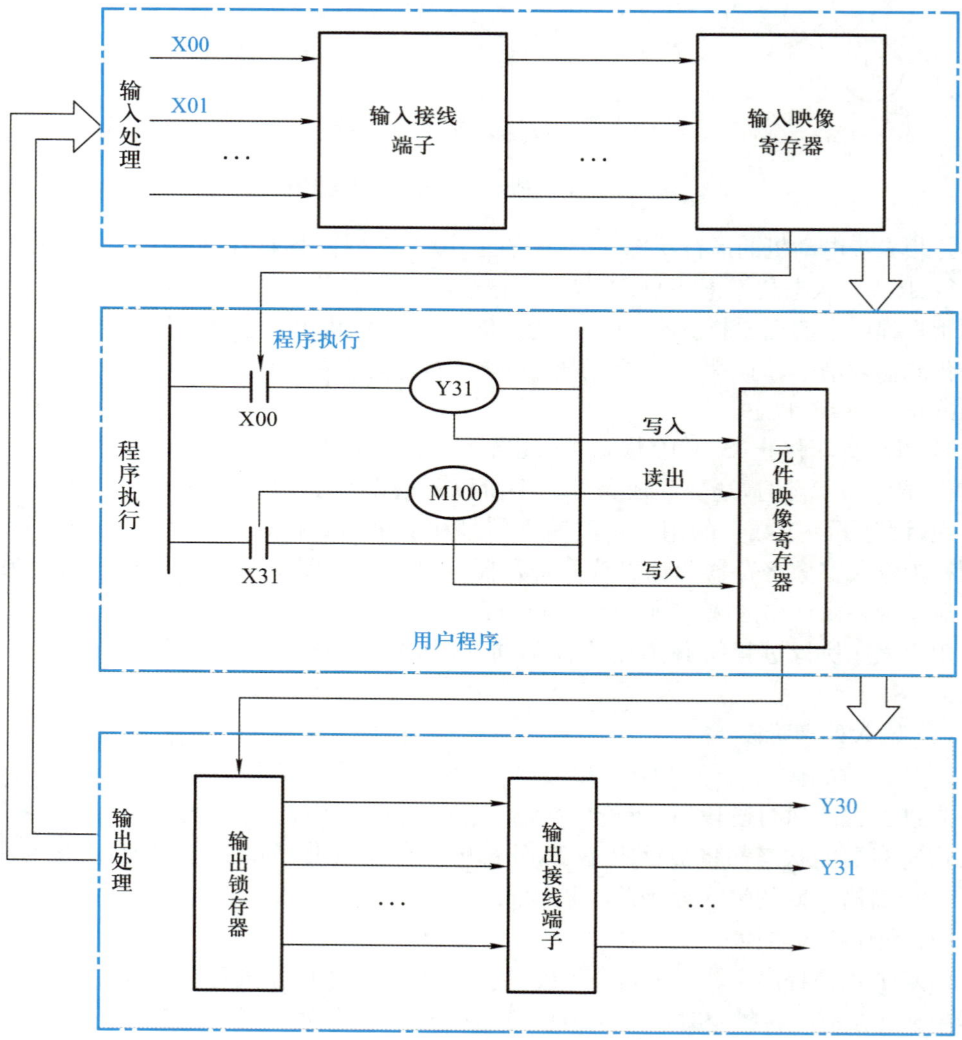

图 1-12　PLC 扫描过程示意图

图 1-13(a)是 PLC 的外部接线图，SB1 和 SB2 分别接 PLC 编号为 X00 和 X01 的输入端子，接触器 KM 线圈接 PLC 编号为 Y30 的输出端子。图 1-13(b)为 3 个输

入输出量所对应的 I/O 映像寄存器，图 1－13(c)为 PLC 的梯形图，其功能和用户继电器电路的控制功能相同，图 1－13(d)为时序波形图，反映输入输出信号变化关系。在这里值得提醒一点的是，梯形图也是一种软件，是 PLC 的图形化程序，图中 X00 等是梯形图中的编程元件，X00 与接在输入端子的动合触点 SB1 及输入映像寄存器 X00 是相互对应的。

动画

PLC决定动作的顺序和状态

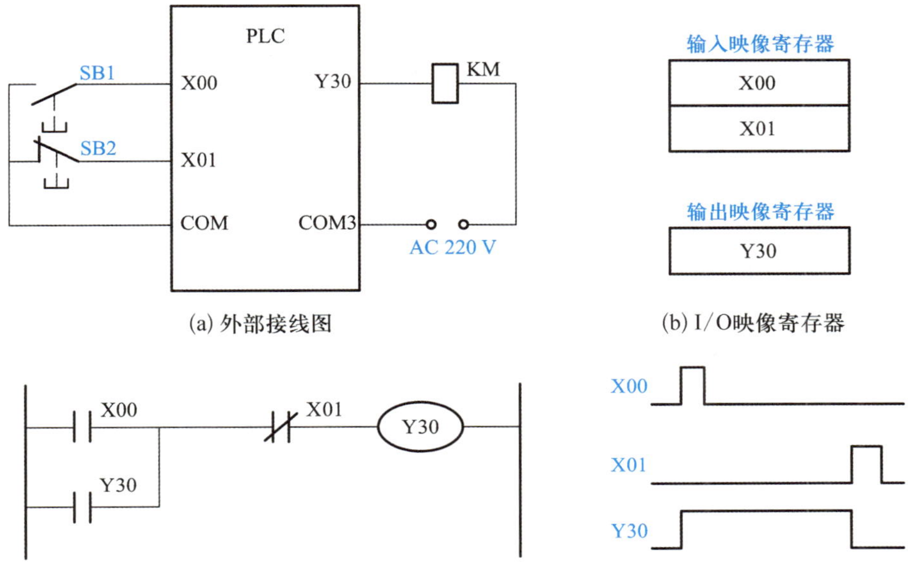

(a) 外部接线图　(b) I/O映像寄存器

(c) 梯形图　(d) 时序波形图

图 1－13　PLC 完成用户程序控制功能的外部接线图，I/O 映像寄存器、梯形图及时序波形图

1.4　PLC 的特点及应用

1.4.1　PLC 的特点

可编程控制器是实现工业自动化、智能化控制的极其重要的电子装置，具有适应工业生产环境的如下特点：

① 可靠性高，抗干扰能力强。工业生产控制设备一般将可靠性和安全性作为首选条件，其次是考虑具有很强的抗干扰能力，能在恶劣的工作环境中可靠地工作，平均故障间隔时间长，故障修复时间短。PLC 采取了一系列硬件和软件抗干扰措施，满足可靠性控制要求。

② 通用性强，适应性强。PLC 结构组成的系列化和模块化，增强了硬件配置的灵活性，可根据生产设备的控制技术参数和性能指标组合满足各种控制要求的控制系统。在硬件配置确定后，通过适当修改用户程序，可方便快捷地适应工艺条件的变化，具有很好

的柔性、通用性和可移植性，增强了 PLC 的适应性。

③ 硬件配套齐全，用户使用方便。PLC 配备有各类硬件装置供用户选用，用户不必再自己设计和制作硬件装置，只需要确定 PLC 的硬件配置和设计外部接线方案。目前，PLC 安装接线厂家均提供了各种外部接线所对应的接线端子，从而减少了设计及施工工作量。

④ 编程简单，使用方便。考虑到企业中一些电气技术人员和车间操作人员的传统读图习惯与微机应用水平，PLC 均采用继电器控制方式的“梯形图编程方式”和应用梯形图语言程序。这种直接面向用户的高级语言，操作人员只需几天的简单培训，就可以熟悉梯形图语言，编制用户应用程序。PLC 在执行梯形图语言程序时，运用解释程序将它“翻译”成汇编语言后，执行程序设计的规定操作。

⑤ 减少控制系统的设计、安装和调试工作量。PLC 采用软件功能，取代了继电器控制系统中大量使用的各类继电器，使控制柜的设计、安装、接线工作量大大减少。同时，PLC 又采用智能模块化设计，事先对各类功能化模块进行模拟调试，减少了现场调试工作量和相应的维修工作量。

⑥ 功能完善。PLC 具有数字量和模拟量的输入输出、逻辑和算术运算、定时、计数、顺序控制、功率驱动、通信、人机对话、自检、记录和显示等功能模块化结构，使设备控制水平大为提高，应用范围更为广泛。

⑦ 体积小、重量轻、能耗低。PLC 是专为工业控制设计的专用计算机，结构紧密、坚固，体积小，重量轻，能耗小，具有很强的抗干扰能力，易于装入机械设备内部，为实现“机电一体化”的较为理想的控制设备。

鉴于 PLC 具备以上特点，实现了微型计算机技术与继电器控制技术的良好融合，随着 DDC（直接数字控制）技术的加入，更加增强了与监控计算机的联网功能，可为传统机械产品的改造和升级提供核心控制部件。

1.4.2　PLC 的应用

PLC 在冶金、矿业、石化、电力、机械、交通、运输、环保、检测、智能化电梯和文化娱乐等领域得到广泛应用，随着 PLC 性能价格比的不断提高，PLC 将逐步取代专用计算机占领的领域，使 PLC 的应用范围不断扩大。目前，PLC 的应用范围大致可以分为五大类型：顺序控制、运动控制、过程控制、数据处理、通信网络。

文本

PLC的基本功能

（1）顺序控制

顺序控制是 PLC 应用最基本、最广泛的领域，取代传统的继电器顺序控制系统，常用于单台电动机控制、多机群控制和自动生产线控制。例如，机床电气控制，铸造机械控制，包装、印刷机械控制，电镀生产线，啤酒、饮料灌装生产线，汽车装配生产线，电视机、电冰箱、洗衣机生产线和电梯控制等。

（2）运动控制

运动控制是 PLC 用于直线运动或圆周运动的控制，许多 PLC 制造商已提供拖动步进电动机或伺服电动机的单轴或多轴位置控制模块。在多数情况下，PLC 能把描述目标位置的数据传送给模块，模块移动一轴或数轴到目标位置，当每个轴移动时，位置控制模块能保持适当的速度和加速度，确保运动的平滑性。位置控制模块比计算机数值控制(CNC)装置具有体积更小、价格更低、速度更快、操作更方便等优点，而被广泛地应用于各种机械，如金属切削机床、金属成形机械、装配机械、机器人视觉系统和智能化电梯控制等。

（3）过程控制

过程控制是指 PLC 对温度、压力、流量、速度、转速、电压、电流等连续变化的模拟量实现闭环控制。例如，PLC 通过模拟量 I/O 模块，实现模拟量和数字量之间的 A/D、D/A 转换，并对模拟量进行 PID 闭环控制。目前大、中型 PLC 一般都采用 PID 闭环控制功能，这一功能可以用 PID 子程序完成，也可以用专用的智能 PID 模块代替。PLC 的模拟量 PID 闭环控制功能已被广泛地应用于塑料挤压成形机、加热炉、热处理炉和锅炉等控制，现正推广应用于化工、电力、航运、交通等行业。

（4）数据处理

动画

称重式料位计

PLC 具备各类数字运算（包括矩阵运算、函数运算、逻辑运算等）、数据传递、转换、排序、查表和位操作等功能，按要求完成数据采集、分析和处理，并将结果与存储在存储器中的参数值进行比较，或通过通信设备传送到别的智能装置，或将它们打印和制表。数据处理一般用于大、中型自动控制系统，如柔性制造系统、过程控制系统和机器人的控制系统。

（5）通信网络

PLC 通信网络包括 PLC 之间的通信、PLC 与其他智能化控制设备之间的通信等。PLC 和计算机均具有 RS-232 接口，可用双绞线、同轴电缆或光缆实现互联，达到信息的交换，构成“集中管理、分散控制”的分布式控制系统。目前，PLC 与 PLC 之间的网络通信是各厂家专用，尚缺乏通用性和可移植性，对于 PLC 与计算机之间的网络通信，有一些 PLC 厂家在考虑采用工业标准总线和逐步向标准通信协议(MAP)靠拢。

当然，并不是所有 PLC 均具备上述全部应用领域的功能，有些小型 PLC 只具备上述部分应用领域的功能，但其价格也要相对低得多。

技能训练 1

FX 系列 PLC 安装认识训练

一、目的

1. 认识学校实训室内 FX 系列 PLC 实训平台和硬件的组成、分布及其型号。
2. 熟悉 FX 系列 PLC 各部件的组成方位及其连接方法。
3. 熟悉 FX 系列 PLC 的使用方法和注意事项。

二、器材

序号	器　　材	数　量
1	FX 系列 PLC 实训平台	1 套
2	连接电缆	若干条
3	信号指示灯	1 只

三、步骤

第 1 步：仔细观察实训平台，绘制 FX 系列 PLC 硬件分布方位的示意图，并将其设备型号与数量填写在下表中。

序号	硬 件 名 称	硬件设备型号	数　量	备注(作用)
1				
2				
3				
4				
5				
6				
7				
8				

第 2 步：根据实训平台硬件分布，绘制 FX 系列 PLC 硬件结构之间的连接示意框图，并标注连接电缆的型号。

硬件连接示意框图：

第 3 步：在实训教师指导下，绘制一个日常照明电路灯(或信号灯)控制电路，并在实训平台上搭建其控制电路，并做好如下记录。

日常照明电路图：

实训平台上搭建的控制电路：

实验观察结果：

第 4 步：根据本次实训过程，撰写一篇 300～500 字的体会。

1.5　PLC 与其他工业控制系统的比较

1.5.1　PLC 与微型计算机的比较

从微型计算机应用范围来说，微型计算机是通用机，PLC 是专用机；微型计算机是在计算机与大规模集成电路基础上发展起来的，具有运算速度快、处理功能强、应用范围广等特点，PLC 是为工业控制环境而设计的专用机，通过选配不同模块以适应各种工业控制系统的需要，它们主要差异如下：

① PLC 抗干扰性能比微型计算机高。

② PLC 编程比微型计算机简单，易学易用。

③ PLC 设计调试周期短。

④ PLC 输入输出响应速度慢，滞后现象明显（一般为 ms 数量级），而微型计算机响应速度快（一般为 μs 数量级）。

⑤ PLC 易操作、易维修，人员培训时间短；而微型计算机操作、维修较困难，人员培训时间长。

今后，随着微电子技术和微型计算机技术在 PLC 领域的广泛应用，功能将不断完善、增强；同时，微型计算机也不断向可靠性高、耐用性强与便于维修等方向发展，两者相互渗透程度越来越强，差异越来越小。

1.5.2　PLC 与继电器控制系统的比较

传统继电器控制系统只能进行开关量的控制，PLC 采用微电子技术和计算机技术，可进行开关量和模拟量的控制，能与计算机联机实现分级控制。特别是 PLC 的指令系统采用梯形图语言，与继电器控制系统的原理图具有相似性，并沿用了继电器控制电路的元件符号，两者具有许多相似之处，它们的主要区别如下：

① 组成器件不同。继电器控制电路由许多硬件继电器组成；PLC 由许多“软件继电器”组成，通过对存储器的触发器置“1”或置“0”实现用户控制功能。

② 触点数量不同。继电器的触点数有限，一般只有 4～8 对；软件继电器的触点数为无限，触发器的状态可以取用任意次。

③ 控制方法不同。继电器控制系统通过元件之间的硬接线实现，功能专一，缺乏灵活性，体积庞大，安装维修不方便；PLC 控制功能通过软件编程完成，功能调整和改变容易、便捷，控制灵活。

④ 工作方式不同。继电器控制系统中，接通电源时，电路中各继电器均处于受制约状态，工作方式是并行的；而在 PLC 梯形图中，各软件继电器均处于周期性循环扫描接通状态，工作方式是串行的。

1.5.3　PLC 与单片机、单板机控制系统的比较

PLC 具有逻辑运算、数值运算、闭路调节功能，增加了模拟量控制功能，通过选配各种智能化模块构成网络系统，实行分级控制。单板机开发能力弱、功能有限，而单片机的 CPU 只有一片集成电路，不能直接用于工业控制，还需加设 I/O 接口电路，用户必须完成大量的硬件设计和制作工作。

思考与练习

1-1　PLC 技术的发展趋势是什么？

1-2　构成 PLC 的主要部件有哪几个？各部件的主要作用是什么？

1-3　简述 PLC 工作时的一个完整扫描周期过程。

1-4　简述 PLC 的工作原理。

1-5　PLC 为什么会有很高的可靠性？为了保证 PLC 运行的可靠性，采取了哪些抗干扰措施？

1-6　与传统继电器控制系统相比，PLC 主要有什么优点？

1-7　两台 PLC 型号分别为 FX3U-16MT/ES、FX3U-48MR/DSS，试解读其型号含义及主要性能指标。

1-8　阅读 FX3U-48MR 基本单元的安装接线端子分布示意图并简述安装使用时注意事项。

模块 2 可编程控制器指令系统

学习目标

知识目标

1. 了解 PLC 功能图、步进梯形图等常用编程语言。

2. 熟悉 FX3U 系列 PLC 基本性能、内部继电器及其功能。

3. 掌握 FX3U 系列 PLC 无条件件顺序、特定功能、控制操作、有条件件顺序等 4 种基本逻辑指令和步进指令基本格式及其编程方法。

能力目标

1. 能绘制和阅读功能图、步进梯形图。

2. 能设计三相异步电动机单向运行、正反转连续运行，以及双作用气缸连续往返运行等 5 个技能训练电路。

3. 能完成 PLC 选择、I/O 地址分配、功能图或步进梯形图绘制、控制程序编写与调试等。

素质目标

1. 培养基本编程能力。

2. 培养 PLC 编程专业人员基本岗位能力和基本职业规范。

3. 培养肩负振兴中国芯片事业重任的社会责任感。

知识要点

本模块主要阐述 PLC 常用编程语言、功能图与步进梯形图和 FX 系列 PLC 性能及内部继电器编号及功能，重点叙述 FX 系列 PLC 的无条件件顺序指令、特定功能指令、控制操作指令、有条件件顺序指令等基本逻辑指令和步进指令五个子模块的指令模式及其编程应用方法。

2.1　PLC 常用编程语言

PLC 是为工业自动化控制而研制开发的专用自动控制装置，在总体设计上尽量避开微型计算机所采用的汇编语言程序，直接采用面向生产一线的电气工程技术人员及操作维修人员，面向生产控制过程，面向控制对象的“自然语言”编写控制程序。这些自然编程语言有梯形图(ladder diagram)、功能块图(function block diagram)、指令表(instruction list)、高级语言、顺序功能图五种，如图 2-1 所示。下面简单地介绍几种常用的编程语言。

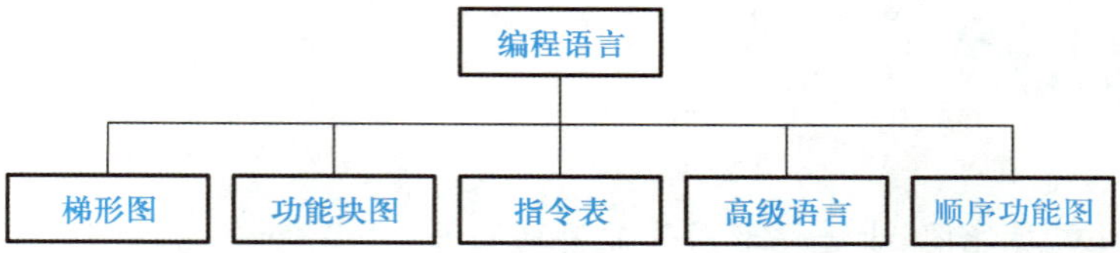

图 2-1　PLC 几种常见编程语言

2.1.1　梯形图

梯形图是一种图形语言，它沿用继电器的触点、线圈、串并联等术语及其图形符号，并增加一些继电器控制系统没有的控制电气符号。梯形图具有简洁、形象、直观、易于被熟悉继电器控制系统的电气工程技术人员所掌握等优点，被广泛地运用于工业控制领域，且被厂家作为第一编程语言设计，有时将梯形图称为电路或程序，把梯形图的设计称为编程。图 2-2(a)所示为某一控制系统的梯形图程序。

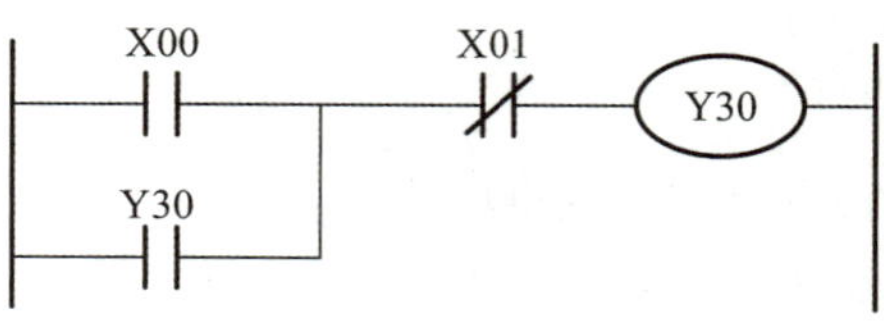

(a) 梯形图

步序	指令助记符	作用器件编号
0	LD	X00
1	OR	Y30
2	ANI	X01
3	OUT	Y30

(b) 指令表程序

图 2-2　梯形图及指令表程序

2.1.2　指令表

指令表就是助记符语言，用来表示 PLC 的各种操作功能。有的厂家将指令称为语句，由两条及以上的指令集合称为指令表，由若干条指令组成的指令表称为指令表程序，简称程序。通常一条指令由“指令助记符+作用器件编号”两部分组成，图 2-2(b)所示为某一指令表程序。从图中可以看出，指令表较难阅读，其逻辑关系也很难一眼看出，所以在设计时一般使用梯形图配合指令表共同完成编程。这种程序表达方式编程简单，逻辑紧凑且系统化，连接范围不受限制，但也比较抽象。目前，各类规格的 PLC 均配备有指令表的编程功能，故也是这种编程语言应用很广的重要原因。

2.1.3 其他编程语言

1. 功能块图

功能块图是一种类似于用布尔逻辑代数的图形符号“与门”“或门”“非门”来表示控制逻辑运算关系的编程语言，该编程语言适合于有数字电路基础的编程人员使用，这种表示控制逻辑关系的功能块图，又称逻辑功能图。功能块图的左侧为逻辑运算的输入变量，右侧为输出变量，输入输出端的小圆圈表示“非”运算，信号自左向右流动，对应于图 2-2 控制系统的功能块图如图 2-3 所示。因此，若有一定的数字电路基础，该编程语言很容易掌握。

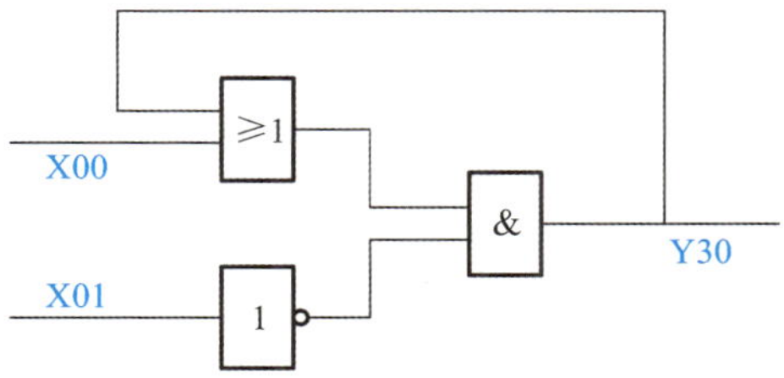

图 2-3 功能块图

根据数字电路，图 2-3 的逻辑方程式为

$$Y30=(X00+Y30)\cdot\overline{X01}$$

式中，X 表示输入变量，Y 表示输出变量，数字表示对应的继电器地址编号。

2. 高级语言

随着 PLC 技术的迅速发展，应用范围的日益扩大，若在 PLC 许多高智能化功能上仍然采用梯形图、功能块图等方式表示，显得极为不方便和繁琐。为了增强 PLC 的运算、数据处理、PID 调节、图形显示、报表打印等功能，方便用户更广泛地应用，许多大、中型 PLC 均配备有 BASIC、PASCAL、C 等高级编程语言。

目前，各 PLC 生产厂家基本上同时配套两种或两种以上的编程语言，且同时提供梯形图语言和指令表语言的占绝大多数，虽然各厂家生产的 PLC 型号不同，其梯形图语言、指令表语言各异，使用的表述符号也不尽相同，但它们的编程原理和方法却是一致的。

2.2 PLC 的顺序功能图与步进梯形图

2.2.1 顺序功能图

PLC 的顺序功能图俗称顺序功能流程图（简称 SFC），通称功能图，是采用功能块来表示模块所具有的功能，它是一种编程语言，不同的功能模块代表不同的功能，它有若干个输入端和输出端，通过软连接方式分别连接到所需要的端子上，完成所需的运算或控制功能。功能图适合于过程控制应用。PLC 顺序功能图绘制是按照生产工艺预先规定的流程，在各个输入信号作用下，根据内部状态和时间顺序，使生产过程中各个执行机构自动而有序地进行工作。

1. 顺序功能图的概念

顺序功能图是描述控制系统的控制过程、功能和特性的一种顺序控制图形，是反映编制顺序控制程序的基本算法。顺序功能图又称转移图、状态图或流程图。

顺序功能图主要由步、转换（十）、转换条件（十旁边的文字条件）、有向连线（—）和动作（或命令）五大部分组成。其中：

“步”用矩形框表示，反映一个编程元件应该完成的基本操作，元件编号通常用作步的编号。步与步之间用有向连线连接，并用转换将各步分隔，当相邻两步之间的转换条件得到满足时，则上一步的动作结束，下一步动作开始。

“转换”用与有向连线垂直的短线“十”表示，“转换条件”用数字、文字、图形、符号等标注在短线的旁边。

“动作”用矩形框中的文字或数字表示，且与相应的步的符号相连，如动作 A、动作 B 等。

有向连线无箭头方向时，规定进展方向为从上到下或从左到右，否则需用箭头标注出进展方向。

同步实现用有向连线或双水平线“══”表示，用于转换的前级步或后级步的控制动作可能为一个，也可能有多个。

2. 顺序功能图的基本结构

顺序功能图的基本结构有单序列、选择序列和并行序列三大类，它们是组成顺序功能图的基本结构模式。

单序列由一系列相继被激活的步组成，每一步的后面仅接有一个转换，且每一个转换后面只有一个步，如图 2-4(a)所示。

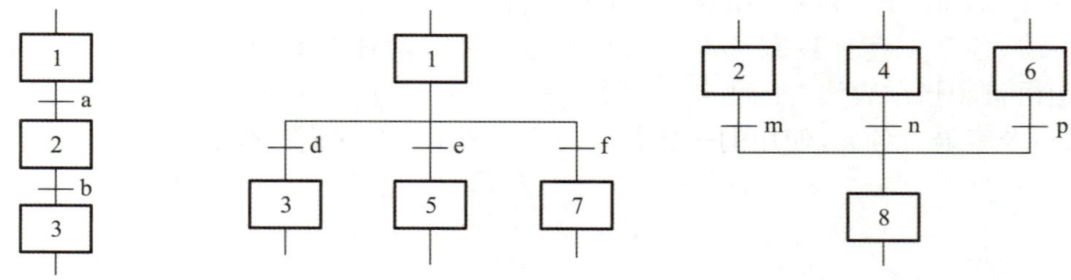

(a) 单序列　(b) 选择序列的开始分支　(c) 选择序列的结束合并

图 2-4　单序列和选择序列结构模式

选择序列有开始分支和结束合并两种结构模式。开始分支是根据转换条件成立与否，确定操作其中一个序列的动作，如图 2-4(b)所示。结束合并是根据转换条件，用重新组合的方式将几个序列合并到一个公共序列的动作，如图 2-4(c)所示。

并行序列和选择序列一样，也有开始分支和结束合并两种结构模式。开始分支转换条件满足或实现时，将导致几个序列同步被激活，且被激活的每个序列中动作的步的进展均为独立，如图 2-5(a)所示。结束合并转换条件实现时，前级的活动状态才能进展到后一步的活动，且前一级转为不活动，如图 2-5(b)所示。

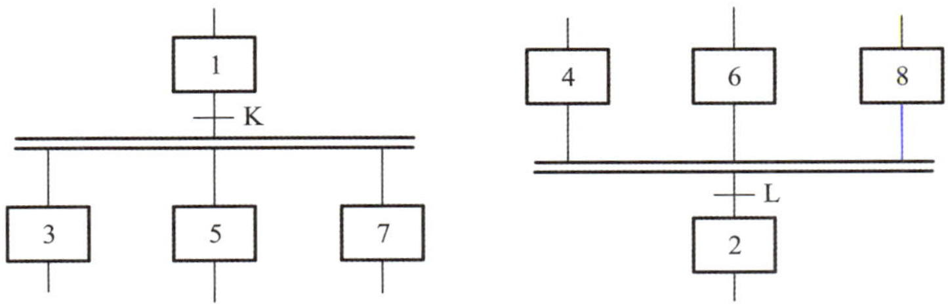

(a) 并行序列的开始分支　　(b) 并行序列的结束合并

图 2-5　并行序列结构模式

3. 绘制顺序功能图的基本原则

顺序功能图的绘制就是将一个控制系统按动作先后次序分解成若干个独立的、按照生产工艺要求先后顺序执行的控制过程并用图形完整地表述出来，如图 2-6(a)所示。

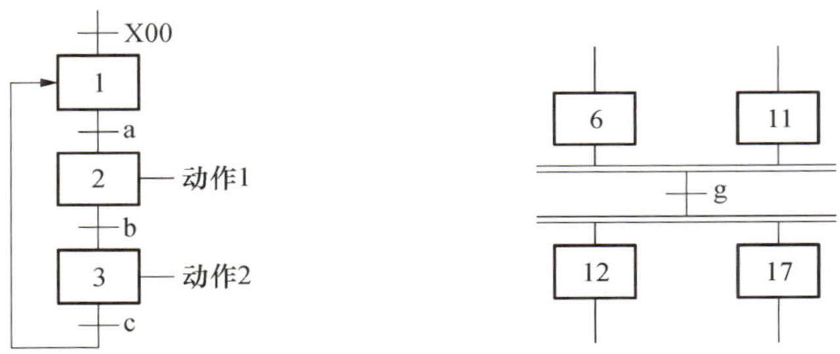

(a) 顺序功能图　　(b) 转换的同步实现

图 2-6　绘制顺序功能图

当控制信号 X00 启动后，初始状态步 1(元件 1)开始动作，若条件 a 成立则执行动作 1，否则步 2 动作；步 2 动作结束后，若条件 b 成立则执行动作 2，否则步 3 动作；步 3 动作结束后，若条件 c 成立且 X00 信号正常，则转回执行状态步 1，如此循环执行，直至控制信号 X00 消失为止。因此，正确绘制顺序功能图显得尤为重要，在绘制顺序功能图时应遵循如下基本规则：

① 转换实现必须同时满足两个条件：一是该转换所有的前级步都是活动步，如图 2-6(b)中的步 6、步 11；二是相应的转换条件得到满足，如图 2-6(b)中的条件 g 成立。如果转换的前级步或后续步不止一个，转换的实现称为同步实现，如图 2-6(b)所示。

② 转换实现时应完成两个操作：一是使所有由有向连线与转换符号相连的后续步都变为活动步；二是使所有由有向连线与转换符号相连的前续步都变为不活动步。图 2-6(b)中的 g 条件成立时，前级步 6、步 11 均转为不活动步，后续步 12、步 17 均转为活动步。

4. 绘制顺序功能图的注意事项

在绘制顺序功能图时，应注意：

① 顺序功能图中，两个步不允许直接相连，必须用一个转换将它们分隔开。

② 顺序功能图中，两个转换不能直接相连，必须用一个步将它们隔开。

③ 顺序功能图中的初始状态步一般对应于系统等待启动的初始状态，在绘图时不要遗漏这一步，如图 2-6(a)中的 X00。

④ 实际控制系统应能多次重复执行同一工艺过程，在顺序功能图中一般应由步和有向连线组成一个闭环回路，如图 2-6(a)所示。

⑤ 在顺序功能图中，只有当某一步的前级步为活动步时，该步才有可能变成活动步。

2.2.2　步进梯形图

步进梯形图(简称梯形图)是在原继电器控制系统电路图的基础上演变而来的，直观易懂，便于电气工程技术人员掌握，步进梯形图的绘制与继电器控制系统电路图的绘制一样，都有自己的一套绘制方法和应遵循的基本规则。绘制步进梯形图的基本规则如下：

① 每一个继电器的线圈及其触点均用同一个编号，每个元件的触点在使用时不受它的数量限制。

② 梯形图每一条支路(或一阶梯行)都是始于左母线的水平线，每一条支路左边是触点组合，表明是驱动线圈的条件，驱动线圈接在右母线上(右母线可省略不画)，注意触点不能接在线圈右边，如图 2-7(a)所示。

(a) 触点不能接在线圈右边

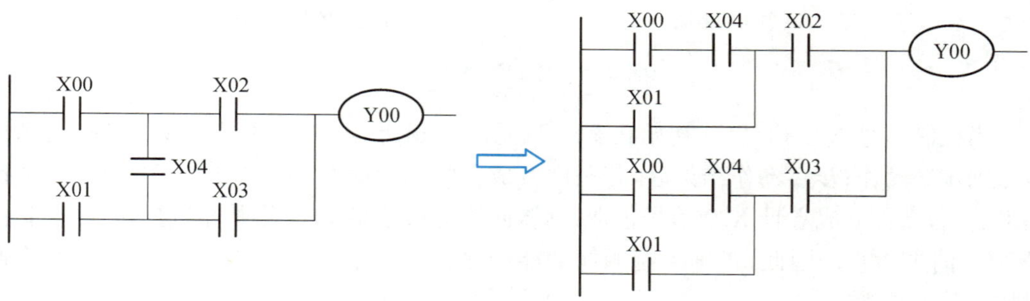

(b) 各类触点不应画在竖直方向线上

图 2-7　触点与线圈的连接方式

③ 各类触点应画在水平方向线上，不应画在竖直方向线上，如图 2-7(b)所示，图中触点 X04 与其他触点之间的联系不是独立的一条支路，类似于一个桥式电路，则必须按从左到右、从上到下的单向性准则，画出全部的独立阶梯行。

④ 在串联块并联时，则将触点多的并联支路放在梯形图上方的一条支路(即上重下轻原则)，如图 2-8(a)所示；在并联块串联时，则将触点多的支路放在梯形图靠近左母线方(即左重右轻原则)，如图 2-8(b)所示。采用这种方式绘制的梯形图，使程序编写思路清晰、简练，缩减了指令执行时的扫描时间。

⑤ 不能用双线圈输出。若在同一个梯形图中，同一组件的工作线圈运用两次或两次

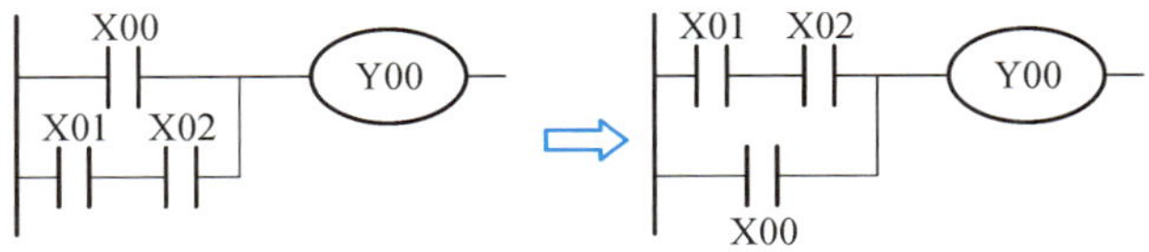

(a) 上重下轻原则

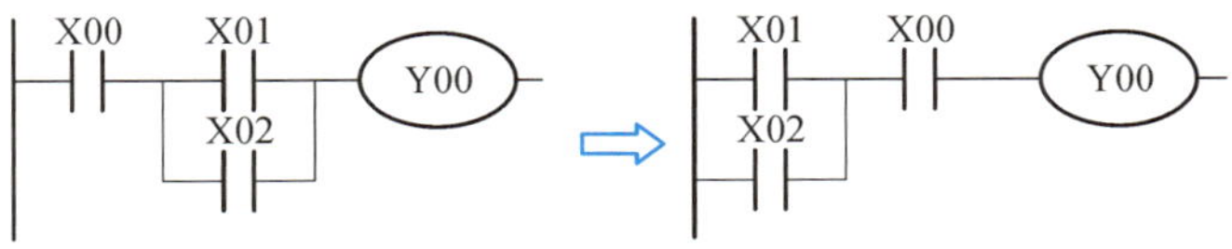

(b) 左重右轻原则

图 2-8　上重下轻原则与左重右轻原则

以上，则称为双线圈输出或线圈重复运用。双线圈输出是梯形图初学者易犯的错误之一。在双线圈输出时，只有最后一次输出的线圈有效，其前面线圈的多数输出都是无效的，这是由 PLC 中 CPU 循环扫描特性所决定的。

⑥ 在步进梯形图中不能存在有电流流动的寄生电流回路，只允许从左到右的单方向能流。例如，桥式电路、星形电路、三角形电路等易产生寄生电流的回路。

⑦ 在步进梯形图中串并联触点的数量在理论上讲不受限制，但因受到屏幕尺寸的制约，可采用中间继电器将超限的大块程序分成若干子程序块，然后由各子程序块的触点按原逻辑关系进行重新连接。

2.3　FX3U 系列 PLC 性能简介

当前 PLC 生产厂家很多，型号、规格和品种繁多，尤其是每一个生产厂家都有自己的设计特点和特定的指令系统，从而导致不同规格产品和厂商之间技术性能指标的差异。例如，日本三菱公司 FX 系列小型号 PLC 将 CPU 和输入输出集成一体，为客户提供了多种可选的不同型号 PLC，其中，FX1S、FX1N、FX2N、FX3U 是 FX 系列 PLC 的四种基本类型。本书主要介绍 FX3U 系列 PLC 的主要性能指标，其他型号 PLC 的性能指标基本上被 FX3U 系列 PLC 所兼容。

2.3.1　FX 系列的基本单元、扩展单元和扩展模块

FX 系列 PLC 是日本三菱公司推出的一种高性能小型整体式 PLC。它由基本单元、扩展单元、扩展模块和特殊功能适配器组成。FX3U 系统配置 I/O 的最多点数为 384，通过增设扩展模块，既可用于只增加输入点数，又可用于只增加输出点数，改变系统输入输出点数比例，以满足不同控制系统的具体控制要求。FX3U 输出电路有继电器型、晶闸管型和晶体管型三种，其基本单元、扩展单元和扩展模块可根据用户实际需要，分别选择不同的输出方式，见表 2-1 和表 2-2。

表 2-1　基本单元

产品系列及类型				FX3U 系列 PLC 基本单元输出方式		
电源方式	I/O点数	输入点数	输出点数	继电器输出	晶闸管输出	晶体管输出
AC 电源，DC 输入	16	8	8	FX3U-16MR/ES-A	—	FX3U-16MT/ES-A
	16	8	8	—	—	FX3U-16MT/ESS
	32	16	16	FX3U-32MR/ES-A	FX3U-32MS/ES	FX3U-32MT/ES-A
	32	16	16	—	—	FX3U-32MT/ESS
	48	24	24	FX3U-48MR/ES-A	—	FX3U-48MT/ES-A
	48	24	24	—	—	FX3U-48MT/ESS
	64	32	32	FX3U-64MR/ES-A	FX3U-64MS/ES	FX3U-64MT/ES-A
	64	32	32	—	—	FX3U-64MT/ESS
	80	40	40	FX3U-80MR/ES-A	—	FX3U-80MT/ES-A
	80	40	40	—	—	FX3U-80MT/ESS
	128	64	64	FX3U-128MR/ES-A	—	FX3U-128MT/ES-A
	128	64	64	—	—	FX3U-128MT/ESS
AC 电源，AC 输入	32	16	16	—	—	—
	64	32	32	—	—	—
DC 电源，DC 输入	16	8	8	FX3U-16MR/DS	—	FX3U-16MT/DS
	16	8	8	—	—	FX3U-16MT/DSS
	32	16	16	FX3U-32MR/DS	—	FX3U-32MT/DS
	32	16	16	—	—	FX3U-32MT/DSS
	48	24	24	FX3U-48MR/DS	—	FX3U-48MT/DS
	48	24	24	—	—	FX3U-48MT/DSS
	64	32	32	FX3U-64MR/DS	—	FX3U-64MT/DS
	64	32	32	—	—	FX3U-64MT/DSS
	80	40	40	FX3U-80MR/DS	—	FX3U-80MT/DS
	80	40	40	—	—	FX3U-80MT/DSS

表 2-2　扩展单元与扩展模块

类别	I/O 点数			输出方式			电源方式
	总点数	输入点数	输出点数	继电器输出	晶闸管输出	晶体管输出	
扩展单元	32	16	16	FX3U-32ER	FX3U-32ES	FX3U-32ET	AC 电源，DC 输入
	48	24	24	FX3U-48ER	—	FX3U-48ET	
	48	24	24	FX3U-48ER-D	—	FX3U-48ET-D	DC 电源，DC 输入
	48	24	24	FX3U-48ER-UA1/UL	—	—	AC 电源，DC 输入
扩展模块	8	4	4	—	—	—	DC 24 V
	8	8	0	—	—	—	
	8	8	0	—	—	—	AC 100 V
	8	0	8	FX3U-8EYR	FX3U-8EYS	FX3U-16EYT	
	16	16	0	—	—	—	DC 24 V
	16	0	16	FX3U-16EYR	FX3U-16EYS	—	—
	16	16	0	—	—	—	DC 24 V
	16	16	0	—	—	—	DC 5 V
	16	16	0	—	FX3U-16EYS-C	—	—

注：1. FX3U 扩展单元与扩展模块的区别是扩展模块内部不含电源，工作时需由外部基本单元或扩展单元向其提供电源；

2. 扩展单元与扩展模块主要扩展 I/O 点数，内无 CPU，需要和基本单元组合在一起才能工作；

3. 扩展单元 I/O 点数有 32 和 48 两种规格，而扩展模块提供 I/O 点数也只有 8 和 16 两种规格。

2.3.2　FX3U 系列 PLC 的性能指标

FX3U 系列 PLC 的性能指标包括一般技术指标、基本性能指标和输出技术指标三大类，其中，FX3U 系列 PLC 一般技术指标见表 2-3，FX 系列 PLC 基本性能指标见表 2-4，FX3U 系列 PLC 输出技术指标见表 2-5。

表 2-3　FX3U 系列 PLC 一般技术指标

项　目	技　术　指　标
电　源	AC 100～110 V/200～220 V，−10%～+15%，50/60 Hz 单相电源，可瞬时失效 10 ms
环境温度	0～55 ℃
环境湿度	45%～85%RH(无凝露)
防震性能	JIS C0911 标准，10～55 Hz，0.5 mm(最大 2g，3 轴向各 2 次)
防冲击性能	JIS C0911 标准，(10g，3 轴向各 3 次)
抗噪声能力	1 000 V(峰峰值)，1 μs，30～100 Hz (噪声模拟器)
绝缘耐压	AC 1 500 V，1 min(接地端与其他端子间)
绝缘电阻	5 MΩ，DC 500 V(接地端与其他端子间)
接地电阻	小于 100 Ω(如接地有困难，可以不接地)
其　他	无腐蚀性气体，无导电粉末、微粒

表 2-4　FX 系列 PLC 基本性能指标

<table>
<tr><th colspan="2">项　目</th><th colspan="3">性　能　指　标</th></tr>
<tr><td colspan="2">操作控制方式</td><td colspan="3">反复扫描程序，由逻辑控制器进行</td></tr>
<tr><td colspan="2">I/O 刷新方式</td><td colspan="3">批处理方式(执行成批刷新)，有直接 I/O 指令及输入滤波器时间常数调整指令</td></tr>
<tr><td colspan="2">操作处理时间</td><td>基本指令：FX2N 为 0.08 μs/步；FX3U 为 0.65 μs/步</td><td colspan="2">功能指令：1.52 μs/步～几百微秒/步</td></tr>
<tr><td colspan="2">编程语言</td><td colspan="3">继电器符号语言(梯形图+步进顺序控制方式)，可用 SFC 方式编程</td></tr>
<tr><td colspan="2" rowspan="2">程序容量/
存储器类型</td><td>2 000 步 RAM(标准配置)</td><td colspan="2" rowspan="2">FX3U：8 000～64 000 步 RAM
FX2N：2 000～16 000 步 RAM</td></tr>
<tr><td>4 000 步 EEPROM 卡盒(适配)
8 000 步 RAM、EEPROM、EPROM 卡盒(适配)</td></tr>
<tr><td colspan="2">指令数</td><td>FX2N：基本逻辑指令 20 条，步进顺序控制指令 2 条，功能指令 87 条</td><td colspan="2">FX3U：基本逻辑指令 29 条，步进顺序控制指令 2 条，功能指令 209 条</td></tr>
<tr><td colspan="2">输入继电器</td><td>DC 24 V/7 mA，光电隔离</td><td>X00～X177(八进制)</td><td rowspan="4">I/O 点数一共 256 点且 FX3U 有漏型和源型两种接线方式</td></tr>
<tr><td rowspan="3">输出继电器</td><td>继电器</td><td>AC 250 V，DC 30 V，2 A(电阻负载)</td><td rowspan="3">Y00～Y177(八进制)</td></tr>
<tr><td>双向晶闸管</td><td>AC 242 V，0.3 A/点，0.8 A/4 点</td></tr>
<tr><td>晶体管</td><td>DC 30 V，0.5 A/点，0.8 A/4 点</td></tr>
</table>

续　表

项目		性能指标				
辅助继电器	通用型				M0～M499(500 点)	范围可通过参数设置改变
	锁存型	电池后备			M500～M1023(524 点)	
	特殊型				M8000～M8255(256 点)	
状态寄存器	初　始	用于初始状态			S0～S9(10 点)	
	通　用				S10～S499(490 点)	范围可通过参数设置改变
	保　持	电池后备			S500～S899(400 点)	
	报警用	电池后备			S900～S999(100 点)	
定时器	100 ms	0.1～3 276.7 s			T0～T199(200 点)	
	10 ms	0.01～327.67 s			T200～T245(46 点)	
	1 ms(积算)	0.001～32.767 s		电池后备(保持)	T246～T249(4 点)	
	100 ms(积算)	0.1～3 276.7 s			T250～T255(6 点)	
计数器	加计数器	16 bit,1～32 767		通用型	C0～C99(100 点)	范围可通过参数设置改变
				电池后备	C100～C199(100 点)	
	加/减计数器	32 bit,−2 147 483 648～2 147 483 647		通用型	C200～C219(20 点)	
				电池后备	C220～C234(15 点)	
	高速计数器	32 bit 加/减计数		电池后备	C235～C255(21 点)(单相计数)	
数据寄存器	通用数据寄存器	16 bit	一对处理 32 bit	通用型	D0～D199(200 点)	范围可通过参数设置改变
		16 bit		电池后备	D200～D511(312 点)	
	特殊寄存器	16 bit			D8000～D8255(256 点)	
	文件寄存器	16 bit			D1000～D7999(7 000 点),范围可通过参数设置改变	
	变址寄存器	16 bit(存于程序中),电池后备			FX3U：V0～V7、Z0～Z7(16 点)	
指针	跳转/调用				FX2N：P0～P63(64 点) FX3U：P0～P127(128 点)	
	中断	X00～X05 作中断输入,计数器中断			FX2N：I0□□～I8□□(9 点) FX3U：I0～I14(15 点)	

续　表

项　目	性　能　指　标	
嵌套标志	主控线路用	N0～N7(8 点)
常　数	十进制(K)	16 bit：－32 768～3 276 7 32 bit：－2 147 483 648～2 147 483 647
	十六进制(H)	16 bit：0～FFFFH 32 bit：0～FFFFFFFFH

表 2-5　FX3U 系列 PLC 输出技术指标

项　目		继电器输出	双向晶闸管输出	晶体管输出
外部电源		AC 250 V,DC 30 V 以下	AC 85～242 V	DC 5～30 V
最大负载	电阻负载	2 A/点	0.3 A/点,0.8 A/4 点	0.5 A/点,0.8 A/4 点
	感性负载	80 V·A	15 V·A/AC 100 V,30 V·A/AC 240 V	12 W/DC 24 V
	灯负载	100 W	30 W	1.5 W/DC 24 V
开路漏电流		—	1 mA/AC 100 V,2.4 mA/AC 240 V	0.1 mA/DC 30 V
最小负载		—	0.4 V·A/AC 100 V,2.3 V·A/AC 240 V	—
响应时间	OFF→ON	约 10 ms	1 ms 以下	0.2 ms 以下
	ON→OFF	约 10 ms	最大 10 ms	0.2 ms 以下
隔离方式		继电器隔离	光电晶闸管隔离	光电耦合器隔离

2.4　FX3U 系列 PLC 内部主要元件编号及功能

2.4.1　FX3U 系列 PLC 内部主要元件编号

FX3U 系列 PLC 梯形图中编程元件的名称均由“字母＋数字”表示，它们与 PLC 内部各元件及其编号均为一一对应关系，其中：字母部分表示元件的类型，数字部分表示元件的内部分配地址编号。例如，X117、Y063，元件编号 117 和 063 用八进制数表示，在八进制数中只有 0～7 这 8 个自然数字符号，且遵循“逢八进一”的运算规则。FX3U 系列 PLC 内部主要元件的编号见表 2-6。

表 2-6　FX3U 系列 PLC 内部主要元件的编号

元件名称	符号	元件编号	点数	注　　释
输入继电器	X	00～177(八进制)	128	
输出继电器	Y	00～177(八进制)	128	
辅助继电器	M	0～1 023, 8 000～8 255	1 280	通用型共 500 点,锁存型共 524 点,特殊型共 256 点
状态寄存器	S	0～999	1 000	
定时器	T	0～245,246～255	256	10～100 ms 通用型定时器共 246 点,积算定时器共 10 点
计数器	C	0～255	256	加计数器共 200 点,加/减计数器共 35 点,高速计数器共 21 点
通用数据寄存器	D	0～511	512	
指　针	P	0～063	64	

2.4.2　FX3U 系列 PLC 内部主要元件功能

1. 输入继电器

输入继电器用于接收外部元件发来的控制信号,与输入端子相连,供编程时使用,但在编程时注意,输入继电器只能由外部信号驱动,不能在程序内部用指令驱动,其触点也不能直接输出带动负载。

2. 输出继电器

输出继电器用于将输出信号传给外部负载,具有一定的负载能力,不能直接由外部信号驱动,而只能在程序内部用指令驱动。它有继电器输出、双向晶闸管输出和晶体管输出三种结构类型。

3. 辅助继电器

辅助继电器(M0～M1023)与输出继电器一样,只能由程序驱动,而不能直接驱动外部负载,专供 PLC 内部编程时使用,其作用相当于继电器控制电路中的中间继电器。

4. 移位寄存器

移位寄存器是由相邻几个辅助继电器(M0～M1023)共同组成的,第一个辅助继电器的编号就是该移位寄存器的编号。当移位寄存器的位数不足时,可以将两个移位寄存器串联使用,组成高低位结构,利用低位溢出的数据作为高位的输入数据。

5. 特殊辅助继电器

特殊辅助继电器是指 PLC 中具有某些特定功能的辅助继电器,分为触点型(具有触点控制功能)和线圈型(具有线圈带电与失电控制输出功能)两大类,共 256 点,用于反映或设定 PLC 的某些状态,提供时钟脉冲(10 ms、100 ms、1 s 和 1 min)和状态标志,设定

PLC 的运行方式，或者用于步进顺序控制、禁止中断、设定计数器为加计数或减计数等工作状态。

特殊辅助继电器和通用辅助继电器一样，均为内部使用继电器，但前者只向用户提供使用触点，而不允许用户采用各种方式直接驱动工作线圈。

6. 状态寄存器

状态寄存器是在编制步进顺序控制程序时使用的基本单元，常与步进梯形指令配合使用。它主要用于编程过程中的初始化和电池电压监控保护。

7. 定时器

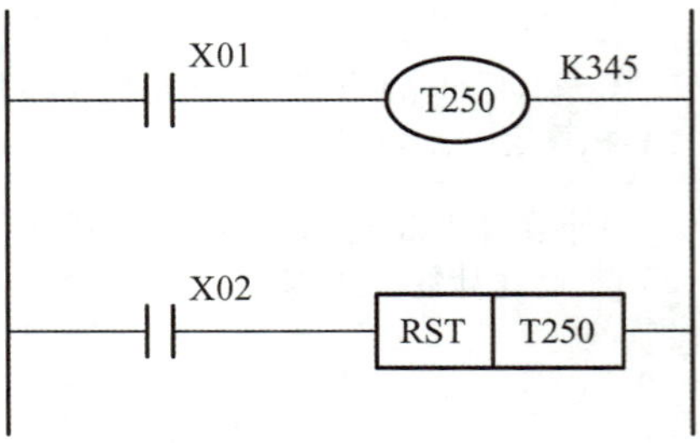

图 2-9　积算定时器功能示意图

定时器是 PLC 内部提供不同延时的触点，供用户在编程时选用或设定，它相当于继电器控制系统中的延时继电器。

非积算定时器没有功能，在线圈断电或 PLC 停电时复位，积算定时器功能示意图如图 2-9 所示，其输入触点断开时保持当前值，X01 再次复电/接通时继续定时。当累计时间为 34.5 s 时，T250 的触点动作，X02 触点接通时 T250 复位，然后又重复开始计时。

8. 计数器

计数器是 PLC 内部用于计数的设置，在编程时由用户根据设计要求，自行选定或设定。它按积算定时方式计数工作。

32 bit 加/减计数器 C200～C234 的加/减计数方式由特殊辅助继电器 M8200～M8234 设定，当对应的 M 接通时为减计数，断开时为加计数。21 点高速计数器 C235～C255 共用 PLC 的 6 个高速计数器的输入端子 X00～X05，均为 32 bit 加/减计数器，分为 1 相无启动/复位、1 相带启动/复位、2 相双向计数器和 2 相 A-B 相型计数器等四种方式。

9. 数据寄存器

数据寄存器为 16 位(最高位为符号位)，两个合并起来可构成 32 位。通用数据寄存器 D0～D511，共 512 点，用于存储运算最终结果或中间结果。特殊寄存器 D8000～D8255，共 256 点，用于监控 PLC 的运行状态，如电池电压、扫描时间、正在动作的状态编号等。

10. 指针

指针包括分支指令跳转/调用指针(即用 P0～P127 标注，共 128 点)和中断指针(共 15 点)两部分。用 P0～P127 来表示分支指令的跳转目标和中断程序的入口标号，即跳转指令(JUMP)的跳步目标和子程序调用指令(CALL)调用的子程序的标号，执行到子程序中的 SRET 指令时，返回执行主程序。

文本　FX系列PLC的型号

中断指针是用来表示某一中断程序的入口位置，用于指出某一中断源的中断入口程序标号，执行到 IRET 指令时，返回到中断指针的下一条指令。

2.5 FX3U 系列 PLC 基本逻辑指令及编程方法

FX3U 系列 PLC 的基本逻辑指令是 PLC 最基础的编程语言，虽然各种不同型号 PLC 的基本逻辑指令存在一些差异，但基本格式和表示方法有很多相似之处。为了更好地学习和掌握基本逻辑指令及其使用方法，下面以 FX2N、FX3U 系列 PLC 的基本逻辑指令为重点阐述内容(见表 2-7)，叙述重要指令的基本功能、使用说明，采用梯形图和指令表两种语言，对重要指令的编程方法和应用实例加以说明。

表 2-7 FX2N、FX3U 系列 PLC 基本逻辑指令

序号	FX3U 系列 PLC 基本指令			FX2N 系列 PLC 基本指令			可选操作元件
	指令符号(名称)	功能	梯形图示法	指令符号(名称)	功能	梯形图示法	
1	LD(取)	动合触点	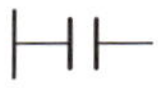	LD(取)	动合触点	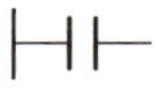	X,Y,M,T,C,S
2	LDI(取反)	动断触点		LDI(取反)	动断触点		X,Y,M,T,C,S
3	OUT(输出)	线圈驱动		OUT(输出)	线圈驱动		Y,M,T,C,S
4	LDP(取脉冲上升沿)	上升沿动合触点		—	—	—	X,Y,M,T,C,S,D
5	LDF(取脉冲下降沿)	下降沿动合触点	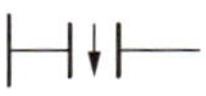	—	—	—	X,Y,M,T,C,S,D
6	AND(与)	动合触点串联	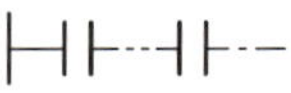	AND(与)	动合触点串联	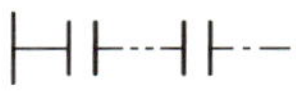	X,Y,M,T,C,S
7	ANI(与非)	动断触点串联	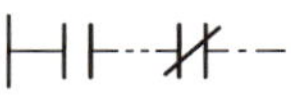	ANI(与非)	动断触点串联	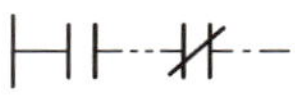	X,Y,M,T,C,S
8	ANDP(与脉冲上升沿)	上升沿串联	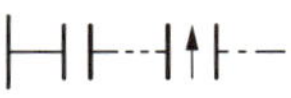	—	—	—	X,Y,M,T,C,S,D
9	ANDF(与脉冲下降沿)	下降沿串联	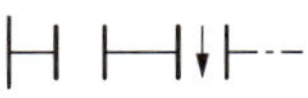	—	—	—	X,Y,M,T,C,S,D

续　表

序号	FX3U 系列 PLC 基本指令			FX2N 系列 PLC 基本指令			可选操作元件
	指令符号（名称）	功　能	梯形图示法	指令符号（名称）	功　能	梯形图示法	
10	OR(或)	动合触点并联	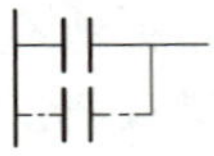	OR(或)	动合触点并联	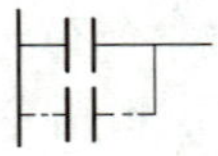	X,Y,M,T,C,S
11	ORI（或非）	动断触点并联	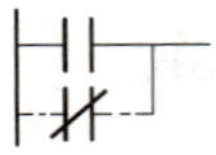	ORI（或非）	动断触点并联	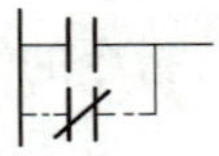	X,Y,M,T,C,S
12	ORP（或脉冲上升沿）	上升沿并联	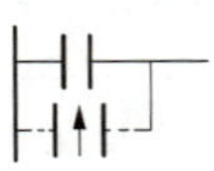	—	—	—	X, Y, M, T, C, S,D
13	ORF（或脉冲下降沿）	下降沿并联	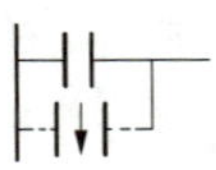	—	—	—	X, Y, M, T, C, S,D
14	ANB（块与）	电路块串联	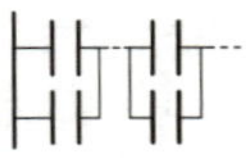	ANB（块与）	电路块串联	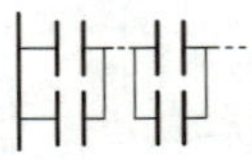	—
15	ORB（块或）	电路块并联		ORB（块或）	电路块并联	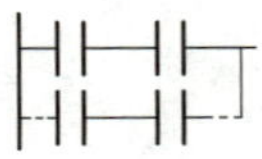	—
16	SET 或 S（置位）	线圈保持接通状态		SET 或 S（置位）	线圈保持接通	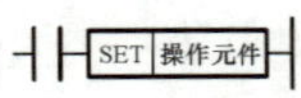	Y,M,S,T,C
17	RST 或 R（复位）	线圈解除接通状态		RST 或 R（复位）	线圈解除接通状态	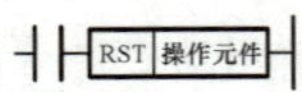	FX2N：C,S,M FX3U：Y,M,T,C,S
18	PLS（脉冲上升沿）	上升沿脉冲输出		—	—	—	Y,M
19	PLF/（脉冲下降沿）	下降沿脉冲输出		—	—	—	Y,M
20	MC(主控)	公共串联触点		MC(主控)	公共串联触点	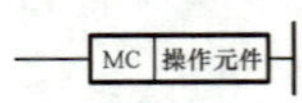	FX2N：M FX3U：Y,M
21	MCR（主控复位）	公共串联触点解除		MCR（主控复位）	公共串联触点解除		FX2N：M FX3U：Y,M

续　表

序号	FX3U 系列 PLC 基本指令			FX2N 系列 PLC 基本指令			可选操作元件
	指令符号（名称）	功　能	梯形图示法	指令符号（名称）	功　能	梯形图示法	
22	MPS（进栈）	运算进栈存储	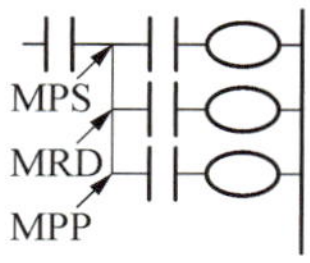	—	—	—	—
23	MRD（读栈）	存储读出		—	—	—	—
24	MPP（出栈）	存储读出和复位		—	—	—	—
25	INV（取反）	运算结果进行取反		—	—	—	—
26	MEP（运算结果上升沿触发）	上升沿控制触发	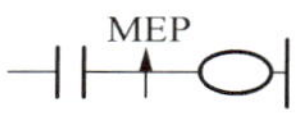	—	—	—	—
27	MEF（运算结果下降沿触发）	下降沿控制触发	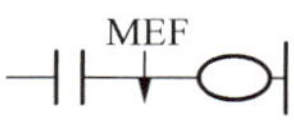	—	—	—	—
28	NOP（空操作）	无动作	—	NOP（空操作）	无动作	—	—
29	END（结束）	程序结束		END（结束）	程序结束		—
30	SFT（移位）	移位寄存器移动 1 位		SFT（移位）	移位寄存器移动 1 位		M
31	CJP（转移出去）	从主程序跳转到子程序		CJP（转移出去）	从主程序跳转到子程序		FX2N：P0～P63 FX3U：P0～P127
32	EJP（转移回来）	结束跳转返回主程序	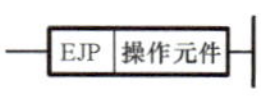	EJP（转移回来）	结束跳转返回主程序		FX2N：P0～P63 FX3U：P0～P127

注：① FX2N、FX3U 系列 PLC 典型基本指令的语句格式完全相同；
② FX3U 系列 PLC 指令增加了脉冲上升沿动作指令(脉冲 P)和脉冲下降沿动作指令(脉冲 F)；
③ MEP、MEF 指令为 FX3U 系列 PLC 专项指令。

2.5.1 无条件顺序指令

文本

基本指令

一、输入输出指令(LD、LDI、OUT)

1. 指令格式及梯形图表示方法

输入输出指令的指令格式及梯形图表示方法见表 2-8。

表 2-8 输入输出指令的指令格式及梯形图表示方法

指令符号(名称)	功 能	梯形图示法	可选操作元件
LD(取)	动合触点(与左母线相连)	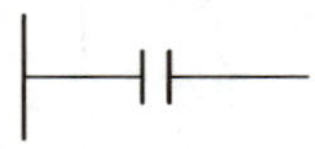	X,Y,M,T,C,S
LDI(取反)	动断触点(与左母线相连)	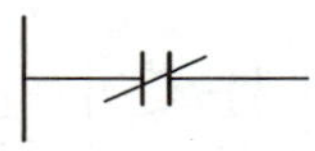	X,Y,M,T,C,S
OUT(输出)	线圈驱动	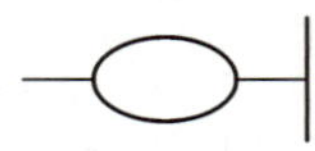	Y,M,T,C,S

2. 使用说明

① LD 和 LDI 指令用于与左母线相连的接点,也可与 ANB、ORB 配合使用,用于分支电路的起点。

② OUT 指令是线圈的驱动指令,它与右母线相连,用于输出继电器、辅助继电器、定时器、计数器、状态寄存器和功能块驱动,但不能用于输入继电器。

③ 在定时器、计数器的输出指令后面,必须设定常数 K 的值。在编程时它占一个步序。

④ 因 PLC 是以扫描方式执行程序的,双线圈并联输出时,只有最后面的一个驱动线圈有效,如图 2-10 所示。前面一个 Y30 驱动被后面一个 Y30 驱动所否定,故只有后一个 Y30 有效。

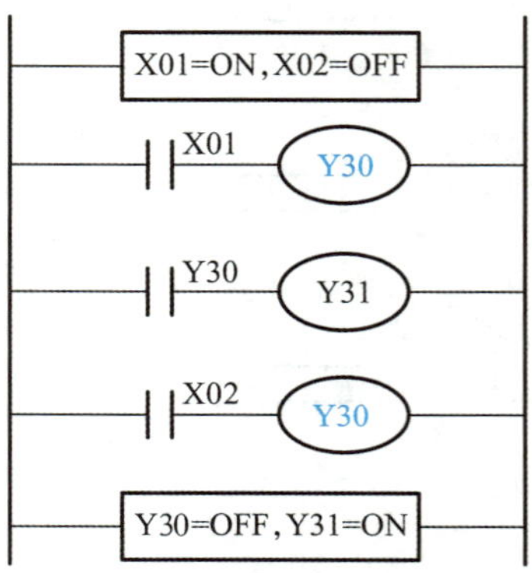

图 2-10 双线圈并联输出电路

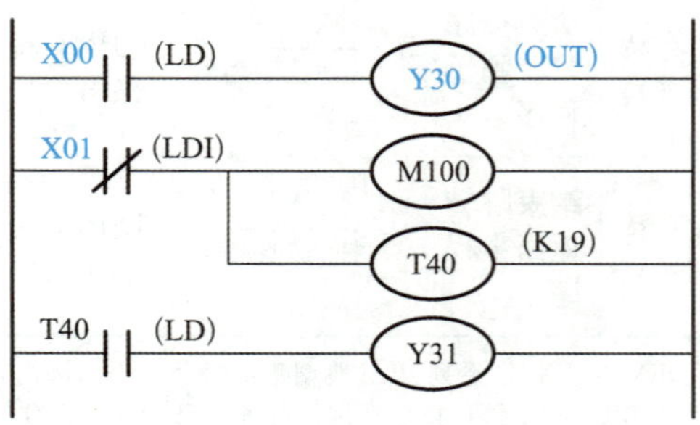

图 2-11 LD、LDI、OUT 指令的应用举例

3. 应用举例

LD、LDI、OUT 指令的应用举例如图 2-11 所示。

程序：

```
0   LD    X00     左母线连接动合触点 X00
1   OUT   Y30     驱动输出线圈 Y30
2   LDI   X01     左母线连接动断触点 X01
3   OUT   M100    驱动辅助线圈 M100
4   OUT   T40     驱动定时器线圈 T40
5         K19     设置常数 19
6   LD    T40     左母线连接动合触点 T40
7   OUT   Y31     驱动输出线圈 Y31
```

二、触点串联指令(AND、ANI)

1. 指令格式及梯形图表示方法

触点串联指令的指令格式及梯形图表示方法见表 2-9。

表 2-9　触点串联指令的指令格式及梯形图表示方法

指令符号(名称)	功　　能	梯形图示法	可选操作元件
AND(与)	动合触点串联	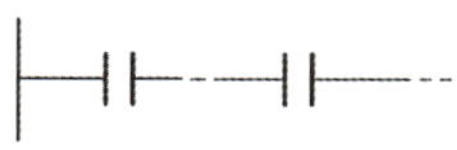	X,Y,M,T,C,S
ANI(与非)	动断触点串联	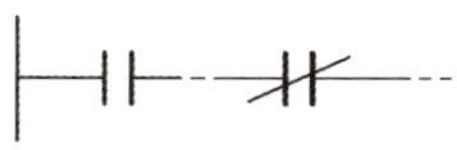	X,Y,M,T,C,S

2. 使用说明

① AND、ANI 指令用于一个触点的串联，串联触点数不限，但触点数必须与指令条数相同。

② 在 OUT 指令后面，通过某一触点去驱动另一个输出线圈，称为连续输出。

3. 应用举例

AND、ANI 指令的应用举例如图 2-12 所示。

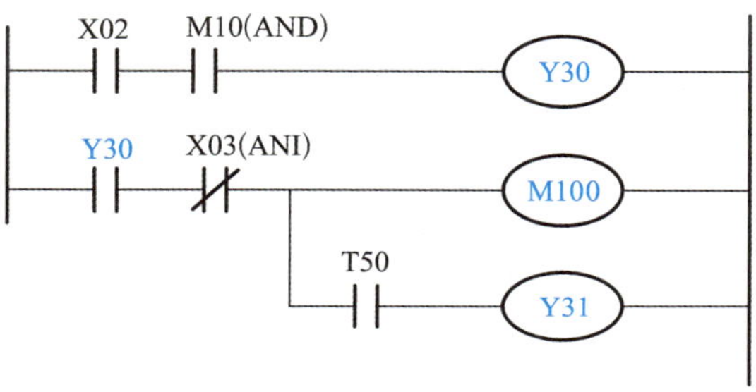

图 2-12　AND、ANI 指令的应用举例

程序：

```
0    LD     X02
1    AND    M10     串联动合触点
2    OUT    Y30
3    LD     Y30
4    ANI    X03     串联动断触点
5    OUT    M100
6    AND    T50     串联动合触点
7    OUT    Y31     连续输出
```

三、触点并联指令(OR、ORI)

1. 指令格式及梯形图表示方法

触点并联指令的指令格式及梯形图表示方法见表 2-10。

表 2-10　触点并联指令的指令格式及梯形图表示方法

指令符号(名称)	功　能	梯形图示法	可选操作元件
OR(或)	动合触点并联	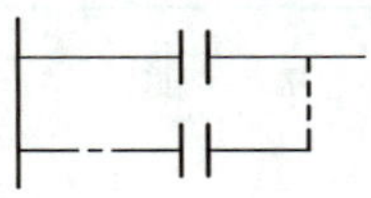	X,Y,M,T,C,S
ORI(或非)	动断触点并联	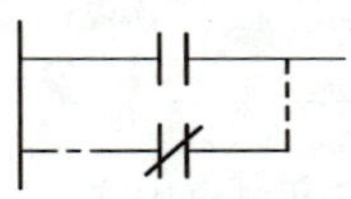	X,Y,M,T,C,S

2. 使用说明

OR、ORI 指令均为用于一个触点的并联指令，若要将有两个以上触点的电路块与其他电路并联时，只能用 ORB 指令。

3. 应用举例

OR、ORI 指令的应用举例如图 2-13 所示。

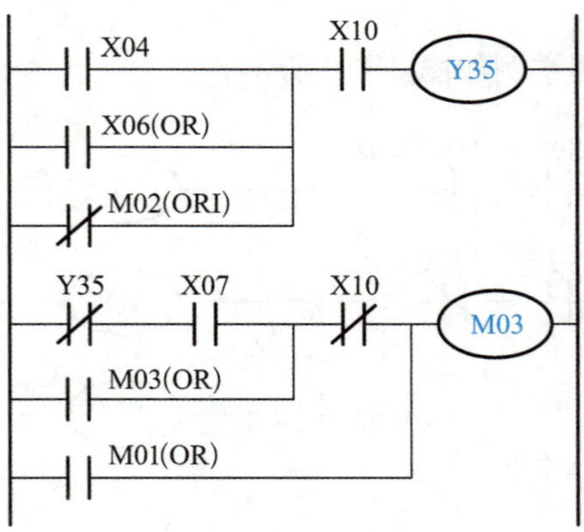

图 2-13　OR、ORI 指令的应用举例

程序：

```
0    LD     X04
1    OR     X06     并联动合触点
2    ORI    M02     并联动断触点
3    LD     X10
4    OUT    Y35
5    LDI    Y35
6    AND    X07
7    OR     M03     并联动合触点
8    ANI    X10
9    OR     M01     并联动合触点
10   OUT    M03
```

四、电路块的并联、串联指令（ORB、ANB）

1. 指令格式及梯形图表示方法

电路块的并联、串联指令的指令格式及梯形图表示方法见表 2-11。

表 2-11　电路块的并联、串联指令的指令格式及梯形图表示方法

指令符号(名称)	功　能	梯形图示法	可选操作元件
ORB(块或)	电路块并联	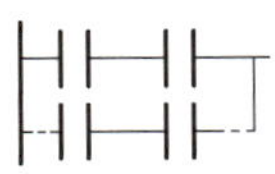	无
ANB(块与)	电路块串联	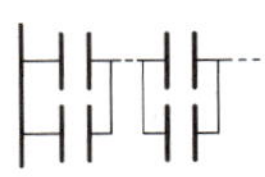	无

2. 使用说明

① 含有两个以上触点串联或并联的电路结构称为串联或并联电路块。

② ORB、ANB 指令为一条独立指令，其后不带任何操作元件，因此，ORB、ANB 不表示触点，而表示电路块之间并联、串联关系的连接线段。

③ 若将多个电路块并联或串联，应在每一个并联电路块之后使用一个 ORB 指令或在每一个串联电路块之后使用一个 ANB 指令，且在编程时，串并联电路的个数不限。若将电路块依次集中写出，再在这些电路块的末尾处集中写出对应个数的 ORB(或 ANB)指令，则该指令最多只能使用 7 次。

3. 应用举例

ORB 和 ANB 指令的应用举例分别如图 2-14 和图 2-15 所示，图 2-14 对应的程序为程序 1 和程序 2，图 2-15 对应的程序为程序 3。

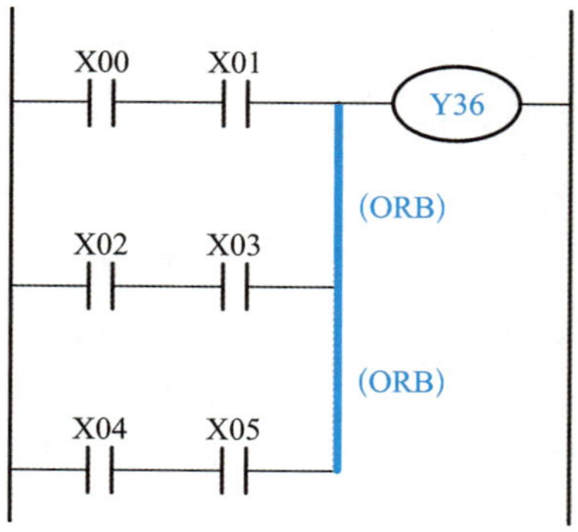

图 2-14　ORB 指令的应用举例

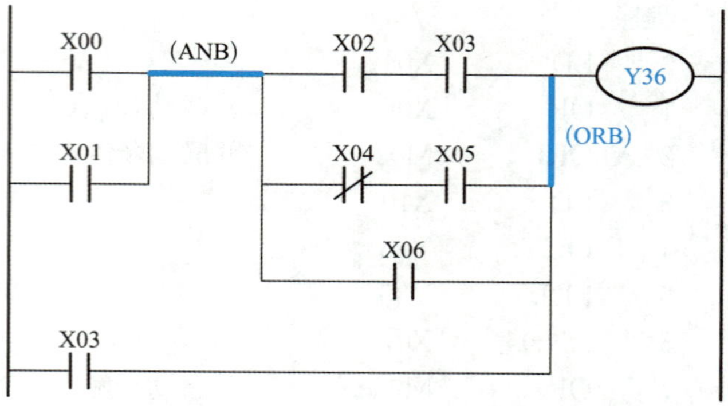

图 2-15　ANB 指令的应用举例

程序 1：(ORB 分散用)

```
0  LD   X00
1  AND  X01
2  LD   X02
3  AND  X03
4  ORB
5  LD   X04
6  AND  X05
7  ORB
8  OUT  Y36
```

程序 2：(ORB 集中用)

```
0  LD   X00
1  AND  X01
2  LD   X02
3  AND  X03
4  LD   X04
5  AND  X05
6  ORB
7  ORB
8  OUT  Y36
```

程序 3：(ANB 和 ORB)

```
0  LD   X00
1  OR   X01
2  ANB
3  LD   X02
4  AND  X03
5  LDI  X04
6  AND  X05
7  OR   X06
8  ORB
9  OR   X03
10 OUT  Y36
```

程序 3 中步序 3、4 与 5、6 构成电路块，用步序 8 语句 ORB 呼应，构成电路块的并联结构；步序 0、1 和步序 3～8 构成电路块，用步序 2 语句 ANB 呼应，构成电路块的串联结构。

五、程序结束指令(END)

1. 指令格式及梯形图表示方法

程序结束指令的指令格式及梯形图表示方法见表 2-12。

表 2-12　程序结束指令的指令格式及梯形图表示方法

指令符号(名称)	功　能	梯形图示法	可选操作元件
END(结束)	程序结束	├[END]┤	无

2. 使用说明

① END 指令在程序结束处，PLC 执行第一步至 END 间的程序，并立即输出处理结

果。否则，PLC 的用户存储器从第一步执行到最后一步。

② 在程序调试时，可将 END 指令插入各程序段中，进行程序分段调试，待调试成功再删除插入的 END 指令。

技能训练 2

PLC 控制三相异步电动机单向运行电路设计

一、要求

三相交流电源供电，各类过流过载保护，反映点动运行控制与连续运行控制的设计过程和步骤。

二、步骤

第 1 步：设计三相异步交流电动机单向运行主电路和点动控制电路，重点考虑电路的短路和电动机过载两种保护，采用按钮启动、停机控制，如图 2-16(a)所示。

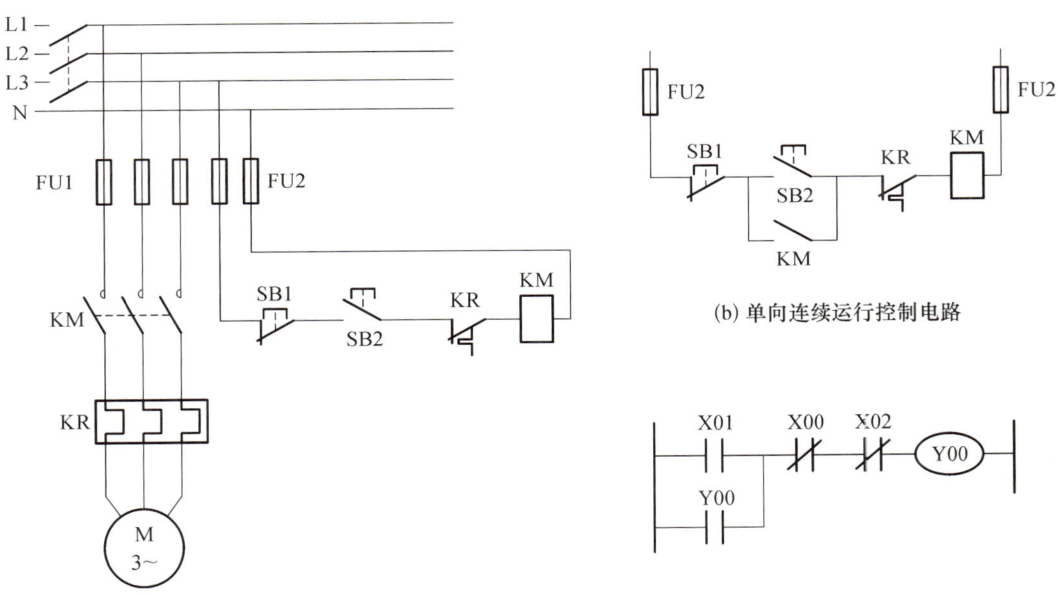

(a) 主电路和点动控制电路　(b) 单向连续运行控制电路　(c) 梯形图

图 2-16　三相异步电动机单向运行控制电路及梯形图

第 2 步：将点动控制电路改进成单向连续运行控制电路，即在启动按钮 SB2 两端并联一个自保持触点 KM，如图 2-16(b)所示。

第 3 步：绘制梯形图，对控制电路绘制梯形图，按左重右轻的原则，将 SB2 与触点 KM 相并联的支路和停止按钮 SB1 的位置进行对调，注意梯形图对主电路不起作用，如图 2-16(c)所示。

第 4 步：编写程序(指令表程序)。

程序：

```
0    LD     X01
1    OR     Y00
2    ANI    X00
3    ANI    X02
4    OUT    Y00
5    END
```

第 5 步：选取完成控制任务设备。为节省资源，选 FX3U-48ER/ES，也可选 FX3U-48MS/ES，连接电缆选 FX-232AW/AWC，实验用三相异步电动机的功率较小（一般为几百瓦），其他设备按额定电压为 220 V、额定电流为电动机额定电流的 2～3 倍选择，见表 2-13。

表 2-13　三相异步电动机单向运行 PLC 控制设备清单

序号	名　称	设备型号	数量	序号	名　称	设备型号	数量
1	PLC	FX3U-48ER/ES 或 FX3U-48MS/ES	1	7	启动按钮	绿	1
2	PC	台式计算机	1	8	停止按钮	红	1
3	三相异步电动机	Y132M2-3	1	9	交流接触器	CJX2-09	1
4	断路器	DZ47C20	1	10	热继电器	JR16B	1
5	熔断器	RL1	5	11	接线端子排		若干
6	连接电缆	FX-232AW/AWC	1	12	安装轨道	35 mm DIN	

第 6 步：三相异步电动机单向运行 PLC 控制 I/O 端口分配，据梯形图可知：输入设备所对应的输入端口有 3 个（X00、X01、X02），输出设备所对应输出端口有 1 个（Y00），I/O 端口分配见表 2-14。

表 2-14　PLC 控制 I/O 端口分配表

输　入　端　口		输　出　端　口	
SB1	X00	KM	Y00
SB2	X01		
KR	X02		

第 7 步：PLC 控制电路连接，完成三相异步电动机单向连续运行控制任务，其 PLC 控制电路接线如图 2-17 所示，其中：图 2-17(a) 为 FX3U-48MR/ES(AC 电源、DC 输

入、继电器输出)漏型输入接线,图 2-17(b)为源型输入接线,图 2-17(c)为 FX2N-48MR (AC 电源、DC 输入、继电器输出)输入接线。根据本校实验设备配置情况,选取一种接线方式,完成后续实验任务。

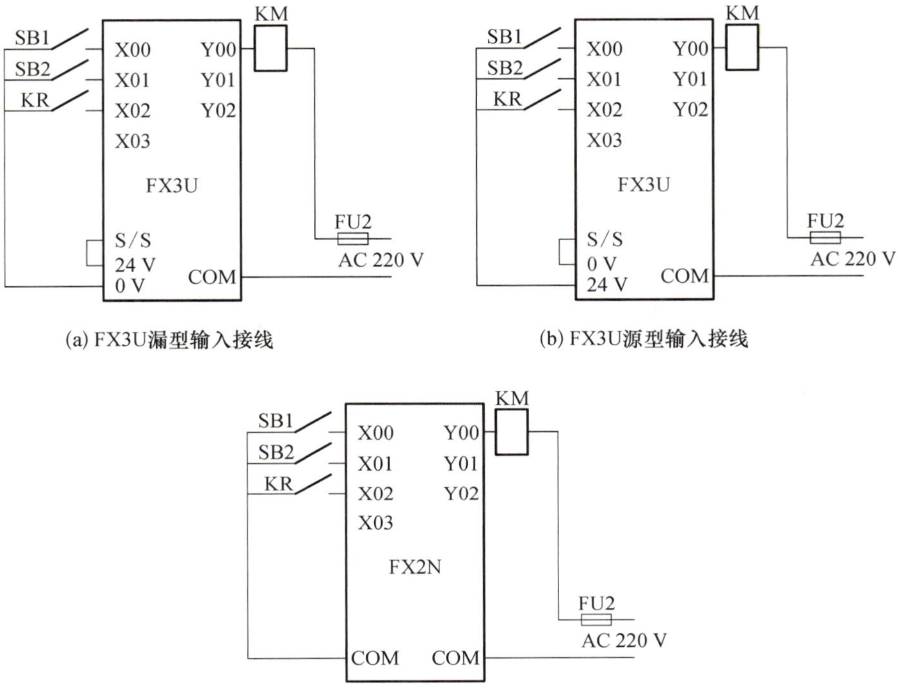

(a) FX3U漏型输入接线　　(b) FX3U源型输入接线

(c) FX2N输入接线

图 2-17　PLC 控制电路接线

第 8 步：按实验要求完成接线,经教师检验合格和认可后,通电上机输入源程序,进行程序调试,观察和记录实验运行结果。

第 9 步：出具实验报告,并说明相关实验操作时需要注意的事项。

技能训练 3

PLC 控制有两处独立控制的三相异步电动机单向运行电路设计

一、要求

三相交流电源供电,各类过流过载保护,反映两处独立控制三相异步电动机点动运行与连续运行的设计过程和步骤。

二、分析

只需在图 2-16(a)第一个停止按钮后再串接一个停止按钮,第一个启动按钮(含自锁)两端并联一组启动按钮及自锁电路即可。

三、步骤

第 1 步：设计有两处独立控制的三相异步交流电动机单向运行主电路和点动控制电路，重点考虑电路短路和电动机过载两种保护，采用按钮启动、停机控制，如图 2-18(a)所示。

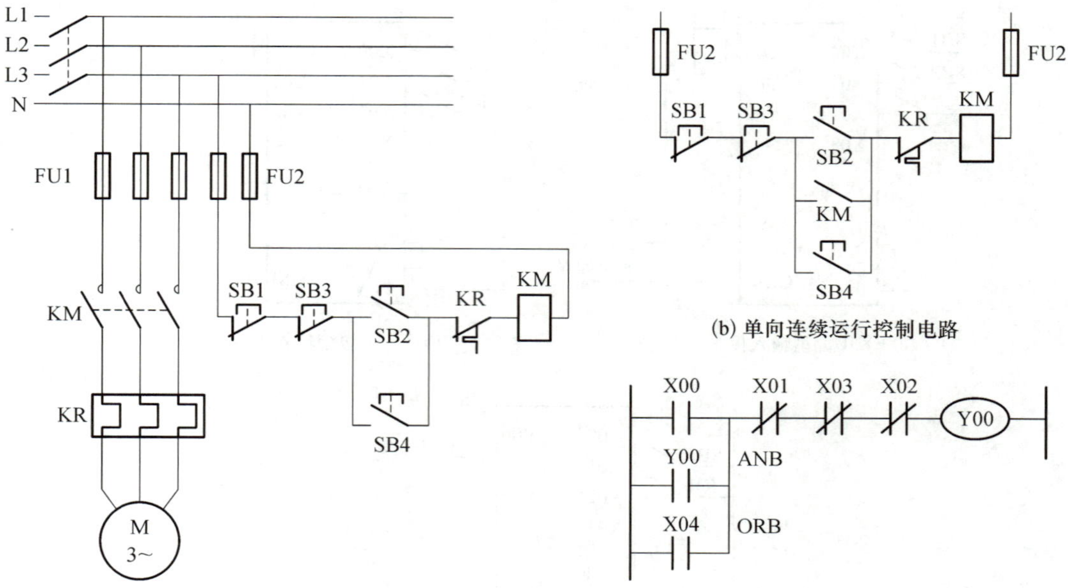

(a) 主电路和点动控制电路　(b) 单向连续运行控制电路　(c) 梯形图

图 2-18　有两处独立控制的三相异步电动机单向运行控制电路及梯形图

第 2 步：将点动控制电路改进成单向连续运行控制电路，即在启动按钮 SB2 和 SB4 两端并联一个自保持触点 KM，如图 2-18(b)所示。

第 3 步：绘制梯形图，对控制电路绘制梯形图，按左重右轻的原则，将 SB2、SB4 与触点 KM 相并联的支路和按钮 SB1、SB3 的位置进行对调，注意梯形图对主电路不起作用，如图 2-18(c)所示。

第 4 步：编写程序(指令表程序)。

程序：

```
0    LD     X00
1    OR     Y00
2    LD     X04
3    ORB
4    ANB
5    ANI    X01
6    ANI    X03
7    ANI    X02
8    OUT    Y00
9    END
```

第 5 步：选取完成控制任务设备。为节省资源，选 FX3U-48ER/ES，也可选 FX3U-48MS/ES，连接电缆选 FX-232AW/AWC，实验用三相异步电动机的功率较小(一般为几百瓦)，其他设备按额定电压 220 V、额定电流为电动机额定电流的 2～3 倍选择，见表 2-15。

表 2-15　有两处独立控制的三相异步电动机单向运行 PLC 控制设备清单

序号	名　称	设备型号	数量	序号	名　称	设备型号	数量
1	PLC	FX3U-48ER/ES 或 FX3U-48MS/ES	1	7	启动按钮	绿	2
2	PC	台式计算机	1	8	停止按钮	红	2
3	三相异步电动机	Y132M2-3	1	9	交流接触器	CJX2-09	1
4	断路器	DZ47C20	1	10	热继电器	JR15B	1
5	熔断器	RL1	5	11	接线端子排		若干
6	连接电缆	FX-232AW/AWC	1	12	安装轨道	35 mm DIN	

第 6 步：有两处独立控制的三相异步电动机单向运行 PLC 控制 I/O 端口分配，据梯形图可知：输入设备所对应的输入端口有 5 个(X00、X01、X02、X03、X04)，输出设备所对应输出端口有 1 个(Y00)，I/O 端口分配见表 2-16。

表 2-16　PLC 控制 I/O 端口分配表

输　入　端　口		输　出　端　口	
SB2	X00	KM	Y00
SB1	X01		
KR	X02		
SB3	X03		
SB4	X04		

第 7 步：PLC 控制电路连接，完成有两处独立控制的三相异步电动机单向连续运行控制任务，其 PLC 控制电路接线如图 2-19 所示，其中：图 2-19(a)为 FX3U-48MR/ES(AC 电源、DC 输入、继电器输出)漏型输入接线，图 2-19(b)为源型输入接线，图 2-19(c)为 FX2N-48MR(AC 电源、DC 输入、继电器输出)输入接线。根据本校实验设备配置情况，选取一种接线方式，完成后续实验任务。

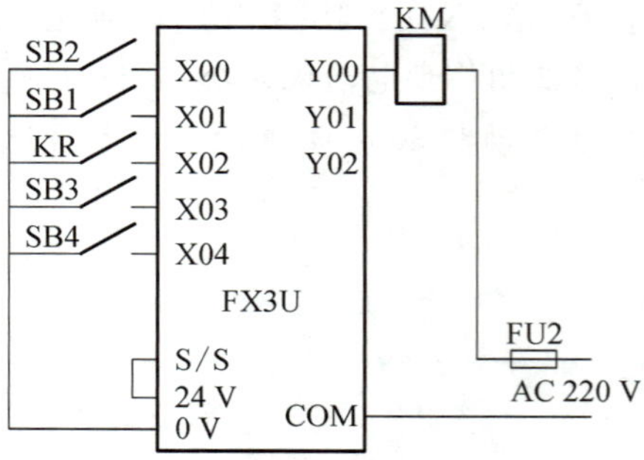

(a) FX3U漏型输入接线

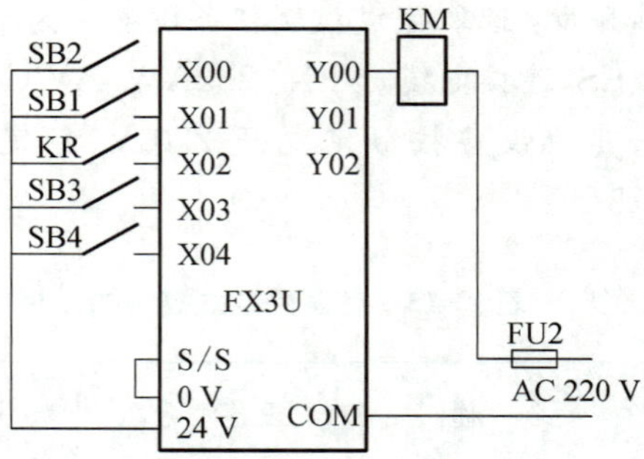

(b) FX3U源型输入接线

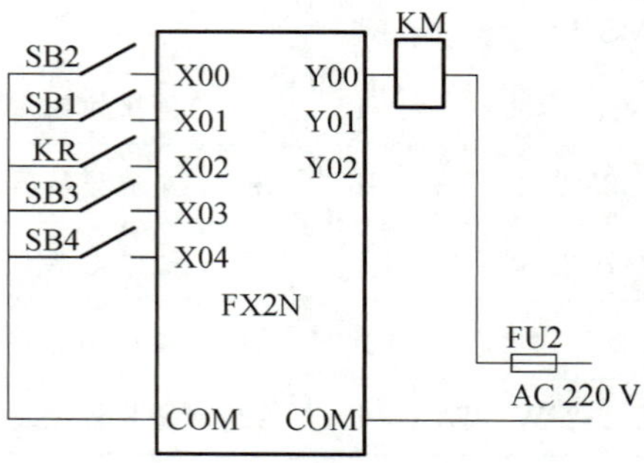

(c) FX2N输入接线

图 2-19　PLC 控制电路接线

第 8 步：按实验要求完成接线，经教师检验合格和认可后，通电上机输入源程序，进行程序调试，观察和记录实验运行结果。

第 9 步：出具实验报告，并说明相关实验操作时需要注意的事项。

2.5.2　特定功能指令

一、置位、复位和区间复位指令(SET、RST、ZRST)

1. 指令格式及梯形图表示方法

置位、复位和区间复位指令的指令格式及梯形图表示方法见表 2-17。

表 2-17　置位、复位和区间复位指令的指令格式及梯形图表示方法

指令符号(名称)	功　能	梯形图示法	可选操作元件
SET(置位)	动作保持	[SET 操作元件]	Y,M,S,T,C
RST(复位)	消除动作保持， 当前值及寄存器清零	[RST 操作元件]	FX2N：C,S,M FX3U：Y,M,T,C,S

续　表

指令符号(名称)	功　　能	梯形图示法	可选操作元件
ZRST(区间复位)	使范围内同类元件成批复位	ZRST D1, D2	Y,M,S,T,C,D

2. 使用说明

① 在三菱 PLC 中,T、C、S、M 不是指令,其中,T 是定时器,C 是计数器,S 是状态寄存器,M 是位元件辅助继电器。

② SET 是置位指令,作转移方向用,功能是动作保持;RST 是复位指令,是为清除操作元件的内容而设置的专用指令。

③ 计数器的计数输入电路和复位电路或移位寄存器的移位输入电路的程序是相互独立的,且 RST 指令执行的优先等级最高,故执行顺序可任意安排。

④ ZRST 指令的功能是将[D1]、[D2]指定元件号范围内的同类元件成批复位,可选操作元件为 T、C、D 或 Y、M、S。[D1]、[D2]指定元件应为同类元件,且[D1]元件号应小于[D2]元件号;若[D1]元件号大于[D2]元件号,则只有[D1]指定元件被复位。

3. 应用举例

SET、RST 指令的应用举例如图 2-20 所示。当 X00 触点闭合时,Y00 得电,处于保持状态,即使 X00 再返回断开状态,对 Y00 的输出状态也不产生影响,Y00 的输出状态一直保持到 X01 触点闭合,复位指令 RST 动作后,Y00 为失电状态。

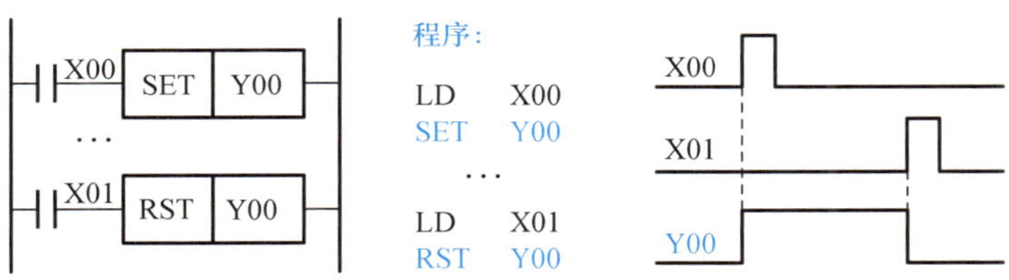

图 2-20　SET、RST 指令的应用举例

若使用 RST 指令直接给计数器设定计数值,其应用举例如图 2-21 所示。

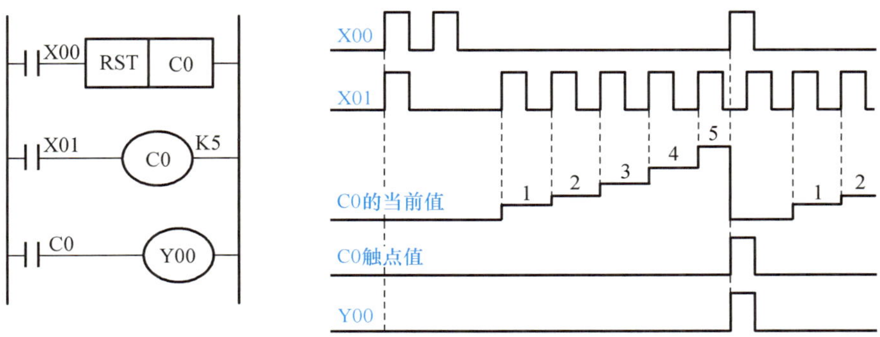

图 2-21　使用 RST 指令直接给计数器设定计数值

二、脉冲输出指令(PLS、PLF)

1. 指令格式及梯形图表示方法

脉冲输出指令的指令格式及梯形图表示方法见表 2-18。

表 2-18　脉冲输出指令的指令格式及梯形图表示方法

指令符号(名称)	功　能	梯形图示法	可选操作元件
PLS(脉冲上升沿)	上升沿脉冲输出	—[PLS 操作元件]—	Y,M
PLF(脉冲下降沿)	下降沿脉冲输出	—[PLF 操作元件]—	Y,M

2. 使用说明

① PLS 指令仅用于普通辅助继电器,PLS 指令产生的脉冲宽度为程序的一个扫描周期,即由程序第一步序开始至 END 指令之间的执行时间。PLF 指令脉冲功能与 PLS 指令脉冲功能相同,只是脉冲输出时间不同。

图片　微分指令介绍

② 在 PLS、PLF 指令脉冲输出期间,用跳转指令使 PLS 指令发生跳转,则该脉冲输出仍保持不变(即通态)。

3. 应用举例

PLS 指令的应用举例如图 2-22 所示。

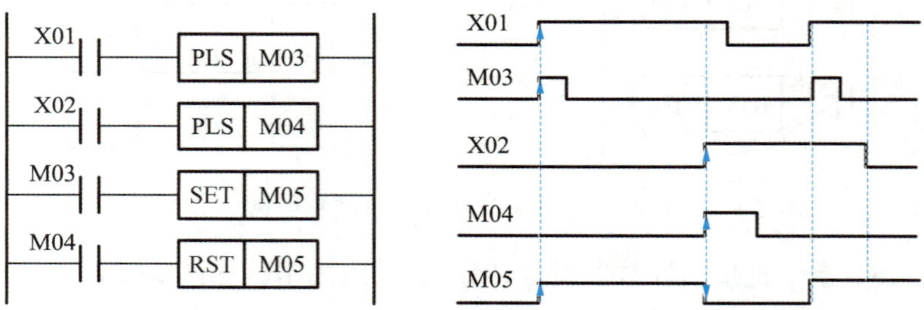

图 2-22　PLS 指令的应用举例

程序:

0	LD	X01
1	PLS	M03
2	LD	X02
3	PLS	M04
4	LD	M03
5	SET	M05
6	LD	M04

7　　RST　　M05

PLS、PLF 指令的应用举例如图 2-23 所示。

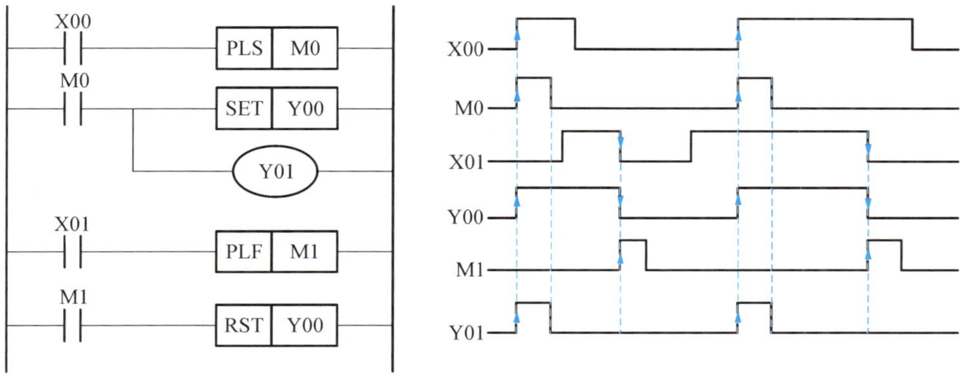

图 2-23　PLS、PLF 指令的应用举例

由图 2-23 可见：上升沿脉冲输出指令 PLS 利用触发脉冲上升沿控制输出或辅助继电器产生一个扫描周期宽度的脉冲，而下降沿脉冲输出指令 PLF 利用触发脉冲下降沿控制输出或辅助继电器产生一个扫描周期宽度的脉冲，且操作元件均为输出继电器 Y 和辅助继电器 M（特殊辅助继电器除外，不能用于操作元件）。因此，PLS、PLF 指令是用于将输入宽脉冲转化为 PLC 的一个扫描周期宽度的窄脉冲信号，其脉冲宽度取决于扫描周期，而扫描周期与 PLC 的运算速度、工作方式、程序长度、指令种类（不同指令执行时间不同）等因素有关。

三、移位指令（SFT）

1. 指令格式及梯形图表示方法

移位指令的指令格式及梯形图表示方法见表 2-19。

表 2-19　移位指令的指令格式及梯形图表示方法

指令符号（名称）	功　　能	梯形图示法	可选操作元件
SFT（移位）	移位寄存器移动 1 位		M

2. 使用说明

① SFT 指令为移位寄存器的专用指令，移位寄存器由普通辅助继电器组成。当辅助继电器被用作移位寄存器后，不可再被其他指令使用。

② 两个移位寄存器可组成一组移位寄存器，在编程时应遵守后一级移位寄存器的程序先写的原则，否则不能获得正确的移位。

图片　指令操作

3. 应用举例

SFT 指令的应用举例如图 2-24 所示。

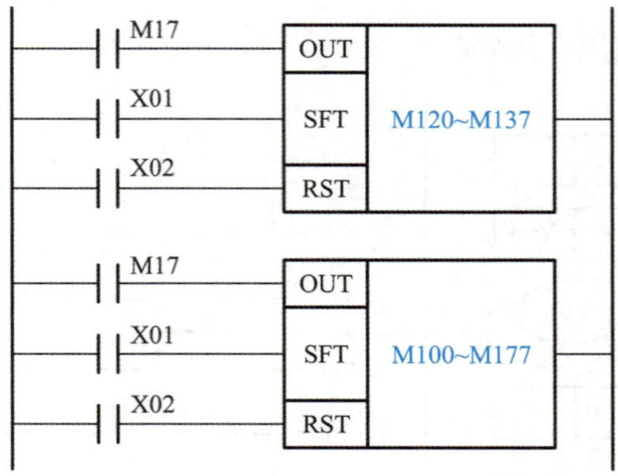

图 2-24　SFT 指令的应用举例

程序：

```
0     LD     M17
1     OUT    M120
2     LD     X01
3     SFT    M120
4     LD     X02
5     RST    M120
6     LD     M17
7     OUT    M100
8     LD     X01
9     SFT    M100
10    LD     X02
11    RST    M100
```

图片
程序与接线对应关系

技能训练 4

PLC 控制三相异步电动机正反转连续运行电路设计

一、要求

三相交流电源供电，各类过流过载保护，双重互锁控制即启动按钮和驱动元件动断触点串接在正转和反转彼此控制电路之中，保证正反转的绝对安全运行。

二、分析

三相异步交流电动机正反转连续运行的主电路和控制电路，是由两组单向运行的主电路和控制电路组成的，将一组启动按钮和启动接触器的动断触点分别串接在另一组启动控制电路之中，形成“双重互锁”控制，最后设计电路短路和电动机过载两种保护。

三、步骤

第 1 步：设计正反转双重互锁控制的三相异步交流电动机连续运行的主电路和控制电路，重点考虑电路在运行过程中可能出现短路与过载故障，故设计短路和电动机过载两种保护，采用按钮启动、停机等运行控制，如图 2-25(a)所示。

第 2 步：按梯形图设计规则，将控制电路按“左重右轻”原则整理成正反转控制电路的等效示意图，如图 2-25(b)所示。

第 3 步：绘制梯形图，将控制电路转化和绘制成正反转控制梯形图，注意梯形图对主电路不起作用，如图 2-25(c)所示。

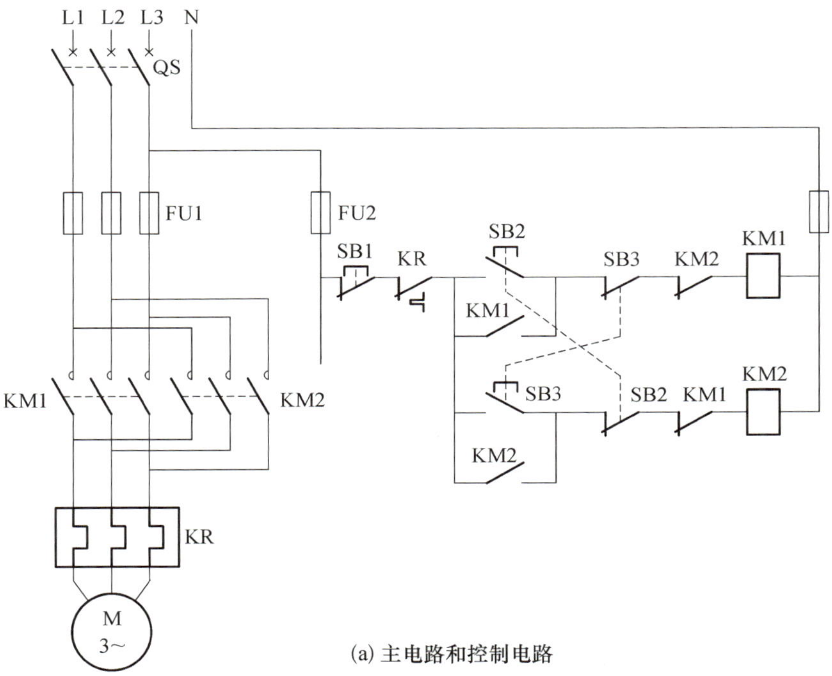

(a) 主电路和控制电路

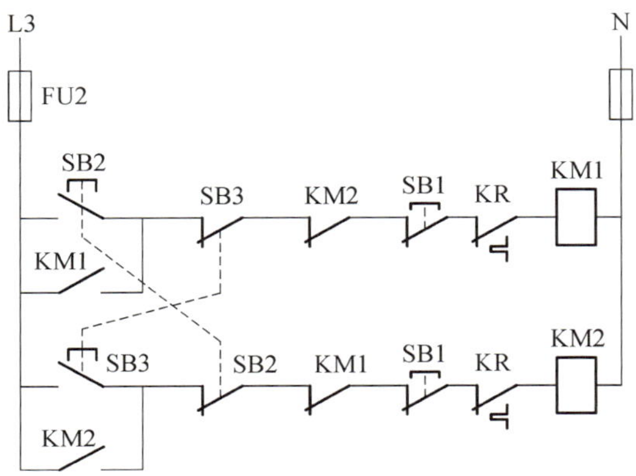

(b) 等效示意图

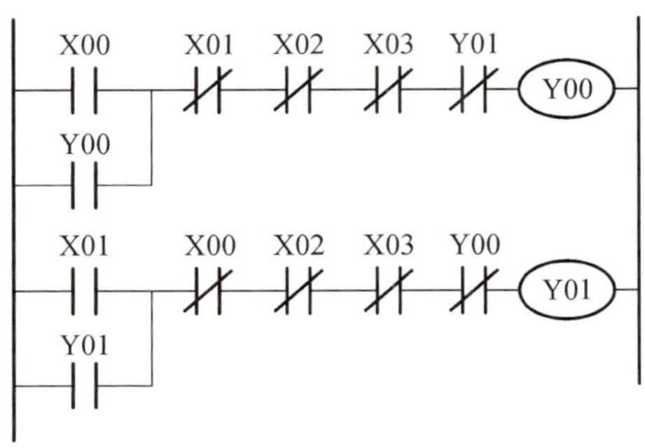

(c) 梯形图

图 2-25　三相异步电动机正反转连续运行控制电路及梯形图

第 4 步：编写程序(指令表程序)。

程序：

```
0    LD     X00
1    OR     Y00
2    ANI    X01
3    ANI    X02
4    ANI    X03
5    ANI    Y01
6    OUT    Y00
7    LD     X01
8    OR     Y01
9    ANI    X00
10   ANI    X02
11   ANI    X03
12   ANI    Y00
13   OUT    Y01
14   END
```

第 5 步：选取完成控制任务设备。为节省资源，选 FX3U-48ER/ES，也可选 FX3U-48MS/ES，连接电缆选 FX-232AW/AWC，实验用三相异步电动机的功率较小(一般为几百瓦)，其他设备按额定电压为 220 V、额定电流为电动机额定电流的 2～3 倍选择，见表 2-20。

表 2-20　三相异步电动机正反转连续运行 PLC 控制设备清单

序号	名　称	设备型号	数量	序号	名　称	设备型号	数量
1	PLC	FX3U - 48ER/ES 或 FX3U - 48MS/ES	1	7	联锁启动按钮	绿	2
2	PC	台式计算机	1	8	停止按钮	红	1
3	三相异步电动机	Y132M2-3	1	9	交流接触器	CJX2-09	2
4	断路器	DZ47C20	1	10	热继电器	JR16B	1
5	熔断器	RL1	5	11	接线端子排		若干
6	连接电缆	FX-232AW/AWC	1	12	安装轨道	35 mm DIN	

第 6 步：三相异步电动机正反转连续运行 PLC 控制 I/O 端口分配，据梯形图可知：输入设备所对应的输入端口有 4 个(X00、X01、X02、X03)，输出设备所对应输出端口有 2 个(Y00、Y01)，I/O 端口分配见表 2-21。

表 2-21　PLC 控制 I/O 端口分配表

输　入　端　口		输　出　端　口	
SB2	X00	Y00	KM1
SB3	X01	Y01	KM2
SB1	X02		
KR	X03		

第 7 步：PLC 控制电路连接，完成三相异步电动机正反转连续运行和双重互锁控制任务，其 PLC 控制电路接线如图 2-26 所示，其中：图 2-26(a)为 FX3U-48MR/ES(AC 电源、DC 输入、继电器输出)漏型输入接线，图 2-26(b)为源型输入接线，图 2-26(c) FX2N-48MR(AC 电源、DC 输入、继电器输出)输入接线。根据本校实验设备配置情况，选取一种接线方式，完成后续实验任务。

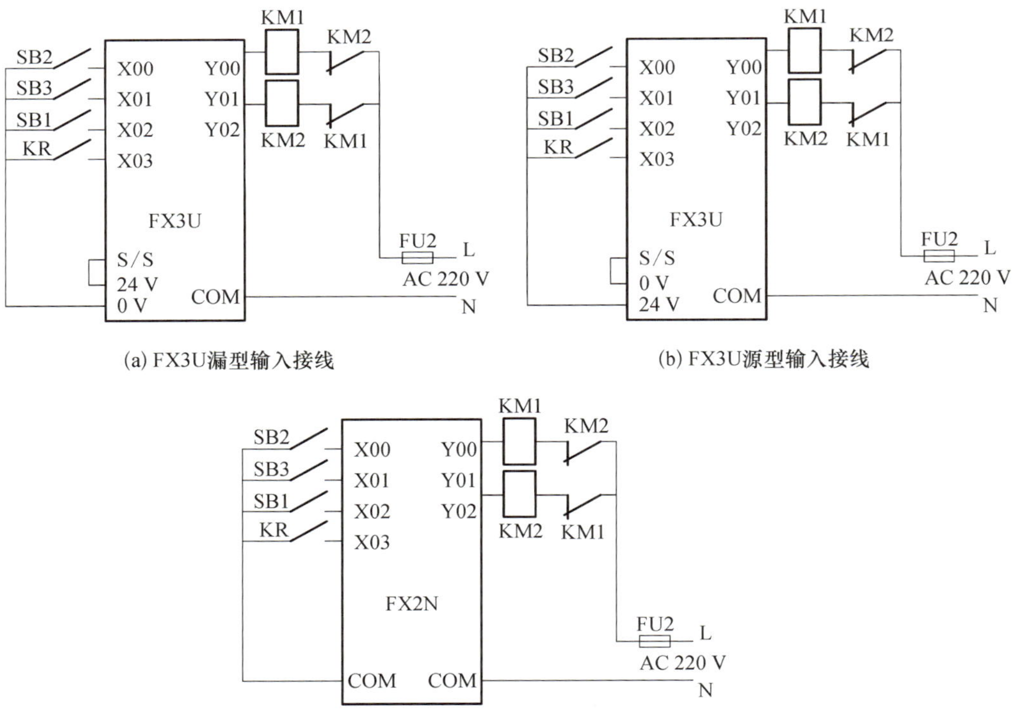

(a) FX3U漏型输入接线　　(b) FX3U源型输入接线

(c) FX2N输入接线

图 2-26　PLC 控制电路接线

第 8 步：按实验要求完成接线，经教师检验合格和认可后，通电上机输入源程序，进行程序调试，观察和记录实验运行结果。

第 9 步：出具实验报告，并说明相关实验操作时需要注意的事项。

素质拓展

结合上述三相异步电动机正反转连续运行控制方式和控制电路，也可采用 SET、RST 指令完成其控制要求，此时编制的梯形图和程序如图 2-27 所示。

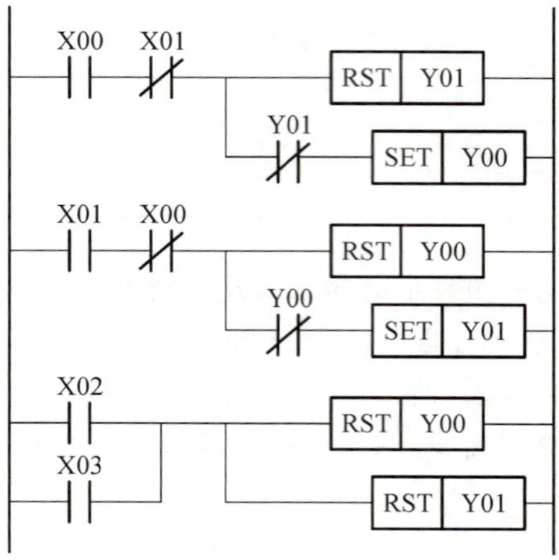

程序：

```
0    LD    X00
2    ANI   X01
4    RST   Y01
6    ANI   Y01
8    SET   Y00
10   LD    X01
12   ANI   X00
14   RST   Y00
16   ANI   Y00
18   SET   Y01
20   LD    X02
22   OR    X03
24   RST   Y00
26   RST   Y01
30   END
```

图 2-27　采用 SET、RST 指令的控制电动机正反转梯形图和程序

编写好控制程序并上机调试，当分别按下 X00、X01 时，则输出状态 Y00、Y01 均正常；当 Y00 或 Y01 正在运行时，按下 X00 或 X01，则此时输出状态如何变化？同时按下 X00、X01，则此时输出状态又将如何变化？

由此可见：在控制电路比较复杂时，仅用 PLC 控制程序中的“软元件”实现“软互锁”，会因输出继电器的并行刷新方式、输出动作速度快与外部电动机切换速度较慢，两者之间存在控制过程的交叉状态，因此为保证外部设备运行正常，控制电路必须采用电气互锁，实现运行控制的可靠性，软元件互锁只能作为辅助性手段。

2.5.3　控制操作指令

一、主控指令(MC、MCR)

1. 指令格式及梯形图表示方法

主控指令的指令格式及梯形图表示方法见表 2-22。

表 2-22　主控指令的指令格式及梯形图表示方法

指令符号(名称)	功　能	梯形图示法	可选操作元件
MC(主控)	公共串联触点	─[MC N 操作元件]┤	Y，M000～M499
MCR(主控复位)	公共串联触点解除	─[MCR N 操作元件]┤	Y，M000～M499

2. 使用说明

① 主控指令 MC 是将主控的一个触点接到主母线上，主控的另一个触点后面接到一条新的主母线上，再形成一条新母线，新母线上的支路必须以 LD 或 LDI 操作开始。用 MCR 指令将 LD 触点回到原母线，即解除触点，MC 与 MCR 指令必须前后匹配使用。

② 主控指令可以连续使用，主控条件和触点之间可插入其他程序。

③ 若在 MC 与 MCR 指令间通过更改级数 N、软继电器 Y 或 M 的地址，则可再次或多次使用 MC 指令，形成主控 MC 的嵌套。嵌套级数 N 的编号由小到大，MCR 返回时则对应的编号由大到小，逐级解除嵌套(注意：MC 指令后的软元件号应避免出现相同的双线圈输出现象)。主控指令的嵌套级数 N 最多为 8 级(即 N0～N7 之一)，且编号由小到大，不能重复。若 MC 主控指令使用未形成嵌套，则彼此为并列结构的同级关系，但 Y、M 不能重复使用相同的编号。

3. 应用举例

MC、MCR 指令的应用举例如图 2-28 所示。

程序：

```
0    LD     X00
1    OUT    M10
2    MC     M10
3    LD     X01
4    OUT    Y30
5    LD     X02
6    OUT    Y31
7    AND    X03
8    OUT    M11
     …
39   MCR    M10
40   MC     M11
41   LD     X04
42   OUT    Y32
43   LD     X05
44   OR     X06
45   OUT    Y33
     …
69   MCR    M11
```

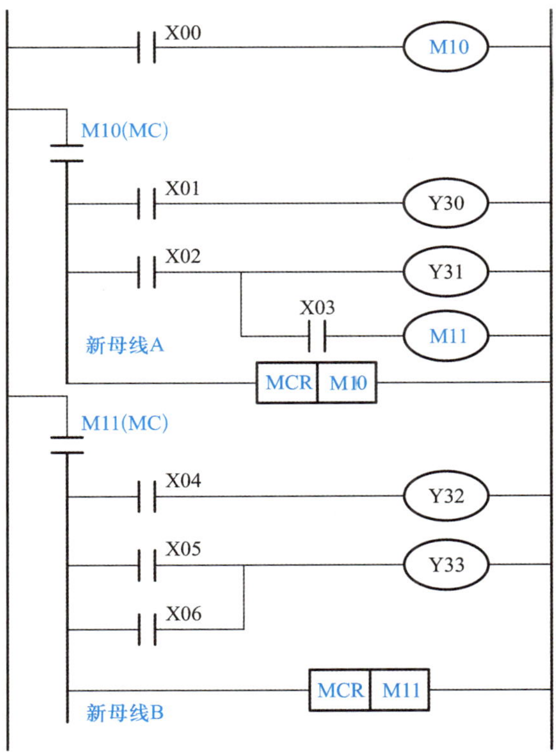

图 2-28　MC、MCR 指令的应用举例

MC、MCR 指令的嵌套应用举例如图 2-29 所示。

图 2-29(a)所示梯形图中，主控 1、主控 2 之间属于主控指令嵌套关系，即主控 1 中嵌套有主控 2。当程序执行主控 1 指令 MC N0 M100 有效时，转入执行 N0(M100)及其后续语句；待程序执行主控 2 指令 MC N1 M101 有效时，则再转到执行主控 2 中 N1(M101)

及其后续语句；直至执行到 MCR N1 时，才返回主控 2 子母线；执行到 MCR N0 时，则最后返回主母线，继续执行到 END 语句，结束程序运行。

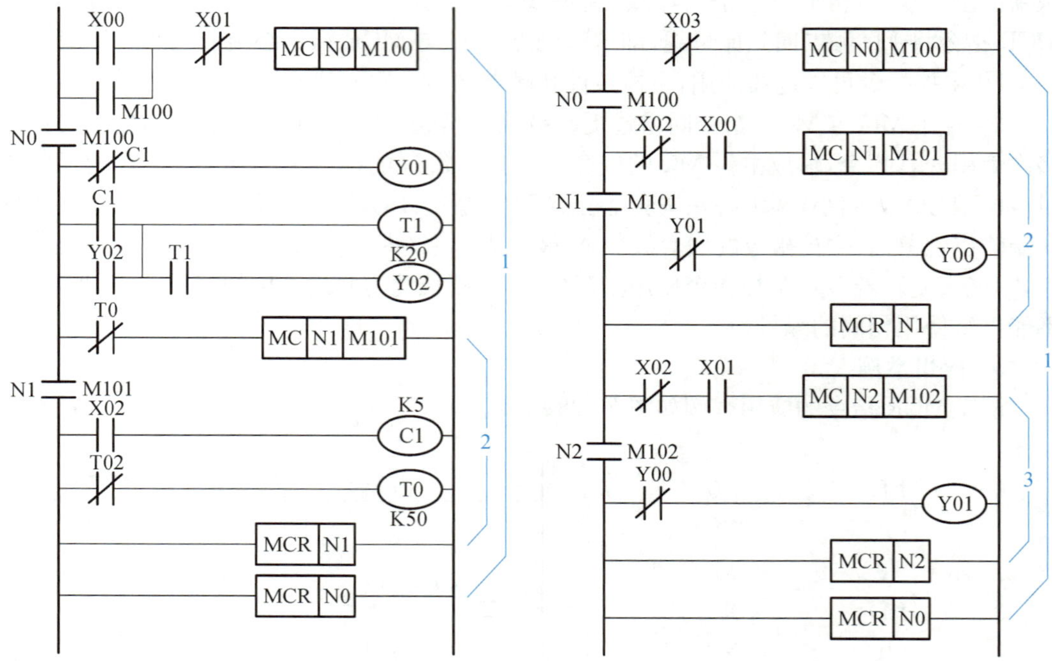

(a)　　　　(b)

图 2-29　MC、MCR 指令的嵌套应用举例

图 2-29(b)所示梯形图中，主控 1 与主控 2、3 之间形成主控指令嵌套，主控 2 与主控 3 之间没有形成嵌套关系，是主控指令并列关系。

提示：当主控复位指令 MCR 执行后，则位于主控指令 MC 与 MCR 之间的用 OUT 驱动的软输出继电器 Y、辅助继电器 M、非积算定时器 T 与计数器 C 等元件均变为断开状态；若选用置位指令 SET 驱动或采用积算定时器、计数器，则在执行 MCR 复位后，相应状态保持不变，若要复位，则需要采用 RST 指令对其进行复位操作。

二、空操作指令(NOP)

1. 指令格式及梯形图表示方法

空操作指令的指令格式及梯形图表示方法见表 2-23。

表 2-23　空操作指令的指令格式及梯形图表示方法

指令符号(名称)	功　能	梯形图示法	可选操作元件
NOP(空操作)	无动作	无	无

2. 使用说明

① 若程序中引入 NOP 指令，改动或追加语句，可以减少步序，且用 NOP 指令替换出

已写入的指令，也可改变其梯形图的结构。

② LD、LDI、ANB、ORB 等指令若换成 NOP 指令，电路会发生很大的变化，几乎改变原来的结构；操作程序出现“全清操作”后，相当于全部指令均变成 NOP 指令。

3. 应用举例

NOP 指令的应用举例如图 2-30 所示。

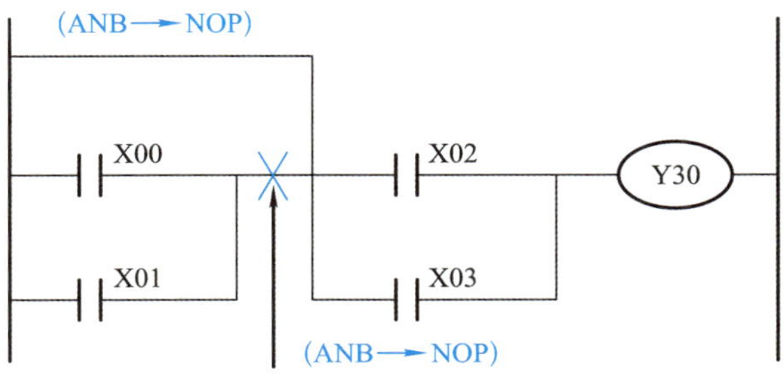

图 2-30　NOP 指令的应用举例

程序：

0　　LD　　X00
1　　OR　　X01
2　　ANB　→　NOP
3　　LD　　X02
4　　OR　　X03
5　　OUT　　Y30

三、边沿操作指令

三菱 FX3U 系列 PLC 与 FX2N 系列 PLC 相比较，还提供了一类根据触点由断开到接通或由接通到断开瞬间的信号变化趋势而进行控制的边沿操作指令，边沿触发的操作指令只针对触点的动合形式。边沿操作指令有脉冲上升沿触发指令（LDP、ORP、ANDP）和脉冲下降沿触发指令（LDF、ORF、ANDF）两大类。

1. 脉冲上升沿触发指令（LDP、ORP、ANDP）

（1）指令格式及梯形图表示方法

脉冲上升沿触发指令的指令格式及梯形图表示方法见表 2-24。

表 2-24　脉冲上升沿触发指令的指令格式及梯形图表示方法

指令符号（名称）	功　能	梯形图示法	可选操作元件
LDP（取脉冲上升沿）	上升沿动合触点	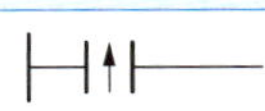	X,Y,M,S,T,C,D
ORP（或脉冲上升沿）	上升沿并联	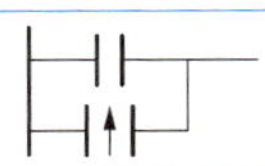	X,Y,M,S,T,C,D
ANDP（与脉冲上升沿）	上升沿串联	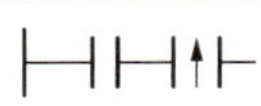	X,Y,M,S,T,C,D

（2）使用说明

LDP 指令用于反映与母线相连接的动合触点或触点块起始动合触点接通瞬间的上升沿状态变化，ORP 指令用于反映与单个触点或触点块并联连接的单个动合触点的上升沿触发的功能变化，ANDP 指令用于反映与其前面触点或触点块串联的动合触点上升沿触发的功能变化。

2. 脉冲下降沿触发指令（LDF、ORF、ANDF）

（1）指令格式及梯形图表示方法

脉冲下降沿触发指令的指令格式及梯形图表示方法见表 2-25。

表 2-25　脉冲下降沿触发指令的指令格式及梯形图表示方法

指令符号（名称）	功　　能	梯形图示法	可选操作元件
LDF（取脉冲下降沿）	下降沿动合触点	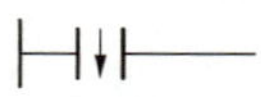	X，Y，M，S，T，C，D
ORF（或脉冲下降沿）	下降沿并联	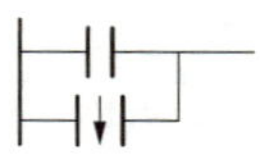	X，Y，M，S，T，C，D
ANDF（与脉冲下降沿）	下降沿串联		X，Y，M，S，T，C，D

（2）使用说明

LDF 指令用于反映与母线相连接的动合触点或触点块起始动合触点断开瞬间的下降沿状态变化，ORF 指令用于反映与单个触点或触点块并联连接的单个动合触点的下降沿触发的功能变化，ANDF 指令用于反映与其前面触点或触点块串联的动合触点下降沿触发的功能变化。

3. 应用举例

如图 2-31 所示，X01 为非边沿触发脉冲方式，同时驱动输出线圈 M10、M11、M12，但 M11、M12 分别受 X01 的上升沿、下降沿脉冲控制。注意：M10 输出脉冲的时间长短与 X01 闭合时间相同，而 M11、M12 不受 X01 的闭合时间长短限制，仅在上升沿和下降沿分别输出一个扫描周期脉冲。

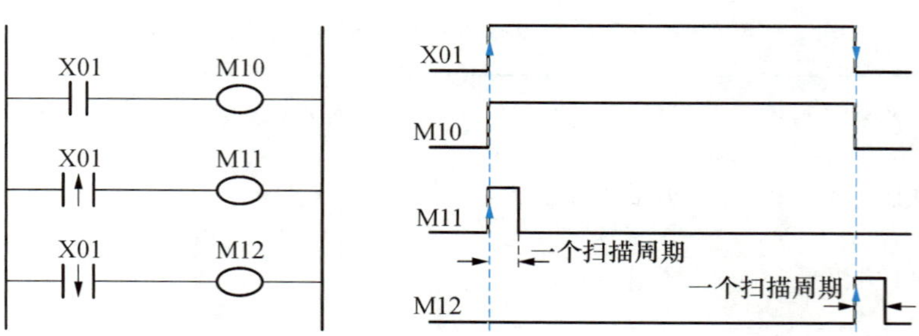

图 2-31　边沿操作指令的应用举例

四、取反指令(INV)

1. 指令格式及梯形图表示方法

取反指令的指令格式及梯形图表示方法见表 2-26。

表 2-26　取反指令的指令格式及梯形图表示方法

指令符号(名称)	功　　能	梯形图示法	可选操作元件
INV(取反)	运算结果进行取反		无

2. 使用说明

取反指令 INV 用于将以 LD、LDI、LDP、LDF 指令开始的触点或触点块的逻辑运算结果进行取反，即 ON→OFF 或 OFF→ON，指令不带操作元件。

3. 应用举例

如图 2-32 所示，根据输入信号 X00、X01 可能有的组合状态，经运算后可得到结果，虽然两梯形图的结构形式不同，但其功能(即运算结果)是相同的。

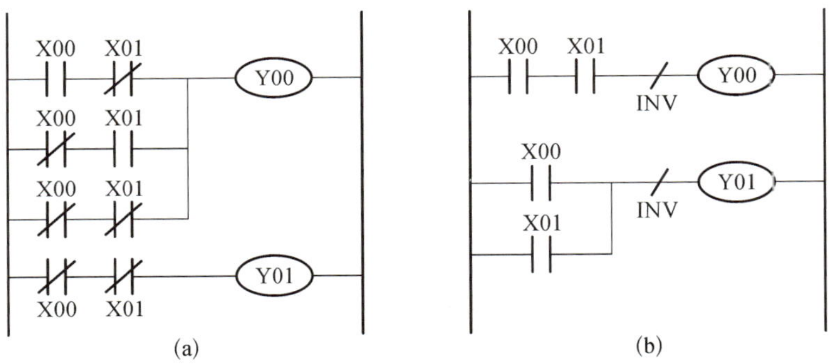

图 2-32　INV 指令的应用举例

图 2-32(b)中，输出 Y00、Y01 的驱动条件中均用到 INV 指令，对从母线开始的触点运算结果进行取反。借助数字逻辑运算，可得逻辑式 $Y00=\overline{X00 \cdot X01}$，即除 X00、X01 均为“ON”状态以外的所有组合，输出均为“ON”状态，只有触点 X00、X01 均为“ON”状态时，输出为“OFF”状态，这与图 2-32(a)回路中 X00、X01 的 3 种串联块组合相同；同理可得 $Y01=\overline{X00+X01}$，只有在 X00、X01 同时为“OFF”状态时，输出才会为“ON”状态，这与图 2-32(a)中动断触点 X00、X01 串联的形式不同，但其含义是完全相同的。

INV 指令的取反逻辑转换，在运用于多个控制条件下，实现排除某一特定组合极为方便。如图 2-33 所示为 INV 指令的应用举例(梯形图和指令表程序)。只要图 2-33(a)梯形图中 X01、X02、M1 均为接通状态，即为“ON”状态，且动断触点 M0 为未接通状态，即为“OFF”状态时，则 Y01 无输出，其余 X01、X02、M1、M0 等四个变量的任意组合，均有 Y01 输出。图 2-33(a)中 M10 和图 2-33(b)中引入 INV 指令所设计的功能是相同的。

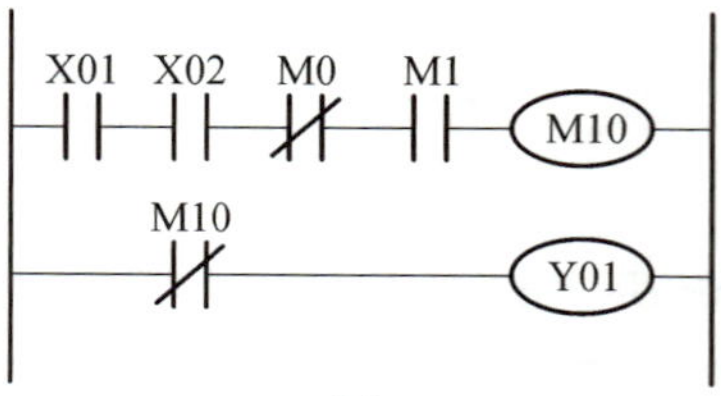

(a)

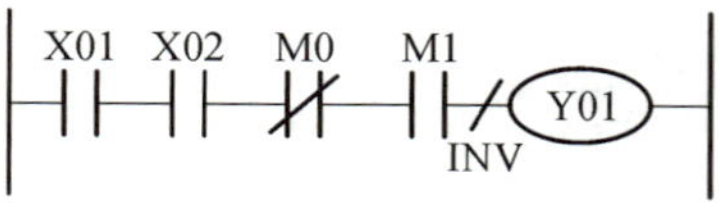

(b)

程序1:

```
0   LD   X01
2   AND  X02
3   ANI  M0
4   AND  M1
6   INV
9   OUT  Y01
10  END
```

程序2:

```
0   LD   X01
2   AND  X02
4   LDI  M0
6   AND  M1
8   ANB
10  INV
11  OUT  Y01
12  END
```

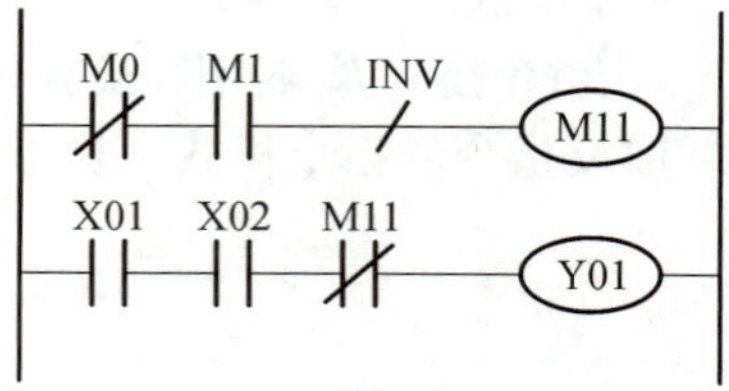

(c)

图 2-33　INV 指令的应用举例(梯形图和指令表程序)

图 2-33(b)中直接采用梯形图表示，可有两种编程方法：程序 1 是从母线开始的所有触点组合的取反；程序 2 是仅对动断触点 M0、动合触点 M1 进行组合的取反操作，即得符合要求的控制，关键是对 M0 开始的串联块(触点 M0、M1 的串联)的取反，难点是 INV 指令的执行是从 LD、LDI 的指令处开始的。对于这一类编程问题，读者可以根据自己熟悉的方法，自主选取。

为了进一步加深对 INV 指令的用法及其规则的认识，仍以上述实例 X01、X02、M0 和 M1 等四个驱动条件，以及输出 Y01 进行应用说明。在图 2-33(c)中，动断触点 M0 和动合触点 M1 进行组合，取反后驱动辅助继电器 M11，再由辅助触点 M11 和 X01、X02 相与，驱动输出继电器 Y01，由其逻辑运算关系和 INV 指令的功能可知：Y01 的输出条件是 X01、X02、M1 均为“ON”状态，M0 为“OFF”状态。

五、运算结果触发指令(MEP、MEF)

运算结果触发指令分为运算结果上升沿触发指令和运算结果下降沿触发指令，两种指令的功能是相同的，区别是在脉冲上升沿触发输出还是在脉冲下降沿触发输出。

1. 指令格式及梯形图表示方法

运算结果触发指令的指示格式及梯形图表示方法见表 2-27。

表 2-27　运算结果触发指令的指令格式及梯形图表示方法

指令符号(名称)	功　能	梯形图示法	可选操作元件
MEP(运算结果上升沿触发)	上升沿控制触发	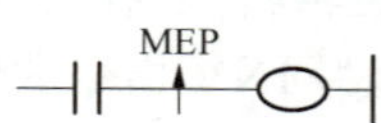	无
MEF(运算结果下降沿触发)	下降沿控制触发		无

2. 使用说明

① 运算结果上升沿触发指令 MEP 用于对以 LD、LDI、LDP 和 LDF 等开始的触点或触点块的逻辑运算结果进行判断，利用判断结果的上升沿对输出状态进行控制。而运算结果下降沿触发指令 MEF 用于对以 LD、LDI、LDP 和 LDF 等开始的触点或触点块的逻辑运算结果进行判断，利用判断结果的下降沿对输出状态进行控制。

② MEP、MEF 指令是根据到 MEP、MEF 指令前面为止的运算结果进行动作，在梯形图上，与 AND 指令的位置相同。

3. 应用举例

MEP 指令的应用举例如图 2 - 34(a)所示，MEF 指令的应用举例如图 2 - 34(b)所示。

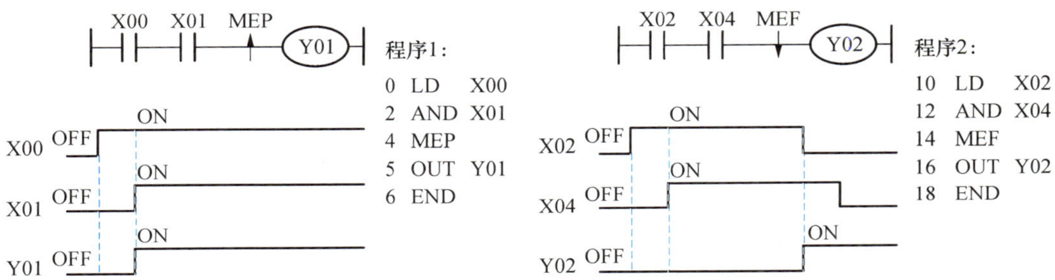

(a) MEP指令的应用举例　　(b) MEF指令的应用举例

图 2 - 34　运算结果触发指令的应用举例

技能训练 5

PLC 控制双作用气缸连续往返运行的设备安装与调试

一、要求

双作用气缸连续往返运行采用 PLC 控制，两气缸作轮换伸缩运动，当活塞杆 M1 先伸出，停留 1 s 后，活塞杆 M2 再伸出，停留 2 s 后；活塞杆 M1 缩回，停留 1 s 后，活塞杆 M2 再缩回，活塞杆 M1 再伸出……如此循环往复。

二、步骤

第 1 步：绘制双作用气缸工作示意图与活塞杆伸缩时序图。

为了方便控制，系统需设计启动按钮 SB1 和停车按钮 SB2，分别设计活塞杆 M1、M2 伸缩是否到位检测电磁开关(SQ1～SQ4)，驱动活塞杆 M1、M2 气缸进出气路换向的电磁换向阀(YA1～YA4)，按各部件的控制功能和工作流程绘制双作用气缸工作示意图，如图 2 - 35(a)所示，按控制要求绘制活塞杆伸缩时序图，如图 2 - 35(b)所示。

第 2 步：编制双作用气缸连续往返运行 PLC 控制设备清单，见表 2 - 28。

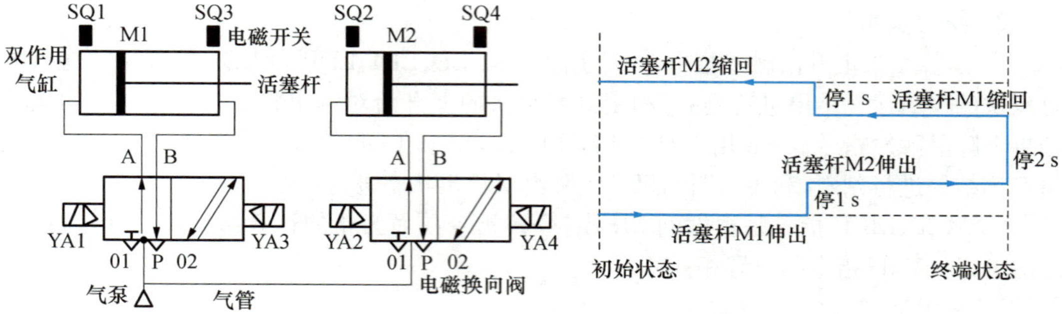

(a) 双作用气缸工作示意图　　(b) 双作用气缸活塞杆伸缩时序图

图 2-35　双作用气缸工作示意图与活塞杆伸缩时序图

表 2-28　双作用气缸连续往返运行 PLC 控制设备清单

序号	名　称	设备型号	数量	序号	名　称	设备型号	数量
1	PLC	FX3U-48ER/ES	1	8	气泵	静音气泵	1
2	PC	台式计算机	1	9	双作用气缸		1
3	启动/停车按钮	绿/红	2	10	到位检测电磁开关		4
4	电源开关	24V、2A	1	11	电磁换向阀		4
5	连接电缆	FX-232AW/AWC	1	12	三通连接件		1
6	熔断器	RL1	1	13	气管及连接件		若干
7	断路器	DZ47C20					

第 3 步：分配 PLC 控制 I/O 端口。

PLC 控制 I/O 端口分配见表 2-29。

表 2-29　PLC 控制 I/O 端口分配表

输　入　端　口		输　出　端　口	
SB1(启动按钮)	X00	YA1	Y00
SB2(停车按钮)	X01	YA2	Y01
SQ1(M1 缩回到位检测电磁开关)	X02	YA3	Y02
SQ2(M2 缩回到位检测电磁开关)	X03	YA4	Y03
SQ3(M1 伸出到位检测电磁开关)	X04		
SQ4(M2 伸出到位检测电磁开关)	X05		

第 4 步：逻辑功能分析。

双作用气缸连续往返运行系统的启动、停车分别由启动按钮 SB1（X00 动合触点）和停车按钮 SB2（X01 动断触点）操作控制。

活塞杆 M1 伸出启动条件是：按下 SB1（X00 动合触点闭合），SQ2 检测到活塞杆 M2 缩回复位，即 X03 动断触点闭合，则气缸电磁换向阀 YA1（Y00）闭合并自锁，开通正向进气通道 A，活塞杆 M1 开始伸出运行。

活塞杆 M1 伸出停止条件是：待活塞杆 M1 伸出到位，压下到位检测电磁开关 SQ3（即 X04 动断触点断开），气缸电磁换向阀 YA3 联锁（即 Y02 动断触点断开），致 Y00 失电，活塞杆 M1 伸出停止。同时，触动定时器 T0，活塞杆 M1 停车等待。

活塞杆 M2 伸出启动条件是：待定时器 T0 定时计数到 1 s，T0 动合触点闭合，气缸电磁换向阀 YA2（Y01）闭合并自锁，开通正向进气通道 A，活塞杆 M2 开始伸出运行。

活塞杆 M2 伸出停止条件是：待活塞杆 M2 伸出到位，压下到位检测电磁开关 SQ4（即 X05 动断触点断开），气缸电磁换向阀 YA4 联锁（即 Y03 动断触点断开），致 Y01 失电，活塞杆 M2 伸出停止。同时，触动定时器 T1，活塞杆 M2 停车等待。

活塞杆 M1 缩回启动条件是：待定时器 T1 定时计数到 2 s，T1 动合触点闭合，气缸电磁换向阀 YA3（Y02）闭合并自锁，开通反向进气通道 B，活塞杆 M1 开始缩回运行。

活塞杆 M1 缩回停止条件是：待活塞杆 M1 缩回原位，压下到位检测电磁开关 SQ1（即 X02 动断触点断开），气缸电磁换向阀 YA3（Y02 动断触点断开）致 Y02 失电，活塞杆 M1 缩回停止。同时 X02 动合触点闭合，定时器 T2 触动，活塞杆 M1 等待下一次伸出操作。

活塞杆 M2 缩回启动条件是：待定时器 T2 定时计数 1 s，气缸电磁换向阀 YA4（Y03）闭合并自锁，开通反向进气通道 B，活塞杆 M2 开始缩回运行。

活塞杆 M2 缩回停止条件是：待活塞杆 M2 缩回原位，压下到位检测电磁开关 SQ2（即 X03 动断触点断开），气缸电磁换向阀 YA4（Y03 动断触点断开）致 Y03 失电，活塞杆 M2 缩回停止。同时定时器 T2 启动计时，T2 等待计时 1 s，T2 动合触点闭合，活塞杆 M1 开始下一个工作循环。

第 5 步：绘制双作用气缸连续往返运行控制梯形图。

根据双作用气缸连续往返运行 PLC 控制逻辑功能分析，双作用气缸连续往返运行控制梯形图如图 2-36(a)所示。

第 6 步：绘制 PLC 控制电路图。

根据梯形图启动按钮 X00 和停车按钮 X01 及辅助继电器 M0 构成“启保停”控制作用，双作用气缸连续往返运行的 PLC 控制电路图如图 2-36(b)所示。

第 7 步：设备安装调试。

① 在实训教师指导下，按设备清单选取器件，合理布局实训设备，按元器件技术说明书依序安装双向电磁换向阀、到位检测电磁开关、启停开关、PLC 及其电源，结合气路要求选取和连接气泵、气管及连接件，并自行检查电路的正确性、可靠性。

② 在实训教师指导下，对气路连接、输入检测与控制、输出回路等相关部件进行检查。注意电磁换向阀的电源极性与电压的大小。

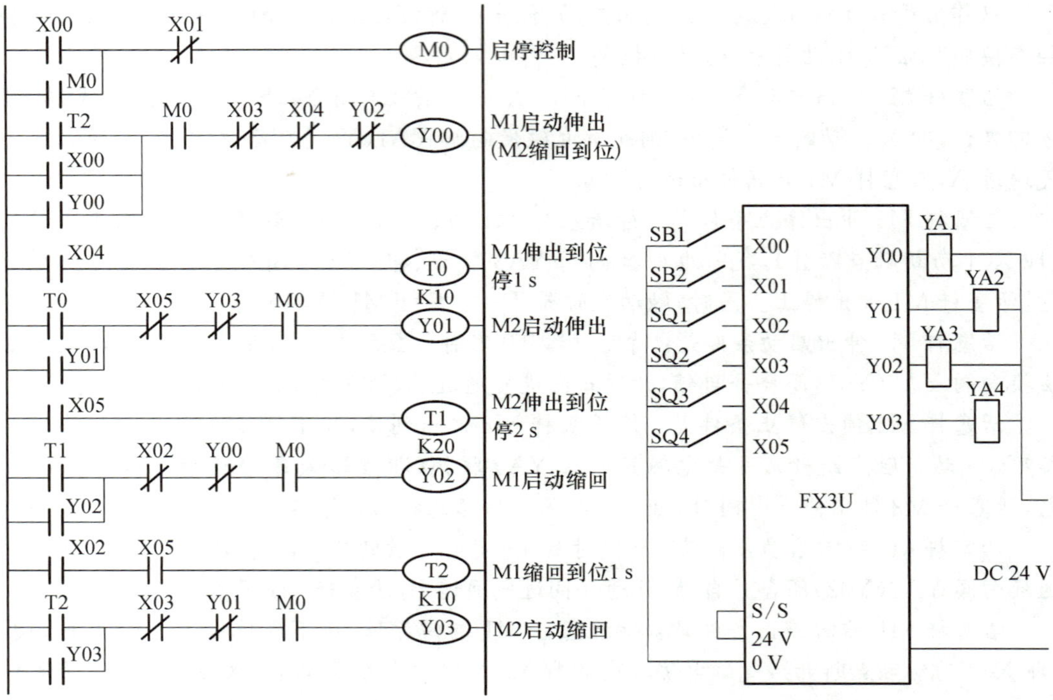

(a) 梯形图　　　　(b) PLC控制电路图

图 2-36　双作用气缸连续往返运行控制梯形图和 PLC 控制电路图

③ 在实训教师指导下，打开气泵电源，等气泵气压上升后，打开输出气阀，调节输出气压。

④ 编辑图 2-36(a)所示梯形图，设计调试方案并请实训教师指导审核，在实训教师指导下，开启设备工作电源，在监控状态下，观察程序运行及运行条件的变化，调节气缸活塞杆的动作速度，通过进气量的调节实现活塞杆的平稳动作；调整定时器设定时间，观察程序的执行效果，加深对时间量控制方法的理解。

⑤ 完成实训任务后，经实训指导教师检查同意，断开所有实训设备的电源，关闭气泵输出阀门，再分别按电路、气路依次拆除实训设备，并整理归类。

⑥ 按要求撰写实训报告。

素质拓展

观察图 2-36(a)程序停止方式，试在控制梯形图的基础上，设计：在运行中按下停车按钮 SB2，气缸活塞杆完成当前正在进行的循环工作任务后停车（即两个气缸活塞杆均已完成缩回后停车），试完成程序编辑并调试运行。

2.5.4　有条件顺序指令

有条件顺序指令包含跳转指令 CJP、EJP。

1. 指令格式及梯形图表示方法

跳转指令的指令格式及梯形图表示方法见表 2-30。

2. 使用说明

CJP 为条件跳转指令，即跳过一部分程序而转去执行另一部分程序，用于跳转开始；EJP 为跳转结束指令，用于指令跳转终点。

表 2-30　跳转指令的指令格式及梯形图表示方法

指令符号(名称)	功　　能	梯形图示法	可选操作元件
CJP(转移出去)	从主程序跳转到子程序	—[CJP | 操作元件]—	FX2N：P0～P63 FX3U：P0～P127
EJP(转移回来)	结束跳转返回主程序	—[EJP | 操作元件]—	FX2N：P0～P63 FX3U：P0～P127

3. 应用举例

CJP、EJP 指令的功能如图 2-37(a)所示，跳转电路如图 2-37(b)所示。

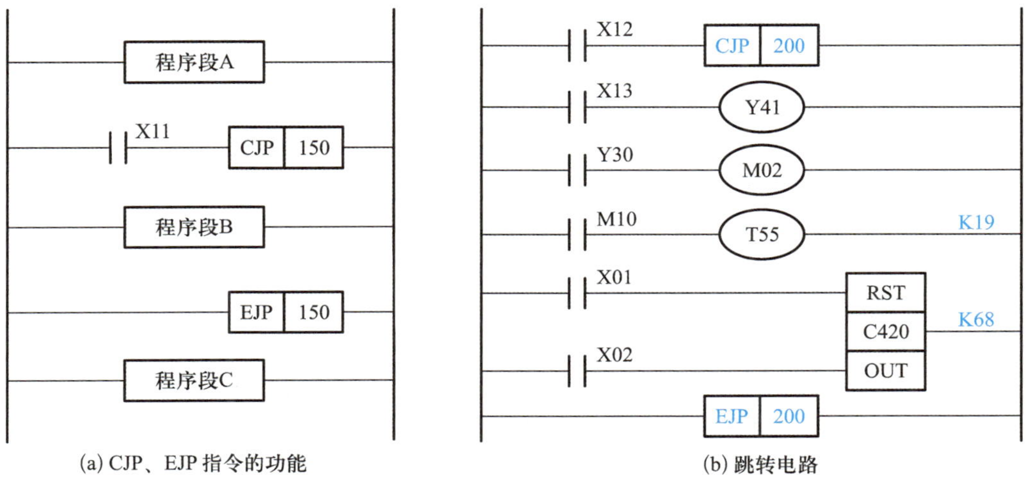

图 2-37　CJP、EJP 指令的应用举例

程序：

0	LD	X12	
1	CJP	200	当 X12 闭合，跳转
2	LD	X13	
3	OUT	Y41	

```
4    LD     Y30
5    OUT    M02     不跳转，Y41 和 M02 保持跳转前的通断状态
6    LD     M10
7    OUT    T55     跳转后，即使 M10 闭合，T55 也不工作
8           K19
9    LD     X01
10   RST    C420
11   LD     X02     跳转期间，C420 不计数，保存现值
12   OUT    C420
13          K68
14   EJP    200
```

2.6 FX3U 系列 PLC 步进指令及编程方法

2.6.1 步进指令的格式和功能

FX3U 系列 PLC 步进顺序控制梯形图编程是一种直观的流程图，有利于分解复杂控制的逻辑关系和综合的图形语言程序，是基于国家标准电气制图的顺序功能图或状态转移图(sequential function chart，SFC)的通用流程图语言的编程方法。步进顺序控制梯形图设计的思路与特点如下：

① 将一个复杂的控制任务或控制过程分解成可以实现控制的若干道工序(称为状态步)，对于每一个独立的、具体的过程工序，其控制条件、输出状态和停止控制均独立，即剥离了原系统复杂的关联性。

② 将各工序的输出驱动和工序间转换(状态转移)条件，按顺序组合成整个工序的汇合，用“积木”方式实现控制任务的程序设计。

③ 对应顺序状态的状态元件可直观地展现出状态间的转换关系，方便实现步进顺序控制梯形图的状态编程转化。

步进顺序控制梯形图的状态编程是将一个控制任务分解成若干状态步，每一个状态步用一个对应编号的状态元件 S 表示。状态编程就是围绕反映工序任务的指定目标(状态步)、输出负载驱动和状态间转换条件等三个要素进行，状态编程的基本思路如图 2-38 所示。

状态元件是构成状态转移与状态编程的关键要素，所谓状态元件就是 PLC 内部的状态寄存器。FX2N 系列 PLC 状态寄存器有五类，共 1 000 个，其中：初始状态寄存器 S0～S9，共 10 个，用于初始状态；回零状态寄存器 S10～S19，共 10 个，用于返回原点的状态；中间状态寄存器 S20～S499，共 480 个，用于中间状态；保持状态寄存器 S500～S899，共 400 个，用于停电恢复后需继续执行停电前状态的场合，具有停电保持功能；报警用状态寄存器 S900～S999，共 100 个，用于报警元件。FX3U 系列 PLC 状态寄存器除了这五类

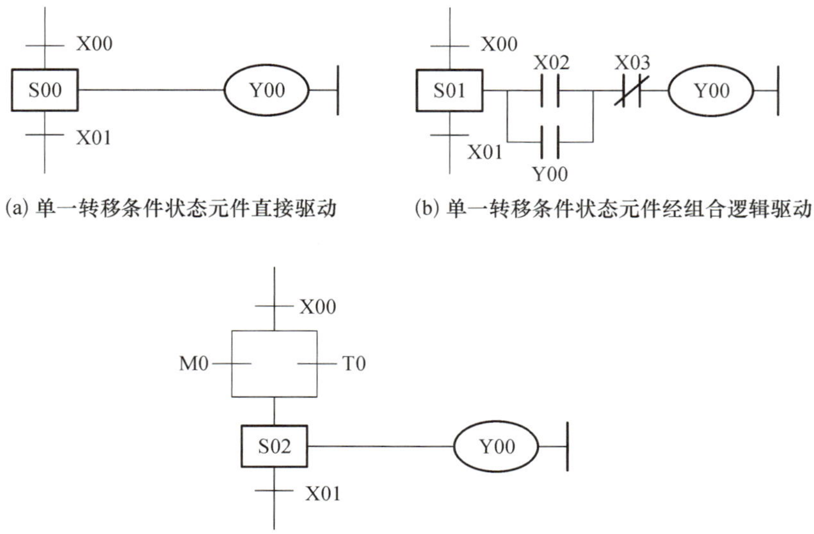

(a) 单一转移条件状态元件直接驱动　(b) 单一转移条件状态元件经组合逻辑驱动

(c) 复合转移条件状态元件直接驱动

图 2-38　状态编程的基本思路

1 000 个以外，还增加了 3 096 个固定停电保持专用状态寄存器，用于实施停电保持功能，不能通过参数改变停电保持特性。

STL 指令是步进顺序控制梯形图开始指令，RET 指令是步进顺序控制梯形图返回指令。

1. 指令格式及梯形图表示方法

STL、RET 指令的指令格式及梯形图表示方法见表 2-31。

表 2-31　STL、RET 指令的指令格式及梯形图表示方法

指令符号(名称)	功　　能	梯形图示法	可选操作元件
STL(步进顺序控制梯形图开始指令)	步进梯形图开始		Y,S,M
RET(步进顺序控制梯形图返回指令)	步进梯形图返回	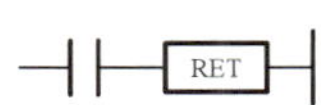	Y,S,M
RST/ZRST(步进顺序控制梯形图复位/批复位指令)	步进状态复位		Y,S,M

2. 使用说明

① STL 指令是步进顺序控制梯形图开始指令，是将 PLC 内部状态寄存器 S 定义为顺序控制程序中对应于某工序的状态步的指令，在梯形图上反映该指令执行时，是从左母线出发实现该状态的开始，相当于在该指令状态的右侧建立一条“副母线”，使该状态下的所有操作均在该“副母线”后面。RET 指令是步进顺序控制梯形图返回指令，用来表示该

状态流程的结束，具有从副母线返回左母线操作的功能，即当步进顺序控制程序执行RET指令后，必须从状态子程序(即从副母线)返回左母线上，表示状态程序执行结束。

② STL指令常与状态寄存器配合使用，STL指令的作用相当于一个STL动合触点，其触点的左侧一般与左母线相连接，触点的右侧应用LD或LDI指令开始，可直接或通过其他中间触点驱动Y、M、S等编程元件的工作线圈，也可使Y、M、S等元件复位或置位，用RET指令使触点返回左母线。

③ 在同一程序段中，同一状态寄存器的STL触点只能使用一次，但允许双线圈输出，即同一元件线圈可在不同的STL触点后面多次使用。

④ STL指令与状态寄存器的动合触点配合使用，每一状态均具有对负载的操作处理、指定转移条件和转移目标三种功能，RET指令仅具有使步进顺序控制程序返回功能。

3. 应用举例

STL、RET指令的应用举例如图2-39所示。

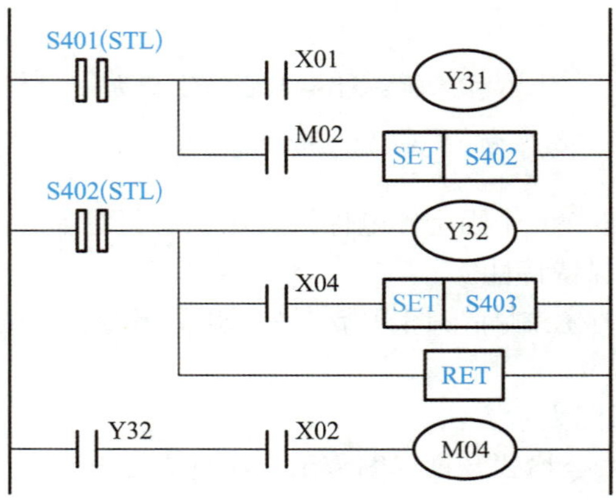

图2-39 STL、RET指令的应用举例

程序：

0	STL	S401
1	LD	X01
2	OUT	Y31
3	LD	M02
4	SET	S402
5	STL	S402
6	OUT	Y32
7	LD	X04
8	SET	S403
9	RET	
10	LD	Y32
11	AND	X02
12	OUT	M04

2.6.2 编程方法

1. 基本步骤

在应用STL、RET指令编制步进顺序控制程序时，首先必须对控制对象、控制要求、工艺要求进行分析研究，然后建立相应的控制模型和控制流程，最后进行程序编写和程序调试。常见的基本步骤如下：

① 根据生产工艺控制过程，画出其自动控制流程图，确定控制要求和控制工艺。

② 根据控制要求和控制工艺，确定各步序操作要求、转换条件、转换目标和驱动对象，并绘制流程功能图。

③ 将流程功能图用规定的图符和选择的编程元件，绘制出对应控制系统的梯形图。

④ 编制与梯形图相一致的程序，对程序进行调试，并写出使用说明。

2. 基本结构

在步进顺序控制系统中，任何复杂的控制流程，可分解为单一流程、选择性分支与汇合流程、并行性分支与汇合流程、跳转与循环控制流程四种基本组合结构形式。下面对每一种基本结构的功能图及其对应的程序分别举例说明。

① 单一流程，如图2-40所示。

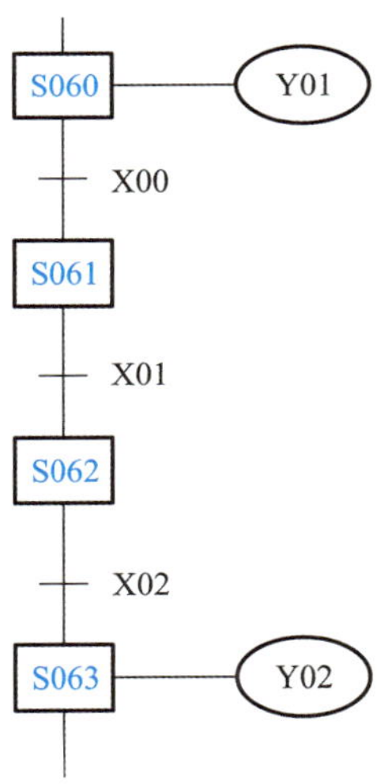

(a) 功能图

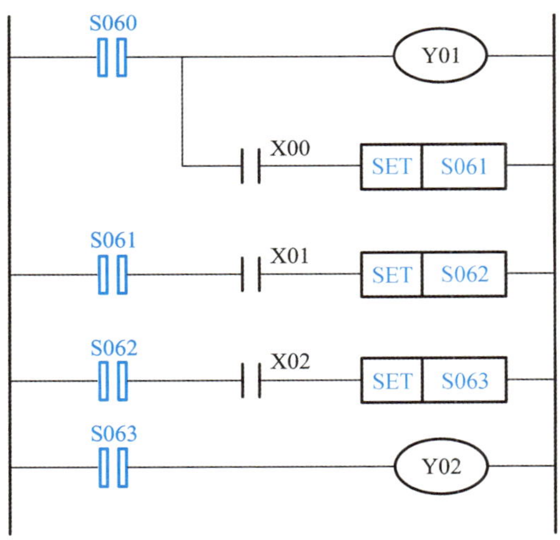

(b) 梯形图

图2-40 单一流程的功能图和梯形图

程序：

```
0    STL    S060
1    OUT    Y01
2    LD     X00
3    SET    S061
```

```
4     STL     S061
5     LD      X01
6     SET     S062
7     STL     S062
8     LD      X02
9     SET     S063
10    STL     S063
11    OUT     Y02
```

② 选择性分支与汇合流程，如图 2-41 所示。

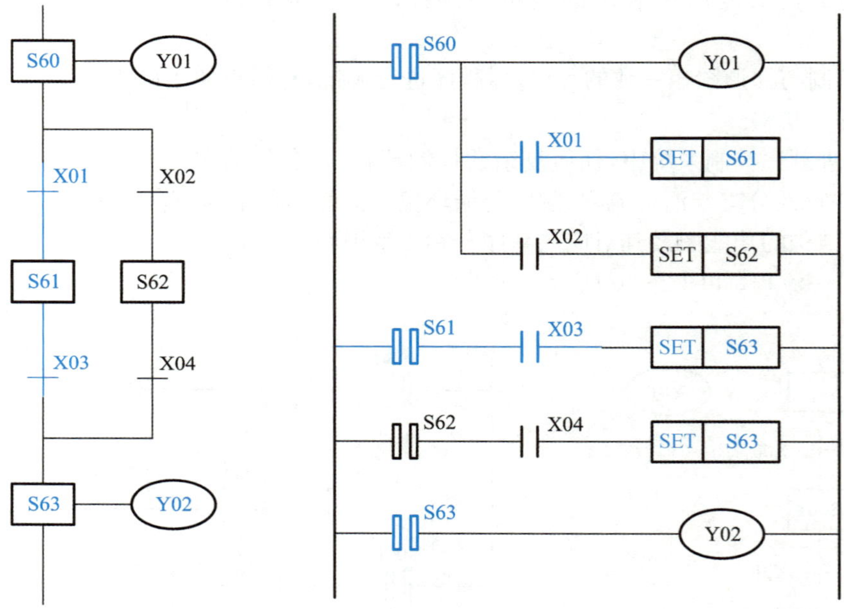

(a) 功能图　　　　(b) 梯形图

图 2-41　选择性分支与汇合流程的功能图和梯形图

程序：

```
0     STL     S60
1     OUT     Y01
2     LD      X01
3     SET     S61
4     LD      X02
5     SET     S62
6     STL     S61
7     LD      X03
8     SET     S63
```

```
9     STL    S62
10    LD     X04
11    SET    S63
12    STL    S63
13    OUT    Y02
```

说明：X01 和 X02 为二选一的选择条件，不允许同时实行转换；转换寄存器 S61 或 S62 置位时，S60 便自动复位；转换寄存器 S63 置位，S61 或 S62 便自动复位。

③ 并行性分支与汇合流程，如图 2-42 所示。

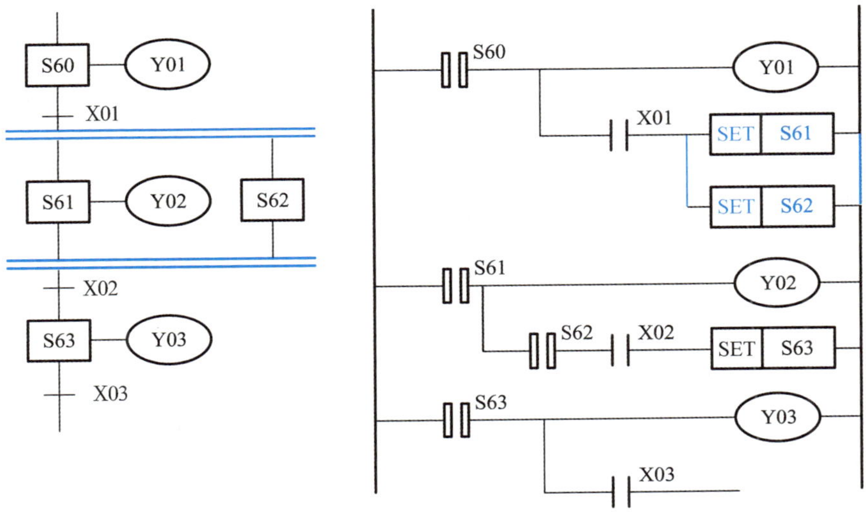

(a) 功能图　　(b) 梯形图

图 2-42　并行性分支与汇合流程的功能图和梯形图

程序：

```
0     STL    S60
1     OUT    Y01
2     LD     X01
3     SET    S61
4     SET    S62
5     STL    S61
6     OUT    Y02
7     STL    S62
8     LD     X02
9     SET    S63
10    STL    S63
11    OUT    Y03
12    LD     X03
```

说明：当 X01 接通时，S61、S62 同时置位，两条支路同时动作，S60 自动复位；只有 S61 和 S62 都完成工作，且 X02 接通后，S63 被置位，方可使 S61 和 S62 复位。

④ 跳转与循环控制流程，如图 2-43 所示。

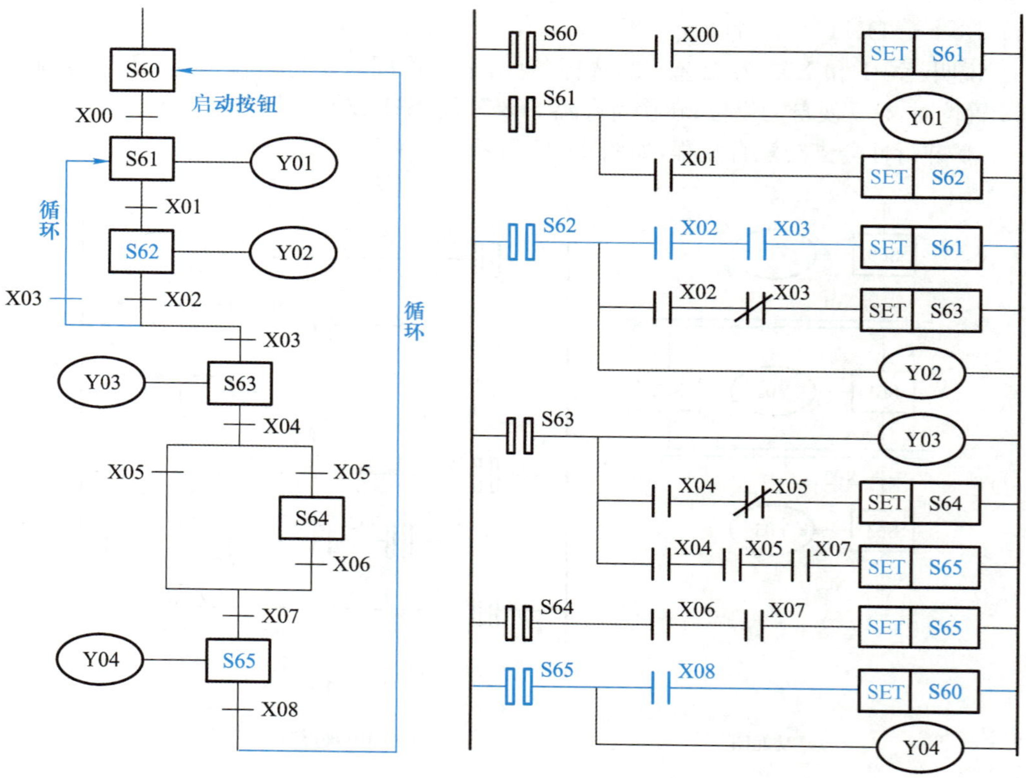

(a) 功能图　　(b) 梯形图

图 2-43　跳转与循环控制流程的功能图和梯形图

程序：

```
0   STL   S60
1   LD    X00
2   SET   S61
3   STL   S61
4   OUT   Y01
5   LD    X01
6   SET   S62
7   STL   S62
8   LD    X02
9   AND   X03
10  SET   S61
11  LD    X02
12  ANI   X03
13  SET   S63
14  OUT   Y02
15  STL   S63
16  OUT   Y03
17  LD    X04
18  ANI   X05
19  SET   S64
20  LD    X04
21  AND   X05
22  AND   X07
23  SET   S65
24  STL   S64
25  LD    X06
26  AND   X07
27  SET   S65
28  STL   S65
29  LD    X08
30  SET   S60
31  OUT   Y04
```

说明：当 S62 工作时，若 X02 和 X03 均接通，则逆向跳转，返回重新执行 S61，进入循环状态；否则若 X03 断开，则顺序往下执行 S63。若 X04 和 X05 均接通，则顺向跳转，去等待 X07 接通执行 S65；若 X05 断开，则转入执行 S64。若 X08 闭合，则程序将返回起点 S60，等待新的启动命令。

3. 状态编程

状态转移图（SFC）能以最直观的图形方式将状态编程的三要素（转换条件、状态步和输出负载驱动）表现出来，如图 2-44(a)所示。状态编程始于初始状态步，用状态寄存器 S0～S9 表示初始状态，除此以外通过其他状态内的 SET（或 OUT）对状态步进行驱动的状态叫一般状态，用中间状态寄存器 S20～S499 表示。

在图 2-44(a)所示状态转移图中，若利用开机初始脉冲 M8002 产生一个瞬时脉冲对初始状态步 S0 进行驱动，即 PLC 运行瞬间使 S0 得电；待转换状态的条件（即动合触点 X00、动断触点 X02）成立，则执行“SET　S20”指令，使 S20 得电后直接驱动 Y00，S20 得电动作的同时，初始状态步 S0 复位断开；直至状态顺序转换条件（即动合触点 X01）成立，则执行“SET　S21”指令，转换执行中间状态寄存器 S21，使 S20 和 Y00 相继失电，停止输出。

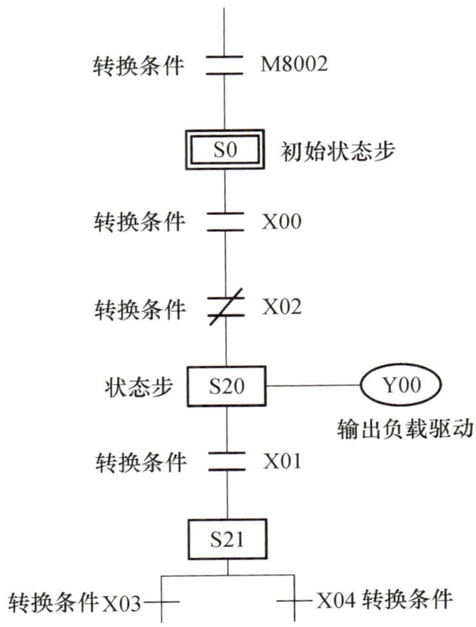

(a) 状态转移图

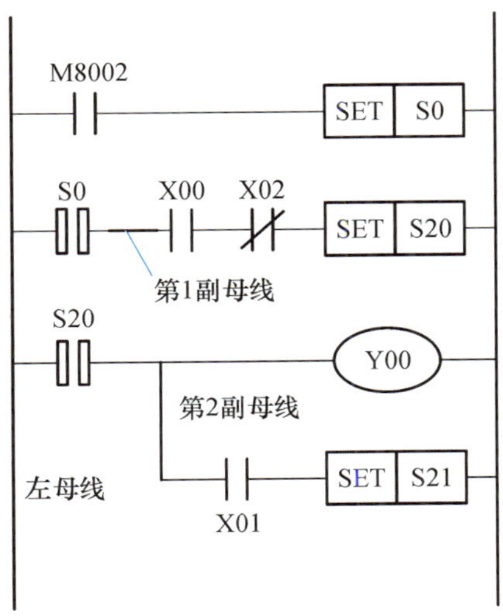

(b) 步进顺序控制梯形图

图 2-44　状态转移图和步进顺序控制梯形图

步进顺序控制梯形图是状态编程的另一种状态梯形图表示形式，是状态编程最常用的形式，如图 2-44(b)所示。当 M8002 条件成立时，用 SET 指令驱动初始状态 S0，状态的执行则通过起始于左母线的 STL 指令。

程序：

```
1    LD     M8002
2    SET    S0
3    STL    S0
4    LD     X00
5    ANI    X02
6    SET    S20
7    STL    S20
8    OUT    Y00
9    LD     X01
10   SET    S21
…
```

结合上述步进顺序控制状态编程的程序，在编程时有几点说明：

① 用于状态步线圈驱动的 SET 指令与步进顺序控制梯形图开始指令 STL 是配对使用的(语句 2、3 与语句 6、7)。

② STL 触点与左母线相连，与 STL 触点相连的起始触点应使用 LD 或 LDI 指令(语句 4)。

③ STL 指令后可直接驱动负载(语句 8)，这与母线不能直接驱动负载不同。

④ 步进顺序控制程序结束时需用返回指令 RET 返回左母线。

图 2-45(a)所示步进顺序控制梯形图程序状态内(S20 状态步内)有输出驱动时，从状态内副母线开始，自上而下出现 LD 或 LDI 等指令写入后(如 Y02)，则不需要触点指令的直接输出(如 Y05)，无法再进行编程(在程序调试转换时提示梯形图出错)，此时可按图 2-45(b)所示方法对梯形图进行变换，也可按图 2-45(c)所示方法增设运行状态监控特殊辅助继电器 M8000，它在 PLC 处于 RUN 状态时始终处于闭合状态。

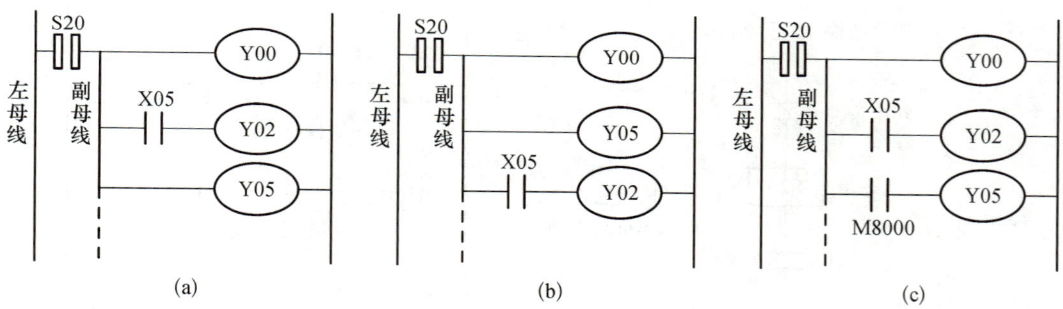

图 2-45 状态梯形图编程或转化的用法

对于 FX3U 系列 PLC 在步进顺序控制梯形图指令编程时，常在初始状态驱动的同时，对一般状态步进行复位处理，结合具体特殊功能的应用指令可有效提高编程效率，复位指令 RST 和批复位指令 ZRST 具有这种应用功能。RST 和 ZRST 指令的应用举例如图 2-46 所示，图中两种梯形图的控制功能完全一样，只是图 2-46(a)是采用逐一复位方式，图 2-46(b)是采用一次性全部复位方式，简化了编程过程，提高了执行效率。

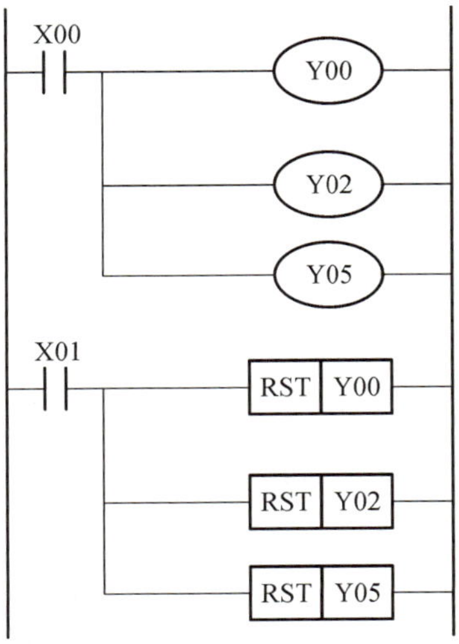

(a) 采用逐一复位方式

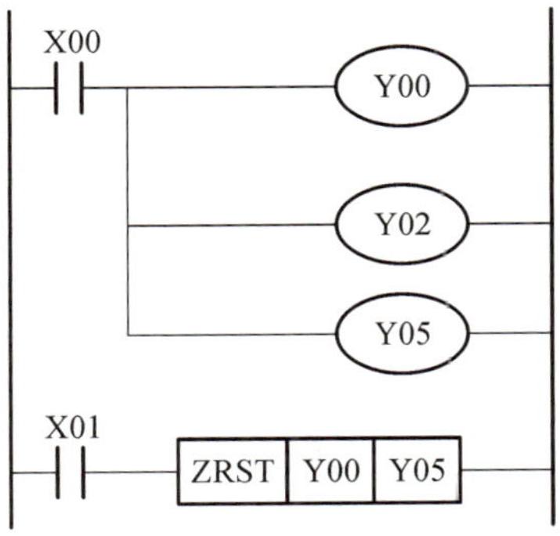

(b) 采用一次性全部复位方式

图 2-46　RST 和 ZRST 指令的应用举例

技能训练 6

运用步进顺序控制实现双作用气缸连续往返运行控制

第 1 步：任务分解与状态分析。

结合双作用气缸连续往返运行的工作过程(参见技能训练 5)，按状态编程的思路与要求，将任务过程按独立工序进行分解，每一个独立工序对应于一个状态步，见表 2-32。

表 2-32　工作状态分解与工作任务分析

工作状态	状态寄存器	工　作　任　务
初始状态	S0	一般用于设备初始化，等待设备启动指令
状态 1	S20	活塞杆 M1 伸出运动，通过 YA1(Y00)实现输出
状态 2	S21	活塞杆 M1 伸出到位后停留 1 s
状态 3	S22	活塞杆 M2 伸出运动，通过 YA2(Y01)实现输出
状态 4	S23	活塞杆 M2 伸出到位后停留 2 s
状态 5	S24	活塞杆 M1 缩回运动，通过 YA3(Y02)实现输出

续　表

工作状态	状态寄存器	工作任务
状态 6	S25	活塞杆 M1 缩回到位后停留 1 s
状态 7	S26	活塞杆 M2 缩回运动，通过 YA4(Y03)实现输出，待活塞杆 M2 缩回到位停车后，再进入下一个循环操作

第 2 步：定义 I/O 端口。

根据任务及状态分析，确定 I/O 端口(有时结合功能分析会对定时器、计数器等功能软元件进行定义说明)，为便于同前面技能训练 5 的程序进行比较，本任务的 I/O 端口定义同前不变。

第 3 步：状态负载驱动与状态转换条件。

状态编程的工序分析是将控制任务分解到工序的过程，是将完整任务拆解成若干状态步的过程。通过任务分解，每一独立的状态步均呈现单一的功能特性，通过对应于输出继电器动作或内部定时器、计数器等功能软元件的负载驱动，本任务各状态的输出驱动见表 2-33。

表 2-33　状态输出驱动和状态转换条件

状态输出驱动		状态转换条件	
S20	驱动输出继电器 Y00	S20	启动按钮 SB1(X00)按下
S21	驱动定时器 T0 定时 1 s	S21	电磁开关 SQ3(X04)闭合
S22	驱动输出继电器 Y01	S22	定时器 T0 定时 1 s 到
S23	驱动定时器 T1 定时 2 s	S23	电磁开关 SQ4(X05)闭合
S24	驱动输出继电器 Y02	S24	定时器 T1 定时 2 s 到
S25	驱动定时器 T2 定时 1 s	S25	电磁开关 SQ1(X02)闭合
S26	驱动输出继电器 Y03	S26	定时器 T2 定时 1 s 到。 S26 返回 S20 的条件是：S26 检测到 SQ2(X03)闭合

状态间转换条件的分析和确定是状态编程的核心，解决状态间的转换条件是将状态汇合还原成完整控制系统工作任务而进行编程的前提。本任务的初始状态 S0 除采用 M8002 驱动外，还可用 X01(停车按钮 SB2)实现驱动，且通过对一般状态进行批复位处理，以满足适时停车的控制要求。本任务其他一般状态的转换条件(或转移进入条件)见表 2-33，状态转移逻辑均呈单一转换条件的简单逻辑。

第 4 步：绘制状态转移图与步进顺序控制梯形图。

步进顺序控制程序的状态转移图由初始梯形图 LAD0（初始状态驱动条件）、状态转移流程的 SFC 块和尾部梯形图 LAD1（编程结束）组成，且均可在 GX Developer 软件中进行编程、编译及传输等操作，状态转移图如图 2-47(a)所示。

步进顺序控制状态转移图和梯形图是步进状态编程的两种基本方法，状态转移图所对应的步进顺序控制梯形图如图 2-47(b)所示，两者之间存在明确的对应关系。对于初学者而言，在简单控制系统中，步进顺序控制梯形图编程要比状态转移图编程来得简单、直观，但在复杂控制系统中，状态转移图编程要比步进顺序控制梯形图编程在控制任务的描述上更加清晰，因此，建议从梯形图编程入手，注意与状态转移图编程的相互转换，不断提高状态编程技能。

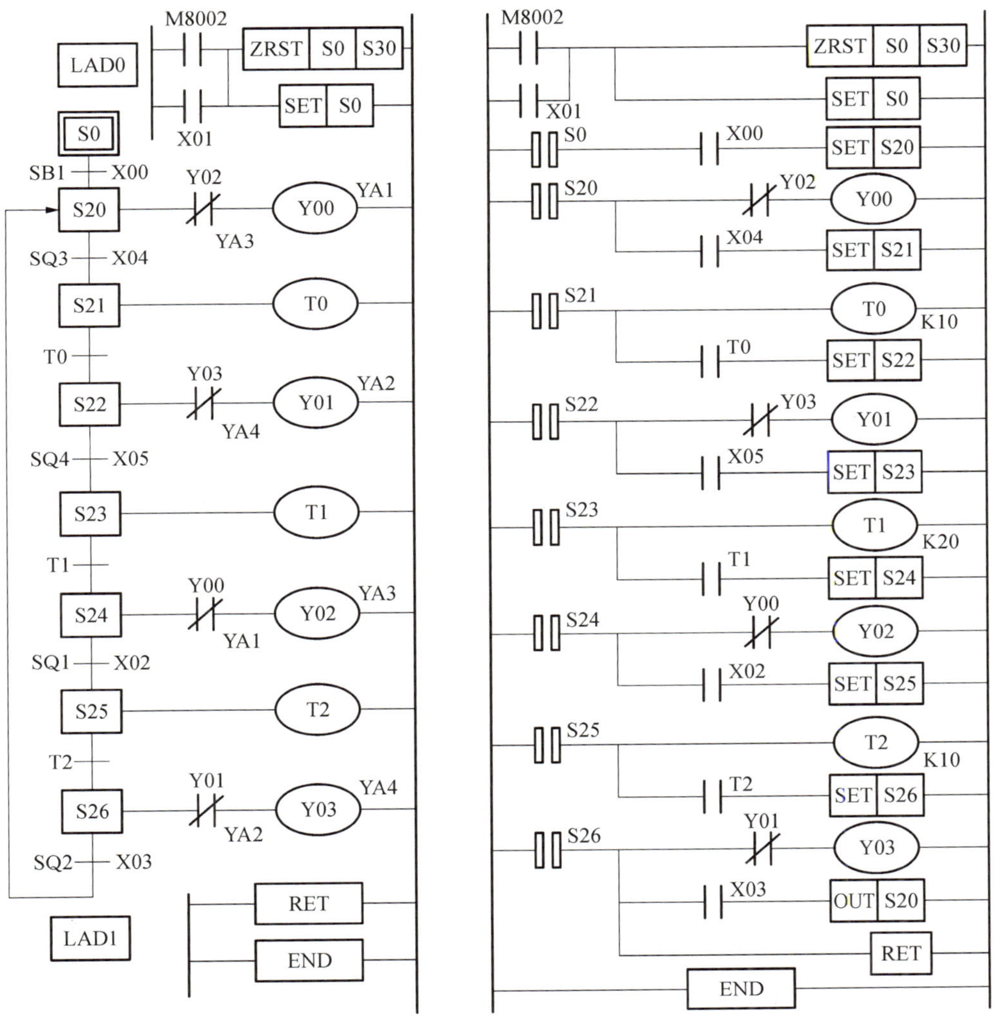

(a) 步进顺序控制状态转移图　　　　(b) 步进顺序控制梯形图

图 2-47　双作用气缸连续往返运行步进顺序控制状态转移图和梯形图

第 5 步：编写指令表程序。

在步进状态编程中，步进顺序控制梯形图(STL)是以继电器梯形图来表示的，状态转移图(SFC)则是以工作流程(工序)为主体来表示的，两种程序经编译转换后的指令形式是完全相同的。完成该控制任务状态程序的指令表程序见表 2-34。

表 2-34　双作用气缸连续往返运行步进顺序控制的指令表程序

步序	助记符	操作元件	步序	助记符	操作元件	步序	助记符	操作元件
1	LD	M8002	16	OUT	T0	31	LDI	Y00
2	OR	X01	17		K10	32	OUT	Y02
3	ZRST		18	LD	T0	33	LD	X02
4		S0	19	SET	S22	34	SET	S25
5		S30	20	STL	S22	35	STL	S25
6	SET	S0	21	LDI	Y03	36	OUT	T2
7	STL	S0	22	OUT	Y01	37		K10
8	LD	X00	23	LD	X05	38	LD	T2
9	SET	S20	24	SET	S23	39	SET	S26
10	STL	S20	25	STL	S23	40	STL	S26
11	LDI	Y02	26	OUT	T1	41	LDI	Y01
12	OUT	Y00	27		K20	42	OUT	Y03
13	LD	X04	28	LD	T1	43	LD	X03
14	SET	S21	29	SET	S24	44	OUT	S20
15	STL	S21	30	STL	S24	45	RET	S26

第 6 步：进行步进顺序控制程序调试。

在实训教师指导下，开始对所编写的控制程序进行输入和调试，观察和记录调试过程中可能出现的现象、问题及其调试的结果。

第 7 步：编写技能训练报告。

按实训要求和程序编译过程中的收获，完成实训报告。

素质拓展

在双作用气缸连续往返运行控制中，需实现在按下启动按钮时，两气缸要求先复位（即气缸活塞杆呈缩回到位）再按顺序伸缩。如何实现这一控制功能的调整？

思考与练习

2-1　PLC 选型的主要依据是什么？如何确定？

2-2　使用 PLC 时，如何考虑输出模块的驱动能力？某继电器输出模块的典型特性规定：最大电流为 2 A/点（阻性），是否可以说 8 点的输出模块允许 16 A 的电流？用它驱动接触器线圈或照明负载，又允许有多大的电流？

2-3　为什么 PLC 中各元件的触点在理论上可以使用无穷多次？

2-4　FX 系列 PLC 的内部辅助继电器共有多少个，它们各有什么用途？

2-5　PLC 有多少种开关量输出类型，各有什么特点？

2-6　绘出下列程序的梯形图。

0	LD	X400	9	ANB	
1	ANI	T401	10	OR	Y425
2	LD	M100	11	OUT	Y430
3	AND	X404	12	AND	X405
4	ORI	Y402	13	OUT	M110
5	AND	X405	14	AND	X407
6	ORB		15	OUT	T420
7	LDI	Y420	16		K80
8	OR	C450	17	END	

2-7　绘出下列程序的梯形图。

0	LD	X400	10	OUT	Y435
1	AND	X401	20	MC	M01
2	OUT	Y100	21	LD	X406
3	LD	X402	22	OUT	Y440
4	OR	X403	23	LD	X407
5	OUT	M101	24	OUT	Y450
6	MC	M100	30	MCR	M101
7	LD	X404	31	LD	X401
8	OUT	Y430	32	OUT	Y460
9	LD	X405	33	END	

2-8　指出题图 2-1 中的语法错误，并绘制相同功能的梯形图。

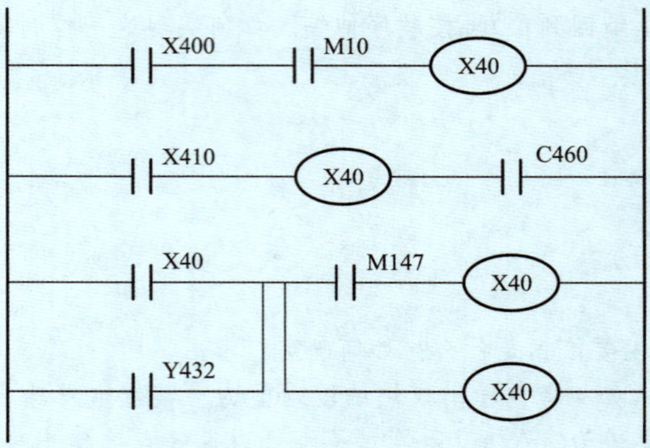

题图 2-1

2-9　编写题图 2-1 改正后梯形图所对应的程序。

2-10　绘制用按钮和接触器控制异步电动机的启动、自保、停止等功能的控制电路图，然后改写成 PLC 的梯形图，最后编写对应的指令表程序。

2-11　如题图 2-2 所示，小车停在初始位置时，限位开关 X400 接通，按下启动按钮 X410，小车按图所示顺序运行，最后返回并停在初始位置，试画出控制系统的功能图和梯形图，并编写对应的程序。

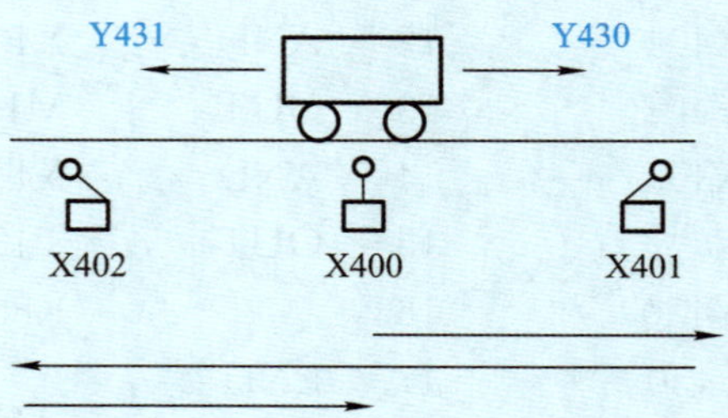

题图 2-2

模块3 可编程控制器功能指令

学习目标

知识目标

1. 了解功能指令的表示形式和执行方式。

2. 熟悉程序流向控制、比较与传送、移位、算术与逻辑运算和数据处理等几类常用功能指令的基本结构、指令形式及其指令功能。

能力目标

1. 能理解和应用功能指令。

2. 能分析工程应用案例和控制任务。

素质目标

1. 培养电气工程技术人员的专业素质、职业素养。

2. 培养爱岗敬业的职业岗位意识。

知识要点

功能指令模块由程序流向控制指令、比较与传送指令、移位指令、算术与逻辑运算指令和其他功能指令五个子模块组成。本模块主要叙述功能指令的功能、模式及其编程应用，重点阐述在现实生活中如何应用功能指令。

PLC 基本指令一般进行逻辑功能处理，步进顺序控制指令主要实现顺序逻辑控制。PLC 功能指令增加了 PLC 对工业自动化控制领域的数据运算和特殊处理功能，主要用于数据传送、运算、变换和程序控制等。FX3U 系列 PLC 的功能指令有程序流向控制、比较与传送、移位、算术与逻辑运算、数据处理、高速处理、方便指令、外部输入输出处理、外部设备通信等类型，近百条指令，本书主要介绍其中几种常用的功能指令的基本格式、类型及每一条功能指令的具体规则，以满足编程和使用需要。

3.1　功能指令简介

3.1.1　功能指令的表示形式

FX3U 系列 PLC 的功能指令在梯形图中直接使用功能框表示，图 3-1 所示为功能指令的梯形图示例。图中，M8002 动合触点是功能指令的执行条件，其后的方框为功能框，在功能框内表示指令的名称、相关数据或数据存储地址。该功能指令的功能是：当 M8002 接通时，十进制常数 123 被送到数据寄存器 D0 中存放。

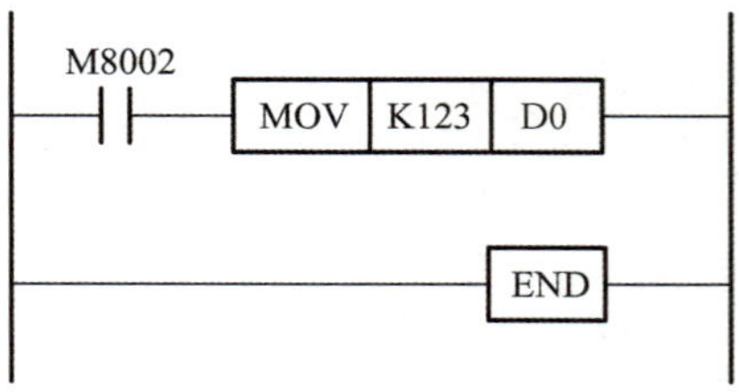

图 3-1　功能指令的梯形图示例

1. FX3U 系列 PLC 功能指令的操作数

（1）数据寄存器（D）

数据寄存器（D）用于存储数值数据，实现数据的直接存放和读取操作，数据寄存器（D）都是以 16 位二进制数形式存取（最高位为符号位），数据寄存器数值处理范围为－32 768～＋32 767。数据寄存器分为通用型、停电保持型和特殊型。FX 系列 PLC 数据寄存器编号见表 3-1。

表 3-1　FX 系列 PLC 数据寄存器编号

机型	通　用	停电保持用	停电保持专用	文　件　用	特殊用途
FX1S	D0～D127 128 点	—	D128～D255 128 点	通过参数设定，将 D1000～D2499 作为文件寄存器使用	D8000～D8255 256 点
FX2N FX2NC	D0～D199 200 点	D200～D511 312 点	D512～D7999 7 488 点	通过参数设定，将 D1000 以上作为文件寄存器使用	D8000～D8255 256 点
FX3U FX3UC	D0～D199 200 点	D200～D511 312 点	D512～D7999 7 488 点	通过参数设定，将 D1000～D7999 作为文件寄存器使用	D8000～D8255 256 点

（2）位组合数据

FX3U 系列 PLC 将具有接通（ON 或 **1**）或断开（OFF 或 **0**）两种状态的元件称为位元件，常用的位元件有输入继电器（X）、输出继电器（Y）、辅助继电器（M）和状态寄存器（S）四大类，例如，X1、Y2、M10 和 S30 等都是位元件。

对位元件只能进行逐个操作，例如，读取 X00 的状态，用“取”指令“LD X00”完成。若需要取多个位元件状态，例如，读取 X00～X07 的状态，则需要 8 条“取”指令语句完成，程序比较烦琐。若将多个位元件按照一定规律有序组合起来，便可以用一条功能指令完成对多个位元件的操作，既可减少指令语句的数量，又能提高编程效率和处理数据能力。

在 FX3U 系列 PLC 中，位元件以每 4 位为一组进行组合，使位元件组合时最少达到 4

位，最多为32位。位元件组合形式为

$$Kn + \text{位首元件名称}$$

其中：K表示十进制数，n为组合位元件的组数，取值为1～8。例如，KnX、KnY、KnM、KnS等，K1X0表示X03～X00，为4位输入继电器组合，K3Y00表示Y13～Y10、Y07～Y00，为3组12位输出继电器组合，K4M10表示M25～M10，为4组16位辅助继电器组合。

(3) 其他

K表示十进制数，H表示十六进制数；T、C分别表示定时器、计数器，T、C的状态为寄存器的当前值；V0～V7、Z0～Z7，共16点，为变址寄存器，变址寄存器可像数据寄存器一样进行读写操作，需要进行32位操作时，可将V、Z串联使用(Z为低位，V为高位)。

2. 功能指令的语法格式

功能指令与基本指令不同，功能指令类似一个子程序，直接由助记符(功能代号)表达本条指令要做什么。FX3U系列PLC的功能指令格式如图3-2所示。

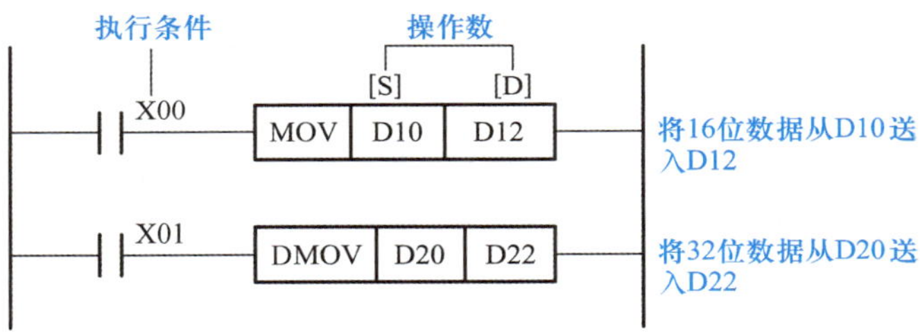

图3-2 FX3U系列PLC的功能指令格式

[S]表示源操作数，其内容不随指令执行而变化，源数量较多时，用[S1]、[S2]等表示。

[D]表示目标操作数，其内容随指令执行而改变，目标数量较多时，用[D1]、[D2]等表示。

3.1.2 功能指令的执行方式

功能指令有连续执行和脉冲执行两种类型，如图3-3所示，第1条支路中，MOV是连续执行型指令，即当X00接通时，在每一个扫描周期都执行一次操作。而第2条支路中，MOVP指令是脉冲执行型指令，P表示当X01由OFF转换为ON时，指令在第一个扫描周期执行一次指令操作，其他扫描周期该指令都不执行。

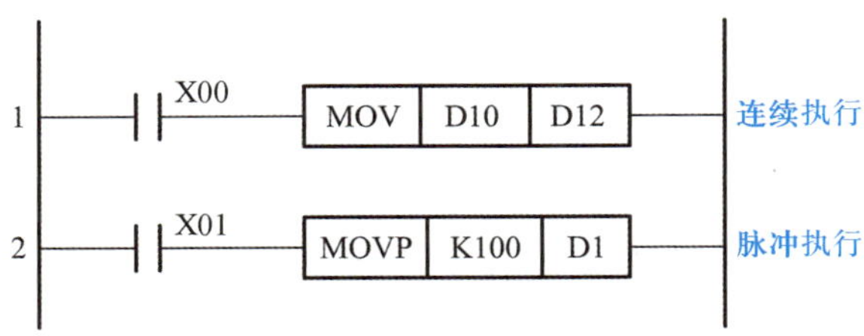

图3-3 功能指令的执行方式

功能指令可以处理 16 位数据，也可以处理 32 位数据。如图 3-4 所示，第 1 条支路中，若 X00 接通，则移位功能指令 MOV 处理 16 位数据，将 D10 的内容传送至 D12。当第 2 条件支路中，X01 接通，执行移位功能指令 DMOV 时，则处理 32 位数据，将 D21D20（由 D21、D20 组成一个 32 位数据存储单元）的内容传送至 D23D22（由 D23、D22 组成一个 32 位数据存储单元）。

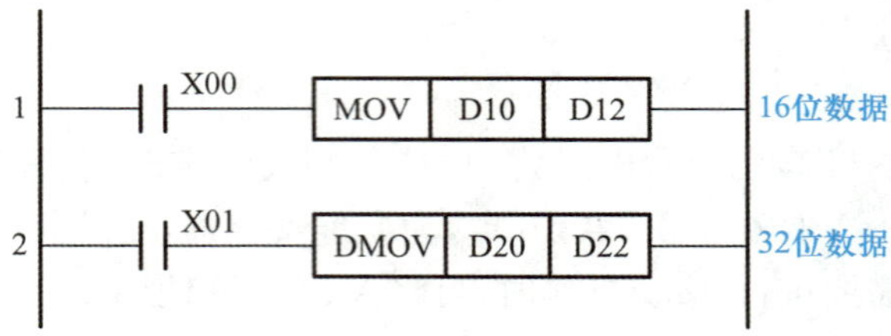

图 3-4　功能指令处理的数据长度

3.2　常用功能指令介绍

FX 系列 PLC 的控制功能指令有基本指令、步进顺序控制指令和功能指令等三大类，其中 FX2N 有 85 条功能指令，FX3U 有 209 条功能指令，分别为程序流向控制、比较与传送、移位、算术与逻辑运算、数据处理、高速处理、方便指令、外部输入输出处理、外部设备通信等，本书主要介绍几种常用功能指令的格式、编程方法及应用，详细资料可查阅相关的用户手册。

3.2.1　程序流向控制指令

程序流向控制指令有 10 条，分为条件跳转（CJ）、子程序调用（CALL）、子程序返回（SRET）、中断返回（IRET）、允许中断（EI）、禁止中断（DI）、主程序结束（FEND）、警戒时钟（WDT）、循环开始（FOR）和循环结束（NEXT）等。

1. 条件跳转指令

FX3U 系列 PLC 条件跳转指令（CJ）主要用于处理 16 位操作数在某条件下跳过顺序程序中某一部分语句段，以缩短程序运算周期、控制程序的流程。其指令格式为

CJ＋P0～P127

其中：CJ 为指令助记符，P0～P127 是操作元件标号及其范围。程序步：CJ 为 3 步、标号 P 为 1 步。

条件跳转指令格式及应用案例如图 3-5 所示。

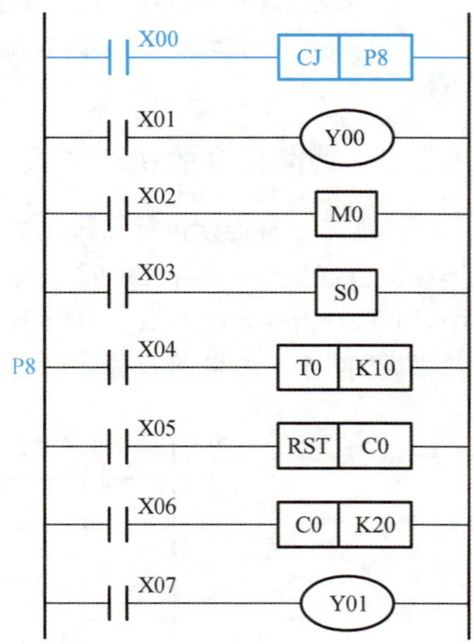

图 3-5　条件跳转指令格式及应用案例

当 X00 为 ON 时，则程序跳转到指针 P8 处执行；若 X00 为 OFF 时，则按顺序执行程序，不执行跳转。

说明：

① 在 X00 为 ON 期间，程序跳转，Y00、M0、S0 的状态不会随它们的驱动触点 X01、X02、X03 的状态变化而变化。定时器和计数器若被 CJ 指令跳过，在跳步期间，它们的当前值被冻结，若在跳步开始时，定时器和计数器正在工作，在跳步期间，它们将停止计时和计数，在 CJ 指令条件变为不满足时继续开始计时和计数工作。但对于高速计数器的处理独立于主程序，其工作不受跳步影响。若用 M8000 的动合触点驱动 CJ 指令，则条件跳转变为无条件跳转。

② 当执行条件跳转指令 CJ 时，则跳过 CJ 指令和指针标号之间的所有程序，如图 3-6 所示。当 X30 接通时，跳转到 P20 处执行该行及以后程序，若 X30 为不接通，则不执行跳转，程序按顺序执行。指令指针的有效范围为 P0～P127。

③ 对于执行条件跳转指令 CJ 后未执行的指令，即使输入元件的状态发生了改变，输出元件的状态也维持不变。

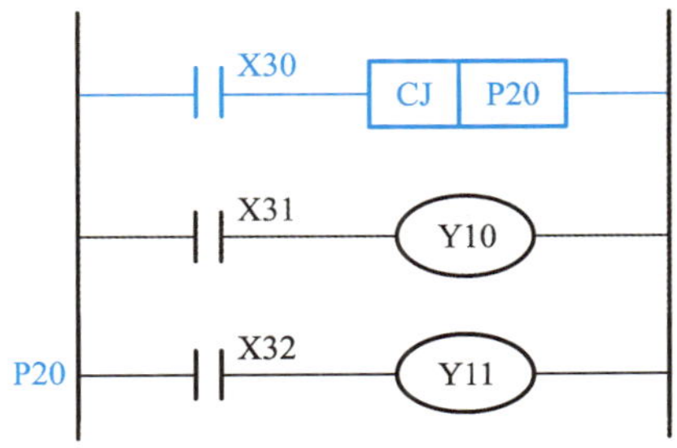

图 3-6　条件跳转指令应用案例

2. 子程序调用和返回指令

子程序调用指令(CALL)格式为

$$CALL(P)+ P0\sim P127$$

或

$$CALL(P)+ P0\sim P127$$

其中：CALL(P)为指令助记符，P0～P127 是操作元件标号及其范围，CALL 和 CALLP 占用 3 个程序步，标号 P 为 1 步。

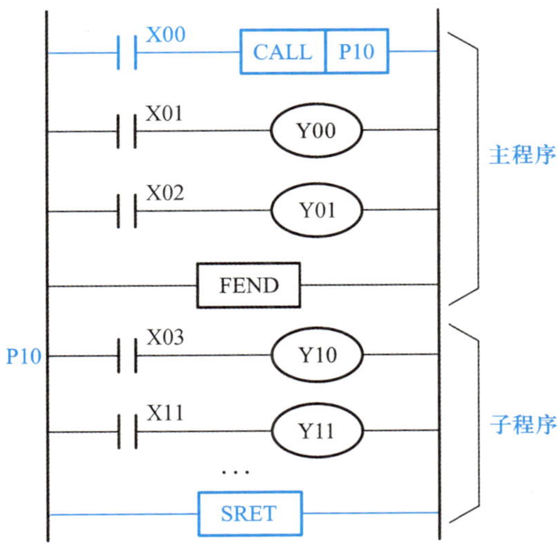

图 3-7　子程序调用和返回指令应用案例

说明：

① 子程序调用指令(CALL)必须与子程序返回指令(SRET)一一对应配合使用，两指令前后配合使用方法如图 3-7 所示。

② 若 X00 接通，则转到标号 P10 处去执行子程序，遇到子程序返回指令 SRET 时，子程序执行结束，返回 CALL 指令的下一步继续执行。

③ 使用子程序调用与返回指令时，注意转移标号不能重复，也不可与跳转指令的标号重复。子程序调用与返回指令可以构成程序嵌套，但是，这种子程序调用内部再进行子程序调用的嵌套，最多不能超过 8 级

嵌套。

④ FEND是主程序结束指令，无操作数，占用1个程序步，表示主程序结束。当执行到FEND指令时，PLC转入输入输出的操作处理，监视定时器刷新，完成后返回起始步。

3. 中断指令

PLC通常处于禁止中断状态，只有在允许中断指令(EI)和禁止中断指令(DI)之间的程序段为允许中断区。中断指令格式为

EI

DI

IRET

说明：

① EI、DI和IRET三条指令均为无操作数，在执行时，每一条指令只占用1个程序步。当程序执行到某程序区域时，出现允许中断指令(EI)，则程序中断执行原来的主程序流向，转去执行相应的中断子程序，直到出现中断返回指令(IRET)时，程序返回主程序断点，继续执行主程序中允许中断指令的下一条指令及后续各条指令。中断指令应用案例如图3-8所示。

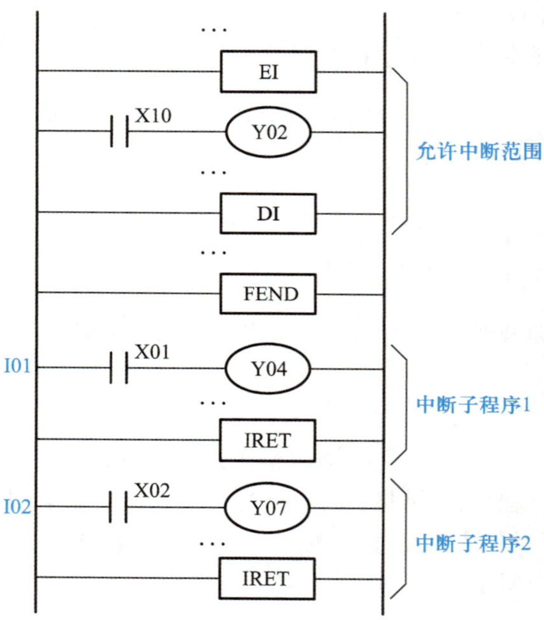

图3-8　中断指令应用案例

② 当X01或X02为ON时，程序转向执行中断子程序1或中断子程序2。

③ 在中断子程序中，若出现EI和DI指令时，则构成嵌套中断子程序，在有多个中断信号出现时，则中断产生的顺序指针号较低的具有优先权。

4. 警戒时钟指令

警戒时钟指令(WDT)主要用于PLC运行程序进行监视定时器的刷新，其指令格式为

WDT或WDTP

说明：

① 若扫描时间(从0步开始至END或FEND)超过100 ms，则PLC将停止运行，为此应将WDT指令插入到合适的程序步中刷新监视定时器，保证顺序程序执行到结束指令END。

② 若因外界干扰或程序本身的原因，导致扫描周期大于监视定时器的设定值，而使PLC的CPU出错亮灯并停机工作，则需要将1个扫描时间为120 ms的程序分解成2个60 ms的子程序。在这两个程序之间插入一个WDT指令，将1个120 ms的程序一分为二，使每一个子程序时间都不超过60 ms，而不再出现报警停机，如图3-9所示。

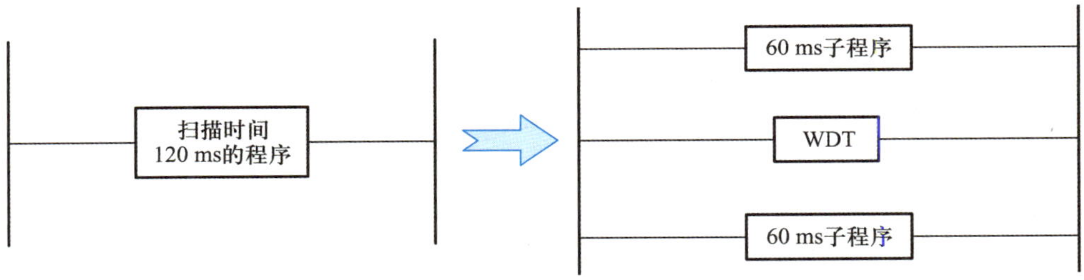

图 3-9 警戒时钟指令应用案例

5. 循环指令

循环指令主要用于处理 16 位操作数因某一条件需对某程序段进行多次重复操作的场合，循环指令格式为

FOR+[S]
语句组
NEXT

循环指令可使程序变得简洁、方便。循环指令的循环开始指令 FOR 占 3 个程序步；循环结束指令 NEXT 占 1 个程序步。

说明：

① 在程序运行时，处于 FOR—NEXT 之间的语句组构成的程序段可以重复执行 n 次（n 由操作数决定）后，再转向 NEXT 指令后续程序继续执行。循环次数 n=1～32 767（若 n=-32 768～0，则按 n=1 处理）。

② 在 FOR—NEXT 语句组之间，允许再出现 FOR—NEXT 结构语句组，从而构成循环嵌套，FX2N 系列 PLC 可构成 5 层循环嵌套，FX3U 系列 PLC 允许 8 级循环嵌套。图 3-10 所示为一个二重循环嵌套，外层执行 5 次，若 D0Z0 中的语句组执行次数为 6，则外层 A 每执行 1 次其内层 B 将执行 6 次，二重循环嵌套执行总次数为 30 次。

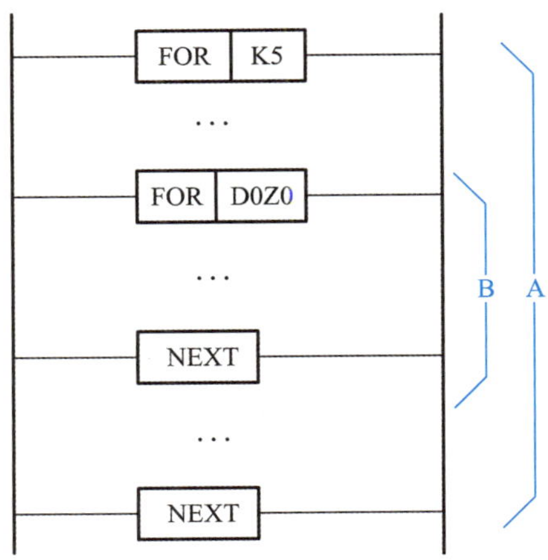

图 3-10 循环指令应用案例

③ 在使用循环指令时，FOR 和 NEXT 两条指令必须前后成对出现；在循环程序中允许利用 CJ 指令跳出循环体，提前结束循环程序，但不允许从循环体外跳入循环体内。

④ FOR 应放在 NEXT 之前，NEXT 应放在 FEND 和 END 之前，否则会出错。

3.2.2 比较与传送指令

1. 比较指令

比较指令（CMP）是将源操作数 1 和源操作数 2 中的数据进行比较，比较结果用目标

元件的状态来表示，比较指令格式为

$$CMP+[S1]+[S2]+[D]$$

其中：CMP 为比较指令助记符，[S1]、[S2]为源操作数 1、源操作数 2，[D]为目标元件当前状态。

说明：

① 源操作数 1、源操作数 2 的数据均按二进制数处理。

微视频　工作台往返运行

② 当比较指令的操作数不完整（如只指定一个操作数），或指定操作数不符合要求（如把 X、D、T、C 指定为操作数），或指定操作数的元件号超出允许范围时，所编写的程序将会出错。

③ 比较指令应用案例如图 3-11 所示。当 X01 为接通时，将常数 K100 与 C20 的当前值进行比较：若当前值<K100，将指定的 M0 自动置 **1**，接通 Y00；若当前值＝K100，将指定的 M1 自动置 **1**，接通 Y01；若当前值>K100，将指定的 M2 自动置 **1**，接通 Y02。X01 为 OFF 时，程序不执行，M0～M2 保持 X00 断开前的状态不变。

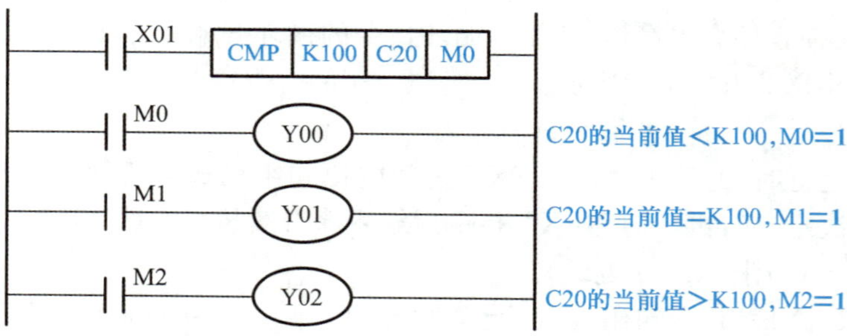

图 3-11　比较指令应用案例

2. 区间比较指令

区间比较指令格式为

$$ZCP+[S1]+[S2]+[S]+[D]$$

其中：ZCP 是区间比较指令助记符，[S]、[S1]、[S2]和[D]分别为源操作数和目标操作数。

说明：

① 区间比较指令是将源操作数[S]与[S1]和[S2]的内容进行比较，并将比较结果送到目标操作数[D]中，所有源操作数都为二进制数，数据比较是按代数值进行比较的，即相当于将源地址的数据[S]分别与其他两个源地址的数据[S1]、[S2]进行比较，则出现三种工作选择状态：若[S]<[S1]，则第一支路块 D 接通执行；若[S1]≤[S]≤[S2]，则第二支路块 D+1 接通执行；若[S]>[S2]，则第三支路块 D+2 接通执行。

② 区间比较指令应用案例如图 3-12 所示。当 X01 为 ON 时，把 C30 当前值与 K100 和 K120 相比较：若 C30<K100，M3 置 **1**；若 K100≤C30≤K120，M4 置 **1**；若 C30>

K120,M5 置 **1**。当 X01 为 OFF 时,则 ZCP 不执行,M3、M4、M5 不变。

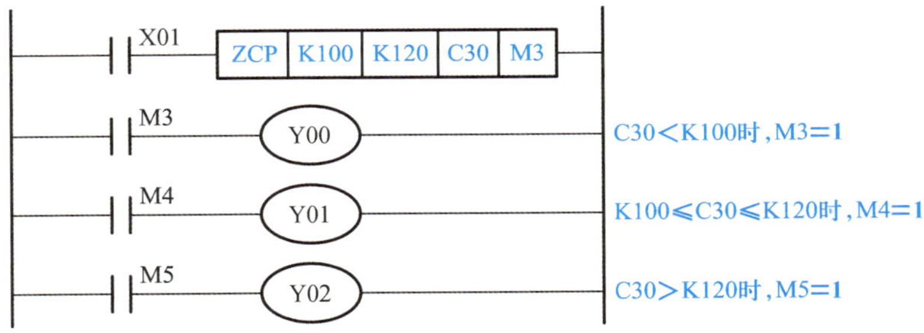

图 3-12　区间比较指令应用案例

③ [S1]、[S2]可以为任意数据格式,且[S2]的数值不能小于[S1],否则 PLC 自动将[S2]作为[S1]进行处理,目标操作数[D]只能取 Y、M 和 S。

3. 传送指令

传送指令格式为

$$MOV(P)+[S]+[D]$$

其中:MOV(P)是传送指令助记符,[S] 是源操作数,[D]为目标数据寄存器。

说明:

① 该指令的功能是将源操作数传送至指定的目标数据寄存器中。传送指令应用案例如图 3-13 所示。在图 3-13(a)中,当 X01 为 ON 时,则将计数器 C10 的当前值读出并传送至数据寄存器 D12 中。MOV 指令按脉冲方式执行,即 X01 在 ON 期间内,传送指令只被执行一次。在图 3-13(b)中,当 X02 为 ON 时,将常数 K100 写入到寄存器 D1 中;当 X03 为 ON 时,将寄存器 D1 中数据设定为定时器 T0 的当前值。

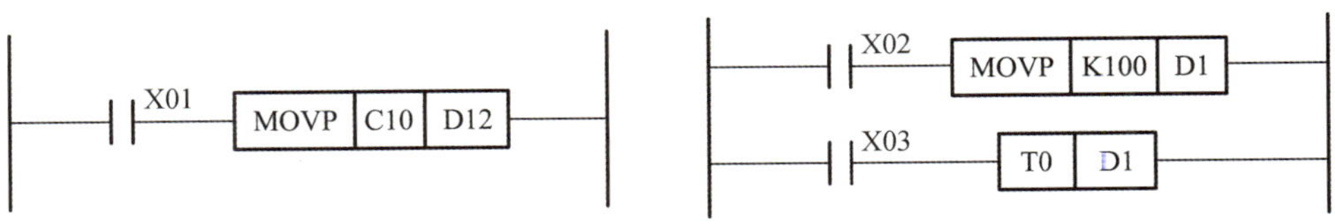

(a) 读出C10当前值　(b) 写入T0时间常数值

图 3-13　传送指令应用案例

② 源操作数为所有数据类型,目标操作数可以是 K*n*Y、K*n*M、K*n*S、T、C、D、V、Z 中某一种类型数据。

③ 程序运行时,处理 16 位运算时占 5 个程序步,处理 32 位运算时占 9 个程序步。

MOV、DMOV 指令应用案例如图 3-14 所示。

说明:

图 3-14(a)是 MOV 指令的最基本用法,当 X00=ON 时,将常数 K100 写入数据寄存器 D10 中。

图 3-14(b)是读取计数器当前值的用法,当 X01 动合触点接通时,将计数器 C5 的当

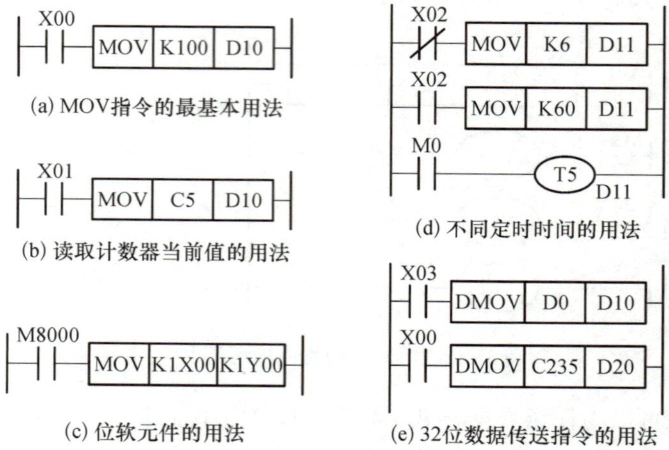

图 3-14　MOV、DMOV 指令应用案例

前值送到数据寄存器 D10 中，通过 D10 即可获取计数器 C 的当前数值或用于满足运算的需要。

图 3-14(c)是位软元件的用法，当 PLC 运行时，运行监视辅助继电器 M8000 触点一直处于闭合状态，MOV 指令将 X00～X03 四位输入状态同时对应地传送到输出 Y00～Y03。

图 3-14(d)是不同定时时间的用法，是利用 X02 的不同状态和 MOV 指令的结合，通过 D11 将 0.6 s 和 6 s 传送到同一定时器，实现不同时间的定时功能。

图 3-14(e)是 32 位数据传送指令的用法，当 X03 动合触点接通时，则将数据寄存器 D0 中高 16 位 D01 的数据和低 16 位 D00 的数据分别对应地传送到高位 D11 和低位 D10 中；当 X00 动合触点接通时，则将 32 位计数器 C235 的数值读取到高位 D21 和低位 D20 中。

4. 取反传送指令

取反传送指令是将源操作数元件中的数据逐位取反，并传送至指定目标，取反传送指令格式为

$$CML(P)+[S]+[D]$$

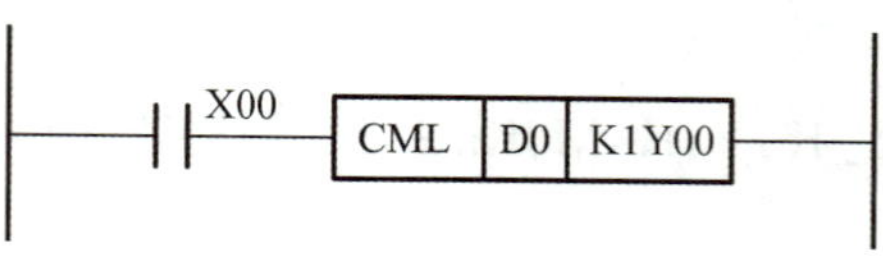

图 3-15　取反传送指令应用案例

其中：CML(P)为指令助记符，[S]为源操作数，[D]为目标操作数。取反传送指令应用案例如图 3-15 所示，当 X00 为 ON 时，执行 CML 指令，将操作数元件 D0 中的数据取反并传送到目标操作元件 K1Y00 中去，即将 D0 的低 4 位取反后传送至 Y03～Y00 中。

说明：

① 取反传送指令的源操作数[S]可取所有数据类型，目标操作数[D]只能取 K*n*Y、K*n*M、K*n*S、T、C、D、V、Z 等某一种数据；若源操作数为常数 K，则该数据会自动转换为二

进制数。

② 取反传送指令处理16位运算时占5个程序步，处理32位运算时占9个程序步。

5. 块传送指令

在通信过程中，对多个数据的传送，可利用块传送指令BMOV，实现集中快速传送数据，提高工作效率。块传送指令是将源操作数指定元件开始的 n 个数据组成数据块传送到指定的目标。块传送指令格式为

$$\text{BMOV(P)}+[\text{S}]+[\text{D}]+[n]$$

其中：BMOV(P)为块传送指令助记符，[S]为源操作数，[D]为目标操作数，[n]为组成数据块的数据个数。块传送指令应用案例如图3-16所示。

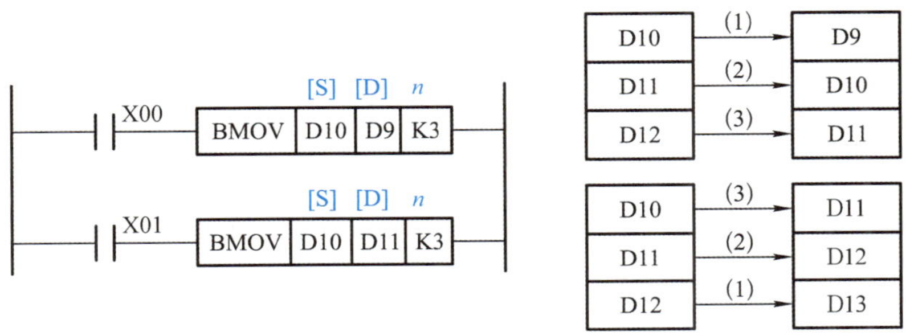

图3-16　块传送指令应用案例

说明：

① 块传送指令的传送顺序既可以从高元件号开始，也可以从低元件号开始，传送顺序自动决定。若用到需要指定位数的位元件，则源操作数和目标操作数的指定位数应相同，如图3-16所示。当X00为ON时，从源操作数指定的软元件(D10)开始传送 n(K3)个数到指定的目标操作数(D9)开始的K3个软元件中去；当X01为ON时，从源操作数指定的软元件(D10)开始传送 n(K3)个数到指定的目标操作数(D11)开始的K3个软元件中去。

② 块传送指令源操作数可以取KnX、KnY、KnM、KnS、T、C、D和文件寄存器，目标操作数可以取KnT、KnM、KnS、T、C和D。块传送指令可以读出文件寄存器中的数据。

③ 若元件号超出允许范围，数据则仅传送至允许范围内的元件，块传送指令只有16位操作，占7个程序步。

6. 多点传送指令

多点传送指令是将源操作数指定的软元件的内容，向以目标操作数指定的软元件开头的 n 个软元件传送，即将源操作数中的数据传送到指定目标操作数开始的 n 个元件之中，传送后的 n 个元件中的数据完全相同。多点传送指令格式为

$$\text{FMOV}+[\text{S}]+[\text{D}]+[n]$$

其中：FMOV为多点传送指令助记符，[S]为源操作数，[D]为目标操作数，[n]为目标操作数指定的软元件个数。

说明：

① 源操作数可以取任何数据类型，目标操作数可取 KnX、KnM、KnS、T、C 和 D，指定软元件个数 $n \leqslant 512$。多点传送指令应用案例如图 3-17 所示，将 D0～D9 共 10 个软元件的内容全部清零。

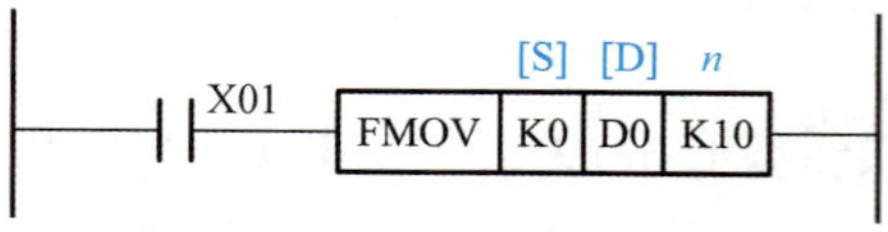

图 3-17　多点传送指令应用案例

② 若元件号超出允许范围，数据仅送到允许范围内的元件中，多点传送指令若进行 16 位操作，则占 7 个程序步；若执行 32 位操作，则占 13 个程序步。

7. 触点比较指令

触点比较指令相当于一个触点，执行时比较源操作数[S1]和[S2]，比较结果满足条件，则触点闭合。触点比较指令格式为

LD+[S1]+[S2]

AND+[S1]+[S2]

OR+[S1]+[S2]

其中：LD、AND、OR 为触点比较指令助记符，[S1]、[S2]分别为源操作数 1、源操作数 2，[S1]、[S2]可以取所有的数据类型。

说明：

① 以 LD 开始的触点比较指令接在左母线上，以 AND 开始的触点比较指令与别的触点或电路串联，以 OR 开始的触点比较指令与别的触点或电路并联。

② 16 位数据触点比较指令的助记符、操作数等指令属性见表 3-2。

表 3-2　16 位数据触点比较指令的属性

类　型	FNC 代码	助 记 符	比 较 条 件	逻 辑 功 能
取触点比较指令	FNC224	(D)LD =	[S1]=[S2]	[S1]与[S2]相等
	FNC225	(D)LD >	[S1]>[S2]	[S1]大于[S2]
	FNC226	(D)LD <	[S1]<[S2]	[S1]小于[S2]
	FNC228	(D)LD <>	[S1]≠[S2]	[S1]与[S2]不等
	FNC229	(D)LD <=	[S1]≤[S2]	[S1]小于或等于[S2]
	FNC230	(D)LD >=	[S1]≥[S2]	[S1]大于或等于[S2]
串联触点比较指令	FNC232	(D)AND =	[S1]=[S2]	[S1]与[S2]相等
	FNC233	(D)AND >	[S1]>[S2]	[S1]大于[S2]
	FNC234	(D)AND <	[S1]<[S2]	[S1]小于[S2]
	FNC236	(D)AND <>	[S1]≠[S2]	[S1]与[S2]不等

续　表

类　型	FNC代码	助 记 符	比 较 条 件	逻 辑 功 能
串联触点比较指令	FNC237	(D)AND ＜＝	[S1]≤[S2]	[S1]小于或等于[S2]
	FNC238	(D)AND ＞＝	[S1]≥[S2]	[S1]大于或等于[S2]
并联触点比较指令	FNC240	(D)OR ＝	[S1]＝[S2]	[S1]与[S2]相等
	FNC241	(D)OR ＞	[S1]＞[S2]	[S1]大于[S2]
	FNC242	(D)OR ＜	[S1]＜[S2]	[S1]小于[S2]
	FNC244	(D)OR ＜＞	[S1]≠[S2]	[S1]与[S2]不等
	FNC245	(D)OR ＜＝	[S1]≤[S2]	[S1]小于或等于[S2]
	FNC246	(D)OR ＞＝	[S1]≥[S2]	[S1]大于或等于[S2]

③ 触点比较指令应用案例如图 3-18 所示。图 3-18(a)表示 C2 当前值等于 K100 时，线圈 Y01 得电；D20 当前值大于 K-30，且 X01 为 ON 时，则 Y02 被置位。图 3-18(b)表示 X2 为 ON，且 D30 当前值等于 K100 时，则 Y03 被复位；X3 为 ON 或 C20 当前值大于或等于 K10 时，则 Y04 得电。

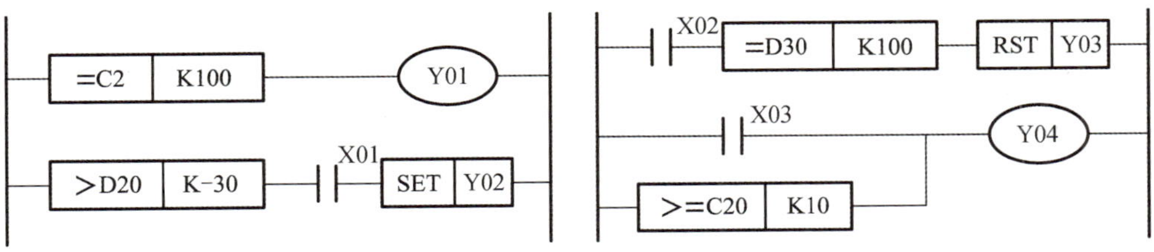

(a) 取触点比较指令　　(b) 串联、并联触点比较指令

图 3-18　触点比较指令应用案例

8. 数据交换指令

数据交换指令是将数据在指定的两个目标元件之间进行交换，而不改变交换数据的性质，数据交换指令格式为

XCH+[D1]+[D2]

其中：XCH 为数据交换指令助记符，[D1]、[D2]为两个指定目标元件。数据交换指令应用案例如图 3-19 所示。当 X0 为 ON 时，将 D1 和 D19 中的数据相互交换。

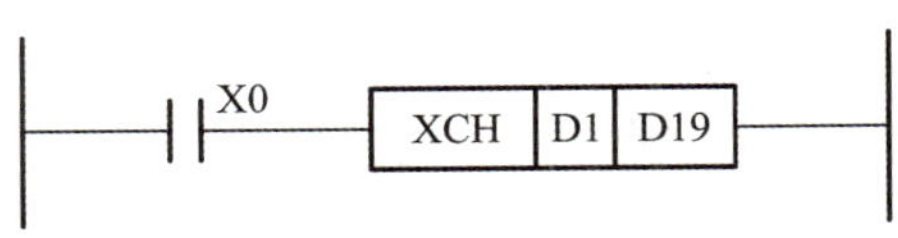

图 3-19　数据交换指令应用案例

说明：

① 操作数元件可以取 K*n*Y、K*n*M、K*n*S、T、C、D、V 和 Z 的数据类型。

② 数据交换指令一般采用脉冲执行方式，否则在每一次扫描周期都要交换一次。若处理 16 位运算，则占 5 个程序步；若处理 32 位运算，则占 9 个程序步。

3.2.3　移位指令

移位指令根据工作目标不同，可分为循环右移位指令、循环左移位指令、带进位循环右移位指令、带进位循环左移位指令、位右移位指令和位左移位指令等。

1. 循环右移位及循环左移位指令

执行循环右移位及循环左移位这两条指令时，数据寄存器中各位数据向右（或向左）循环移动 n 位，最后一次移位出来的那一位数据，同时存入进位标志寄存器 M8022 中。循环右移位、左移位指令格式为

$$\mathrm{ROR(P)}+[\mathrm{D}]+n$$
$$\mathrm{ROL(P)}+[\mathrm{D}]+n$$

其中：ROR(P)、ROL(P)为循环右移位及循环左移位指令助记符，[D]为指定数据寄存器目标数据，n 为循环右移位及循环左移位的位数。循环右移位、左移位指令应用案例如图 3-20 所示，循环右移位及循环左移位指令一般采用脉冲执行方式，否则在每一次扫描周期都要移位一次。当 X00（或 X01）为 ON 时，D1 中的数据循环向右（或向左）移动 3 位（即移位 3 次），最后移出的最低位（或最高位）存入进位标志寄存器中。

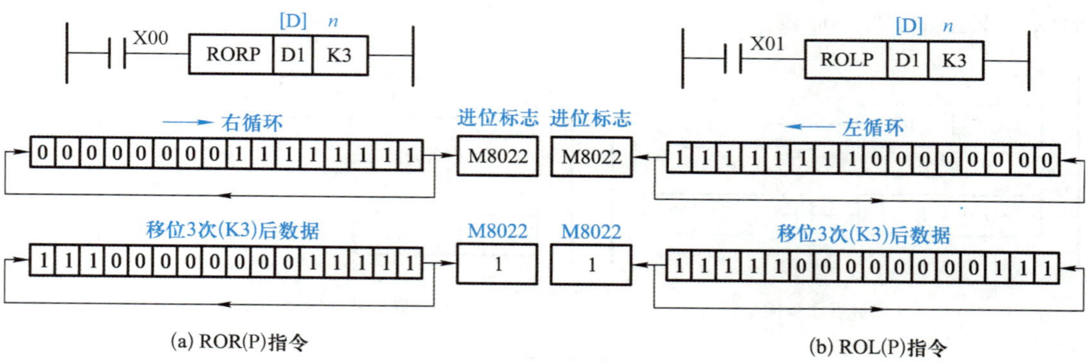

图 3-20　循环右移位、左移位指令应用案例

2. 带进位的循环移位指令

执行带进位循环右移位和带进位循环左移位这两条指令时，连同进位标志（M8022）在内的各位数据向右（或向左）循环移动 n 位。带进位循环右移位、左移位指令格式为

$$\mathrm{RCR(P)}+[\mathrm{D}]+n$$
$$\mathrm{RCL(P)}+[\mathrm{D}]+n$$

其中：RCR(P)、RCL(P)为带进位循环右移位、左移位指令助记符，[D]为被移位数据寄存器的目标数据，n 为带进位循环右移位、左移位的位数。带进位循环右移位、左移位指令应用案例如图 3-21 所示，带进位循环右移位、左移位指令一般采用脉冲执行方式，否则在每一次扫描周期都要移位一次。图 3-21(a)中，指令执行前，M8022=1，D0=0000000011111111，指

令执行后，M8022=1，D0=1111000000001111；图 3-21(b)中，指令执行前，M8022=1，D0=1111111100000000，指令执行后，M8022=1，D0=1111100000000111。

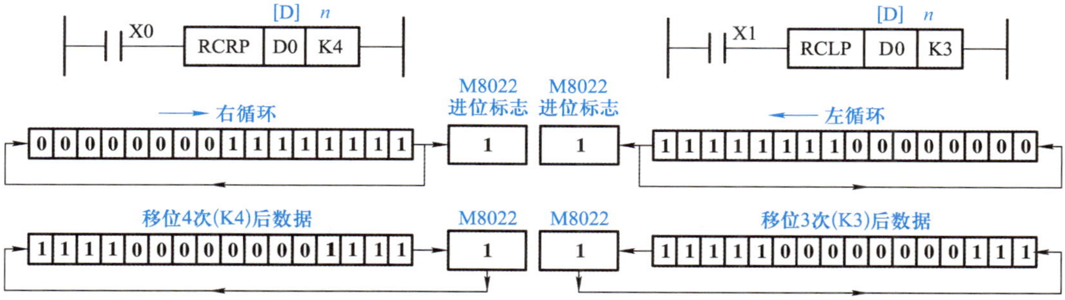

(a) RCR(P)指令 (b) RCL(P)指令

图 3-21 带进位循环右移位、左移位指令应用案例

说明：

① 目标操作数可取 KnY、KnM、KnS、T、C、D、V 和 Z，目标元件中指定位元件的组合只有在 K4(16 位)和 K8(32 位)时有效。

② 若处理 16 位数据，则指令占 5 个程序步，处理 32 位数据，则指令占 9 个程序步。

③ 若用连续指令执行时，循环移位操作每个周期只执行一次。

3. 位右移和位左移指令

位右移、位左移指令是使位元件中的状态成组地向右(或向左)移动，位右移、位左移指令格式为

SFTR(P)+[S]+[D]+n1+n2

SFTL(P)+[S]+[D]+n1+n2

其中：SFTR(P)、SFTL(P)为位右移、位左移指令助记符，[S]为指定移位源操作数，[D]为指定移位的目标操作数，n1 为指定位元件的数据长度，n2 为指定移位数据的位数。

说明：

① n1 和 n2 的关系及范围因机型不同而有差异，一般为 $n2 \leqslant n1 \leqslant 1\,024$，位右移及位左移指令一般采用脉冲执行方式，否则在每一次扫描周期都要移位一次。位右移、位左移指令应用案例如图 3-22 所示。在图 3-22(a)中，当 X01 为 ON 时，若溢出(M3~M0)，则(M7~M4)→(M3~M0)，(M11~M8)→(M7~M4)，(M15~M12)→(M11~M8)，(X03~X00)→(M15~M12)。位左移指令使用方法与位右移指令使用方法相同，但数据的位移动方向相反，在图 3-22(b)中，当 X01 为 ON 时，若溢出(M15~M12)，则(M11~M8)→(M15~M12)，(M7~M4)→(M11~M8)，(M3~M0)→(M7~M4)，(X03~X00)→(M3~M0)。

图 3-22(a)所示为位右移指令使用示例，图 3-22(b)所示为位左移指令使用示例。若位右移指令 SFTR 和位左移指令 SFTL 采用脉冲执行方式，则在挂靠条件满足时的扫描周期内只执行 1 次移位；若采取连续执行方式，则在动合触点接通的每一个扫描周期中

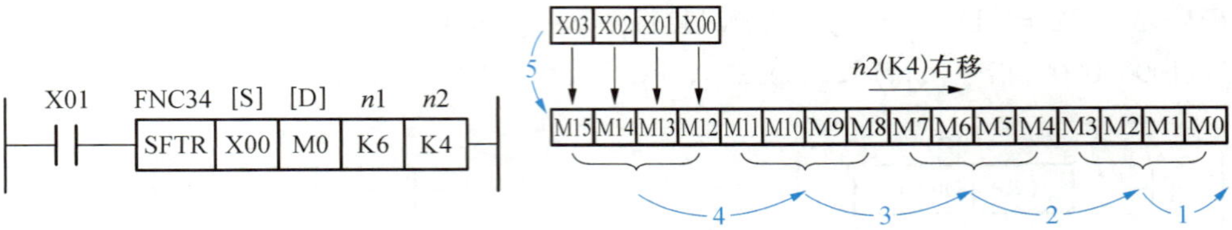

(a) 位右移指令使用示例

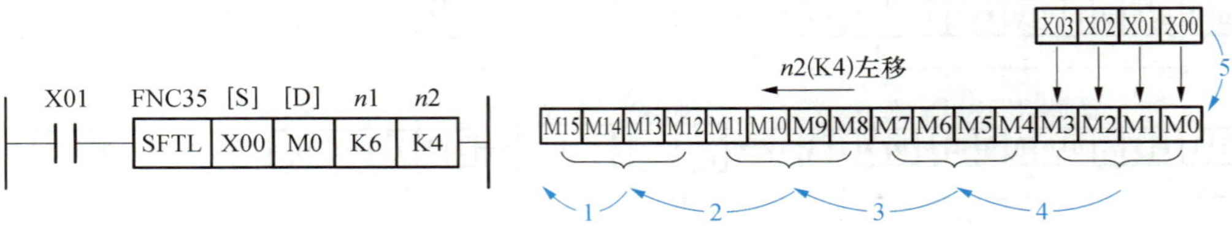

(b) 位左移指令使用示例

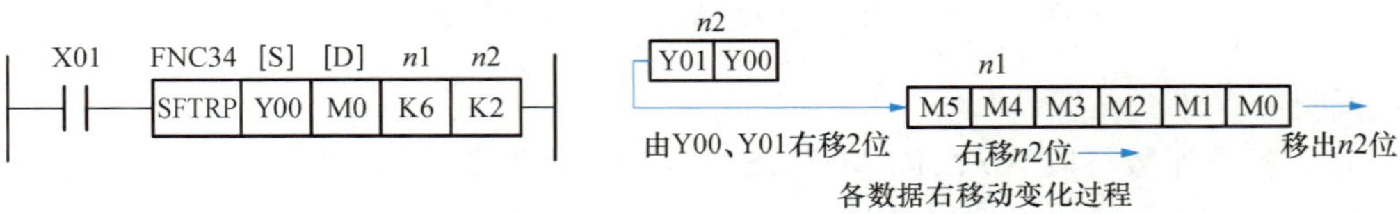

(c) 脉冲执行的位右移指令使用示例

图 3-22　位右移、位左移指令应用案例

均执行 1 次移位。

图 3-22(c)所示为脉冲执行的位右移指令使用示例，其中：目标软元件[D]为始端位辅助继电器 M0，指定 $n1$ 为 K6，即目标元件实际为 M0～M5；源软元件[S]为输出继电器 Y00，指定 $n2$ 为 K2，即源软元件实际为 Y00、Y01。当 X01 由 OFF 变为 ON 时，位指定的 M5～M0 向相邻的高 2 位移动，同时由 $n2$ 指定的 Y01、Y00 依次移入 M5、M4 之中，M3、M2 和 M1、M0 分别作对应的移动，原来数据 M1、M0 经过 1 次移位后被溢出。

② 源操作数可取 X、Y、M、S，目标操作数可取 Y、M、S；位右移、位左移指令只有 16 位操作，占 9 个程序步。

技能训练 7

PLC 控制三相六拍步进电机的正反转运行系统设计

一、要求

当三相绕组 A、B、C 以“A→AB→B→BC→C→CA→A”的顺序改变三相绕组的通电相序，则该步进电机按正转运行控制；若将三相绕组改变为“A→AC→C→CB→B→BA→A”的通电顺序，则该步进电机按反转运行控制。试按步设计完成 PLC 控制三相六拍步进电机的控制任务。

二、步骤

第 1 步：编制三相六拍步进电机正反转控制的相序真值表。

按控制任务和控制要求，假定相序通电状态，其值为“1”，否则为“0”，三相六拍步进电机正反转相序控制真值表见3-3。

表3-3 三相六拍步进电机正反转相序控制真值表

正转			反转		
A	B	C	A	B	C
1	0	0	1	0	0
1	1	0	1	0	1
0	1	0	0	0	1
0	1	1	0	1	1
0	0	1	0	1	0
1	0	1	1	1	0

注意：上述是PLC实现对三相六拍步进电机正反转的运行和停止控制的真值表，结合步进电机的转速控制原理，则适用于实现该电机低速、高速运行的控制。

第2步：编制PLC控制设备清单。

根据控制要求与控制任务，步进电机应能实现正向、反向地低、高速运行等功能，其设备清单见表3-4。

表3-4 PLC控制设备清单

序号	名称	型号或规格	数量	序号	名称	型号或规格	数量
1	PLC	FX3U-48MR	1	7	启动按钮	绿	1
2	PC	台式计算机	1	8	停止按钮	红	1
3	断路器	DZ47C20	1	9	步进电机		1
4	熔断器		1	10	驱动器		1
5	连接电缆	FX-232AW/AWC	1	11	接线端子排		若干
6	安装轨道	35 mm DIN	1	12	开关电源	24V、3A	

第3步：分配I/O端口地址。

由控制任务可知：输入信号由正反转控制开关、高低速控制拨动开关及停止按钮等4个控制元件实现，输出信号与A、B、C三相绕组相对应。I/O端口分配及地址定义见表3-5。

第4步：分析控制逻辑。

利用周期性二进制数据的移位操作，结合步进电机一个通电周期的六拍工作方式和移位辅助继电器 M0～M5 与输出 Y00、Y01、Y02 的逻辑关系，即可设计实现三相六拍步进电机输出正反控制信号；通过控制移位动作的节奏或频率，就可实现步进电机转速快慢的控制。根据三相六拍步进电机的正反转相序和输出控制要求，可编制输出辅助继电器移位与输出状态真值表，见表 3-6。

表 3-5　I/O 端口分配及地址定义

输入端口		输出端口		注　释
SB1	X00	A	Y00	SB1：用于步进电机的正转控制开关
SB2	X01	B	Y01	SB2：用于步进电机的反转控制开关
SB3	X02	C	Y02	SB3：用于停止按钮
SB4	X03			SB4：用于高低速控制拨动开关

表 3-6　三相六拍步进电机正反转输出辅助继电器移位与输出状态真值表

M5	M4	M3	M2	M1	M0	正　转			反　转		
						Y00	Y01	Y02	Y00	Y01	Y02
0	0	0	0	0	0	0	0	0	0	0	0
1	0	0	0	0	0	1	0	0	1	0	0
0	1	0	0	0	0	1	1	0	1	0	1
0	0	1	0	0	0	0	1	0	0	0	1
0	0	0	1	0	0	0	1	1	0	1	1
0	0	0	0	1	0	0	0	1	0	1	0
0	0	0	0	0	1	1	0	1	1	1	0

为满足移位频率可调的控制要求，本任务采用脉冲位右移执行方式，执行 SFTRP 指令的频率取决于定时振荡电路控制的 M0 由 OFF→ON 状态的变化瞬间。因此，由上述状态真值表，推得输出端口 Y00～Y02 与移位辅助继电器 M0～M5 之间的逻辑关系，见表 3-7。

表 3-7　输出端口 Y00～Y02 与移位辅助继电器 M0～M5 之间的逻辑关系

正　转		反　转	
A	Y00＝M5＋M4＋M0	A	Y00＝M5＋M4＋M0
B	Y01＝M4＋M3＋M2	B	Y01＝M2＋M1＋M0
C	Y02＝M2＋M1＋M0	C	Y02＝M4＋M3＋M2

第 5 步：绘制梯形图与控制电路图。

利用位右移指令 SFTRP 及正反转控制的状态真值表和对应的逻辑关系，可绘制如图 3-23 所示梯形图和电路图，其中，图 3-23(a)为 PLC 控制梯形图，图 3-23(b)为 PLC 控制电路图。

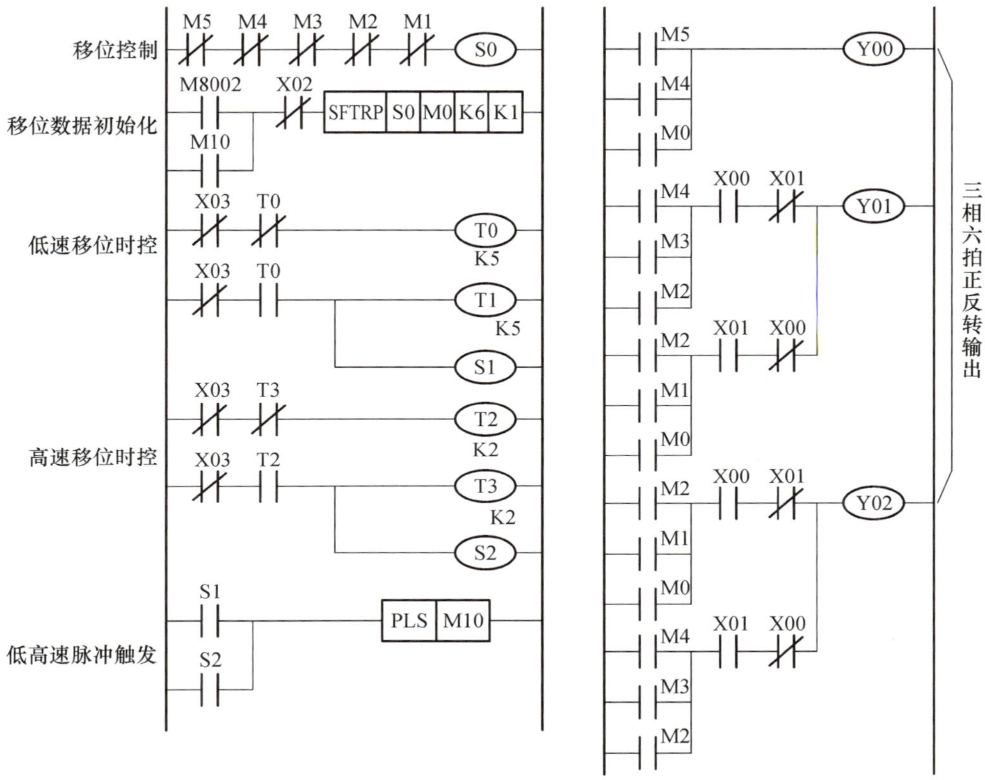

(a) PLC控制梯形图

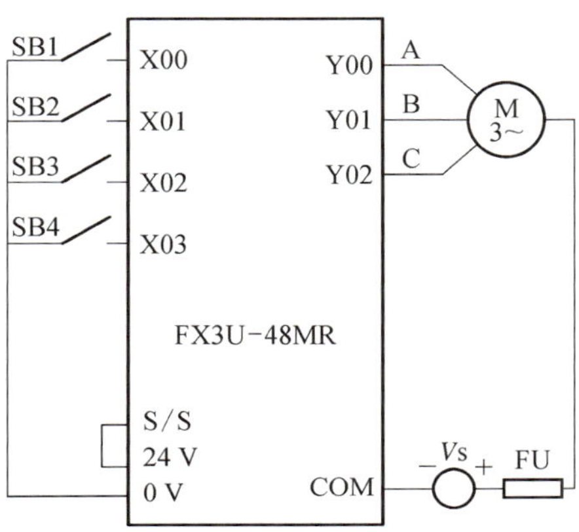

(b) PLC控制电路图

图 3-23 PLC 控制梯形图和电路图

第 6 步：设备安装与操作训练。

在实训教师指导下，进行三相六拍步进电机正反转控制的梯形图编辑、编译转换和仿真调试；程序调试成功后，经实训教师指导按图 3-23(b)进行设备接线，线路检查无误，按控制任务要求，进行低速正反转和高速正反转的功能调试，并记录运行状态；改变时间参数，重复上述实验过程。

第 7 步：撰写实验实训报告。

素质拓展

本任务是用位右移指令 SFTR 设计的控制程序，若将其改换成用位左移指令 SFTL 实现控制，试进行程序设计和调试验证结果。

3.2.4　算术与逻辑运算指令

1. 加法指令

加法指令是将指定的两个源元件中的二进制数相加，其结果送到指定的目标元件中去。加法指令格式为

$$ADD+[S1]+[S2]+[D]$$

其中：ADD 为加法指令助记符，[S1]、[S2]为源操作数，[D]为目标操作数，加法指令应用案例如图 3-24 所示，当 X00 为 ON 时，执行(D10)+(D12)→(D14)。

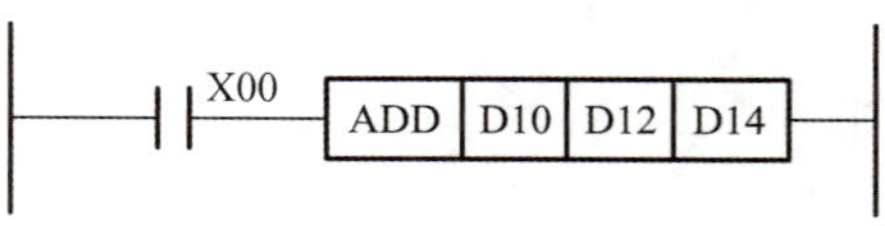

图 3-24　加法指令应用案例

说明：

① 操作数可取所有数据类型，目标操作数可取 K*n*Y、K*n*M、K*n*S、T、C、D、V 和 Z。

② 加法指令处理 16 位数据时，运算占 7 个程序步；处理 32 位数据时，运算占 13 个程序步。

③ 数据若为带符号的二进制数时，则最高位为符号位(0 为正数，1 为负数)，该指令为脉冲执行方式。

④ 加法指令有 3 个标志：零标志(M8020)、借位标志(M8021)和进位标志(M8022)。当运算结果超过 32 767(16 位运算)或 2 147 483 647(32 位运算)时，则进位标志置 1；当运算结果小于−32 767(16 位运算)或−2 147 483 647(32 位运算)时，则借位标志置 1。

2. 减法指令

减法指令是将指定元件[S1]中的二进制数据减去指定元件[S2]中的二进制数据，其结果存入指定的目标元件[D]中，该指令为脉冲运行方式。减法指令格式为

$$SUB+[S1]+[S2]+[D]$$

其中：SUB 为减法指令助记符，[S1]、[S2]为源操作数，[D]为目标操作数，减法指令应用

案例如图 3－25 所示，当 X00 为 ON 时，执行(D10)－(D12)→(D14)。

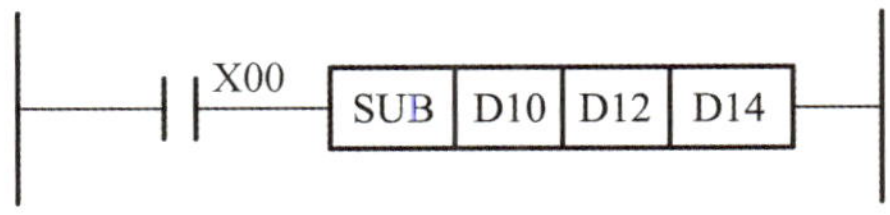

图 3－25 减法指令应用案例

说明：

① 操作数可取所有数据类型，目标操作数可取 K*n*Y、K*n*M、K*n*S、T、C、D、V 和 Z。

② 减法指令处理 16 位数据时，运算占 7 个程序步；处理 32 位数据时，运算占 13 个程序步。

③ 数据若为带符号二进制数时，则最高位为符号位(0 为正数，1 为负数)。

3. 乘法指令

乘法指令是将指定元件[S1]中数据与指定元件[S2]中数据相乘，其结果存入指定的目标元件[D]中，该指令为脉冲运行方式。乘法指令格式为

(D)MUL＋[S1]＋[S2]＋[D]

其中：(D)MUL 为乘法指令助记符，[S1]、[S2]为源操作数，[D]为目标操作数。乘法指令数据均为有符号数，其应用案例如图 3－26 所示。在图 3－26(a)中对于 16 位数乘法，当 X00 为 ON 时，将 16 位二进制数[S1]与[S2]相乘，结果送 32 位数[D]中，即(D0)×(D2)→(D5，D4)(16 位数乘法)；在图 3－26(b)中对于 32 位数乘法，当 X01 为 ON 时，即(D1，D0)×(D3，D2)→(D7，D6，D5，D4)(32 位数乘法)。

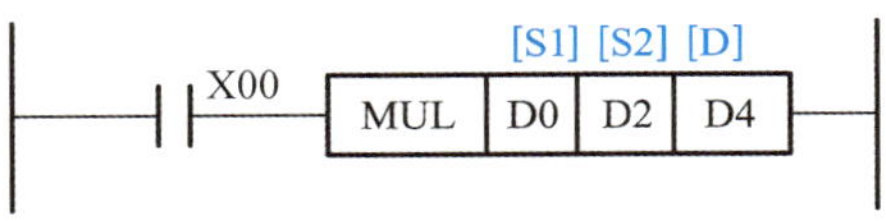

(a) 16位数乘法

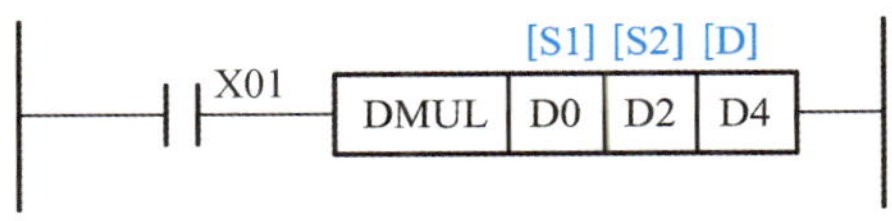

(b) 32位数乘法

图 3－26 乘法指令应用案例

说明：

① 源操作数可取所有数据类型，目标操作数可取 K*n*Y、K*n*M、K*n*S、T、C、D、V 和 Z，但 Z 只有 16 位能用，32 位不可用。

② 乘法积的最高位为符号位，乘法指令处理 16 位数据时，运算占 7 个程序步；处理 32 位数据时，运算占 13 个程序步。

③ 在 32 位数乘法运算中，若用位元件作目标，则只能得到乘积的低 32 位，高 32 位将被丢失，为此应先将数据移入字元件再运算。

4. 除法指令

除法指令是将指定被除数[S1]除以指定除数[S2]，将所得结果送到目标元件[D1]中，余数送到下一个元件[D2]中。除法指令格式为

(D)DIV＋[S1]＋[S2]＋[D1]＋[D2]

其中：(D)DIV 为指令助记符，[S1]为被除数，[S2]为除数，[D1]为商，[D2]为余数，除法指令应用案例如图 3－27 所示。在图 3－27(a)中，对于 16 位数除法，当 X00 为 ON 时，则

(D0)÷(D2)→(D4)商，余数存(D5)；在图 3-27(b)中，对于 32 位数除法，当 X01 为 ON 时，则(D1,D0)÷(D3,D2)→(D5,D4)商，余数存(D7,D6)。

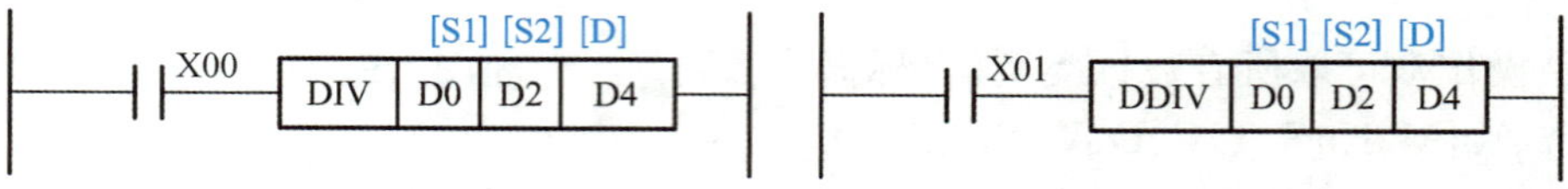

(a) 16位数除法　　(b) 32位数除法

图 3-27　除法指令应用案例

说明：

① 源操作可取所有数据类型，目标操作数可取 K*n*Y、K*n*M、K*n*S、T、C、D、V 和 Z，要注意 Z 只有 16 位能用，32 位不可用。

② 除法指令处理 16 位数据时，运算占 7 个程序步；处理 32 位数据时，运算占 13 个程序步；该指令为脉冲执行方式。

③ 在除法运算中，将位元件指定为[D]，则无法得到余数，除数为 0 时，则发生运算错误，商和余数的最高位为符号位。

5. 加 1 和减 1 指令

加 1 和减 1 指令分别是当条件满足时，将指定元件的数据作加 1 或减 1 处理，再存入原来元件中。加 1 和减 1 指令格式为

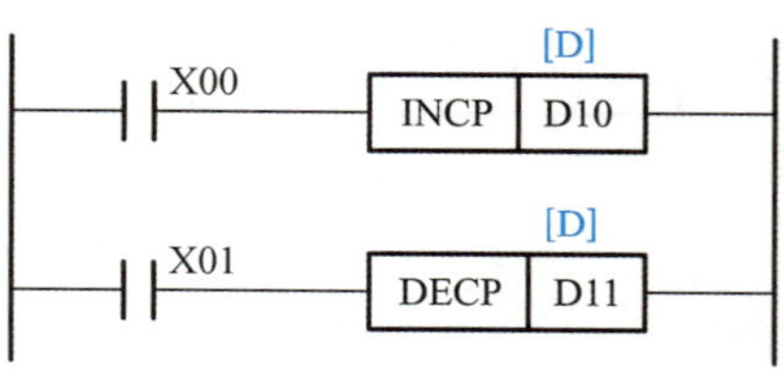

图 3-28　加 1 和减 1 指令应用案例

INC (P)+[D]

DEC (P)+[D]

其中：INC(P)、DEC(P)为指令助记符，[D]为指定元件或寄存器。加 1 和减 1 指令应用案例如图 3-28 所示，当 X00 为 ON 时，(D10)+1→(D10)；当 X01 为 ON 时，(D11)−1→(D11)。

说明：

① 该指令为脉冲运行方式，若该指令是连续指令，则每个扫描周期均作一次加 1 或减 1 运算。

② 指令操作数可为 K*n*Y、K*n*M、K*n*S、T、C、D、V、Z。若处理 16 位数据时，运算占 3 个程序步；若处理 32 位数据时，运算占 5 个程序步。

③ 在 INC 运算时，若数据为 16 位，运算+32 767 加 1 操作，则变为-32 768，但标志不置位；同样，若数据为 32 位，运算+2 147 483 647 加 1 操作，则变为-2 147 483 648，标志也不置位。对于 DEC 运算时，若数据为 16 位，运算-32 768 减 1 操作，则变为+32 767，标志不置位；若数据为 32 位，运算-2 147 483 648 减 1 操作，则变为+2 147 483 647，标志也不置位。

6. 逻辑与指令

逻辑**与**指令将[S1]和[S2]中的数据，按位进行逻辑“**与**”运算，结果存于目标元件[D]中，逻辑**与**指令格式为

WAND+[S1]+[S2]+[D]

其中：WAND为逻辑**与**指令助记符，逻辑**与**指令应用案例如图3-29(a)所示，当X00为ON时，将[S1]指定D10的数据和[S2]指定D12的数据，按位进行逻辑“**与**”运算后，将结果存入[D]指定的目标元件D14中，即(D10)∧(D12)→(D14)。

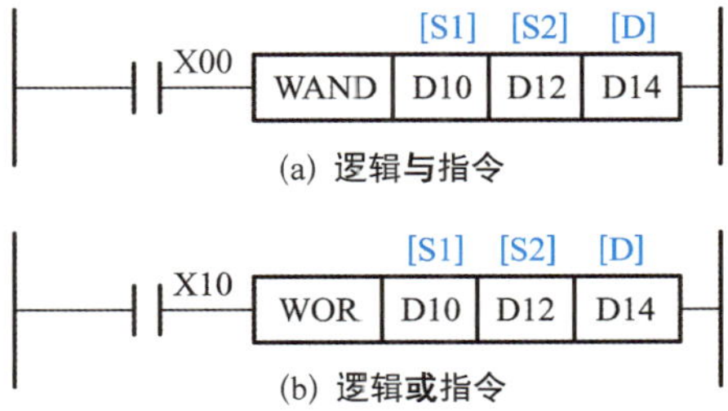

(a) 逻辑与指令

(b) 逻辑或指令

图3-29 逻辑与和逻辑或指令应用案例

7. 逻辑或指令

逻辑**或**指令将[S1]和[S2]中的数据，按位对应进行逻辑“**或**”运算，结果存于指定的目标元件[D]中。逻辑**或**指令格式为

WOR+[S1]+[S2]+[D]

文本

逻辑指令

其中：WOR为逻辑**或**指令助记符，逻辑**或**指令应用案例如图3-29(b)所示。当X10为ON时，则将[S1]指定D10和[S2]指定D12中的数据，按位进行逻辑“**或**”运算，结果存入由[D]指定的目标元件D14中，即(D10)∨(D12)→(D14)。

8. 逻辑异或指令

逻辑**异或**指令是将[S1]和[S2]中的数据，按位对应进行逻辑“**异或**”运算，结果存入指定的目标元件[D]中。逻辑**异或**指令格式为

WXOR+[S1]+[S2]+[D]

其中：WXOR为逻辑**异或**指令助记符，逻辑**异或**指令应用案例如图3-30所示。当X20为ON时，则将[S1]指定D10和[S2]指定D12中的数据，按位对应进行逻辑“**异或**”运算，结果存入目标元件[D]指定的D14中，即(D10)⊕(D12)→(D14)。

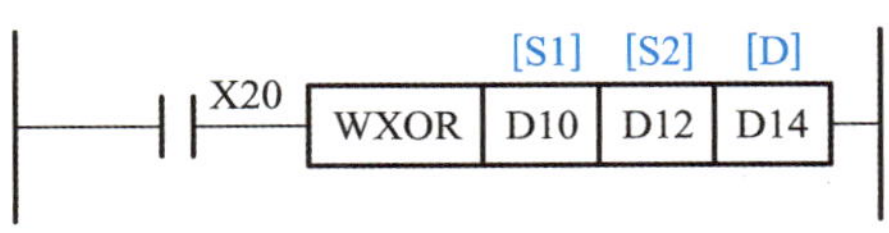

图3-30 逻辑异或指令应用案例

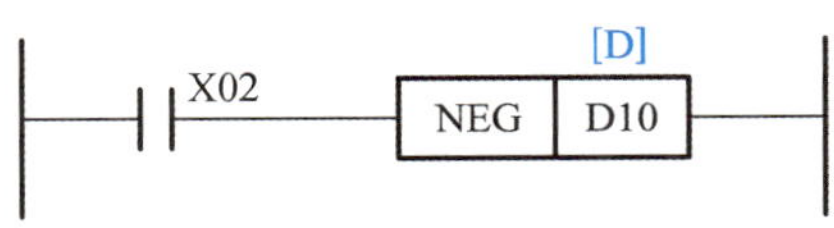

图3-31 求补指令应用案例

9. 求补指令

求补指令是将指定元件[D]中的数据各位取反后再加1，结果存入原来元件[D]中。求补指令格式为

NEG+[D]

其中：NEG为求补指令助记符，求补指令应用案例如图3-31所示。当X02为ON时，则将[D]指定D10中的数据按位取反加1后，结果存入目标元件[D]指定的D10中，即

$\overline{(D10)}+1\rightarrow(D10)$

说明：

① WAND、WOR和WXOR指令的[S1]和[S2]均可取所有数据类型，而目标操作数可取K*n*Y、K*n*M、K*n*S、T、C、D、V和Z。

② NEG 指令只有目标操作数，可取 KnY、KnM、KnS、T、C、D、V 和 Z。

③ WAND、WOR、WXOR 指令进行 16 位数据处理时，运算占 7 个程序步；处理 32 位数据时，运算占 13 个程序步。而 NEG 作 16 位、32 位操作数处理时，分别占 3 个程序步和 5 个程序步。

3.2.5　其他功能指令

1. 数据变换指令

数据变换指令有 BIN 变换 BCD 和 BCD 变换 BIN 两种形式，它们是二进制数的两种表达方式。

(1) BCD 变换指令

BCD 变换指令是将源元件[S]中的二进制数转换成 BCD 码后，送入目标元件[D]中，BCD 变换指令格式为

BCD(P)+[S]+[D]

其中：BCD(P)为指令助记符，BCD 变换指令应用案例如图 3-32 所示。若指令进行 16 位操作时，执行结果超出 0～9 999 范围，将会出错；若指令进行 32 位操作时，执行结果超过 0～99 999 999 范围，也将出错。PLC 中内部的运算均为二进制运算，用 BCD 变换指令将二进制数变换为 BCD 码输出到七段显示器。

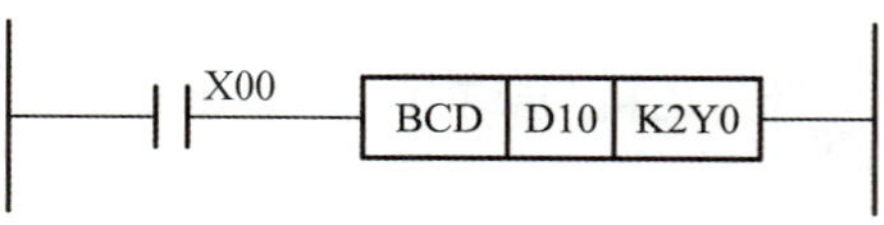

图 3-32　BCD 变换指令应用案例

(2) BIN 变换指令

BIN 变换指令是将源元件[S]中的 BCD 数据转换成二进制数据后，送入目标元件[D]中，BIN 变换指令格式为

BIN(P)+[S]+[D]

其中：BIN(P)为指令助记符，BIN 变换指令应用案例如图 3-33 所示。常数 K 不能作为本指令的操作数，因为 PLC 在处理任何数据之前，都要被转换成二进制数。

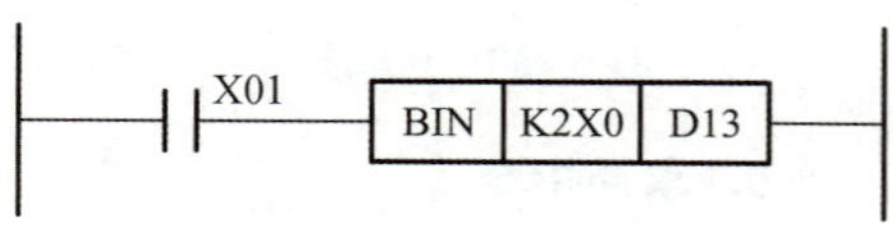

图 3-33　BIN 变换指令应用案例

说明：

① 源操作数可取 KnX、KnY、KnM、KnS、T、C、D、V 和 Z，目标操作数可取 KnY、KnM、KnS、T、C、D、V 和 Z。

② 若处理 16 位数据时，运算占 5 个程序步，处理 32 位数据时，运算占 9 个程序步。

2. 译码指令和编码指令

(1) 译码指令

译码指令是将指定源操作元件[S]中某 n 位，编译成对应的二进制数，结果送入目标元件[D]中。译码指令格式为

DECO(P)+[S]+[D]+n

其中：DECO(P)为指令助记符，译码指令应用案例如图 3-34 所示。若 $n=3$，则表示对源操作元件[S]中的 3 位数据，即将 X0、X1、X2 的状态转换为二进制数，若当前值为 011 时，相当于十进制数 3，则由目标操作数 M7～M0 组成的 8 位二进制数，只需要将第三位 M2 置 1，其余各位为 0。若为 001，则 M0 置 1，其余各位为 0。

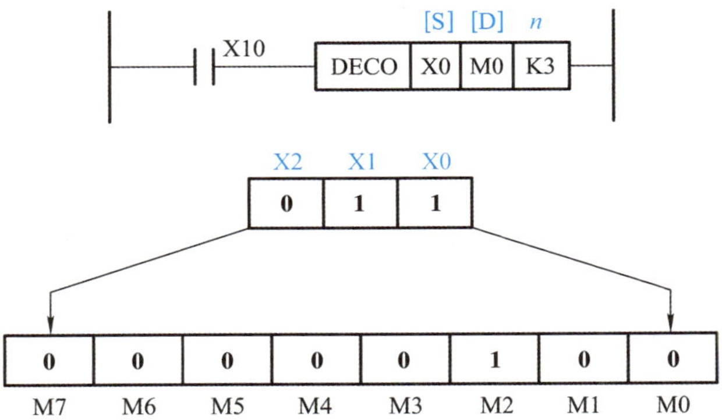

图 3-34　译码指令应用案例

说明：

① 位源操作数可取 X、T、M 和 S，位目标操作数可取 Y、M 和 S，字源操作数可取 K、H、T、C、D、V 和 Z，字目标操作数可取 T、C 和 D。

② 若[D]指定目标元件是字元件 T、C、D，则 $n \leqslant 4$；若是位元件 Y、M、S，则 $n=1 \sim 8$；若用译码指令处理 16 位数据，则占 7 个程序步。

③ 当 $n=0$ 时，不处理；当执行条件为 OFF 时，指令也不执行，译码指令的输出状态保持不变。

(2) 编码指令

编码指令是根据 2^n 个输入位的状态进行编码，将结果存入到目标元件[D]中。编码指令格式为

$$\mathrm{ENCO}+[\mathrm{S}]+[\mathrm{D}]+n$$

其中：ENCO 为指令助记符，编码指令应用案例如图 3-35 所示。当 X01 有效时，执行编

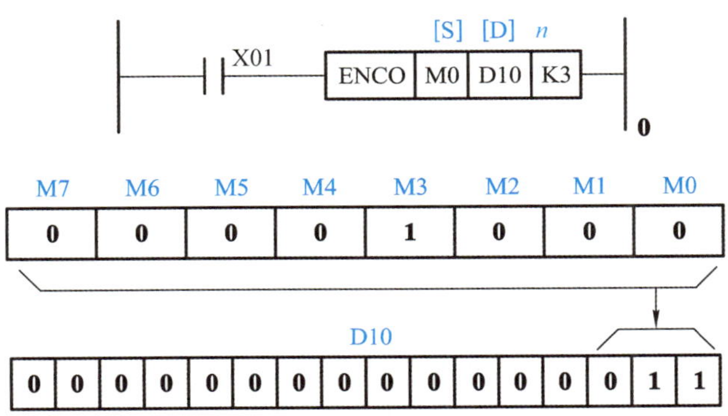

图 3-35　编码指令应用案例

码指令，将[S]中最高位为1的所在位数（M3）放入目标元件[D]的D10中，即把011存入D10的低3位。或当X01为ON时，执行编码操作，即将源元件M7～M0（$2^n=8$，$n=3$）的状态（M3为1），编码为3位的二进制数011，送到目标元件[D]中D10的低3位。若在此例中M0为1，则执行编码指令后，D10中的数据为0；当M7～M0的状态出现全部为0时，被视为运算错误。

说明：

① 编码指令的源操作数[S]和目标操作数[D]可以是位元件，也可以是字元件。当操作数为字元件时，应使用$n \leqslant 4$；当为位元件时，则$n=1\sim8$。编码指令处理16位数据时，运算占7个程序步。

② 当$n=0$时，不处理；当执行条件为OFF时，指令也不执行，编码指令的输出状态保持不变。

③ 若指定源操作数中有多个1，则只有最高位的1有效。

3. 外部I/O设备指令

FX3U系列PLC提供了多种外部I/O设备指令，主要用于与外部设备进行数据交换和控制。例如，TKY指令可以用于从键盘输入十进制数，HKY指令可以用于输入十六进制数，DSW指令可以用于读取数字开关的状态，SEGD和SEGL指令可以用于驱动七段显示器，ASC和PR指令可以用于处理ASCII码等。这些指令的使用使得PLC能够与各种外部设备进行有效的数据交互和控制。

（1）变址寄存器（V、Z）

FX3U系列PLC变址寄存器由两组共16位数据寄存器组成，变址寄存器是一种特殊用途的数据寄存器，用于改变元件的编号（变址），分别为V0～V7、Z0～Z7共16位。变址寄存器（V、Z）除与通用数据寄存器具有相同的存储数据功能外，主要用于操作数地址的修改或数据内容的修改。变址方法是将V（或Z）存放在操作数的后面，充当修改操作数地址或内容的偏移量，修改后的实际地址等于操作数的原地址加上偏移量的代数和。若是修改数据，则修改后实际数据等于原数据加上偏移量的代数和。

变址功能可以使地址和数据一样被操作，极大地增强了程序的功能；可以充当变址的操作数有K、H、KnX、KnY、KnM、KnS、P、T、C、D等。例如，当V0=5时，则执行D20V0后，被执行的编号为D25（20+5）。变址寄存器可以和其他数据寄存器一样进行读写操作，需要进行32位操作时，可将V、Z串联使用（通常Z为低16位，V为高16位）。

在图3-36所示的变址操作程序中，当X10为ON时，变址寄存器V3中的数据是20，Z3中的数据是30，则地址D0Z3=D（0+30）=D30；常数K30V3=K（30+20）=K50；当X20为ON时，32位数据传送指令“DMOVP D4Z3 D20”表示由D35、D34组成的32位字元件中的数据传送至D21、D20组成的32位字元件中。

（2）七段译码指令

七段译码指令SEGD（P）将指定元件[S]的低4位所确定的十六进制数（0～F），经译码后存入指定元件[D]中，[D]的高8位保持不变，以驱动七段显示器。七段译码指令应用案例如图3-37所示，SEGD（P）译码真值表见表3-8。

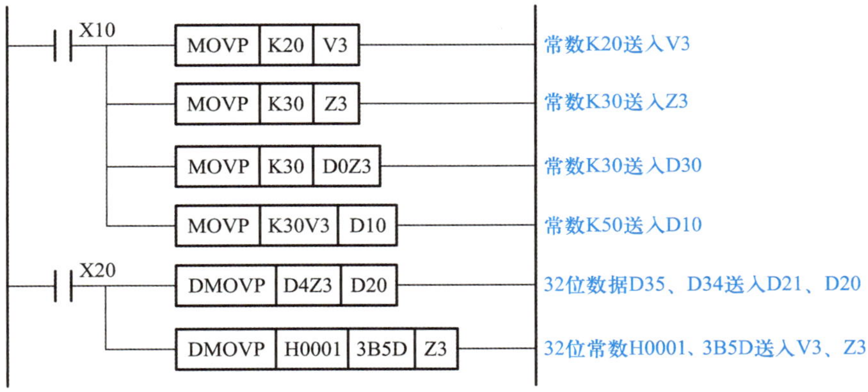

图 3-36　变址寄存器操作指令应用案例

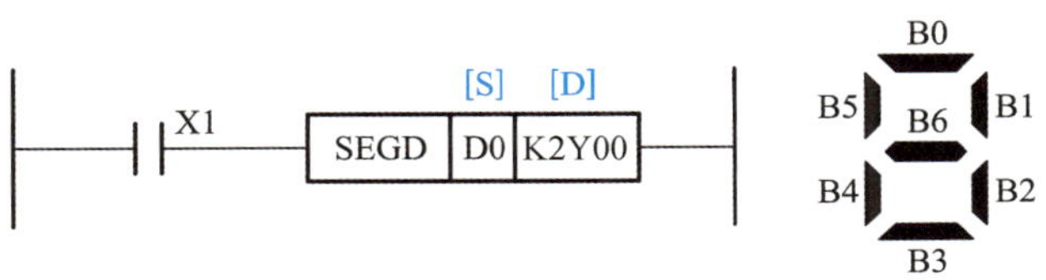

图 3-37　七段译码指令应用案例

表 3-8　SEGD(P)译码真值表

[S]		七段码显示器	[D]								显示数据
十六进制	二进制		B7	B6	B5	B4	B3	B2	B1	B0	
0	**0000**		**0**	**0**	**1**	**1**	**1**	**1**	**1**	**1**	0
1	**0001**		**0**	**0**	**0**	**0**	**0**	**1**	**1**	**0**	1
2	**0010**		**0**	**1**	**0**	**1**	**1**	**0**	**1**	**1**	2
3	**0011**		**0**	**1**	**0**	**0**	**1**	**1**	**1**	**1**	3
4	**0100**	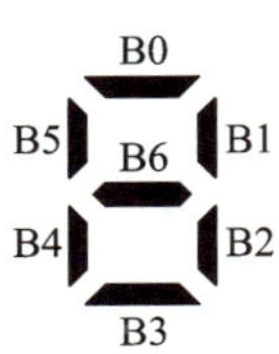	**0**	**1**	**1**	**0**	**0**	**1**	**1**	**0**	4
5	**0101**		**0**	**1**	**1**	**0**	**1**	**1**	**0**	**1**	5
6	**0110**		**0**	**1**	**1**	**1**	**1**	**1**	**0**	**1**	6
7	**0111**		**0**	**0**	**1**	**0**	**0**	**1**	**1**	**1**	7
8	**1000**		**0**	**1**	**1**	**1**	**1**	**1**	**1**	**1**	8
9	**1001**		**0**	**1**	**1**	**0**	**1**	**1**	**1**	**1**	9
A	**1010**		**0**	**1**	**1**	**1**	**0**	**1**	**1**	**1**	A

续　表

[S]		七段码显示器	[D]								显示数据
十六进制	二进制		B7	B6	B5	B4	B3	B2	B1	B0	
B	**1011**	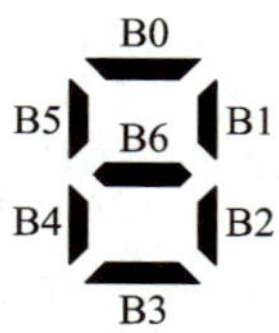	0	1	1	1	1	1	0	0	B
C	**1100**		0	0	1	1	1	0	0	1	C
D	**1101**		0	1	0	1	1	1	1	0	D
E	**1110**		0	1	1	1	1	0	0	1	E
F	**1111**		0	1	1	1	0	0	0	1	F

在图 3-37 所示中，当 X1 为 ON 时，D0 的低 4 位所确定的十六进制数（0～F）经 K2Y00 所连接的七段码进行显示。

应用注意：BCD 指令和 SEGD 指令都可以驱动 LED 数码管显示。BCD 指令驱动的数码管需要自带译码器，每个数码管的阳极需占用 4 个输出点，属于 PLC 机外译码；SEGD 指令可以直接驱动显示数码管，每个数码管的阳极占用 7 个输出点，属于 PLC 机内译码指令。

3.3　功能指令的编程应用

在编制 PLC 控制程序时，如何利用功能指令进行数值和数据处理，如何正确选择不同的功能指令使程序编制变得更加简捷、方便和灵活，下面用具体实例探讨功能指令的编程应用。

实例 1　某车间三相交流异步电动机采用星-三角降压启动，电气控制线路如图 3-38 所示，PLC 控制电动机星-三角降压启动控制梯形图如图 3-39 所示。PLC 控制电动机技术要求如下：

微视频

瞬时输入延时分断

① 按下启动按钮 SB2 后，电动机 M 按照星形联结启动运行。

② 电动机 M 启动运行 10s 后，电动机 M 的星形联结断开，1 s 后电动机转为三角形联结正常运行。

③ 按下停止按钮 SB1 后，电动机 M 停止工作。

④ 若电动机 M 过载运行（X00 断开），则电动机 M 自动停止，Y00 驱动指示灯 HL 报警。

项目分析：按下启动按钮 SB2（X02），传送常数 K7 给 K1Y00，即 Y00、Y01、Y02 都得电，电动机按星形联结启动，同时 T0 开始定时。计时 10 s 到，传送 K3 给 K1Y00，即 Y02 失电断开，星形联结启动结束，1 s 后传送 K10，即电动机按三角形联结运行，同时指示灯

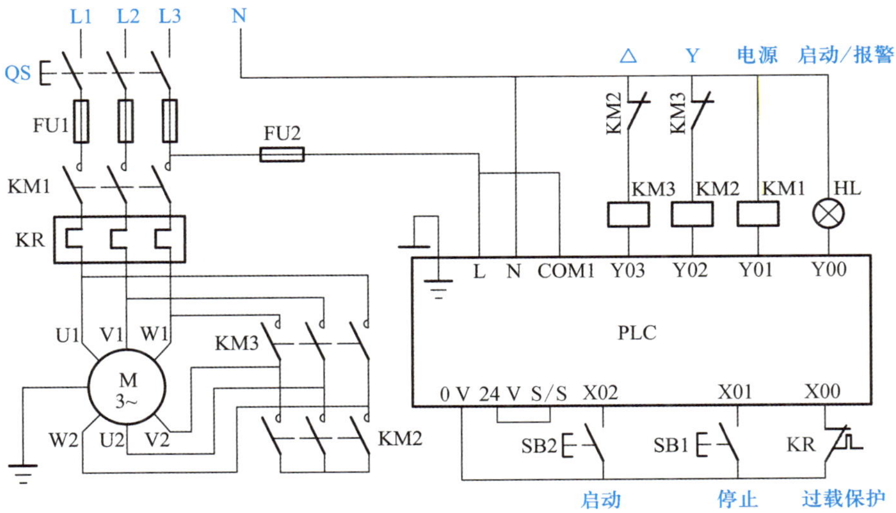

图 3-38　电动机星-三角降压启动电气控制线路

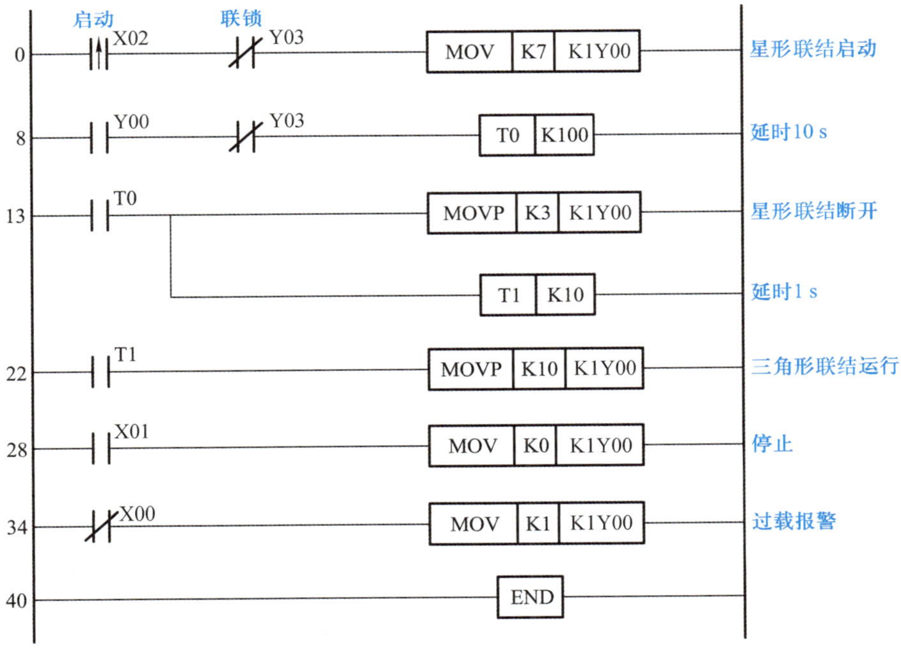

图 3-39　PLC 控制电动机星-三角降压启动控制梯形图

HL(Y00)熄灭。若运行中电动机 M 过载(X00 断开),则电动机 M 自动停止,并且 Y00 驱动指示灯 HL 报警。

实例 2　某高性能密码锁由两组密码锁定,开锁时,输入两组正确的密码,打开锁后,经 10 s 再重新锁定。试分析如图 3-40 所示密码锁对应的梯形图。

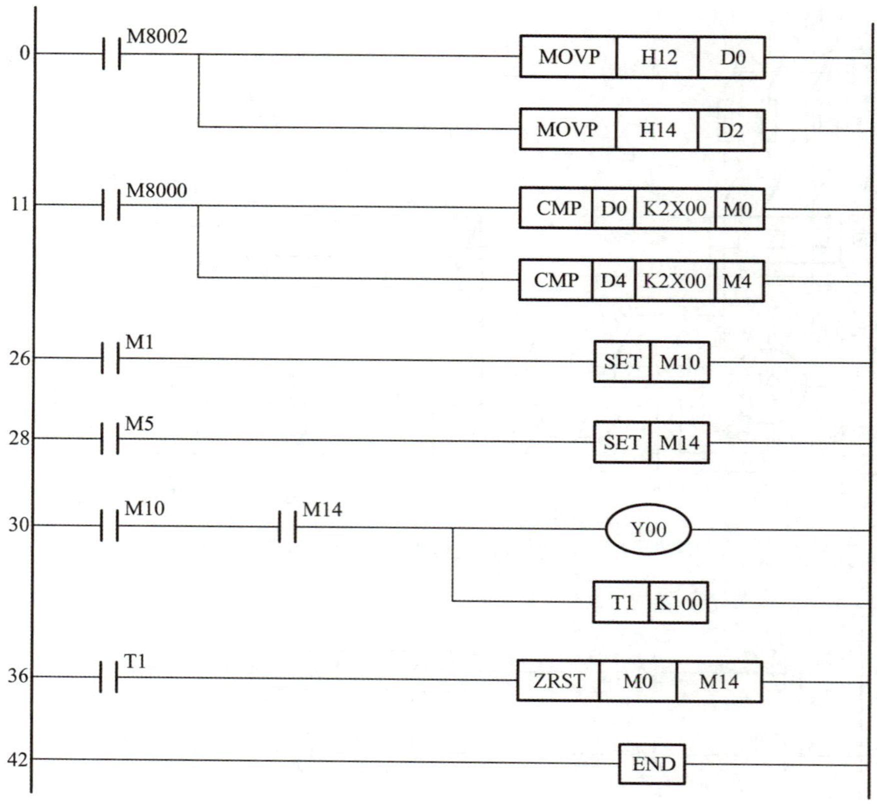

图 3-40 密码锁对应的梯形图

文本

PLC外设监控与时钟继电器

① 程序开始运行时，用运行状态监控特殊辅助继电器 M8000 实行现场状态监控和初始脉冲特殊辅助继电器 M8002 预先设定密码（两个十六进制数 H12 和 H14，两个密码对应的十进制数不能超过 K255）。

② 当开锁时，从输入继电器组 K2X00 将密码数据输入（密码设定为两个十六进制数，只需要输入 8 位位组合元件 K2X00）与事先设定密码进行比较。在两次密码输入比较中，只有从输入点 K2X00 输入的二进制数恰好等于 H12 和 H14 设定数，才能打开密码锁。

③ 从相同输入继电器输入两次密码数据，保持两次输入的密码最为关键，利用比较指令 CMP 定义目标操作数的随机通断状态，这里利用中间变量 M10、M14 与对应 M1 和 M5 将第一次比较结果和第二次比较结果实现保存，再用 M10 和 M14 的动合触点串联后驱动 Y00，打开密码锁。

实例 3 利用传送、比较、复位指令和计数器设备操作警示，实现对特定设备启动操作次数的限制。现要对 5 台设备进行启动操作次数限制，试设计一个限制操作和警示提醒装置。控制要求：5 台设备同时启停工作，每操作一次，提醒装置记录一次；若在 10 s 内连续启动操作次

动画

炼钢过程

数达到3次时，则点亮红色指示灯，并警示提醒操作者再次按下启动按钮无效；若在10 s内连续启动操作次数小于3次时，则点亮绿色指示灯，表明允许操作者启动设备。

项目分析：① 按下启动按钮，传送十六进制数据H1F到K2Y00，即接通Y04～Y00，启动5台电动机运行，且C0记录一次；若在10 s内按下启动按钮没有达到3次，则绿色指示灯亮，5台电动机正常运行；若在10 s内按下启动按钮达到3次，则红色指示灯亮，5台电动机停止运行。

② 根据本任务的控制要求，输入设备需要有5台电动机的启停操作按钮和整个控制装置（主要用于系统复位和计数器复位）。输出设备为红色、绿色指示灯和5台电动机控制接触器。

③ PLC的I/O端口地址分配如下：

输入：电动机启动按钮→X00，停止按钮→X01，系统复位按钮→X02。

输出：绿色指示灯→Y10，红色指示灯→Y11，电动机的控制接触器KM1～KM5→Y00～Y04。I/O端口接线图如图3-41所示。

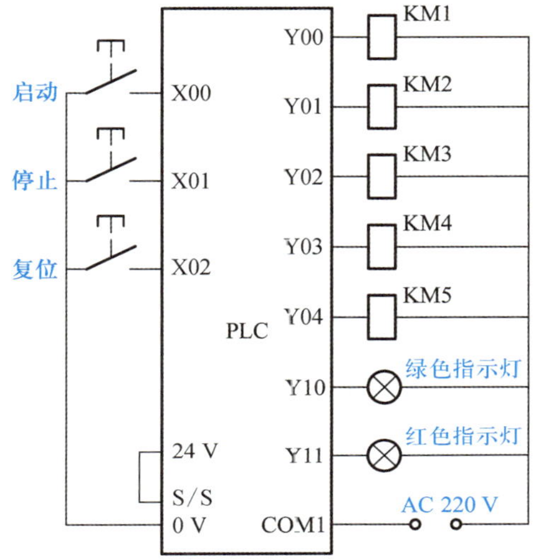

图3-41　设备操作警示I/O端口接线图

④ 设备操作警示装置PLC控制梯形图如图3-42所示。

四则运算指令除了能进行最基本的加、减、乘、除之外，还能巧妙地利用其运算功能实现某些特定的控制关系。

实例4　有一组8盏彩灯，接于PLC端口Y07～Y00，控制要求：当按下启动按钮SB1（接通X00）时，1 s时钟继电器（M8013）开始工作，Y00～Y07按每隔1 s的正序变化一次后，再按照Y07～Y00每隔1 s反序变化一次，如此交替循环变化。

项目分析：① 用定时器每隔1 s执行一次乘法指令，即将操作数K2Y00×2时，相当于其二进制数码左移1位，实现Y00～Y07每隔1 s正序变化一次。

② 用定时器每隔1 s执行一次除法指令，即将操作数K2Y00÷2时，相当于其二进制数码右移1位，实现Y07～Y00每隔1 s反序变化一次。

③ 利用两个定时器T0、T1实现正序、反序交替变换控制，梯形图如图3-43所示。配合使用步进指令和循环移位指令，更能体现步进顺控的程序设计和编程理念。

实例5　某广告牌上有22盏彩灯，利用PLC实现其灯光控制。控制要求：按下启动按钮SB1，彩灯以正序、反序每隔1 s轮流点亮；按下停止按钮SB2，停止彩灯循环点亮。

项目分析：① PLC的I/O端口地址分配如下：

输入：启动按钮SB1→X00，停止按钮SB2→X01。

输出：彩灯HL8～HL1→Y07～Y00，HL16～HL9→Y17～Y10，HL22～HL17→

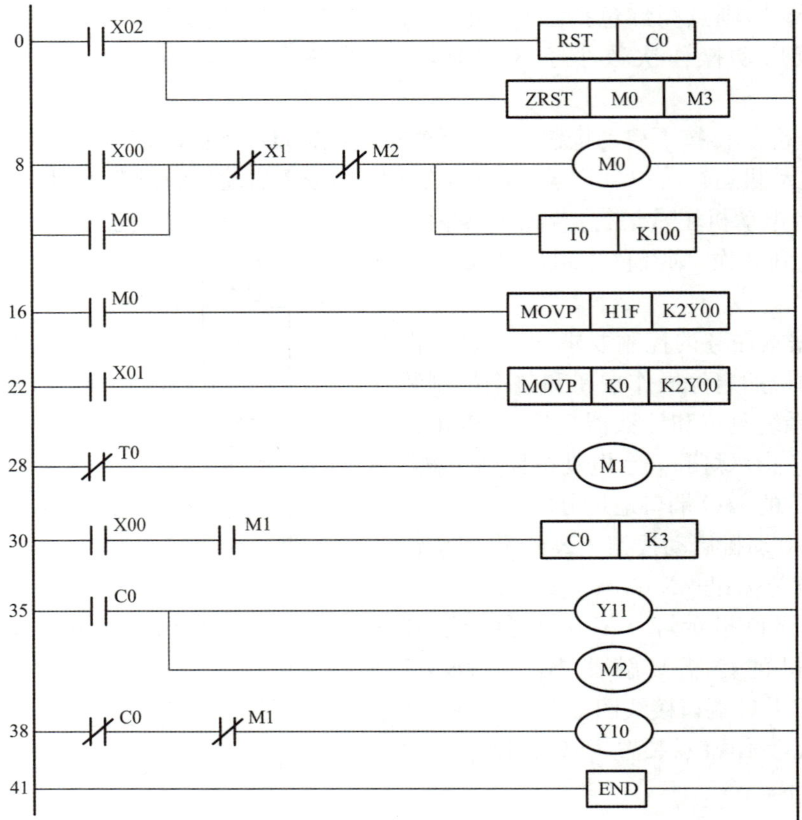

图 3-42　设备操作警示装置 PLC 控制梯形图

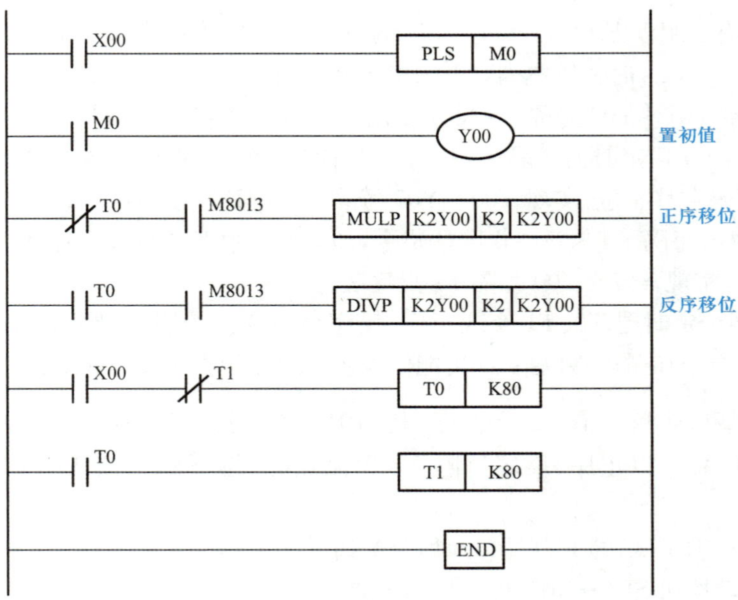

图 3-43　8 盏彩灯循环控制梯形图

Y25～Y20。

② 22 盏彩灯循环控制梯形图如图 3-44 所示。

③ 按下启动按钮 SB1（X00 端口接通），程序执行到 ROL 指令时，彩灯以正序每 1 s 间隔轮流点亮；程序执行到 ROR 指令时，彩灯以反序每 1 s 间隔轮流点亮；按下停止按钮 SB2（X01 端口接通），彩灯停止循环点亮。

文本 PLC标志继电器

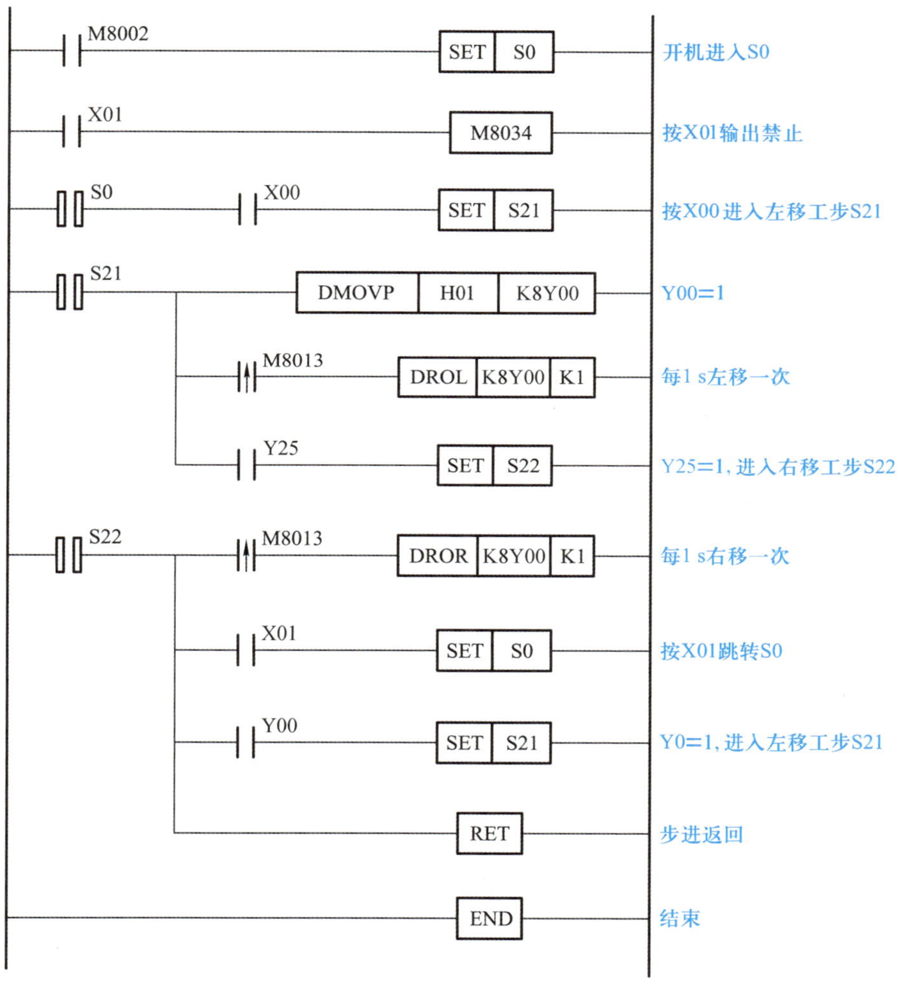

图 3-44　22 盏彩灯循环控制梯形图

④ 32 位位元件组合后只使用 22 个输出，不用输出则跳过。按下 X01 返回初始步 S0，则 M8034 禁止输出。

⑤ Y25 为 **1** 时，激活步 S22，其后 Y00 为 **1** 时，激活步 S21。

素质拓展

试分析如图 3-45 和图 3-46 所示彩灯循环控制梯形图的功能及控制原理。

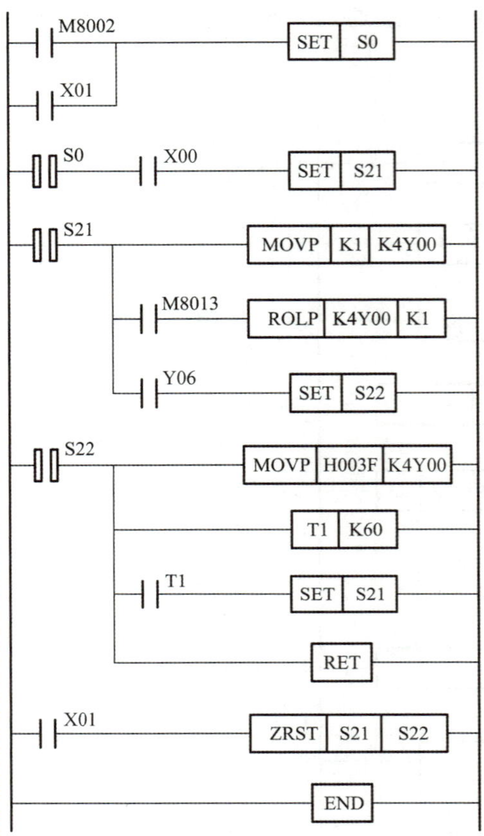

图 3-45　彩灯循环控制梯形图(一)

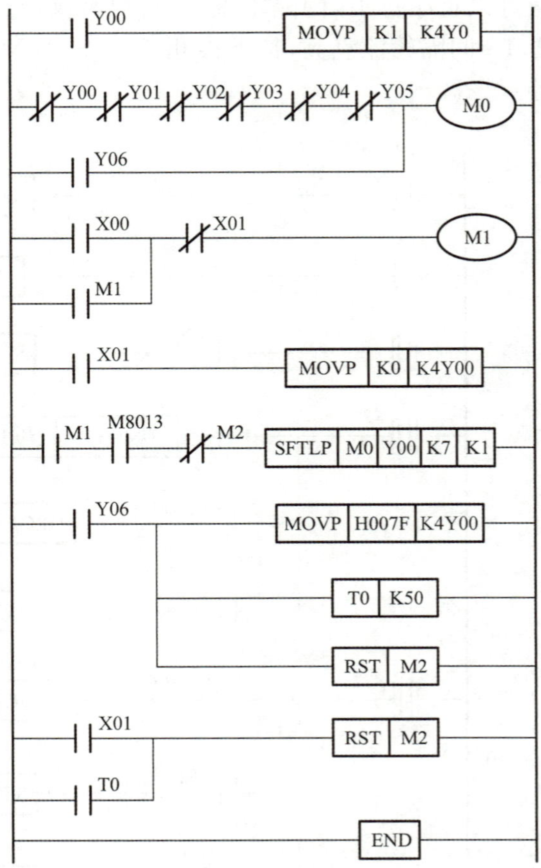

图 3-46　彩灯循环控制梯形图(二)

实例 6　五路不同颜色的组合彩灯。控制要求：当单开关合上时，L1～L5 按顺序间隔 5 s 依次点亮，当最后一组彩灯点亮 5 s 后，又重新回到按 L1～L5 顺序循环工作；当断开开关时，则五路彩灯同时熄灭。

项目分析：① 单开关控制五路彩灯循环点亮梯形图如图 3-47 所示。

② 当合上开关(即 X00=**1**)时，执行加 1 操作，并使 M10=**1**，经 DECO 译码后，将第一路彩灯点亮(Y00 置 **1**)。间隔 5 s 后，T0 接通，再次执行加 1、译码等操作，使第二路彩灯点亮(Y01 置 **1**)，如此顺序执行下去，将五路彩灯全部点亮。当最后一路彩灯点亮 5 s 时，将所有 M0～M20 和 Y00～Y04 全部复位，为下一次循环做好准备。

③ 当断开开关(即 X00=**0**)，下降沿边沿指令将辅助继电器和 Y00～Y04 复位，五路彩灯全部熄灭。

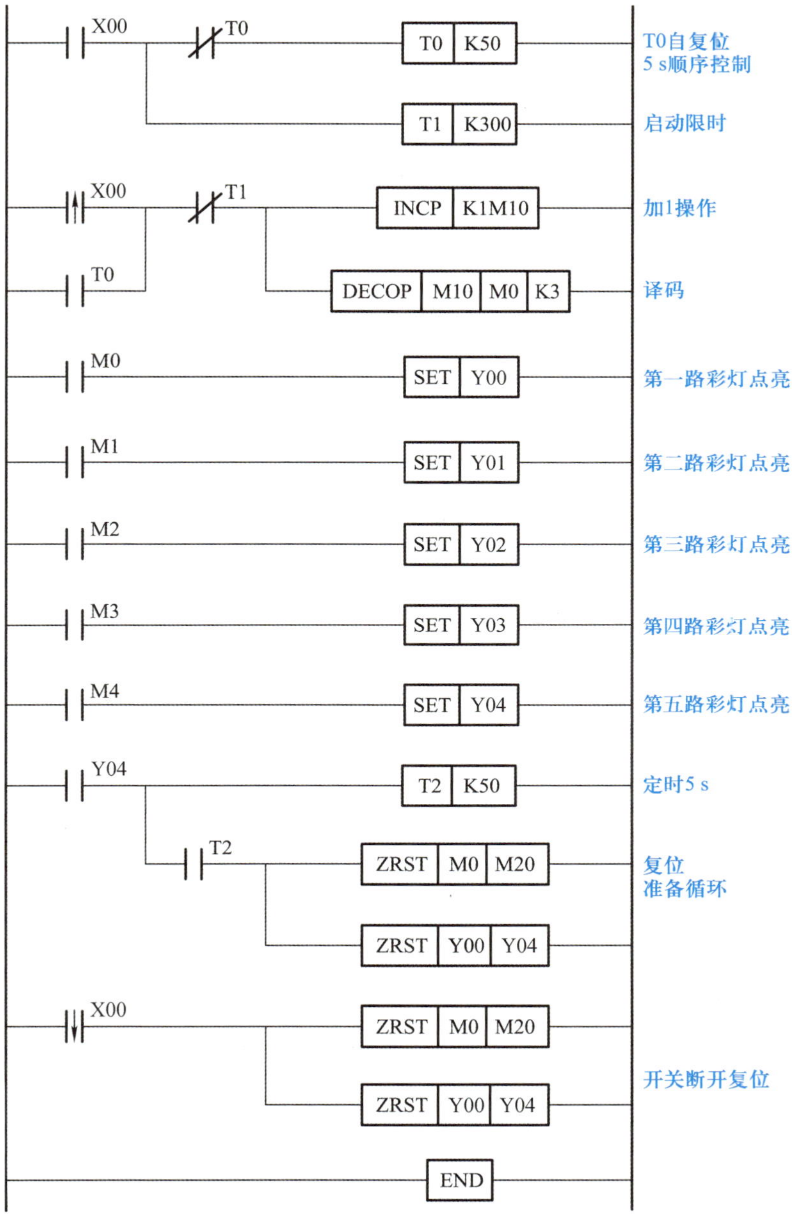

图 3-47　单开关控制五路彩灯循环点亮梯形图

素质拓展

试用译码指令设计具有上述彩灯同样功能的控制程序。

采用数码管进行字符显示，在 PLC 控制中是最常见的应用之一。PLC 控制数码管进行显示有两种方案：一种是采用带译码器的数码显示，这种方法只需要将显示的内容预先存放在指定的存储区，用 BCD 变换指令直接显示所需要的字符；另一种是采用 PLC 七段译码指令(SEGD)进行译码后，在数码管上进行直接输出显示。本书介绍 PLC 的七段译码指令进行数码显示的应用实例。

实例 7　现有一篮球赛 30 s 违例计时系统。控制要求：按下计时控制按钮，2 位数码管从 0 开始按 1 s 增加量依次显示 0～30 s，当计时满 30 s，违例计时系统报警。试设计 PLC 控制梯形图。

项目分析：① PLC 控制 I/O 端口分配见表 3-9。

表 3-9　违例计时系统 PLC 控制 I/O 端口分配

输入端口		输出端口	
启动信号	X00	十位数显示数码管	Y00～Y06
停止信号	X01	个位数显示数码管	Y10～Y16

② PLC 控制 I/O 端口接线图如图 3-48 所示。

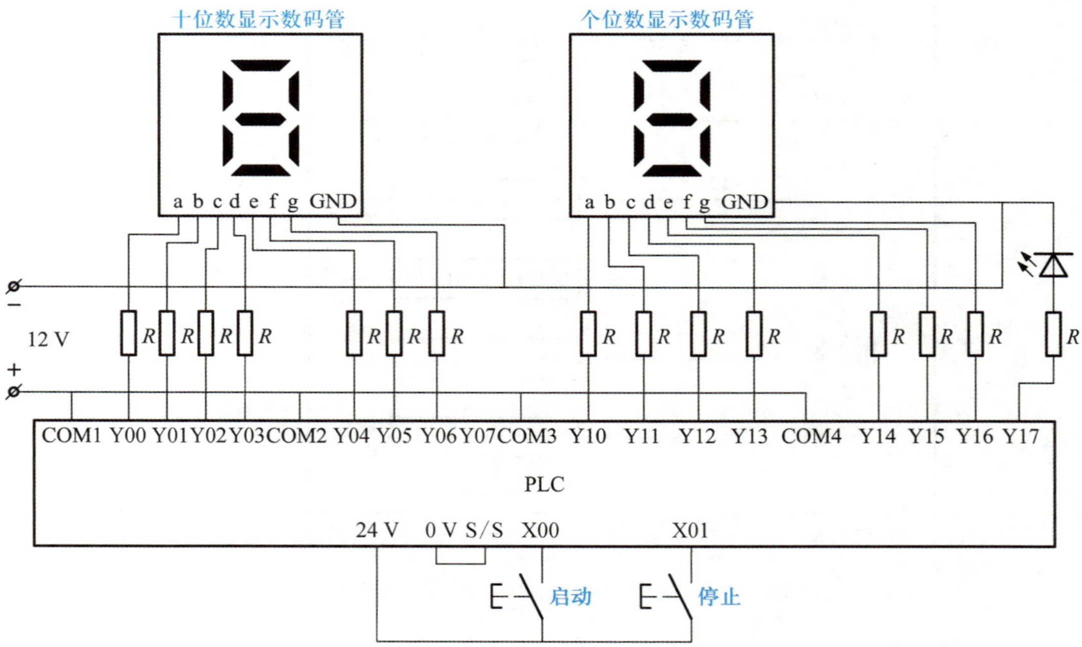

图 3-48　违例计时系统 PLC 控制 I/O 端口接线图

③ 控制梯形图设计。

采用 Y00～Y06 输出控制十位数显示数码管 a、b、c、d、e、f、g；采用 Y10～Y16 输出控制个位数显示数码管 a、b、c、d、e、f、g。程序中使用数据传送指令 MOV、数据加 1 指令

INC、七段译码指令 SEGD 和区间复位指令 ZRST 等。

程序运行时将不断变化的时间数据传送给七段译码指令 SEGD，经七段译码后直接驱动数码管，显示不断变化的时间，当 30 s 计时到，违例计时系统报警。30 s 违例计时控制梯形图如图 3-49 所示。

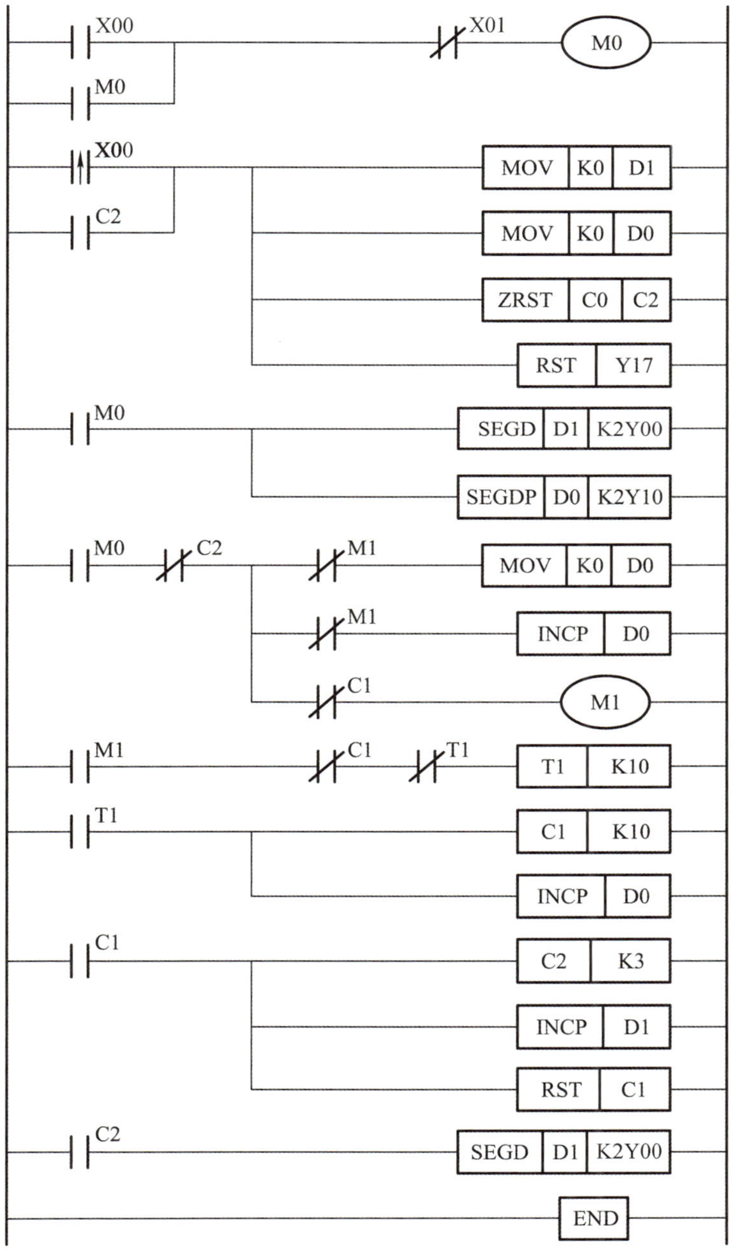

图 3-49　30 s 违例计时控制梯形图

素质拓展

若两个数码管都接在 Y06～Y00 时，如何实现控制功能？

PLC 功能指令的突出特征之一是数据处理与数值计算，PLC 功能指令使 PLC 在自动化生产和自动化控制过程中发挥着显著的控制作用。

动画

汽车称重

实例 8　循环指令用于某种反复操作的场合，采用循环指令可以使程序更简洁、方便。现有 20 个数据需要存放在从 D0 开始的连续 20 个数据寄存器中，试编写计算求和程序。

连续 20 个数据求和控制梯形图如图 3－50 所示。当启动控制开关 SB1（接通 X00）时，将变址寄存器 Z1 和数据寄存器 D10、D11 清零，再用循环指令从 D0 单元开始连续求和运算，并将所求之和送入 D10 中。若有进位，则标志位 M8022 置 **1**，高 16 位 D11 中加 1 。变址寄存器 Z1 中数据加 1，循环 20 次，最后结果存于 D11 和 D10 中。

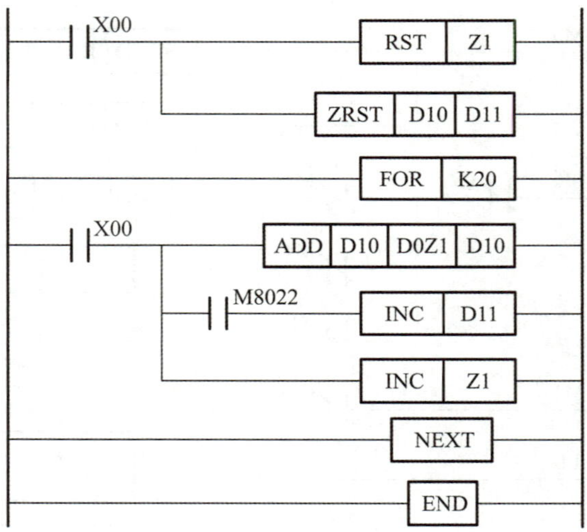

图 3－50　连续 20 个数据求和控制梯形图

实例 9　某蔬菜大棚需要进行温度控制，大棚内有 10 个温度取样点，将 10 个采集点的温度数据（16 位）存放在 D0～D9 中。每隔 30 min 测量一次温度，当测量到某个点温度超过设定最高温度（最高温度值存放在 D30）时，启动通风机进行降温；若每隔 60 min 测温平均值高于设定的平均值（标准平均值存放在 D40）时，启动降水装置进行降温。

项目分析：① 要求每隔 30 min 要采集 10 个点温度进行比较，找出最高温度值，并与设定最高温度值进行比较；当某点温度超过设定最高温度时，启动通风机降温。

② 每隔 60 min 采集 10 个点温度后再计算平均值，当 10 个点温度的平均值高于设定的平均值，启动降水装置进行降温。

③ 当系统 10 个采集点温度数据到位，对其进行比较、计算，并进行编程。

④ PLC 控制 I/O 端口接线图如图 3-51 所示。

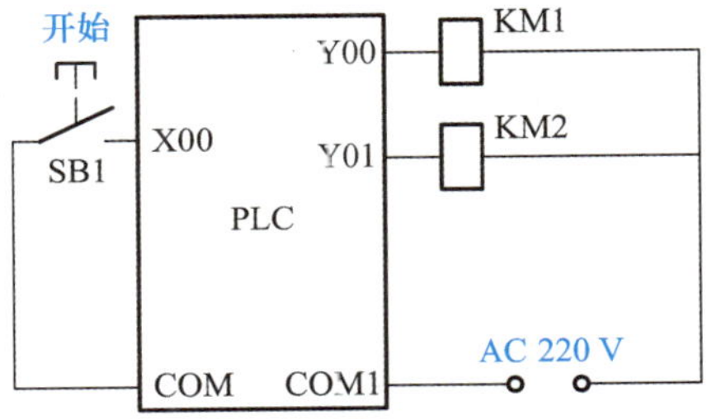

图 3-51　PLC 控制 I/O 端口接线图

⑤ 蔬菜大棚温度控制梯形图如图 3-52 所示。当按钮开关 SB1 按下，X00 为 ON 时，C0、C1 同时对 M8014（1 min 时钟脉冲）计数，待 C0 每计满 30 min，则执行一次子程序 P0（即比较 10 个采集点温度数据的高低）；待 C1 每计满 60 min，则执行一次子程序 P1（即计算 10 个采集点温度数据的平均值）。在子程序 P0 中，先将 10 个数据中第 1 个数据送 D20，赋变址寄存器 Z 的初值为 1；再用循环指令将剩下的 9 个点数据（循环次数应为 9）逐一与 D20 进行比较，同时地址变量 Z 加 1，若比 D20 数据大，直接送入 D20 覆盖原数据；当全部比较完毕时，则 D20 的数据就是 10 个采集点的最大值，再用触点比较指令将最大值（存放于 D20）与标准值（存放于 D30）进行对比，若大于标准值，则 Y00（控制通风机）置 ON，启动通风机降温。在子程序 P1 中，将 D23、D22 清零，地址变量也清零，用循环指令对 10 个数据逐一相加，将求和的结果存入 D23（高 16 位）、D22（低 16 位）中；用 32 位除法指令将所求总和除以个数 10，得到平均值存入 D24 中；用触点比较指令与标准平均值（存放于 D40）进行对比，若大于标准平均值，则 Y01 为 ON，启动降水装置。

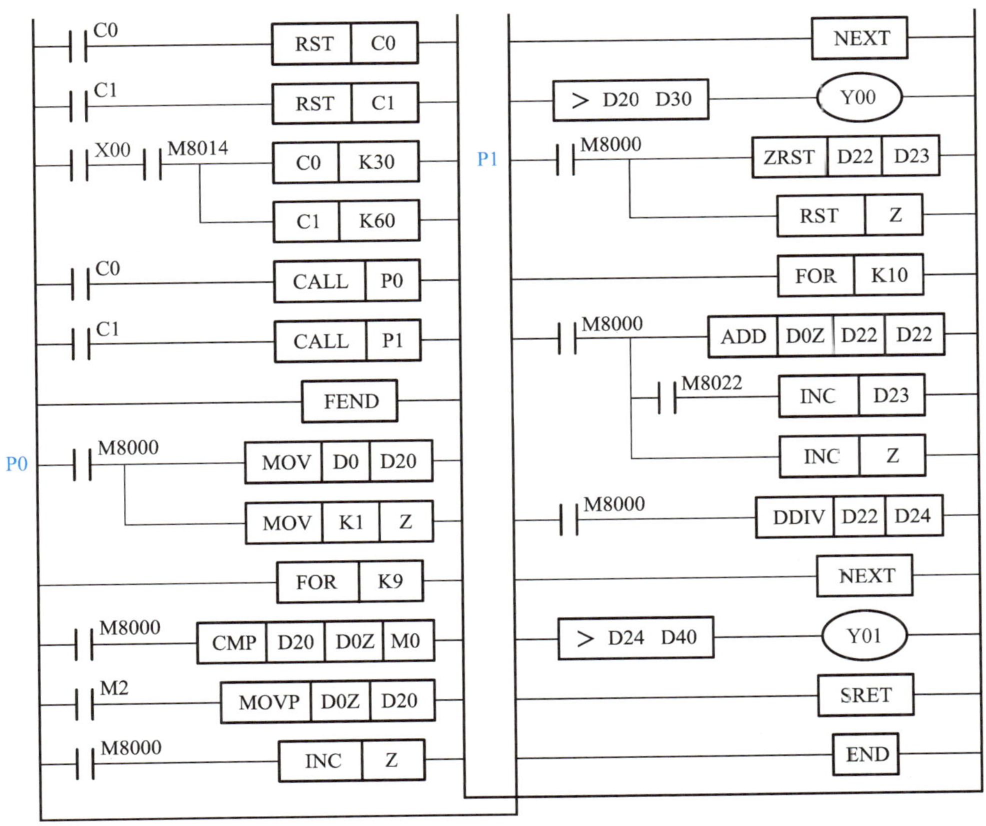

图 3-52　蔬菜大棚温度控制梯形图

在使用时应注意：控制程序在每隔 30 min 找出最大值，每隔 60 min 计算平均值，即当执行子程序 P1 计算平均值时，同时也要执行子程序 P0 找出最大值。程序实际执行时，每间隔 30 min 只执行 P0，每间隔 60 min 先执行 P0 找出最大值，再接着执行 P1 计算平均值，此时 P0、P1 将在同一个扫描周期中同时执行。

思考与练习

3-1　判断下列元件是什么类型的软元件。如果是位元件组合，则指出位元件的组合是哪些位元件。

Y00　K2Y10　K2X00　S0　D10　K1M20　V3

3-2　FX 系列 PLC 能表示字元件的组合形式吗？如果有，试举例说明。

3-3　有一个 8 路彩灯控制系统，要求彩灯点亮顺序为 L1～L8，每一个彩灯点亮时间间隔为 0.1～1 s 之间循环往复调节，试设计其控制梯形图。

3-4　现有一自动仓库需对货物进出进行计数控制。当货物多于 100 箱时，灯 L1 每隔 1 s 闪亮；货物多于 500 箱时，灯 L2 每隔 2 s 闪亮。试完成下列任务：

① 画出 PLC 的 I/O 端口分配图。

② 设计出 PLC 控制梯形图。

3-5　试设计密码锁控制系统，控制要求：

① 按下 SB1 后，系统启动才能开锁工作。

② SB2、SB3 为可按压键，开锁条件：SB2 设定按压次数为 3 次，SB3 设定按压次数为 2 次；同时，必须先按 SB2，后按 SB3，密码锁自动打开。

③ 按下 SB4 后，系统复位可重新进行开锁作业，当按错键时，则必须进行复位操作。

④ SB5 为不可按压键，一旦按压，警报器发出警报。

试设计 PLC 控制梯形图。

3-6　按下启动按钮后，自动循环显示 0～F，每个字符显示间隔 1 s，试编写出相应的 PLC 控制梯形图。

3-7　试设计控制程序完成以下算式的运算：

$$8X/255+2$$

提示：式中，“X”代表输入端口 K2X00 送入的二进制数，运算结果送输出口 K2Y00，试编写相应的 PLC 控制梯形图。

3-8　使用循环指令求 1+3+5+…+99。

3-9　试编写实现双按钮控制 12 台电动机的顺序启动和同时停止的梯形图。

3-10　有一停车场，当进入停车场的车辆数小于 50 辆时，绿色指示灯亮，表示还可以继续停放车辆；当进入停车场的车辆数等于 50 辆时，黄色指示灯亮，表示停车即将停满；当进入停车场的车辆数大于 50 辆时，红色指示灯亮，表示车辆不能进入停车场。试用 PLC 完成控制功能。

3-11　有一音乐花样喷泉控制系统，要求各喷水组喷水按第 1 组喷水 3 s，第 2 组喷水 4 s，第 3 组喷水 5 s，第 4 组喷水 5 s 后，四组齐喷水 10 s 转为四组齐停止喷水 2 s，然后重复上述过程，试用 PLC 编程完成其控制过程。

模块 4 可编程控制器程序设计

学习目标

知识目标

1. 了解 PLC 梯形图的基本特点、绘制原则及绘制方法。

2. 熟悉几种典型电路梯形图的绘制方法、控制程序的设计方法以及在工业控制中的典型应用。

能力目标

1. 掌握简单工业控制系统设计的基本方法、设计步骤、设计技巧和基本工作流程。

2. 能撰写实训报告。

素质目标

1. 培养职业操作规范。

2. 培养工匠精神。

知识要点

本模块主要阐述梯形图的特点及绘制原则，典型电路梯形图的绘制方法，控制程序的设计方法以及在工业控制中的典型应用。

PLC 是按照用户所规定的程序要求执行控制任务的，程序设计是 PLC 应用中最为关键的工作。梯形图程序具有符号形象直观、容易接受等特点，目前被广泛采用。

4.1 梯形图的特点及绘制原则

4.1.1 梯形图的主要特点

梯形图具有如下主要特点：

① 梯形图的符号形象直观。PLC 梯形图沿用了继电器触点、线圈、串并联等术语和图形符号，形象直观地描述控制任务完成及其控制要求执行过程的图示程序，易于接受。但它

们又不是真实的物理继电器(即硬件继电器),而是软件使用中的编程元件(即软件继电器)。

② 梯形图两侧的垂直公共线称为公共母线。在分析梯形图的逻辑关系时,借用继电器电路图的分析方法,把左母线假设成电源的“相线”,右母线假设成“零线”,“能流”只能从左向右流动,当输出线圈支路上各触点均闭合时,该输出线圈接通。

③ 梯形图中各编程元件的动合触点和动断触点均可以反复使用,次数不限。

④ 梯形图程序运行时其执行顺序是按从左到右、从上到下的原则。

4.1.2　绘制梯形图的基本原则

绘制梯形图的基本原则如下所述:

① 梯形图每一行或每一支路块都是从左母线开始,画到右母线为止,触点放在左边靠左母线侧,输出线圈放在最右边靠右母线侧,如图 4-1 所示。

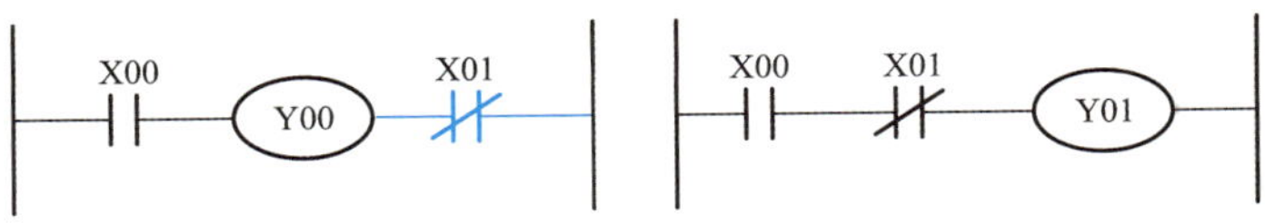

(a) 不正确　　(b) 正确

图 4-1　梯形图绘制规则示意图(一)

② 梯形图程序的书写顺序是先左后右,自上而下。将梯形图程序改写成指令表程序时也应按此顺序进行。

③ 在梯形图中可以多个触点串联或并联使用,各编程元件的触点数量不受限制,可多次重复使用。

④ 输出线圈不能直接与左母线相连,如图 4-2 所示。

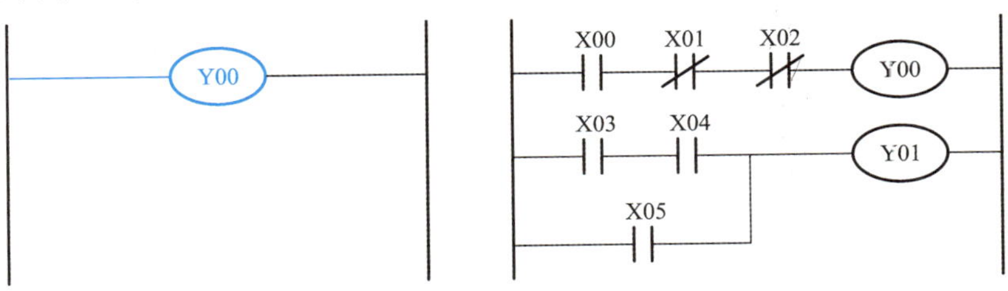

(a) 不正确　　(b) 正确

图 4-2　梯形图绘制规则示意图(二)

⑤ 梯形图中允许多个线圈并联输出,但不允许多个线圈串联输出,如图 4-3 所示。

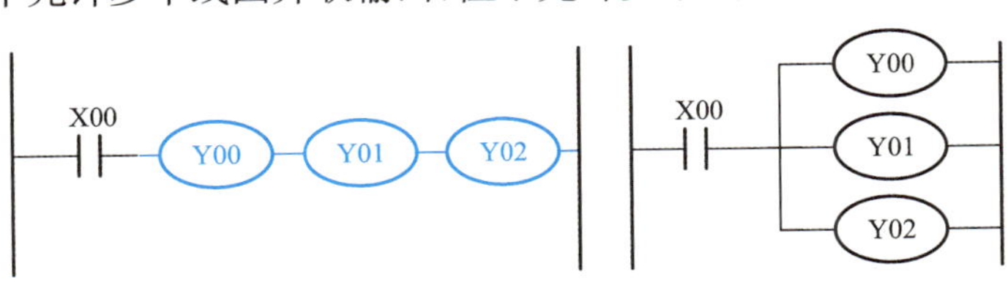

(a) 不正确　　(b) 正确

图 4-3　梯形图绘制规则示意图(三)

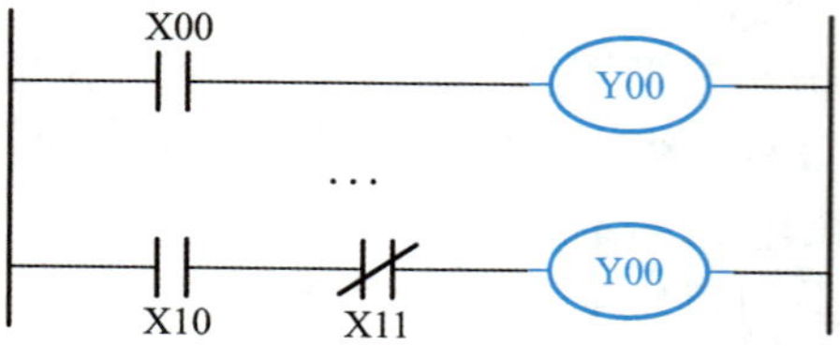

图 4-4　梯形图绘制规则示意图(四)

⑥ 禁止使用“双线圈输出”。在一个程序中各输出处同一编号输出线圈若使用两次是错误的，如图 4-4 所示存在使用双线圈输出错误，这种使用方式称为“双线圈输出”。“双线圈输出”容易引起误动作，应禁止使用。

⑦ 梯形图中不允许画交叉电路，如图 4-5 所示。交叉电路在控制系统切换操作过程中，极易存在衍生(或寄生)电路，导致应断开的支路不能准确分断，出现控制失误。

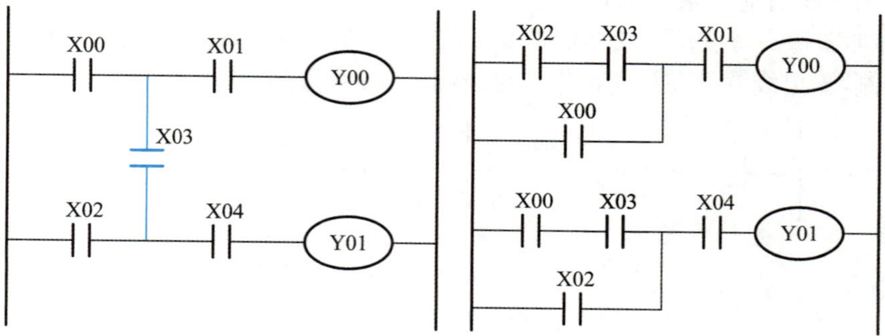

(a) 不正确　　(b) 正确

图 4-5　梯形图绘制规则示意图(五)

⑧ 几个支路并联时，串联触点多的支路要画在上面，如图 4-6 所示。几个并联支路串联时，并联触点多的要画在左边，如图 4-7 所示。

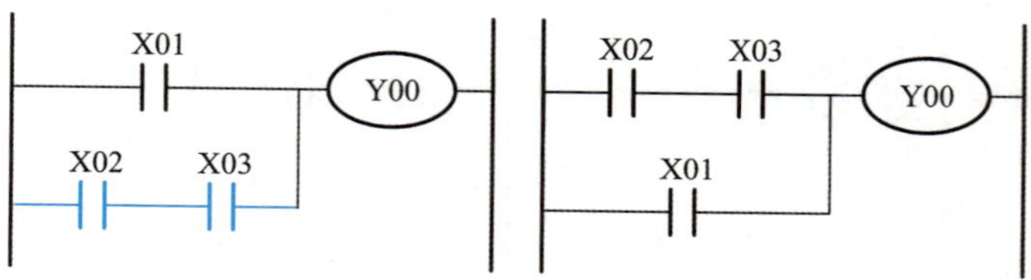

(a) 不正确　　(b) 正确

图 4-6　梯形图绘制规则示意图(六)

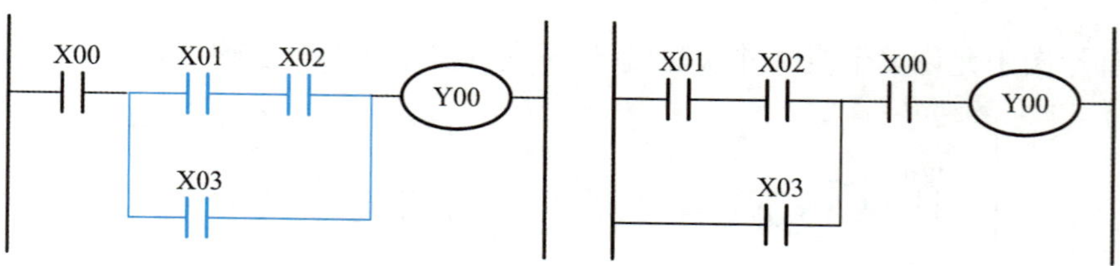

(a) 不正确　　(b) 正确

图 4-7　梯形图绘制规则示意图(七)

⑨ 程序结束时，通常在最后一支路上画出结束符号 END，如图 4-8 所示。

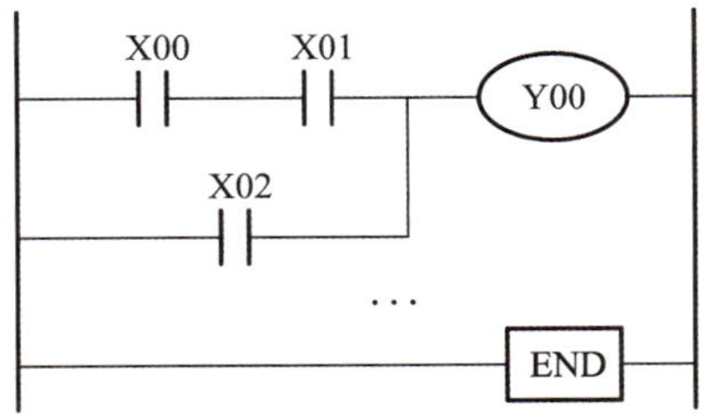

图 4-8　梯形图绘制规则示意图(八)

4.2　典型电路梯形图

4.2.1　梯形图的绘制方法

梯形图编制方法较多，初学者可以首先采用翻译方式，即根据继电器控制系统原理图，用 PLC 的对应编程元件，将原来的继电器-接触器控制系统电路直接"翻译"成梯形图程序。

图 4-9 所示是电动机正反转控制继电器-接触器电路图。图中：SB2、SB3 分别为电动机正转、反转的启动按钮；KM1、KM2 为接触器，分别接通电动机的正转、反转线路，它们的辅助动合触点用于自保持电路，动断触点用于互锁，防止 KM1、KM2 工作线圈同时通电启动。此电路转换成 PLC 梯形图的步骤如下所述。

动画 正反转控制

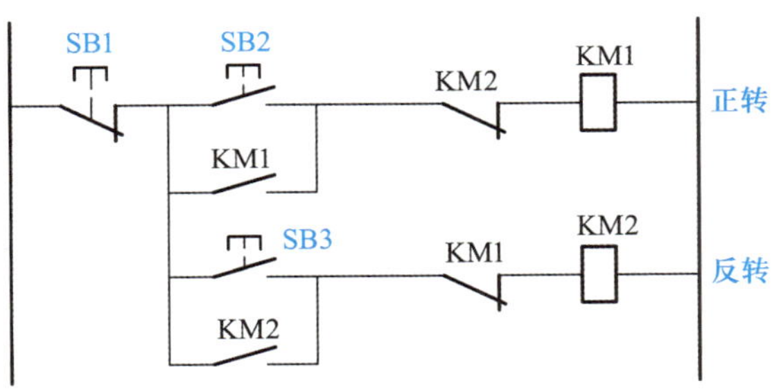

图 4-9　电动机正反转控制继电器-接触器电路图

1. 确定输入输出(I/O)点数

三个外部按钮 SB1、SB2、SB3 是 PLC 的三个输入变量，对应分配 X00、X01、X02 三个输入继电器；两个接触器工作线圈 KM1、KM2 是 PLC 的两个输出变量，分配 Y00、Y01 输出继电器。故整个系统需要三个输入点，两个输出点。

动画 钻孔运动

2. 绘制 PLC 梯形图

确定了 I/O 点数后，根据图 4-9 所示电路图，绘制如图 4-10 所示电动机正反转控制 PLC 梯形图。

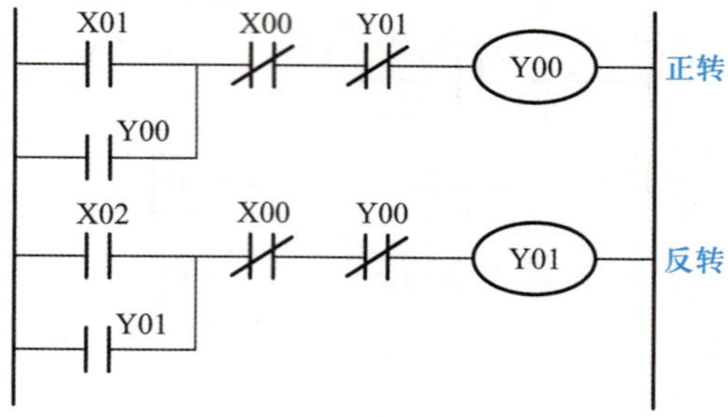

图 4-10　电动机正反转控制 PLC 梯形图

动画
继电器延时控制

4.2.2　典型电路梯形图的绘制

根据前面介绍的梯形图绘制方法和步骤，下面重点叙述几种常见的典型控制电路的 PLC 梯形图绘制方法。

1. 延时接通电路

图 4-11(a)所示为延时接通电路的梯形图，当输入 X00 接通时，辅助继电器 M0 接通并自锁，同时定时器 T0 开始定时。经时间 t，定时器动合触点 T0 闭合，输出工作线圈 Y00 得电接通。当输入 X01 接通时，其动断触点断开，使 M0 工作线圈断电，T0 线圈失电复位，输出 Y00 失电断开。其时序图如图 4-11(b)所示。

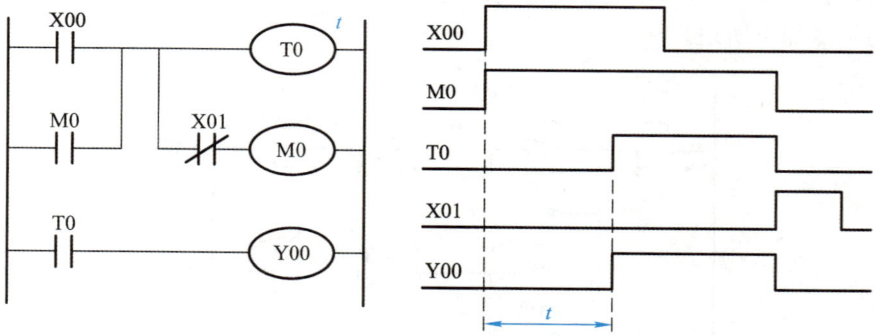

(a) 梯形图　　(b) 时序图

图 4-11　延时接通电路(一)

图 4-12(a)所示也是一个延时接通电路的梯形图。图中，当输入 X00 接通时，时钟专用辅助继电器 M8012 每间隔 0.1 s 发出一个脉冲，计数器 C100 计数一次，待计满 n 次后，M8012 动合触点闭合，C100 线圈通电，其动合触点 C100 闭合，输出 Y00 接通输出 1 个脉冲。当 X00 断电时，其动断触点闭合，计数器 C100 自动复位。时序图如图 4-12(b)所示。

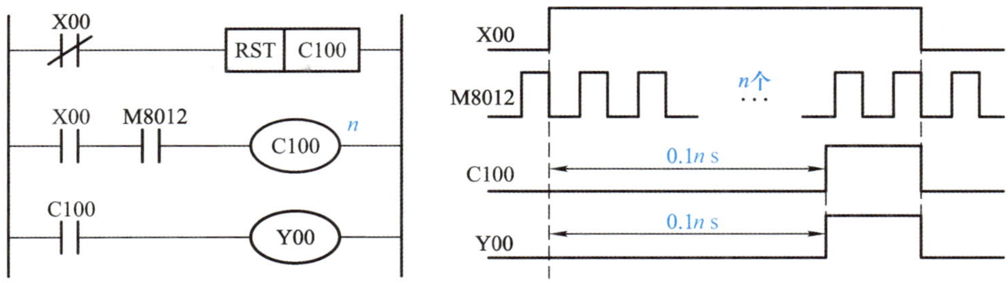

(a) 梯形图　　　(b) 时序图

图 4-12　延时接通电路(二)

2. 闪烁电路

微视频 闪烁电路

闪烁电路实际上是一个具有正反馈的振荡电路，如图 4-13 所示为闪烁电路的梯形图。图中，T0 和 T1 的输出信号通过它们的触点，分别控制对方的工作线圈而形成一个反馈电路。当输入 X00 接通后，输出 Y00 周期性接通和断开，定时器 T1 设定接通时间 t_2(s)，定时器 T0 设定断开时间 t_1(s)，时序图如图 4-13(b)所示。

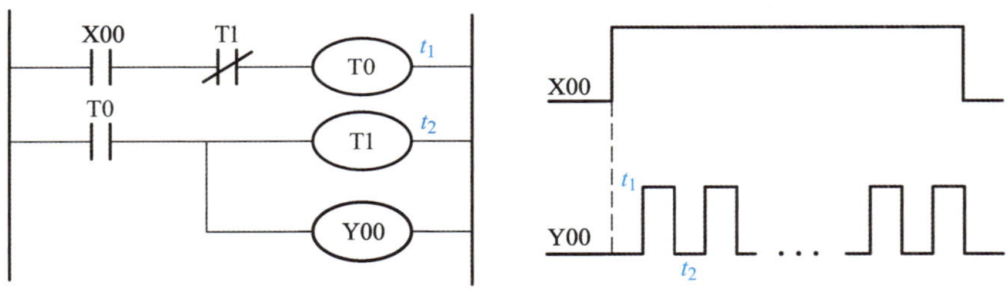

(a) 梯形图　　　(b) 时序图

图 4-13　闪烁电路

3. 报警电路

故障报警是电气控制系统中不可缺乏的重要环节，当控制系统出现故障时，执行报警程序，系统及时发出报警声，通知操作人员，采取相应措施排除故障。

图 4-14(a)所示为报警电路的梯形图，其时序图如图 4-14(b)所示。当故障信号传来时，输入 X00 接通，输出 Y00 得电接通，与此相连的报警蜂鸣器通电发声报警；同时，M8013(1 s时钟脉冲专用辅助继电器)周期性地接通与断开，使输出 Y01 也跟随周期性地通断，与此相连的报警指示灯闪烁发光。待工作人员发现后，按下蜂鸣器复位按钮，使输入 X01 接通，从而使辅助继电器 M0 导通，其动合触点闭合自锁，另一动合触点闭合后使 Y01 持续接通，报警指示灯停止闪烁，转为持续发光。待排除故障后去掉故障信号使 X00 断电，报警指示灯熄灭。

微视频 脉冲发生器

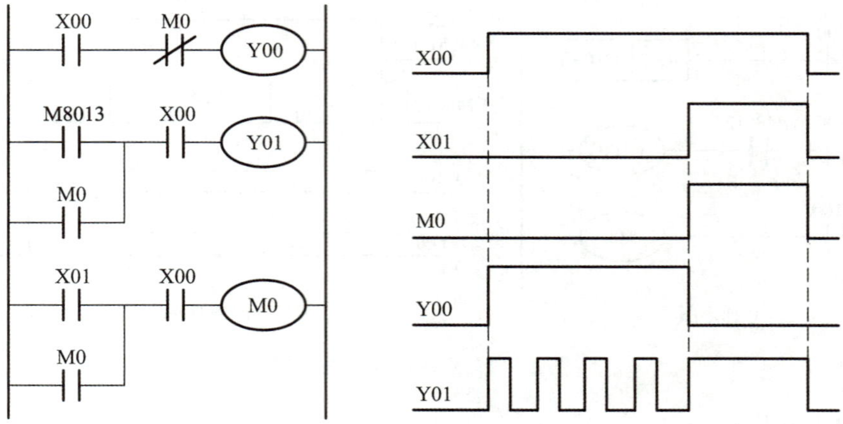

(a) 梯形图　　　　(b) 时序图

图 4-14　报警电路

4. 分频电路

图 4-15(a)所示为二分频电路的梯形图，图 4-15 (b)是其时序图。此电路的功能是输出信号的变化频率是输入信号变化频率的 1/2。如图 4-15 所示，在 t_1 时刻，输入 X00 接通上升沿，辅助继电器 M1 接通一个扫描周期，使输出 Y00 接通并自锁，输出为高电平，其动合触点闭合。在 t_2 时刻，输入 X00 的第二次接通上升沿，由于 Y00 是接通的，所以辅助继电器 M2 接通，其动断触点断开，使输出 Y00 断开，其输出降为低电平。在 t_3 时刻，输入 X00 第三次接通上升沿，输出 Y00 又接通；X00 第四次接通上升沿，Y00 又断开，依次循环下去。因此，输出 Y00 的变化频率是输入 X00 变化频率的 1/2，即为二分频电路。

图片
单按钮启停电路

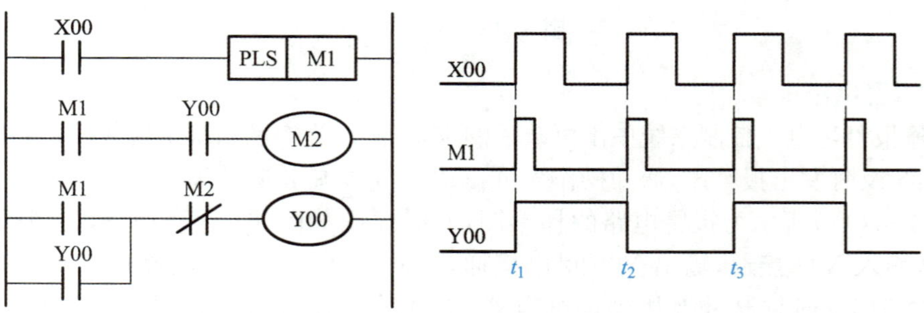

(a) 梯形图　　　　(b) 时序图

图 4-15　二分频电路

5. 顺序接通电路

某些系统需要进行顺序接通控制，例如自动机床控制系统，要求油泵电动机先启动，延时 t_1 后，主电动机自行启动，再延时 t_2 后，进给运动电动机启动，如图 4-16 所示。

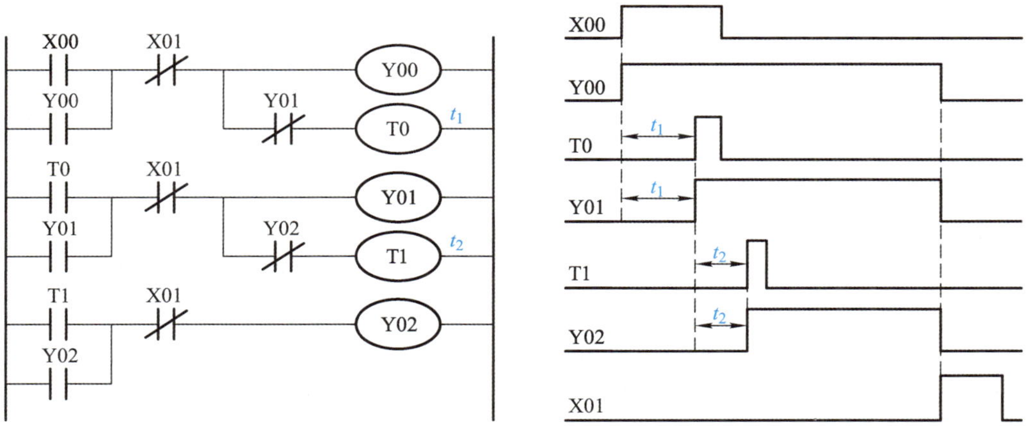

(a) 梯形图　　　　(b) 时序图

图 4-16　顺序接通电路

图 4-16(a)所示为顺序接通电路的梯形图。当按下启动按钮后，输入 X00 接通，输出 Y00 接通，第一台电动机启动并自锁，同时定时器 T0 开始定时。经时间 t_1 后，定时器动合触点闭合使 Y01 接通，第二台电动机启动并自锁；在 Y01 接通的同时，定时器 T1 开始定时，经时间 t_2 后，其动合触点闭合，输出 Y02 接通并自锁，启动第三台电动机。在 Y01、Y02 接通后，其动断触点 Y01、Y02 断开，分别使 T0、T1 线圈失电复位。接下停止按钮后，输入 X01 接通，其动断触点 X01 断开，三个输出全部断开。时序图如图 4-16(b)所示。

若将此电路稍作改动，便可以成为顺序轮流接通控制电路，或者顺序循环接通控制电路。

4.3　PLC 程序设计方法

PLC 程序设计方法有逻辑设计法、经验设计法和步进顺序控制设计法三种，在实际工作中均得到广泛应用。

1. 逻辑设计法

在开关量控制系统中，各输入输出元件只有“通”和“断”两种状态，可用逻辑变量“**1**”和“**0**”表示，且它们符合逻辑代数的运算规律，因此，可以运用逻辑代数分析方法，帮助分析和设计 PLC 程序，这在传统继电器控制系统电路设计中也曾用过。

逻辑设计法就是以输入元件作逻辑自变量，输出元件作逻辑因变量，根据控制条件写出输出变量的逻辑表达式，再进行化简，最后根据最简化的逻辑函数式画出相应的逻辑控制电路梯形图。但是，当系统复杂时，逻辑关系复杂，很难直接写出表达式，需要增设中间变量，如辅助继电器、计数器、定时器等。写出含有中间变量的逻辑表达式，显得较复杂，设计周期也较长，所以这种方法在实际设计中很少运用。

2. 经验设计法

在 PLC 发展初期，工厂电气人员大多沿用设计继电器-接触器控制电路的方法来设计梯形图，即在一些典型电路的基础上，根据被控对象对控制系统的具体要求，不断地修改和完善梯形图，有的甚至就简单地把继电器控制电路直接“翻译”过来。在翻译修改、完善的过程中，有时需要多次反复，增加辅助触点和中间编程元件，最后才能得到一个较为满意的设计结果。这种设计方法具有较大的试探性和随意性，设计所用时间、设计质量均与设计者的经验有很大关系，所以有人将这种设计方法叫作经验设计法，它适用于简单梯形图的设计，对于积累了较多编程经验和编程技巧的人，可以用此法编制较复杂的梯形图程序。

图片　先输入优先电路

图 4-17 所示为经过修改、完善的 4 人竞赛抢答器梯形图程序。图中，输入 X01～X04 与四个抢答按钮相连，对应四个输出继电器 Y01～Y04。只有最早按下的按钮所对应的继电器才有输出，后续者无论是否有输入均不会有输出。当按下复位按钮后，输入 X00 接通，抢答器复位，进入下一轮竞赛。

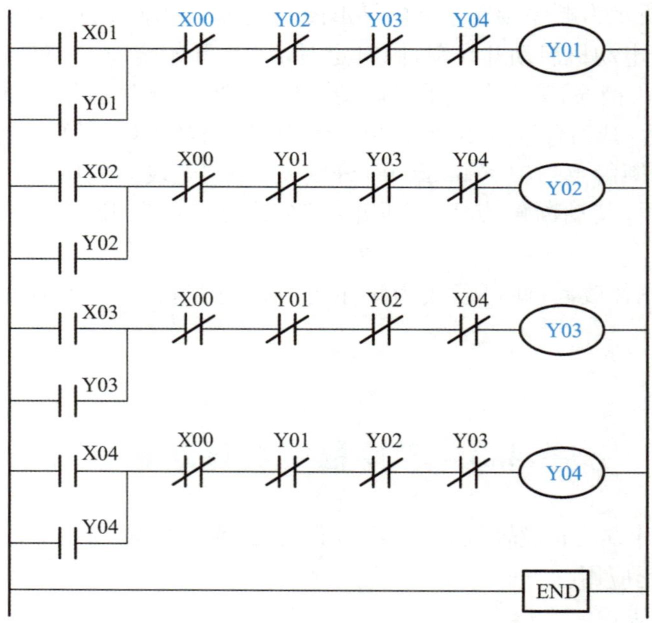

图 4-17　4 人竞赛抢答器梯形图程序

通过前面继电器-接触器控制电路转换成控制梯形图的学习与训练，对 PLC 梯形图的形成、结构及控制思路有了一个基本的了解，对基本指令功能、格式及用法形成了比较完整的认识，但在编程过程中也体会到 PLC 编程能力的培养需要有一定的经验积累，对指令功能、用法和基本控制的应用有三个要点：

① 分析梯形图，从中找出符合控制要求的系统输出及输出的工作条件，运用 PLC 内各编程软元件之间的逻辑关系进行编程。

② 梯形图基本模式是“启保停”控制电路，每一个控制单元一般只针对一个输出，这个输出可以是系统的实际输出，也可以是中间变量。

③ 梯形图可以直接应用一些有固定功能的基本控制环节。

经验设计法的基本步骤为：

① 准确了解控制要求。根据控制任务及其控制要求合理地分配控制系统中输入控制和输出驱动端口，选择机内定时器、计数器与辅助继电器等软元件。

② 编制工作任务。对一些控制简单的输出，可以直接编写出其工作条件，如依据基本“启保停”典型环节电路，可直接编制完成相应支路的梯形图，工作条件较为复杂的控制电路，可以引入辅助继电器逐步实现控制过程的简化。

③ 明确复杂电路的控制要求。正确分析复杂电路的控制要求，明确组成控制电路的总的控制要求：对于以空间类逻辑为主的控制关键点是影响控制状态的触点，对于以时间类逻辑为主的控制关键点是控制状态转移的触点。

④ 绘制关键点梯形图。将控制关键点用 PLC 内软元件描述出来，运用定时、计数、振荡与分频等典型控制环节的梯形图，逐一替代复杂电路的控制关键点，最后得到合理的简化的控制关键点梯形图。

⑤ 绘制整体控制任务梯形图草图。在完成各控制关键点梯形图的基础上，结合关键点相关控制要素，确定完成控制任务的最终输出的工作与控制要求，绘制控制系统最终输出的控制电路梯形图草图。

⑥ 完善与调试梯形图。根据控制任务与要求，认真检验梯形图草图，并将梯形图程序输入编译设备进行模拟调试，及时做好查漏补缺和改进工作。

在程序设计过程中，若发现设计构思不能满足控制要求或难以实现控制任务或要求时，应及时换个角度或思路，重新进行编程设计。随着设计经历增加、经验积累，编程设计会更加顺手。

技能训练 8

PLC 控制 4 人现场竞赛抢答器程序设计与调试(采用经验设计法)

一、要求

用 PLC 设计 4 人现场竞赛抢答控制电路，当主持人按下允许开始按钮时，4 名选手才开始抢答，最先按下抢答按钮的选手的编号由七段数码管显示器显示，并封锁其他选手抢答。附属功能要求是：主持人未发出允许抢答指令，有选手抢答时，则显示抢答选手编号并触发蜂鸣器报警，该答题作废；主持人对抢答器进行初始复位和七段数码管清零后，再开始下一题竞赛抢答控制。

二、步骤

第 1 步：分析控制任务。

根据控制任务与控制要求，确定输入控制和输出驱动，分配 PLC 控制的 I/O 端口地址，见表 4-1。

表 4-1　I/O 端口地址分配

输入端口		输出端口		七段数码管
总复位按钮 SB0	X00	七段数码管 a 段	Y00	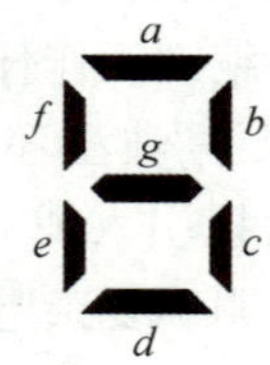
1 号选手抢答按钮 SB1	X01	七段数码管 b 段	Y01	
2 号选手抢答按钮 SB2	X02	七段数码管 c 段	Y02	
3 号选手抢答按钮 SB3	X03	七段数码管 d 段	Y03	
4 号选手抢答按钮 SB4	X04	七段数码管 e 段	Y04	
开始抢答按钮 SB5	X05	七段数码管 f 段	Y05	
		七段数码管 g 段	Y06	
		报警蜂鸣器	Y07	
		开始抢答指示灯	Y10	

第 2 步：绘制 PLC 控制接线图。

当 I/O 端口地址被定义后，PLC 控制 4 人现场竞赛抢答器电路接线图如图 4-18 所示。

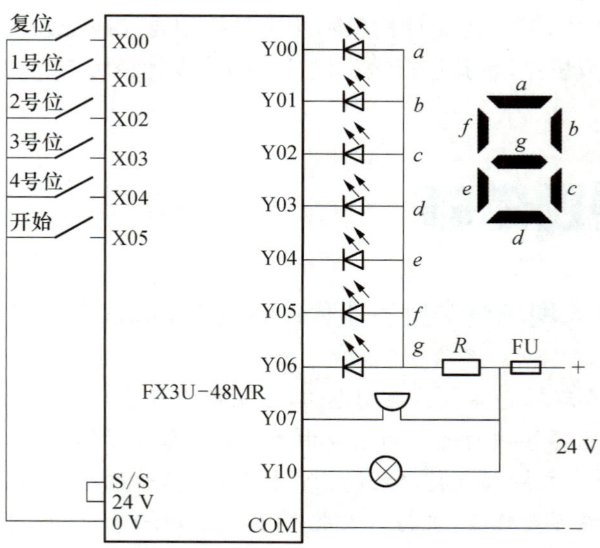

图 4-18　PLC 控制 4 人现场竞赛抢答器电路接线图

第 3 步：分析程序设计的关键点。

通过抢答器工作控制流程分析，本控制任务程序设计存在如下几个关键点：

关键点 1：复位操作。复位操作是主持人实现清除允许抢答状态、异常抢答输出信息、正常抢答结束输出信息及各种状态下数码显示的功能，进入下一轮抢答等待状态。实现方法是用主控指令 MC 和主控复位指令 MCR 实现控制，如图 4-19 所示梯形图①部分。当按下控制按钮 X00 瞬间，通过 M20 执行主控复位指令 MCR，使 M0～M4、M10、Y07 及 Y10 复位。注意：本控制任务是采用点动方式进行主控复位指令 MCR 操作，在未使用主控复位操作时，主控指令 MC 一直处于有效接通状态。

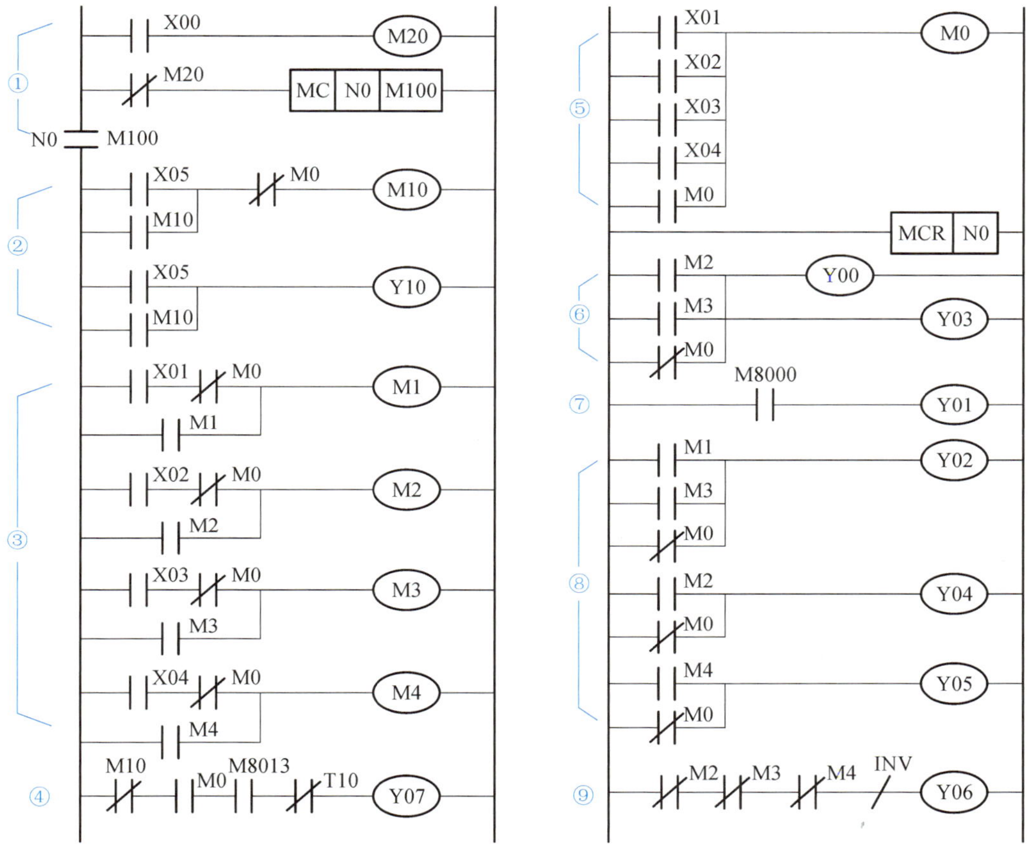

图 4-19　4 人现场竞赛抢答器控制电路梯形图

关键点 2：异常抢答报警。异常抢答报警处理：一是主持人判断是否发出抢答指令，实现方法是用 M10 及指示灯 Y10 反映主持人是否发出抢答指令，如图 4-19 所示梯形图②部分；二是判断是否有人抢答，实现方法是用 M0 是否动作表示是否有人抢答，如图 4-19 所示梯形图⑤部分；三是综合判断是否存在异常抢答，判断方法是主持人控制的 M10 及指示灯 Y10 未动作，而 M0 动作，利用 M8013 输出时钟驱动 Y07 蜂鸣器工作，如图 4-19 所示梯形图④部分。

关键点 3：抢答成功后封锁其他选手抢答按钮，实现方法：结合有人抢答状态 M0 动断触点与各抢答按钮 X01～X04、M1～M4 相串联完成此功能，如图 4-19 所示梯形图③部分。

关键点 4：用 PLC 的七个输出端口分别控制数码管的七个发光二极管，实现显示抢答选手编号信息，需要处理：在设备准备阶段和复位时应显示“0”，抢答成功或异常抢答时应显示抢答选手编号 1～4，选用共阴极接法的发光二极管数码显示器件，数码显示管与引脚控制见表 4-2。

表 4-2　数码显示管与引脚控制

状　态	七段数码引脚状态							数码显示
	a	*b*	*c*	*d*	*e*	*f*	*g*	
复位或无人抢答	**1**	**1**	**1**	**1**	**1**	**1**	**0**	0
1 号选手抢答	**0**	**1**	**1**	**0**	**0**	**0**	**0**	1
2 号选手抢答	**1**	**1**	**0**	**1**	**1**	**0**	**1**	2
3 号选手抢答	**1**	**1**	**1**	**1**	**0**	**0**	**1**	3
4 号选手抢答	**0**	**1**	**1**	**0**	**0**	**1**	**1**	4

实现方法：在主持人复位或无人抢答时，M0 一直处于 OFF 状态，用 M0 动断触点控制除 *g* 段以外的 *a*～*f* 段发光；当 2 号、3 号选手抢答时，则 *a* 段、*d* 段均要发光，即 M2 或 M3 为 ON 状态，驱动 Y00、Y03 输出，如图 4-19 所示梯形图⑥部分；同理在有人抢答和无人抢答时，*b* 段均发光，用 M8000 驱动 Y01 的输出，控制 *b* 段均发光，如图 4-19 所示梯形图⑦部分，其余段发光控制方法相同，如图 4-19 所示梯形图⑧；最后分析 *g* 段的控制，在准备阶段、无人抢答和 1 号工位抢答时，*g* 段均不工作，则对应 M2、M3、M4 均能实现对 *g* 段的控制，运用取反指令 INV 实现 *g* 段控制的逻辑转换功能，如图 4-19 所示梯形图⑨部分。

第 4 步：编制梯形图。

将 4 人现场竞赛抢答器的控制任务、工作条件与程序设计过程中的关键点及其实现方法，结合控制系统电路的具体操作要求，编制 4 人现场竞赛抢答器控制电路梯形图，如图 4-19 所示。

第 5 步：程序编辑、编译与调试。

程序编辑与调试是程序设计的重要过程，控制系统程序调试可采用边编程边调试，也可先编程后调试。对于边编程边调试即是分功能进行调试，可在调试过程中及时发现程序上的语法错误、功能上的缺陷，做好补充与完善，降低最终整体程序功能的调试难度。对于初学者建议采用先编程后调试，可在总体程序中插入多个 END 语句，将程序进行分段调试，降低程序的调试难度，积累程序设计的经验。当然在完成任何一个程序设计时，都要进行最后的调试，通过调试过程中可能出现的异常，分析故障原因并进行排除，不断完善程序设计，直到设备能够反复正常运行。

第 6 步：程序设计总结。

在程序设计完成后，应及时进行总结工作，详细记录程序设计过程中出现的问题、解决的方法、指令或特殊软元件的使用、参数的调整等，为以后工作中遇到类似问题时提供借鉴，不断提高编程水平与效率。

素质拓展

1. 分析比较采用经验设计法设计的 4 人现场竞赛抢答器与根据继电器-接触器控制电路改造的 4 人现场竞赛抢答器在设计思路和控制准确度上的异同点。

2. 在上述 4 人现场竞赛抢答器的基础上，试设计完成一个 8 人现场竞赛抢答器的控制程序。

3. 步进顺序控制设计法

经验设计法设计程序比较直观，但也有弊端，因为经验设计法大多是在传统的继电器-接触器控制电路的基础上翻译、修改完善后得到的，这对简单程序设计比较方便，而对于复杂的控制系统，尤其是带有跳转和循环的自动控制程序，若用经验设计法就比较困难，容易出错和束缚于传统的狭窄功能范围，但采用步进顺序控制设计法结果就不一样。

步进顺序控制设计法就是根据系统的顺序功能图，以步为核心，以各步之间的转换条件为触发信号，以各步对应的动作功能为驱动输出，从首步开始一步一步地设计梯形图，直至完成整个程序为止。步进顺序控制设计法又称顺序控制设计法或功能控制设计法。它是一种先进的设计方法，以顺序功能图为依据一步一步地进行设计，不易出错，还可以提高设计的效率，因而对开关量控制系统的自动程序一般用此法设计。

步进顺序控制设计法的关键是绘制顺序功能图，顺序功能图实际上就是系统的设计流程图。它能全面动态地描述控制系统的控制过程、功能和特征，在 FX2N 系列和 FX3U 系列 PLC 中，顺序功能图被称为状态转移图，又称为 SFC，简称功能图，并且可作为编程语言直接编制程序。有了功能图，程序设计就容易了。设计时用 PLC 内部编程元件(如状态寄存器 S，辅助继电器 M)代表功能图中的各步，用转换条件控制代表各步的编程元件，让它们按一定的控制顺序进行接通和断开，然后用编程元件去控制输出继电器，既可以使用状态寄存器 S 和步进顺序控制指令编程，也可以使用辅助继电器 M 和基本逻辑指令编程。

状态转移图的结构形式有顺序状态转移流程结构和非顺序状态转移流程结构两大类型。

(1) 顺序状态转移流程结构

顺序状态转移流程结构根据转移条件分为条件选择分支与条件选择汇合、条件选择并列分支与条件选择并列汇合等四种结构，如图 4-20 所示。

根据转换条件判断和确定程序选择不同的分支结构。

图 4-20(a)是根据某一个方向的转换条件成立与否，程序决定选择该方向的分支结构执行；若有两个及以上非同时满足状态转换条件成立，则选择最先满足状态转换条件的分支方向执行(注意：结构程序设计中不允许有多个条件同时满足)。

图 4-20(b)是不论执行何分支程序，最终均要通过各自的状态转换条件激活汇合在一起(即各分支支路的汇合状态均相同)。

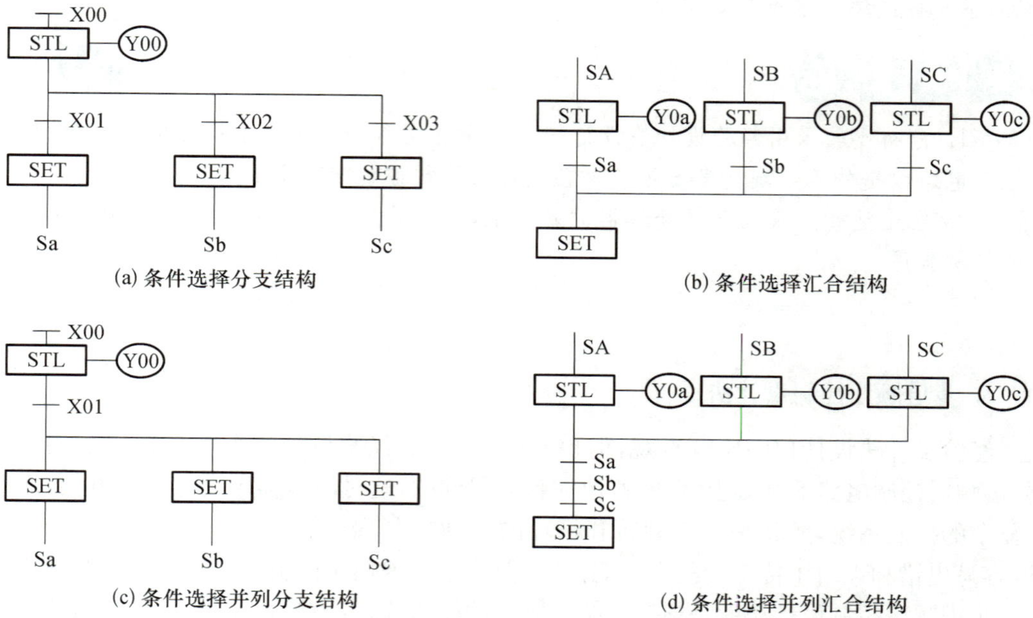

(a) 条件选择分支结构

(b) 条件选择汇合结构

(c) 条件选择并列分支结构

(d) 条件选择并列汇合结构

图 4-20 顺序状态转移流程结构

图 4-20(c)中，若转换条件 X01 满足，则各分支状态同时被驱动执行，各分支状态被驱动时，分别按顺序执行完 Sa、Sb、Sc 分支状态程序。

图 4-20(d)中，若执行汇合状态的转移操作时，则按各分支顺序所对应的最终状态(SA、SB、SC)连续用 STL 指令进行并列汇合操作。在执行汇合状态转移处理时，要注意程序的顺序号，不允许出现分支并列与汇合并列交叉，且并行分支数不能超过 8 个分支支路。

(2) 非顺序状态转移流程结构

非顺序状态转移流程结构根据状态转移方向与转移方式分为状态向上、向下转移、不同状态流程(或不同状态分支)间的跳转、自动复位等结构，如图 4-21 所示。

图 4-21(a)为状态向上、向下转移，当条件满足时，从 S20 状态路过 S21，S22，…，直至 S*n* 状态步，即编程为“OUT S*n*”，用于程序设计在一定条件下控制路过某些步骤(或工艺)执行后续工艺的操作；当 S*n* 状态中两个不同的转换条件(即一般为互补条件)分别满足时，分别从 S*n* 状态向上跳转返回 S0，即编程“OUT S0”，实现停车处理或向上跳转到 S20，即编程“OUT S20”实现重复加工处理。

图 4-21(b)为当程序执行状态步 S20 向外跳转条件满足时，则向外跳转到初始状态 S1 流程中执行 S31 状态步，即编程“OUT S31”；当执行到 S*n* 状态步时，若转移条件满足，则重复执行该状态步 S*n* 状态(即复位)，采用 RST 指令进行复位操作，即编程“RST S*n*”。

图 4-21(c)为自动复位。

图 4-21(d)为向下非连续的状态跳转。

图 4-21(e)为向外其他流程的状态跳转。

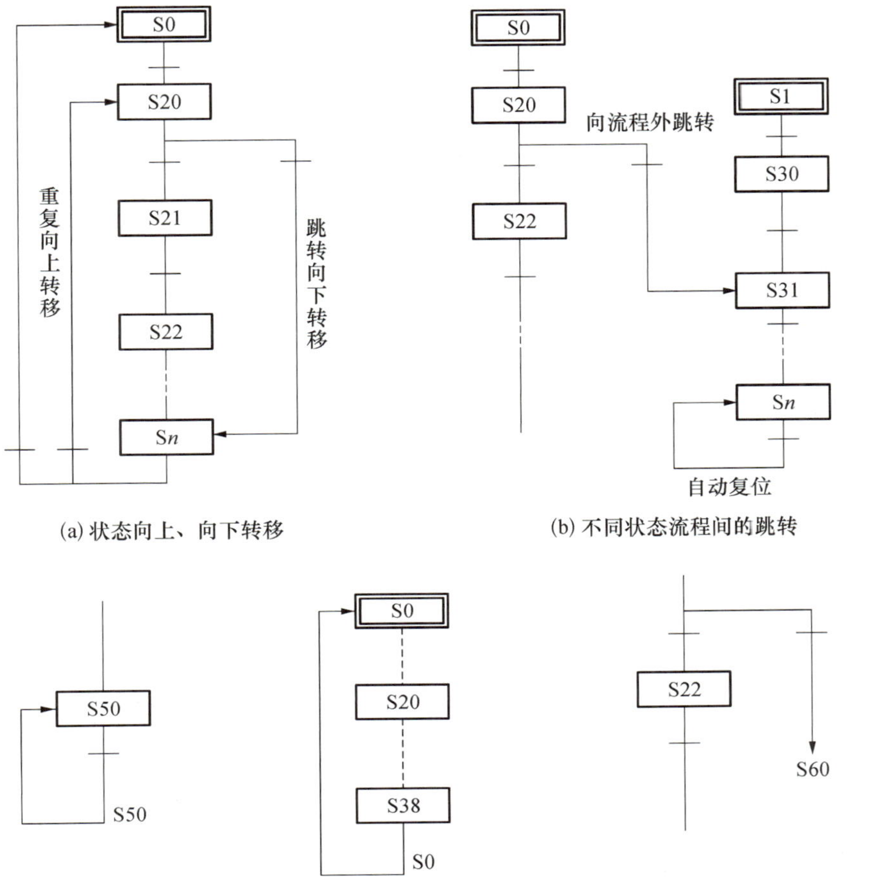

(a) 状态向上、向下转移　　(b) 不同状态流程间的跳转

(c) 自动复位　　(d) 向下非连续的状态跳转　　(e) 向外其他流程的状态跳转

图 4-21　非顺序状态转移流程结构

技能训练 9

PLC 控制小车自动送料系统设计

图 4-22 所示为自动送料小车运行过程。当小车处于左端且侧翻门关闭时，按下启动按钮 SB1，Y00 启动小车向前运动装货，到位后压下前限位开关 SQ1 动作，打开装货翻斗 Y02，从漏斗中将货物装入小车，7 s 后翻斗自动关闭，Y01 启动小车向后运行返回。到左端压下后限位开关 SQ2 动作，小车侧翻门 Y03 打开，从小车中取出货物，5 s 后小车侧翻门关闭，小车处于待工作状态。完成一次动作。

小车的运行分单循环运行和连续自动循环运行，用转换开关 SA 控制，如图 4-23 所示。

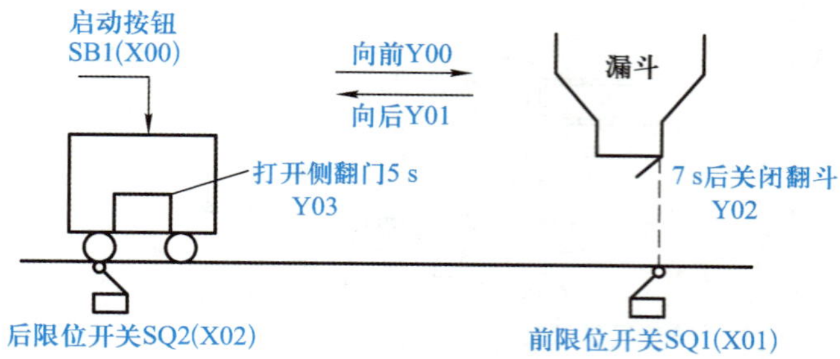

图 4-22　自动送料小车运行过程

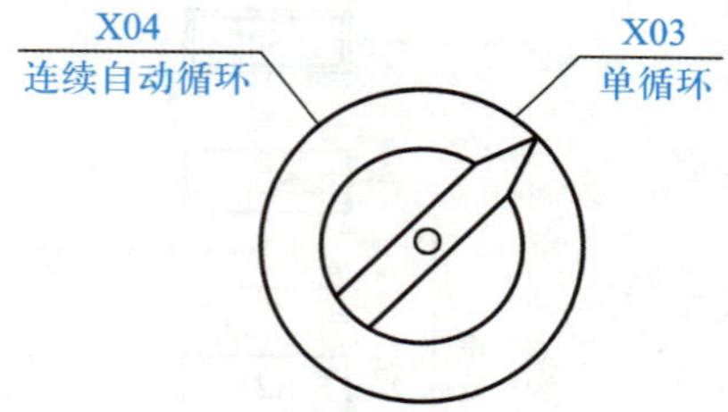

图 4-23　工作方式开关 SA

据此可画出小车的功能图，如图 4-24 所示，再根据功能图设计出如图 4-25 所示自动送料小车梯形图。功能图中使用状态寄存器 S 代表各步，因而可以用步进顺序控制指令编程，并据此写出指令表程序。

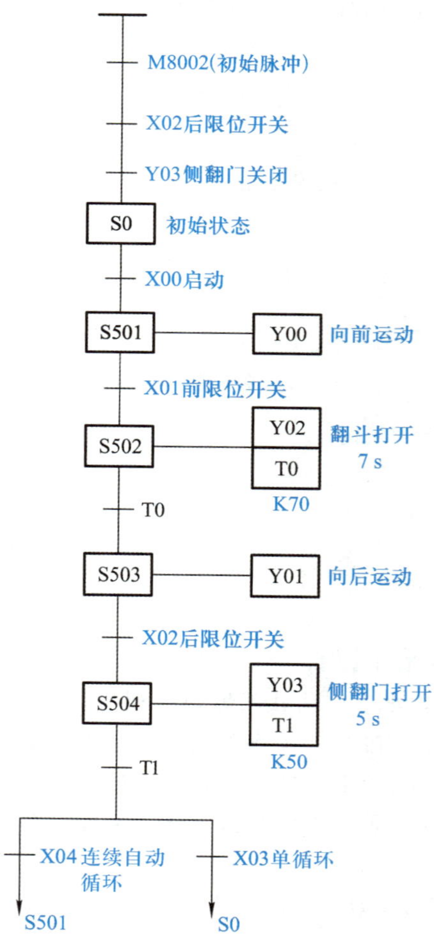

图 4-24　自动送料小车功能图

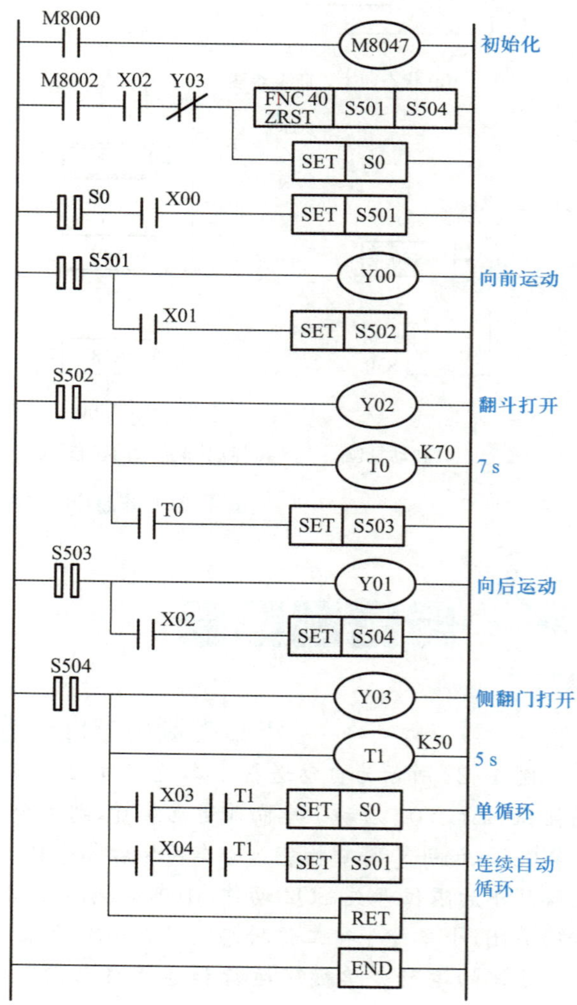

图 4-25　自动送料小车梯形图(一)

当小车位于最左端时，X02 接通，侧翻门关闭后，Y03 断开，系统处于初始步，S0 接通。按下启动按钮，X00 接通系统由初始步 S0 转到步 S501。S501 的 STL 触点使 Y00 接通，小车向前运动。至最右端压下前限位开关，X01 接通，使 S502 置位，系统程序将前级步 S501 复位。S502 的 STL 触点使 Y02 接通，翻斗打开；同时 T0 开始计时。7 s 后，T0 动合触点闭合，系统转到步 S503，小车向后运动。小车就这样一步一步地顺序工作下去。完成一次装卸料后，若为单循环，X03 接通，小车停留在最左端，系统处于初始步等待；若为连续自动循环，X04 接通，系统转到步 S501，小车又向前运动，开始下一次送料。若要停止送料，只需将工作方式开关 SA 转到单循环位置，小车完成最后一次送料后将停留在初始步。图 4-25 所示梯形图对应的指令表程序如下：

```
0     LD      M8000
1     OUT     M8047
2     LD      M8002
3     AND     X02
4     ANI     Y03
5     ZRST    S501
6             S504
7     SET     S0
8     STL     S0
9     LD      X00
10    SET     S501
11    STL     S501
12    OUT     Y00
13    LD      X01
14    SET     S502
15    STL     S502
16    OUT     Y02
17    OUT     T0
18            K70
19    LD      T0
20    SET     S503
21    STL     S503
22    OUT     Y01
23    LD      X02
24    SET     S504
25    STL     S504
26    OUT     Y03
27    OUT     T1
28            K50
29    LD      X03
30    AND     T1
31    SET     S0
32    LD      X04
33    AND     T1
34    SET     S501
35    RET
36    END
```

如果将图 4-24 所示功能图中的状态寄存器 S 换成辅助继电器 M，即用 M0 代替 S0，M501～M504 代替 S501～S504，则可以用基本逻辑指令编制出另外两种形式的梯形图程序，如图 4-26 和图 4-27 所示。

图 4-26 所示梯形图对应的指令表程序如下：

```
0     LD      M504
1     AND     T1
2     AND     X03
3     OR      M8002
4     OR      M0
5     ANI     M501
6     OUT     M0
7     LD      M0
8     AND     X00
9     AND     X02
10    ANI     Y03
11    LD      M504
```

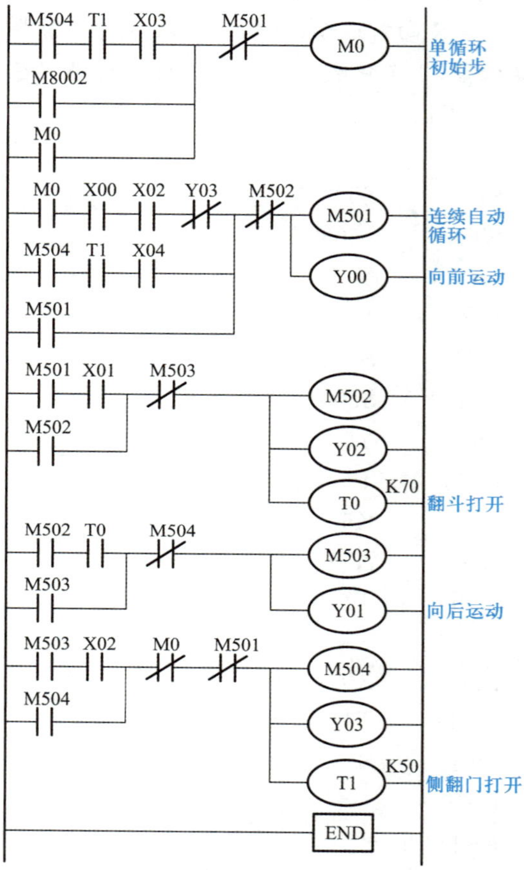

图 4-26　自动送料小车梯形图(二)

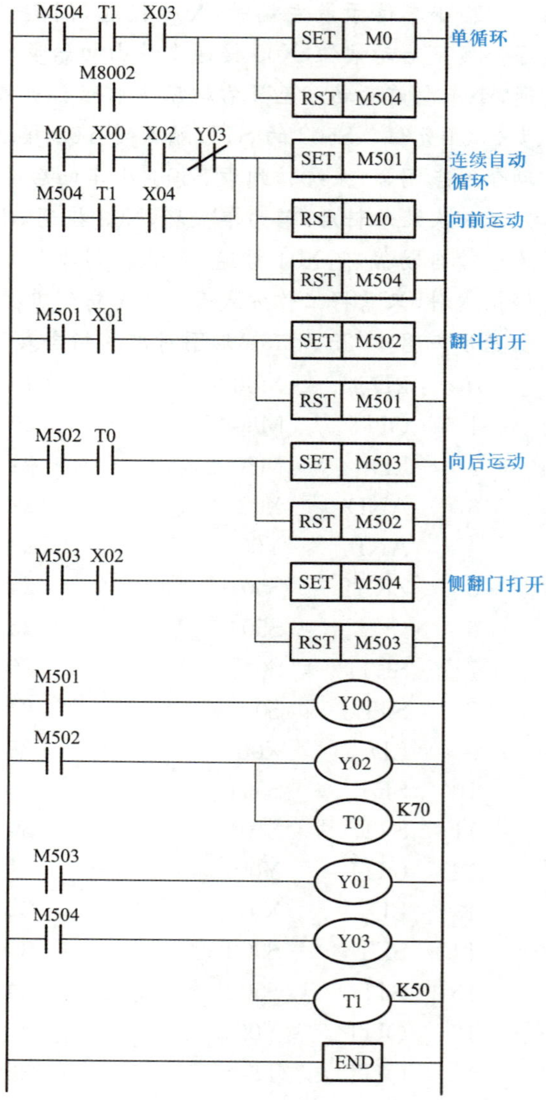

图 4-27　自动送料小车梯形图(三)

12	AND	T1
13	AND	X04
14	ORB	
15	OR	M501
16	ANI	M502
17	OUT	M501
18	OUT	Y00
19	LD	M501
20	AND	X01
21	OR	M502
22	ANI	M503
23	OUT	M502
24	OUT	Y02
25	OUT	T0
26		K70
27	LD	M502
28	AND	T0
29	OR	M503

```
30   ANI   M504
32   OUT   M503
33   OUT   Y01
34   LD    M503
35   AND   X02
36   OR    M504
37   ANI   M0
38   ANI   M501
39   OUT   M504
40   OUT   Y03
41   OUT   T1
42         K50
43   END
```

图 4-27 所示梯形图对应的指令表程序如下：

```
0    LD    M504
1    AND   T1
2    AND   X03
3    OR    M8002
4    SET   M0
5    RST   M504
6    LD    M0
7    AND   X00
8    AND   X02
9    ANI   Y03
10   LD    M504
11   AND   T1
12   AND   X04
13   ORB
14   SET   M501
15   RST   M0
16   RST   M504
17   LD    M501
18   AND   X01
19   SET   M502
20   RST   M501
21   LD    M502
22   AND   T0
23   SET   M503
24   RST   M502
25   LD    M503
26   AND   X02
27   SET   M504
28   RST   M503
29   LD    M501
30   OUT   Y00
31   LD    M502
32   OUT   Y02
33   OUT   T0
34         K70
35   LD    M503
36   OUT   Y01
37   LD    M504
38   OUT   Y03
39   OUT   T1
40         K50
41   END
```

图 4-26 所示梯形图采用传统的启保停设计思路。在代表步的辅助继电器的电路上都设有启保停环节，如初始步 M0 的动合触点与转换条件(X00、X02、Y03)串联后作为步 M501 的启动环节。这样只有前级步 M0 接通且转换条件满足时，后续步 M501 才能接通。自保环节是由 M501 动合触点与启动环节并联实现的。由于没有使用 STL 触点，前级步的复位不能由系统程序自动完成。后续步(如步 M501)动断触点接在前级步(如步 M0)电路中，这样当后续步接通后，其动断触点断开使前级步复位。当步 M504 接通并完成相应动作后出现两种选择：若是单循环，则应转到初始步 M0；若是连续自动循环，应转到步 M501。于是步 M504 之后就有 M0 和 M501 两个后续步，所以将 M0 和 M501 的动断触点串联后作为 M504 的复位环节，同理步 M0、M501 也就有两种启动条件，应将两种

启动条件并联后作为步 M0、M501 的启动环节。

在图 4-27 所示梯形图中，以转换条件为中心，用 SET、RST 指令编程。图中仍然用前级步的动合触点与转换条件串联，只有当前级步（如步 M501）接通且转换条件满足（如 X01 接通）时，才能对后续步（如步 M502）置位（SET），同时对前级步 M501 复位（RST）。使用这种思路编程时，不能将各步对应的输出动作与 SET、RST 指令并联。因为图中 SET、RST 指令执行时间极短，而各步输出动作（如 Y00、T0 等）至少应该在某一步内被接通。根据功能图，用代表各步的辅助继电器的动合触点或它们的并联电路，驱动输出继电器等线圈。

技能训练 10

PLC 控制十字路口交通信号灯系统设计

十字路口交通信号灯布置图如图 4-28 所示，工作时序图如图 4-29 所示，控制要求如下：

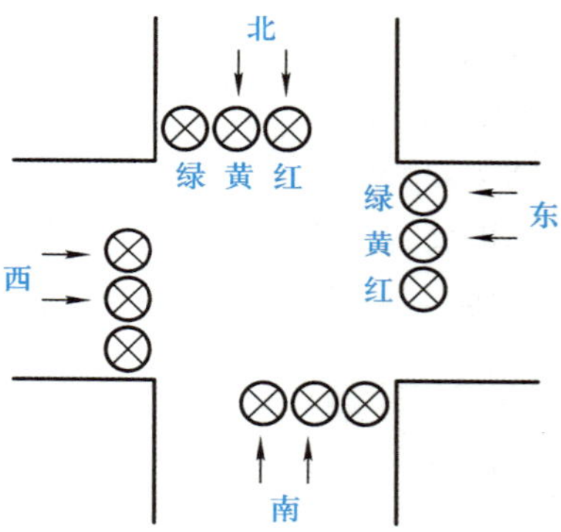

图 4-28　十字路口交通信号灯布置图

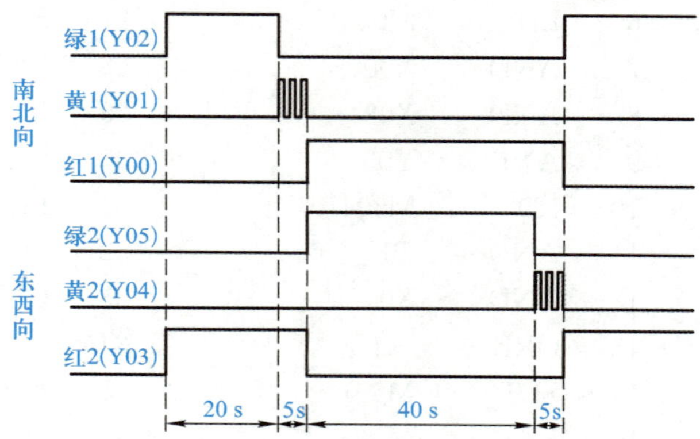

图 4-29　十字路口交通信号灯工作时序图

动画　红绿灯控制

① 按下启动按钮，交通信号灯系统开始工作，按下停止按钮，系统停止工作，所有信号灯熄灭。

② 设东西向交通比南北向繁忙一倍，因此东西绿灯维持的时间比南北绿灯多一倍。

③ 南北绿灯和东西绿灯不能同时亮，否则立刻报警。

根据时序图和控制要求，画出十字路口交通信号灯系统功能图，如图 4-30 所示，图 4-31 和图 4-32 为两种形式的梯形图。

图 4-31 所示梯形图对应的指令表程序如下：

0	LD	M8002	5	STL	S501
1	SET	S0	6	OUT	Y02
2	STL	S0	7	OUT	Y03
3	LD	X00	8	OUT	T0
4	SET	S501	9		K200

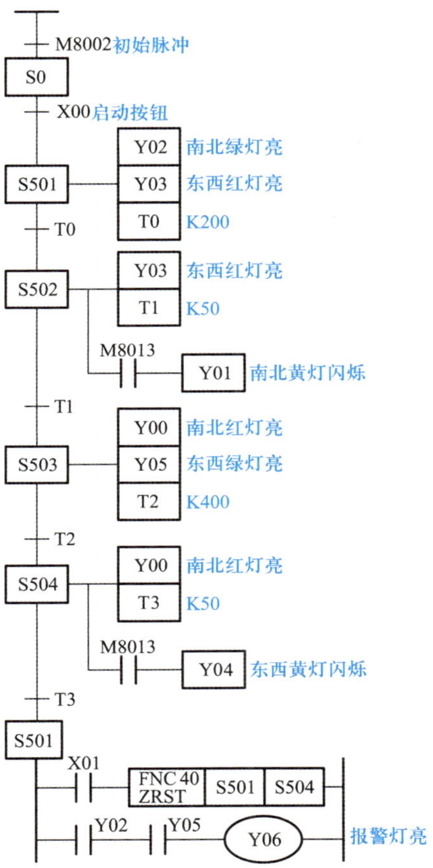

图 4-30　十字路口交通信号灯系统功能图

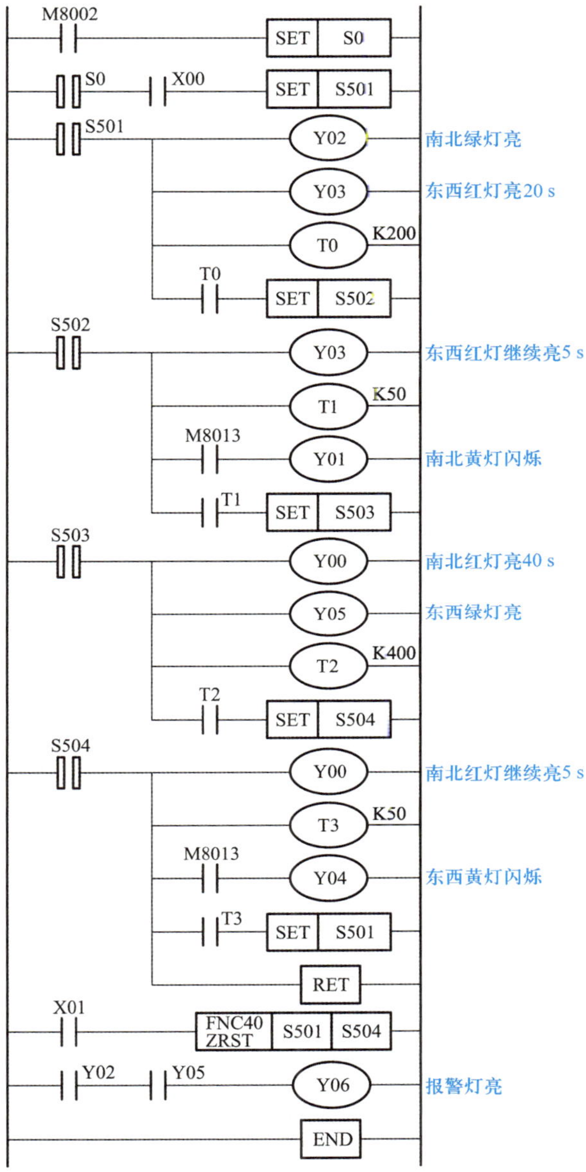

图 4-31　十字路口交通信号灯梯形图(一)

```
10    LD      T0
11    SET     S502
12    STL     S502
13    OUT     Y03
14    OUT     T1
15            K50
16    LD      M8013
17    OUT     Y01
18    LD      T1
19    SET     S503
20    STL     S503
21    OUT     Y00
22    OUT     Y05
23    OUT     T2
```

```
24          K400
25   LD     T2
26   SET    S504
27   STL    S504
28   OUT    Y00
29   OUT    T3
30          K50
31   LD     M8013
32   OUT    Y04
33   LD     T3
34   SET    S501
35   RET
36   LD     X01
37   ZRST   S501
38          S504
39   LD     Y02
40   AND    Y05
41   OUT    Y06
42   END
```

图 4-32 所示梯形图对应的指令表程序如下：

```
0    LD     M8002
1    SET    S0
2    LD     S0
3    AND    X00
4    SET    S501
5    RST    S0
6    LD     S501
7    AND    T0
8    SET    S502
9    RST    S501
10   LD     S502
11   AND    T1
12   SET    S503
13   RST    S502
14   LD     S503
15   AND    T2
16   SET    S504
17   RST    S503
18   LD     S504
19   AND    T3
20   SET    S501
21   RST    S504
22   LD     X01
23   ZRST   S501
24          S504
25   LD     S501
26   OUT    Y02
27   OUT    T0
28          K200
29   LD     S502
30   OUT    T1
31          K50
32   AND    M8013
33   OUT    Y01
34   LD     S503
35   OUT    Y05
36   OUT    T2
37          K400
38   LD     S504
39   OUT    T3
40          K50
41   AND    M8013
42   OUT    Y04
43   LD     S501
44   OR     S502
45   OUT    Y03
46   LD     S503
47   OR     S504
48   OUT    Y00
49   LD     Y02
50   AND    Y05
51   OUT    Y06
52   END
```

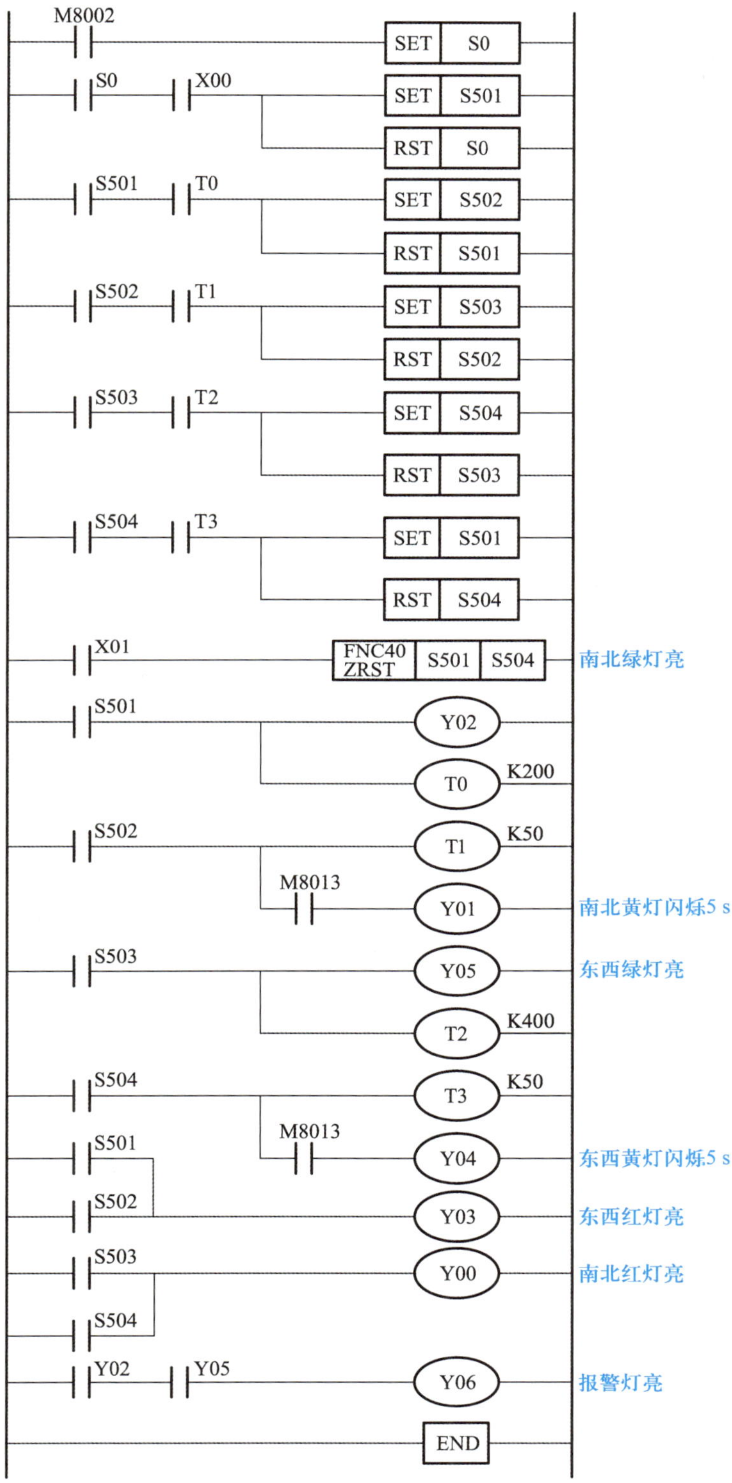

图 4-32　十字路口交通信号灯梯形图(二)

根据功能图，可用多种方法设计梯形图。控制要求：按下停止按钮 X01，所有信号灯熄灭，梯形图中用区间复位指令 ZRST 来实现；如图 4-31 所示，在步 S501 和 S502 中都要驱动 Y03 接通，在用 STL 触点编制的梯形图中允许双线圈输出；如图 4-32 所示，没有使用 STL 触点，不允许使用双线圈输出，应该将 S501 和 S502 的动合触点并联后驱动 Y03 输出，表示东西红灯输出，同理将 S503 和 S504 的动合触点并联后驱动 Y00 输出，表示南北红灯输出；若南北向通车时间或东西向通车时间需要调整，则只需修改相应语句的时间参数即可。

4.4　PLC 在工业控制中的典型应用

PLC 在工业控制系统中的应用很广泛，本书以机械手控制系统为例进行介绍和分析。

动画 机械手操作

1. 机械结构和运动过程

图 4-33 所示为某传送工件的机械手动作示意图，在生产线上主要是完成将工件从左工作台搬运到右工作台。机械手所有动作均由液压驱动，即上升和下降、右移和左移均由双线圈二位电磁阀控制，例如，当下降电磁阀通电时，机械手下降，下降电磁阀断电时，机械手停止下降，但保持现有的状态，只有当上升电磁阀通电时，机械手才上升。同样，当右移电磁阀通电时，机械手右移，右移电磁阀断电时，机械手停止右移。机械手夹紧和放松用一个单线圈二位电磁阀来控制，线圈通电时夹紧，线圈断电后放松。同时规定只有当右工作台上无工件时，才允许机械手在右边下降，机械手初始位置停止在左边原位。如图 4-34 所示，当按下启动按钮后，机械手依次完成“下降→夹紧→上升→右移→再下降→放松→再上升→左移回原位”八个动作，形成一个动作周期。

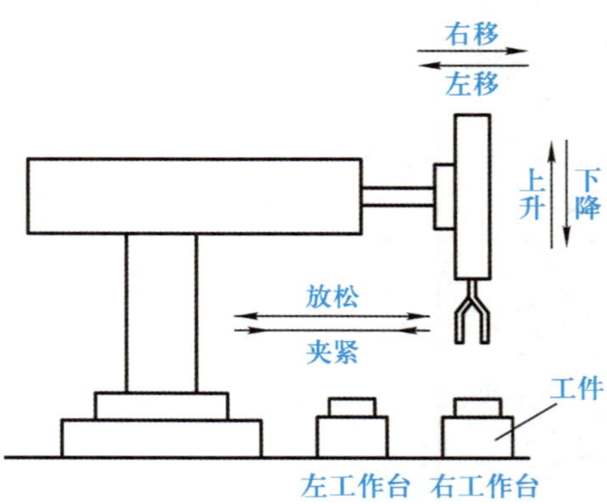

图 4-33　某传送工件的机械手动作示意图

该系统控制设有上、下、左、右四个限位开关，用于检测机械手在上、下、左、右是否运动到位。一个检测右工作台上有无工件的光电开关。夹紧、放松动作的转换由时间来控制。

2. 控制要求

机械手的控制设计有手动操作和自动操作两种方式，而自动操作又设计为单步、单周期和自动连续运行三种。

① 手动操作：用于维修操作，即用按钮对机械手的每一种动作进行单独控制。例如，按“上升”按钮，机械手上升；按“左移”按钮，机械手左移。

② 单步运行：用于调试操作，即每按一次启动按钮，机械手按自动工作循环的步序向

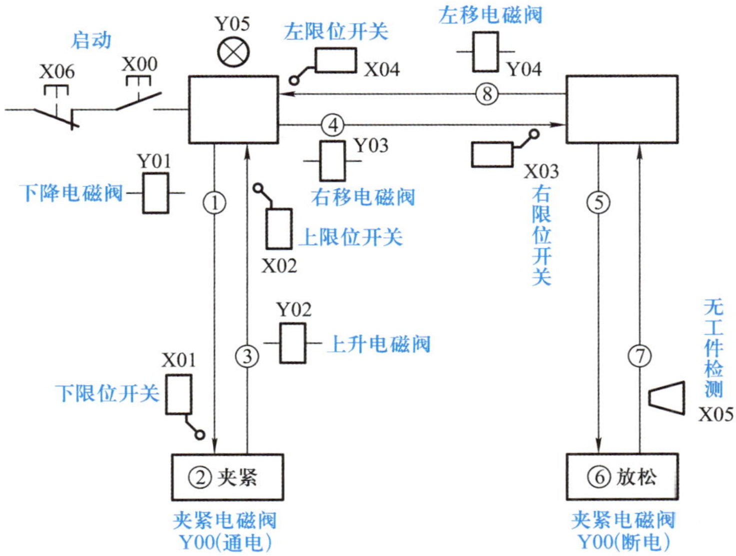

图 4-34　机械手动作过程输入输出检测元件布置图

前执行一个动作后停止。

③ 单周期运行：用于首次检验操作。当机械手在原位时，按下启动按钮，机械手自动执行一个周期的动作后，停止在原位。

④ 自动连续运行：用于正常工作操作。当机械手在原位并按下启动按钮时，机械手周而复始地执行各步动作。直到按下停止按钮，机械手就地停止。

3. 分配 PLC 输入输出及型号选择

根据控制设计要求，机械手操作台面板布置示意图如图 4-35 所示。

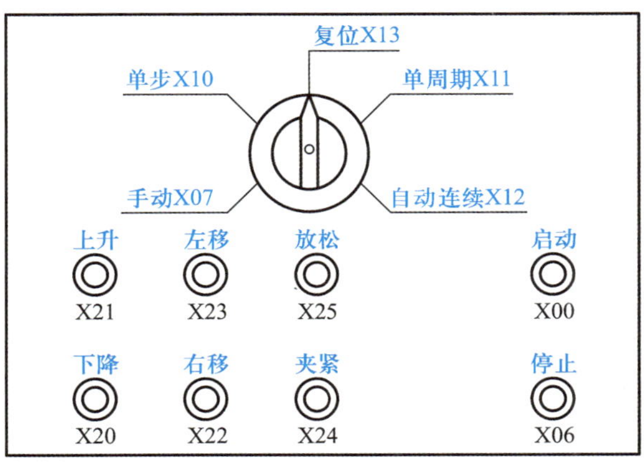

图 4-35　机械手操作台面板布置示意图

① I/O 端口的分配与编号：I/O 端口的分配与编号如图 4-36 所示。

② PLC 型号选择：I/O 点数的多少要视系统控制量的多少而确定，若某系统需要 I/O 点数为 18/6，考虑留有一定的余量，可选用一般的小型 PLC。本案例选用 FX3U-

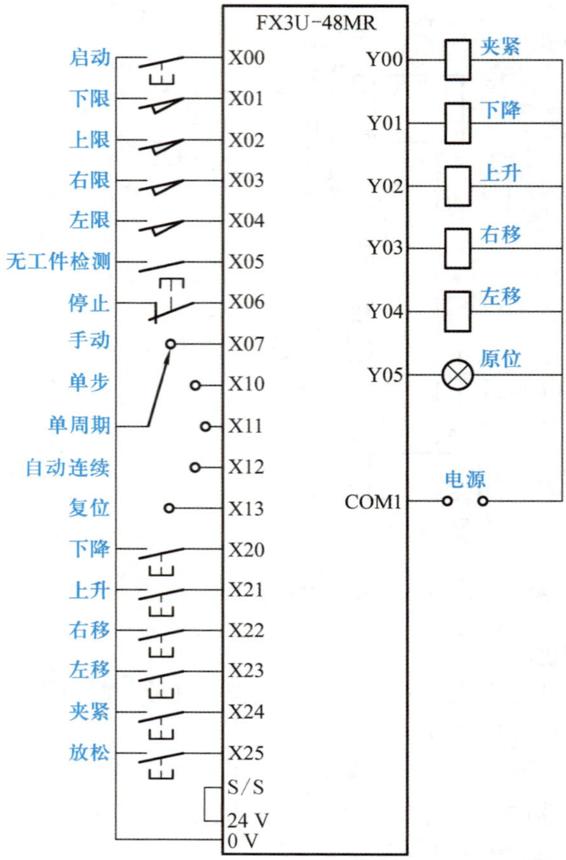

图 4-36　I/O 端口的分配与编号

48MR 型 PLC。

4. 控制程序设计

(1) 程序整体结构框图设计

当手动操作时，各种动作都需要用按钮控制，其程序可独立于自动操作程序而单独设计。因此，总程序可分为两个独立部分：手动操作程序和自动操作程序。自动操作程序包括单步、单周期及自动连续运行等方式，如图 4-37 所示。

当选择手动操作方式时，X07 接通，其动断触点断开，又因 X10、X11 和 X12 动断触点均为闭合，则跳过自动控制程序段，执行手动程序。若选择单步、单周期或自动连续运行中任一种方式都将跳过手动程序段而执行自动程序。

(2) 手动操作程序设计

手动操作控制简单，不需要进行过程的步进控制，可按照一般继电器控制的经验设计法来设计，如图 4-38 所示。程序中设置有联锁保护，避免误动作，由于机械手只有处于上限位置时才允许左、右移动，从而在左、右移动控制中，加入 X02 作为上限联锁保护。机械手的夹紧和放松动作由一个电磁阀控制，用 SET 使 Y00 置位(夹紧)和用 RST 使 Y00 复位(放松)。

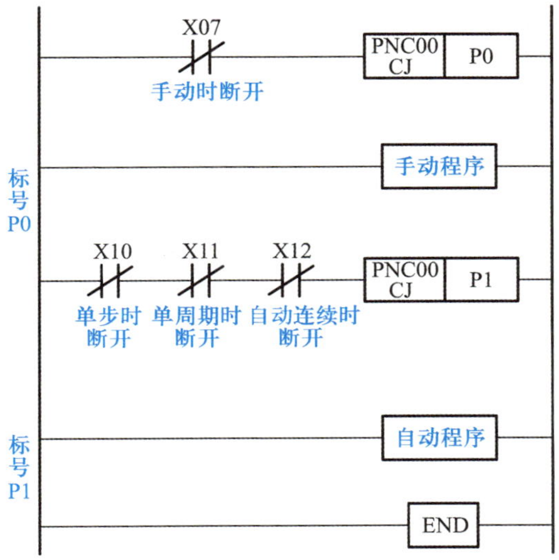

图 4-37　程序结构编排

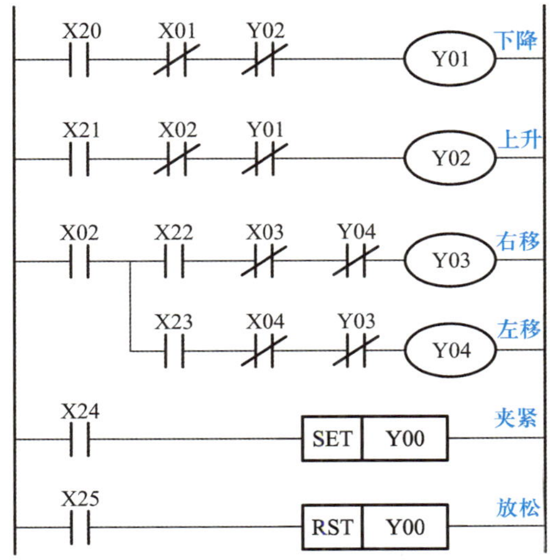

图 4-38　手动程序梯形图

（3）自动操作程序设计

文本

PLC步进继电器

根据机械手的自动操作过程，可设计出如图 4-39 所示的步进顺序控制功能图。

这是一个典型的步进顺序控制，可以用多种方法编写操作程序，本书只介绍两种设计方法，一种是用移位寄存器编写操作程序，另一种是用步进指令编写操作程序。用步进指令编写的如图 4-40 所示梯形图对应的指令表程序如下：

0	LD	M8000	16	OUT	Y01
1	OUT	M8047	17	LD	X01
2	LD	X10	18	SET	S102
3	ANI	X00	19	STL	S102
4	OUT	M8040	20	SET	Y00
5	LD	M8002	21	OUT	T0
6	AND	X02	22		K30
7	AND	X04	23	LD	T0
8	ZRST	S101	24	SET	S103
9		S108	25	STL	S103
10	SET	S0	26	OUT	Y02
11	STL	S0	27	LD	X02
12	OUT	Y05	28	SET	S104
13	LD	X00	29	STL	S104
14	SET	S101	30	OUT	Y03
15	STL	S101	31	LD	X03

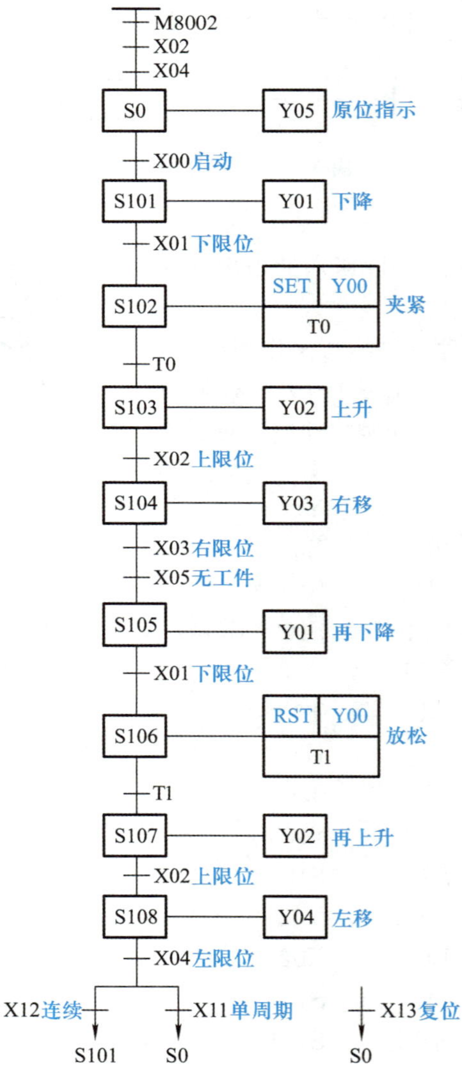

图 4-39　机械手自动操作功能图

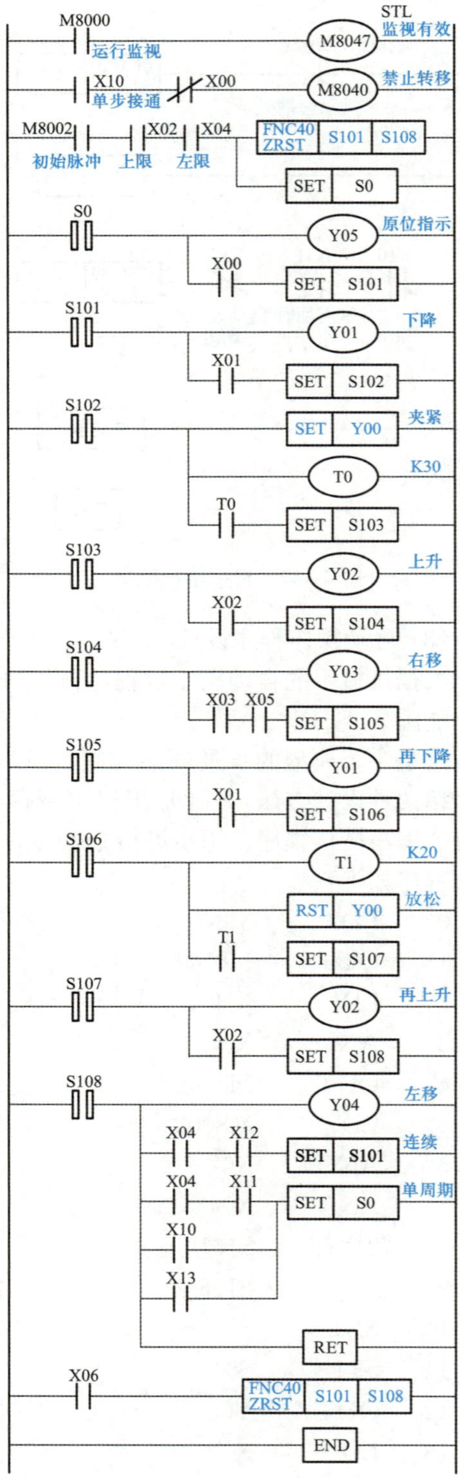

图 4-40　用步进指令编写的自动操作程序梯形图

步序	指令	操作数
32	AND	X05
33	SET	S105
34	STL	S105
35	OUT	Y01
36	LD	X01
37	SET	S106
38	STL	S106
39	OUT	T1
40		K20
41	RST	Y00
42	LD	T1
43	SET	S107
44	STL	S107
45	OUT	Y02
46	LD	X02
47	SET	S108
48	STL	S108
49	OUT	Y04
50	LD	X04
51	AND	X12
52	SET	S101
53	LD	X04
54	AND	X11
55	OR	X10
56	OR	X13
57	SET	S0
58	RET	
59	LD	X06
60	ZRST	S101
61		S108
62	END	

说明：

① S0 是初始步，S101～S108 代表机械手动作的八步。在初始状态时，上限位开关 X02 和左限位开关 X04 被压下接通，状态 S101～S108 均被复位，原位指示灯亮。

② 机械手下降。当选择自动连续工作方式时，X12 接通，按下启动按钮，X00 接通，步 S101 置位，Y01 接通，机械手开始下降。下降到位后压下限位开关，X01 被接通，转移到步 S102 接通，同时系统程序将步 S101 复位。

③ 机械手夹紧。S102 的 STL 触点驱动 Y00 置位，T0 开始计时，机械手开始夹紧工件。待延时 3 s 后，T0 动合触点接通，使步 S103 接通。

④ 机械手上升。当 S103 接通后，驱动 Y02 接通，机械手开始上升。待上升到位后，压下 X02，机械开始右移，就这样一步一步地执行下去。

⑤ 机械手左移回原位。最后一步是接通 S108，机械手左移回原位。压下 X04，因 X12 已接通，程序转入步 S101，准备开始下一个循环。当选择开关按到复位时，X13 接通，机械手完成最后一个循环后返回初始步停下。

用移位寄存器编写的如图 4-41 所示梯形图对应的指令表程序如下：

步序	指令	操作数
0	LD	M8000
1	OUT	M8047
2	LD	M8002
3	OR	X06
4	ZRST	S101
5		S108
6	LD	X12
7	AND	X00
8	OR	M00
9	ANI	X13
10	OUT	M00
11	LD	X02
12	AND	X04
13	ANI	S101

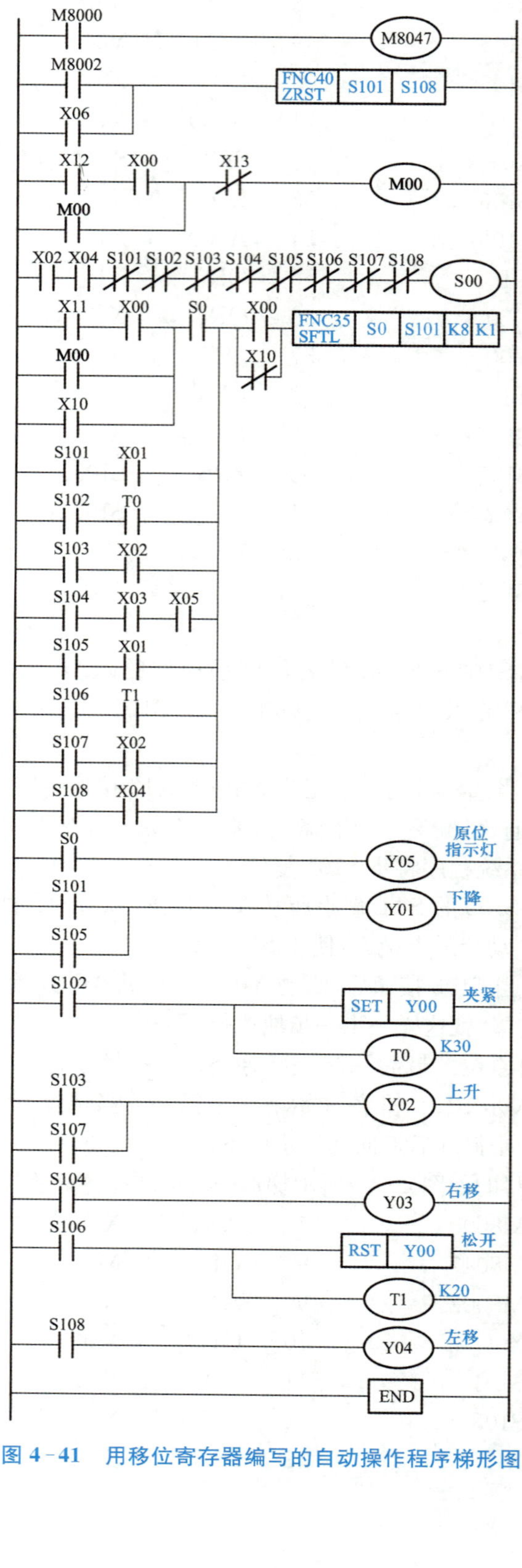

图 4-41　用移位寄存器编写的自动操作程序梯形图

```
14  ANI   S102
15  ANI   S103
16  ANI   S104
17  ANI   S105
18  ANI   S106
19  ANI   S107
20  ANI   S108
21  OUT   S0
22  LD    X11
23  AND   X00
24  OR    M00
25  OR    X10
26  AND   S0
27  LD    S101
28  AND   X01
29  ORB
30  LD    S102
31  AND   T0
32  ORB
33  LD    S103
34  AND   X02
35  ORB
36  LD    S104
37  AND   X03
38  AND   X05
39  ORB
40  LD    S105
41  AND   X01
42  ORB
43  LD    S106
44  AND   T1
45  ORB
46  LD    S107
47  AND   X02
48  ORB
49  LD    S108
50  AND   X04
51  ORB
52  LD    X00
53  ORI   X10
54  ANB
55  SFTL  S0
56        S101
57        K8
58        K1
59  LD    S0
60  OUT   Y05
61  LD    S101
62  OR    S105
63  OUT   Y01
64  LD    S102
65  SET   Y00
66  OUT   T0
67        K30
68  LD    S103
69  OR    S107
70  OUT   Y02
71  LD    S104
72  OUT   Y03
73  LD    S106
74  RST   Y00
75  OUT   T1
76        K20
77  LD    S108
78  OUT   Y04
79  END
```

初始状态时，X02 和 X04 接通，S101～S108 动断触点闭合，移位寄存器首位 S0=**1**，原位指示灯亮，自动连续运行时，X12 接通，按下启动按钮，X00 接通，M00 接通并自保，X10 动断触点闭合，移位信号接通一次，使 S101=**1**，其他各位为零，S101

的动断触点断开，S0 也为 **0**，S101 的动合触点闭合，驱动 Y01 接通，机械手下降。到位后 X01 接通，移位信号使寄存器移位 S102＝**1**，其他位为 **0**，S102 动合触点闭合，使 Y00 置位，机械手夹紧工作，延时 3 s 后，T0 接通，移位寄存器再移动一次，使 S103＝**1**，其他位为 **0**，机械手上升。就这样机械手按功能图的顺序动作，当 S108＝**1** 时，接通 Y04，机械手左移回原位，接通 X04，再来一次移位信号，溢出。此时由于 X02、X04 接通，S101～S108 的动断触点闭合，使 S0＝**1**，因此 M00＝**1**，所以立即产生移位，使 S101＝**1**，进行下一次循环，当方式选择开关接通复位 X13 时，M00 失电，机械手完成最后一个循环后返回原位停下。

单周期运行时，X11 接通，X12 断开使 M00 失电，其动合触点断开，S0 的状态与连续运行时一样，按下启动按钮，X00 接通，产生移位移号，使 S101＝**1**，其他位为 **0**，机械手下降。依顺序循环一次回到原位时，因 M00 断开，不产生移位信号，机械手停在原位。

单步运行时，X10 接通，其动断触点断开，每按一次启动按钮，产生一次移位信号，机械手依序动作一步。按下停止按钮 X06 移位寄存器复位机械手就地停下。

思考与练习

4-1　PLC 梯形图有哪些特点？绘制梯形图时应遵守哪些原则？

4-2　步进顺序控制设计法设计 PLC 程序时有哪些优缺点？

4-3　指出如题图 4-1 所示各 PLC 梯形图的错误，并修改。

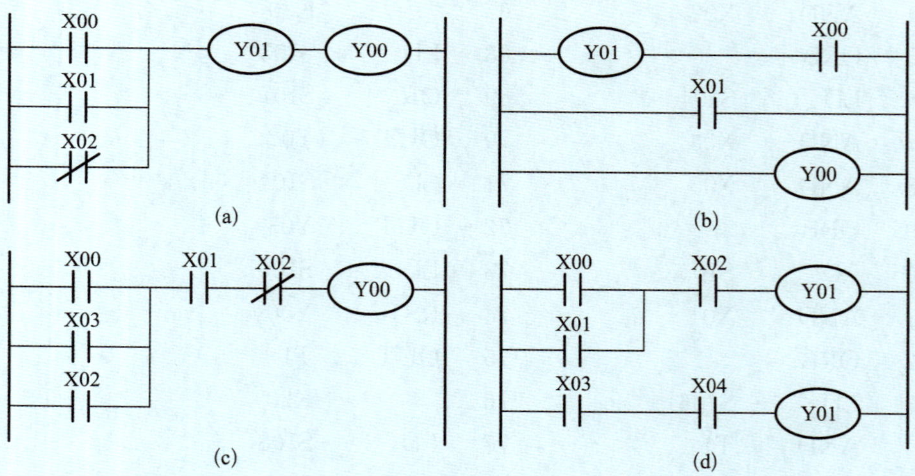

题图 4-1

4-4　指出如题图 4-2 所示各 PLC 梯形图的不妥之处，并画出正确的梯形图。

4-5　画出题图 4-3 中 X00 与 Y00、Y01、Y02、Y03 的时序图。

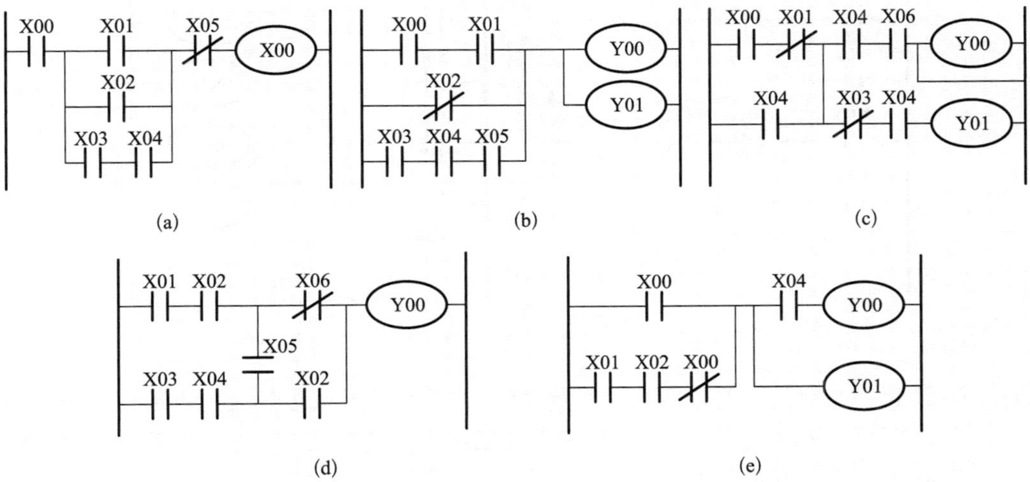

题图 4－2

4－6　画出题图 4-4 中 X00 与 M200 的时序图(三个波形)。

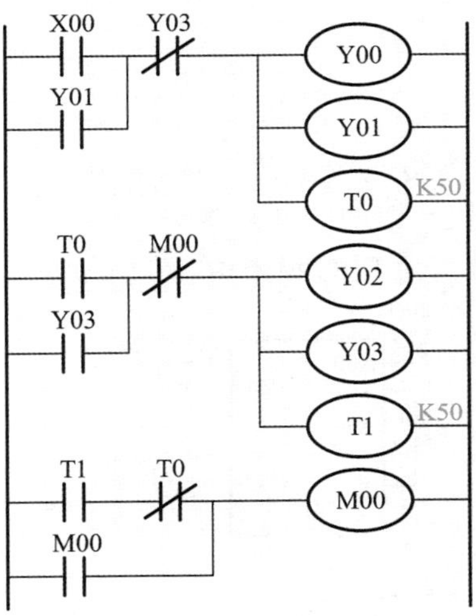

题图 4－3

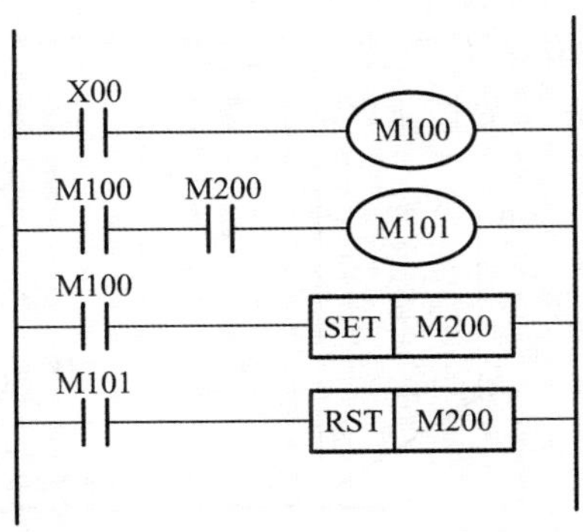

题图 4－4

4－7　画出题图 4-5 中 X00 与 Y00、Y01 的时序图。

4－8　画出题图 4-6 中 X00 与 Y00 的时序图。

4－9　试编写梯形图程序,要求如下:

① 按启动按钮后,电动机 A 先启动,10 s 后,电动机 B 自行启动。

② 电动机 B 停止后,电动机 A 才能停止。

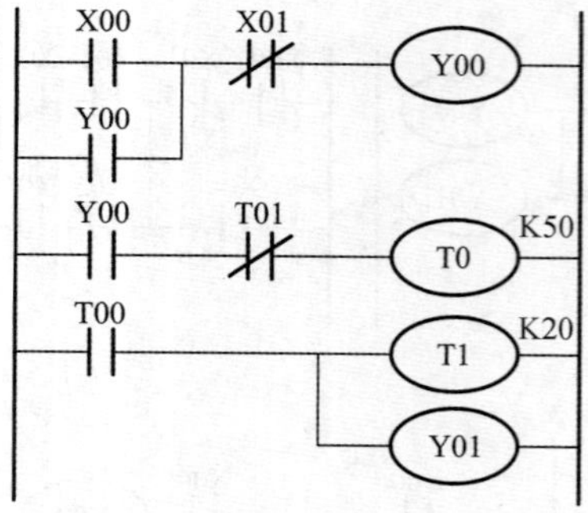

题图 4-5

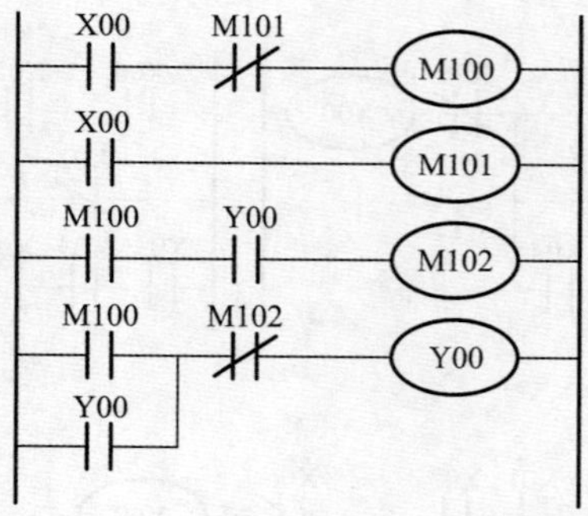

题图 4-6

4-10　设计一个 3 人竞赛现场抢答器的 PLC 梯形图。要求出题人提出问题，答题人按下按钮开关抢答，只有最早按下按钮的人才有输出，出题人按复位按钮，开始下一个问题的抢答。

4-11　按红、绿、黄、红、绿、黄的顺序布置 6 盏节日彩灯，要求如下：

① 每次只亮一盏，第一盏灯亮 1 s 后熄灭，第二盏灯亮 1 s 熄灭，6 盏灯依次点亮、熄灭。

② 第六盏灯熄灭后，6 盏灯全部亮。

③ 1 s 后，6 盏灯全灭。

④ 再过 1 s 后，从第①步开始重复。

4-12　如题图 4-7 所示，用光电检测器检测传送带上的工件，若有工件，则输入 X00=**1**，若传送带上 20 s 内无产品通过，PLC 产生报警信号，用 X01 输入端外接的按钮解除报警信号。试画出相应的 PLC 梯形图。

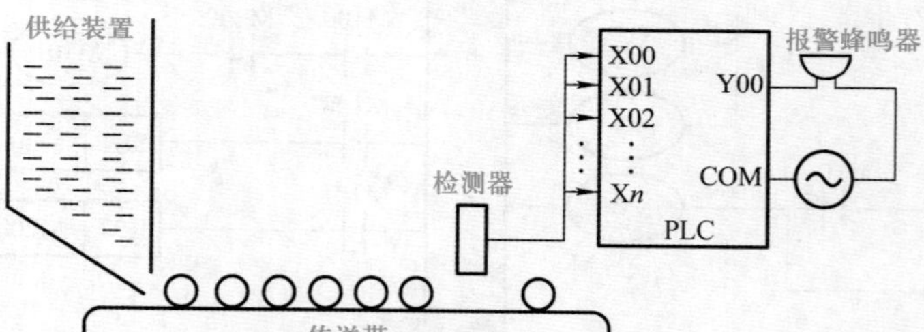

题图 4-7

4-13　送料小车在初始位置时，限位开关 X01 接通，按下启动按钮 X00，小车按题图 4-8 所示顺序运动，最后返回并停在初始位置，试画出功能图，设计出小车单周期和连续运行的自动控制程序。

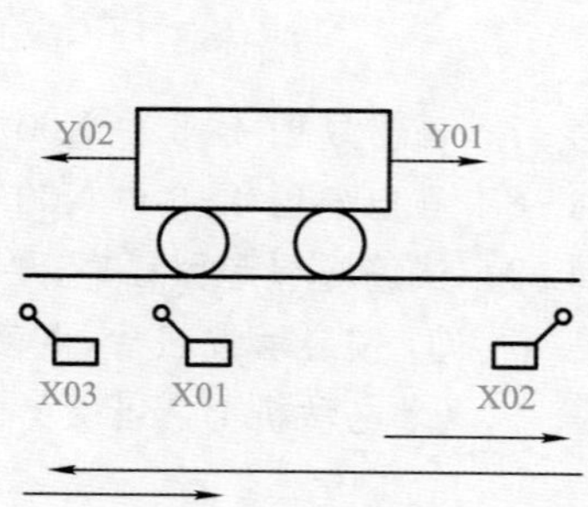

题图 4-8

4-14　某人行横道设有红、绿两盏信号灯，一般是红灯亮。路边设有按钮 X00 和 X01。行人要横穿车行道时需按一下按钮（X00 或 X01），交通灯将按题图 4-9 所示的顺序变化。按下 X01 或 X00 至车行道交通灯由红变绿这段时间内，再按按钮将不起作用。试设计 PLC 控制的梯形图及指令表程序。

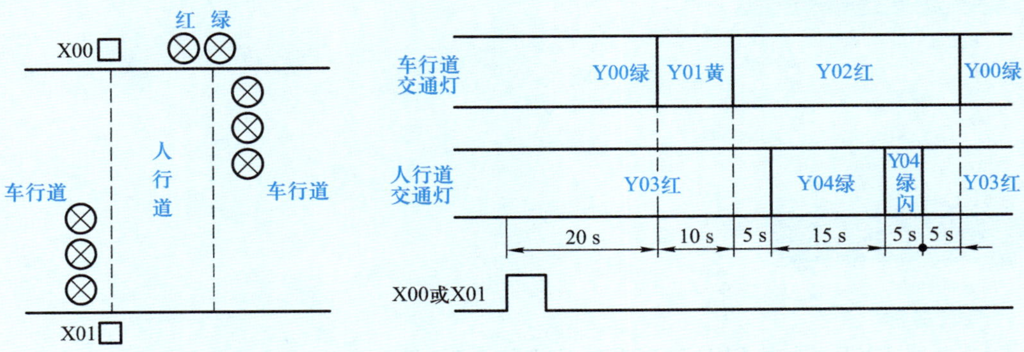

(a)　(b)

题图 4-9

模块 5　可编程控制器控制系统设计

学习目标

知识目标

1. 熟悉 FX3U 系列 PLC 控制系统的设计原则、设计方法与设计步骤。
2. 了解 PLC 型号选择、成本控制、系统安装、系统维护和故障诊断等基本知识。

能力目标

1. 能运用 FX3U 系列 PLC 独立完成简单工业控制系统的设计。
2. 能完成 PLC 控制系统的安全维护和故障诊断。

素质目标

1. 培养系统分析、故障诊断能力。
2. 培养解决工业控制系统故障的专业能力、职业素质。

知识要点

本模块主要阐述可编程控制器控制系统的设计方法、控制器型号选择、成本控制措施，系统安装的基本要求、安全维护和故障诊断等专业技术要求。

5.1　PLC 控制系统的设计方法

PLC 在工业生产应用控制系统中设计的主要内容是根据被控对象的控制要求，进行硬件型号配置，并将其与现场 I/O 设备及其外围控制设备连接起来，构成一个完整的控制系统，编制好相应的用户控制程序，对被控对象实施控制，满足实时控制要求。下面介绍 PLC 控制系统设计的基本原则和方法步骤。

文本
连续运行三相异步电动机

1. PLC 控制系统设计应遵循的基本原则

在 PLC 控制系统设计时应遵循的基本原则是：在最大限度地满足被控制对象的基本控制要求的前提下，力求使控制系统简单、经济；在选择

PLC 容量时，应适当留有余地，保证控制系统安全可靠。

2. 设计方法及步骤

动画
冲孔操作

① 现场调查。深入工业生产现场了解和分析被控制对象的全部功能和控制要求，如生产工艺控制的基本方式，应完成的基本动作，自动循环工作的基本组成，设计保护措施及其必要的连接互锁环节。

② 选择 I/O 元件。根据被控制对象的控制要求，选定所需要的输入元件（如按钮、各类开关、传感器等）和输出元件（如接触器、电磁阀、指示灯等）型号。它不属于一般的电子元件，其选择方法可以参阅有关的书籍。

③ 选定 PLC 型号。根据输入输出信号的类型和点数，选定留有适当扩展余量的 PLC 型号。

④ 编排接线端柱次序。分配 PLC 输入输出元件编号（即分配 I/O 端子）。

⑤ 进行硬件配备设计。例如，编程器软件包的选用、主电路设计、强电设备的布线设计和控制台（框）的设计等，并绘制硬件接线图和安装图。

⑥ 编制功能图。按控制系统的复杂程度，画出相应的功能图、流程图和梯形图。

⑦ 根据梯形图，编写出相应的指令表程序或源控制程序，并用编程器或计算机应用软件包将源程序输入到 PLC 程序存储器中。

⑧ 调试程序。先利用计算机或 PLC 实训台对源程序进行模拟调试，待源程序调试完全合格后，再与生产线联机进行系统总调试。

⑨ 控制生产线总调试合格后，编写验收报告和使用说明书。

技能训练 11

PLC 控制变频器实现三相电动机的调速系统设计

变频器是将固定频率的交流电转换为可变频率、可变电压的交流电源的电气控制设备，广泛应用于传送、起重、挤压和机床等机械设备控制领域，能够提高生产工艺水平与产品质量，减少设备的冲击和噪声。

利用 PLC 对变频器的控制主要有三种方式：一是通过对变频器的 RH（高速端）、RM（中速端）和 RL（低速端）进行多段速度调节控制，提供满足设备加工需要的多级转速要求；二是通过频率一定的数量可变的脉冲序列输出指令 PLAY 和脉冲宽度可调的脉冲序列输出指令 PWM 控制变频器运行实现平滑调速；三是通过通信端口实现 PLC 与变频器间的通信，利用通信端口的运行参数调整设置，实现对变频器的转速控制。即采用 PLC 对变频器控制有开关量控制、模拟量控制、用 RS-485 通信控制等三种方式，若将变频器多个开关量端子接上开关电源，就能对变频器实现正转、反转与多挡转速控制；若采用 PLC 的开关量方式实现对变频器的控制，只需要将 PLC 的开关量输出端子与变频器的开关量输入端子连接起来即可。

（1）PLC 用开关量方式控制变频器的硬件连接，如图 5-1 所示。当 PLC 内部控制程序运行时，其输出端子内部硬触点 Y01 闭合，接通变频器外部输入端子 STF 开关闭合，

STF端子的输入状态为“ON”，变频器启动电动机正转；若PLC内部控制程序运行，使其输出端子硬触点Y02闭合，接通变频器外部输入端子STR开关闭合，STR端子的输入状态为“ON”，变频器启动电动机反转。通过调节电位器端子“10-2-5”中端子2的输入电压，即可改变变频器输出电源的频率，实现电动机转速大小的调节。若变频器内部出现异常，如A、C端子之间的内部触点闭合，则相当于PLC外部端子X01触点闭合，X01端子输入状态为“ON”，PLC关闭输出，输出端子Y01状态转为“OFF”。

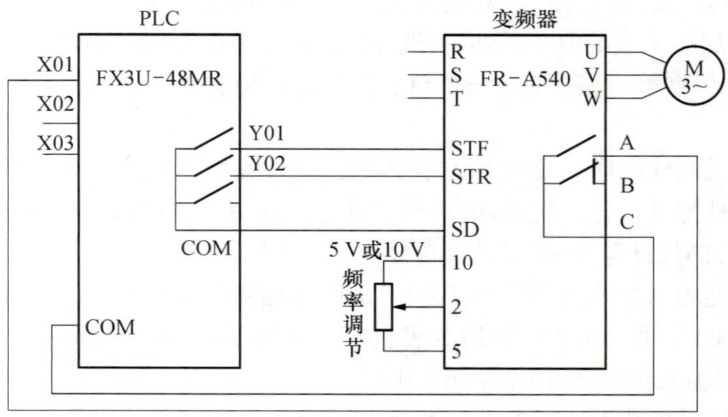

图5-1　PLC用开关量方式控制变频器的硬件连接

(2) PLC用模拟量方式控制变频器的硬件连接，如图5-2所示，因PLC无模拟量输出功能，需在PLC与变频器之间增设一个模拟量输出模块，将模拟量输出模块的输出端

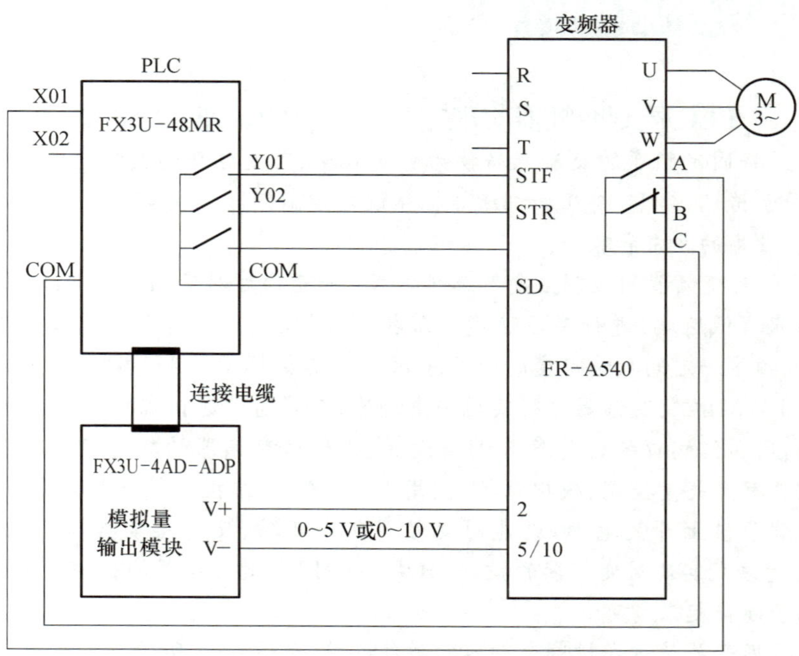

图5-2　PLC用模拟量方式控制变频器的硬件连接

子与变频器的模拟量端子相连接。变频器有一些电压与电流都要使用的模拟量输入端子，只需要将这些端子与模拟量输出端子连接，就可以运用 PLC 控制变频器输出端子的电压或电流，从而达到改变电动机制转速的控制要求。模拟量是一种连续变化的量，利用模拟量控制功能即可实现电动机转速的连续变化(即无级调速控制)。

当 PLC 内部控制程序运行时，其输出端子内部硬触点 Y01 闭合，接通变频器外部输入端子 STF 开关闭合，该端子输入状态为“ON”，变频器输出正转工作电源，驱使电动机正转；若 PLC 内部控制程序运行，使其输出端子硬触点 Y02 闭合，接通变频器外部输入端子 STR 开关闭合，STR 端子的输入状态为“ON”，变频器启动电动机反转。同时 PLC 产生数字开关量数据通过连接电缆送到模拟量输出模块(D/A 模块)的输入端子，经 D/A 模块转换成“0～5 V”或“0～10 V”的模拟电压值再传送到变频器的输入端子，控制变频器输出电源的频率，从而控制电动机的转速。若 D/A 模块输出到变频器“2-5”端子或“2-10”端子的电压发生变化，则变频器输出电源频率也会变化，电动机的转速随之发生变化。

(3) PLC 用 RS-485 通信方式控制变频器的硬件连接，根据控制变频器的多少，其硬件连接方式有单台变频器连接和多台变频器连接两种接线方法，如图 5-3 所示，其中，图

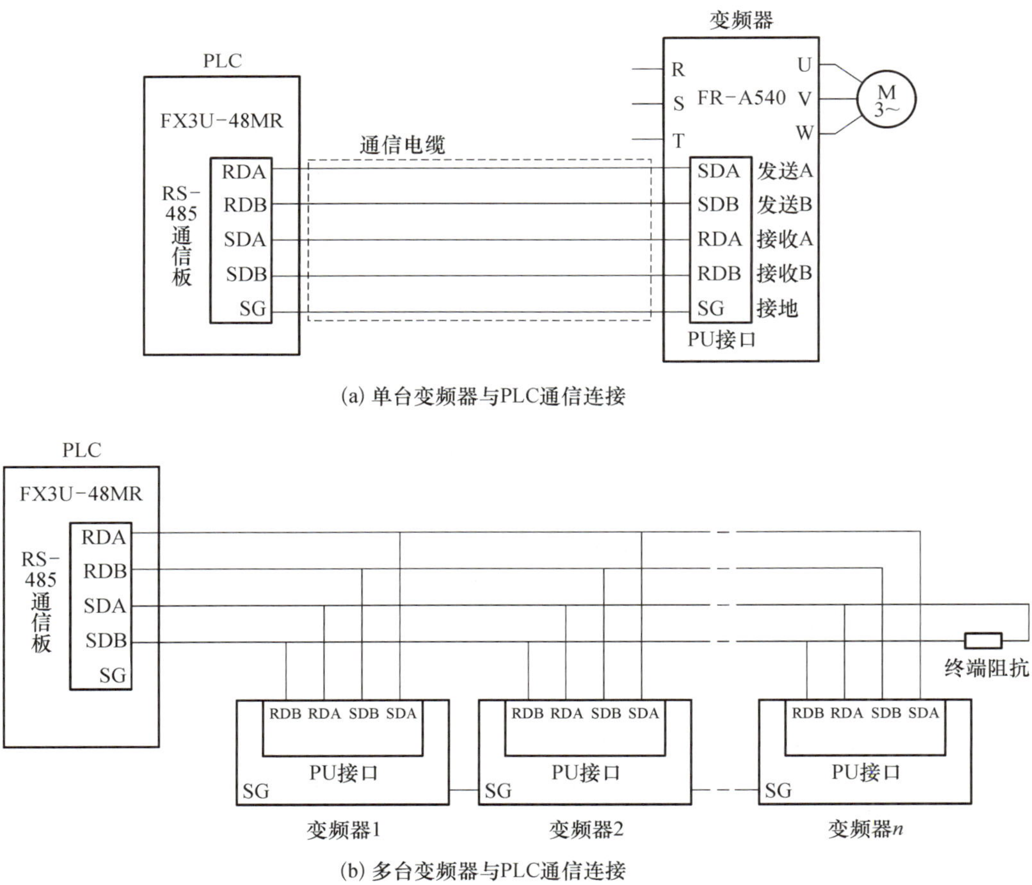

图 5-3　PLC 用 RS-485 通信方式控制变频器的硬件连接

5-3(a)为单台变频器与PLC通信连接，图5-3(b)为多台变频器与PLC通信连接。

图5-4所示为PLC控制变频器实现三相电动机高、中、低速及正反转运行接线图。PLC的输出端子Y00、Y01分别与变频器正转控制端STF和反转控制端STR相对应连接，通过PLC外部开关(X00或X01)闭合时，输出端子Y00或Y01分别对应控制变频器输入端子(STF或STR)的输入状态转为“ON”，变频器输出正转(或反转)工作电源，驱使电动机运行在正转(或反转)状态，实现Y00、Y01输出开关量对变频器的正反转控制。PLC输出端子Y02、Y03和Y04分别与变频器的高速端(RH)、中速端(RM)和低速端(RL)相连接，实现三速控制要求，PLC的公共端COM与变频器公共控制端SD相连接，与上述各控制端之间形成控制回路。

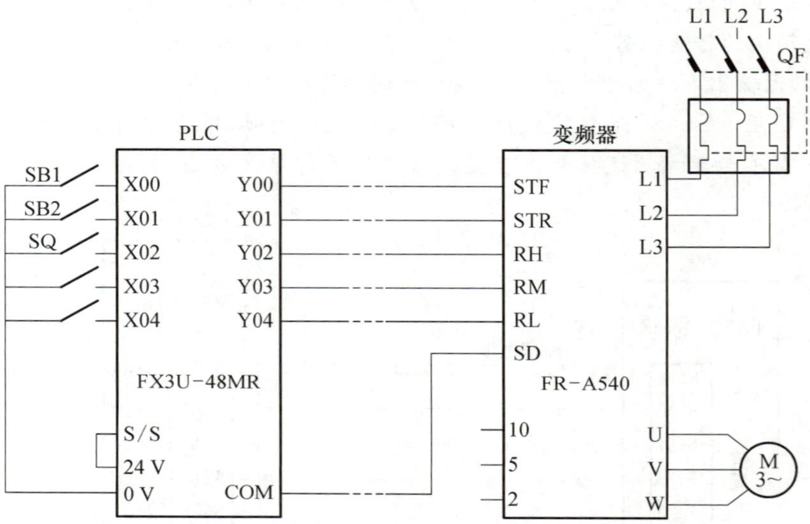

图5-4 PLC控制变频器实现三相电动机高、中、低速及正反转运行接线图

(4) 使用说明：

① 三菱FR-A540系列变频器的高、中、低速对应输出频率为50 Hz、30 Hz、20 Hz(其他系列出厂设置均相同)，变频器所驱动电动机的实际转速除取决于频率外，还与所驱动电动机的磁极对数和转差率有关，但同一电动机的三种状态下转速与这三个频率对应成比例。

② 在利用PLC对变频器进行三段速运行控制时，因变频器在设计时，就考虑低速段优先的控制逻辑，故在RH、RM、RL三个同时出现输入时，也只能输出相对低速段的转速。

③ 图5-4是实现PLC与变频器高、中、低速控制要求的一般接线图，在一些特殊应用中，变频器的高、中、低速所对应的频率可根据控制要求进行相应的设置。

④ 在变频器实施正转、反转控制时，正转时，只能STF端有输入(即STF相对于SD连接构成回路)，反转时，只能STR端有输入，STF、STR端不能同时接通，否则变频器停止运行。

5.2　PLC 型号选择

目前 PLC 的品牌、型号种类繁多，同一厂家也常常推出多个系列产品，这些产品的功能、I/O 点数、用户存储器容量、运算速度和结构形式各有不同，价格上也有较大的差异。因此，在选择 PLC 型号时，往往会受到设计者对不同厂家 PLC 的熟悉程度、使用习惯、配套产品的一致性及技术服务等因素的导向，但还是要从可靠性高、性价比高、功能强大、安装便捷、维护简单等方面重点权衡，做出准确的选择为宜。PLC 型号选择的主要关注点是：在功能上以满足被控制对象的需要为前提，对于独立设备控制或简单的控制系统，建议优先选择性价比高的成套设备配置的 PLC 产品；对于系统规模较大、网络通信功能要求高、开放性的分布式控制系统、远程 I/O 系统，建议优先选择网络通信功能优势突出的产品，同时考虑满足应用需求又不浪费 PLC 容量。一般来说应考虑以下几个要素：

文本

FX系列PLC型号及功能简介

1. 用规模适合的 PLC

输入输出(I/O)点数是衡量 PLC 规模大小的重要指标。在选用 PLC 时，首先要对与 PLC 相连的全部输入输出装置进行列表统计，并区分输入输出设备的性质及其所需电压等级、电流大小和种类。确定出全部 I/O 点数，再留存 10%～15%的备用量，这样就可以计算出控制输入输出点数所对应需要的 I/O 点数。另外，如果是实现单机自动或机电一体化产品控制，可优先选用小型 PLC。

2. 确定内存容量大小及种类

CPU 内存容量是指用户程序区的大小。一般，内存容量与开关量 I/O 点数、模拟量 I/O 点数以及用户程序的编写质量等因素有关。在设计选择时，推荐使用经验公式估算：

总存储器字数＝开关量 I/O 点数×(150～200)

按上述公式计算后，再考虑 10%～25%的存储余量，查取最接近的整数内存容量。

目前常用存储器的种类有 RAM 和 EEPROM 两大类，RAM 价格低，存取改写方便，但需要带电支持，一旦断电，必须用锂电池来维持所存程序的备用电源。对 EEPROM，用户程序写入后，不需后备电池支持，但价格较贵。

3. 确定 CPU 的主要功能及其结构

对于小型单台仅需要开关量控制的设备，一般优选小型 PLC 便可以满足要求。若被控对象是开关量和模拟量并数量较大，要求 PLC 完成 A/D 转换、D/A 转换、算术运算或变速计数等特殊处理，则要选择具有相应功能的 PLC，对于实时控制要求很高的工业过程控制，同时考虑 CPU 的运行速度和数据的处理速度等因素。

此外，还要考虑 PLC 的结构。整体式 PLC 结构简单、体积小，每一对 I/O 点的平均价格便宜，对于单机自动化和一些小型控制系统，宜优选整体式 PLC。模块式 PLC 的功能扩展方便灵活，维修方便，但结构较为复杂，对控制要求较高的系统一般选用模块式 PLC。

4. 输入输出模块选择

根据前面 I/O 列表统计的输入输出量的性质(开关量还是模拟量)、参数要求(如所需电压、电流的大小和种类)和技术要求,选择具有某种功能的 I/O 模块和输入输出方式。

例如,输入模块有直流和交流两种,交流方式的触点接触可靠,适合在恶劣环境中使用。输入电压有 AC 110 V 和 AC 220 V 两种,若现场设备与模块之间的距离较远,应选用较高电压的模块。直流输入电路的延迟时间较短,可直接与接近开关、光电开关等输入装置连接。模拟量输入模块有电流输入型(4～20 mA、0～20 mA、−20～+20 mA)、电压输入型(0～10 V、−5～+5 V、−10～+10 V)和电压电流兼容型等。

输出模块按方式不同可分为继电器输出、晶体管输出和双向晶闸管输出三种。对开关频繁,低功率因数的感性负载,可优先选用晶闸管输出(交流输出)或晶体管输出(直流输出),但这种模块过载能力稍差,价格也较高。继电器输出模块承受过电压和过电流的能力较强,价格较便宜,缺点是响应速度较慢,寿命(动作次数)有一定的限制。如果系统输出量的变化不是很频繁,可优先考虑使用。有的模块对每组触点的输出电流有限制,设计时应加以特殊考虑。

5. 编程器与外部设备选择

小型控制系统一般优先选用价格便宜的简易编程器,如果控制系统容量较大,或多台 PLC 共用,可以优先选用功能强、编程方便的图形编程器或选用编程软件包直接在微型计算机上编程运行。根据需要可配置 PLC 外部设备,包括打印机接口、ROM 写入器等,如果要求将 PLC 纳入自动控制网络,还应配置通信接口。

6. 其他方面的考虑

同一企业应尽可能使用同一机型的 PLC,以节省备用品的数量,便于维护和管理。若被控对象的 I/O 装置较分散,或控制站远离控制现场,可采用远程 I/O 模块。

5.3　PLC 成本控制的主要措施

PLC 每一个 I/O 模块的平均价格在几十元至上百元之间,在满足工艺要求的前提下,通过改进接线与编程相结合的一系列措施,减少所需的 I/O 点数,将使系统硬件的综合费用降低。下面介绍几种节省资金的措施和方法。

1. 减少 PLC 输入点的方法

(1) 分组输入

在既有手动操作又有自动操作的系统中,自动程序和手动程序不会同时执行,两种工作方式可使用输入信号分组的方法,如图 5-5(a)所示。在公共端接一选择开关 S,当 S 选择“手动”时,X00 接通,此时得到如图 5-5(b)所示的梯形图,X00 与 X01 串联支路反映 SB1 的状态。当 S 选择“自动”时,X00 断开,梯形图中单独的 X01 反映 SB3 的状态,这样一个输入端就可以反映两个输入信号的状态,使 PLC 的实际输入点得以减少。

动画

按钮开关动作

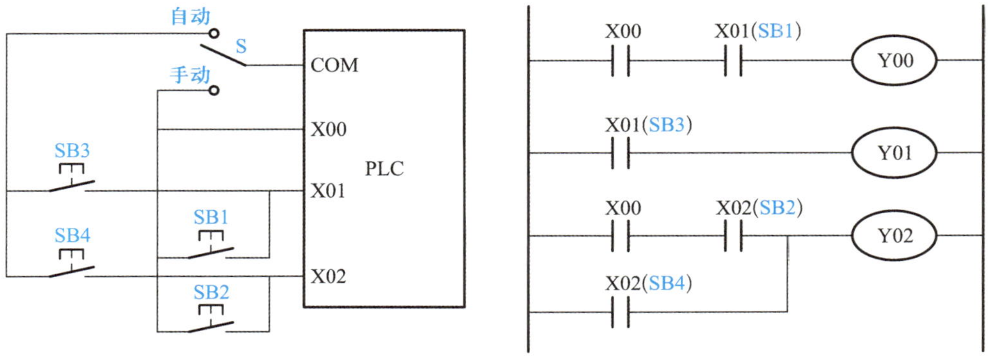

(a) 接线示意图　　(b) 梯形图

图 5-5　输入信号分组

如果外部输入元件不是全部为按钮的分组输入接线图时，要考虑防止产生寄生电路，方法是在每个输入元件支路上串接一只二极管以切断寄生电路。

图片　定时器振荡电路

(2) 利用脉冲信号实现单按钮启停控制

普通的启停控制电路需要两个按钮。图 5-6 (a)所示为单按钮控制 Y00 通断的梯形图，按一下按钮 X00 接通，M0 产生脉冲输出，使 Y00 接通并自锁，再按一次按钮 X00，M0 又产生一个脉冲输出，使 M1 接通，M1 的动断触点使 Y00 断开。其控制信号的时序图如图 5-6(b)所示。

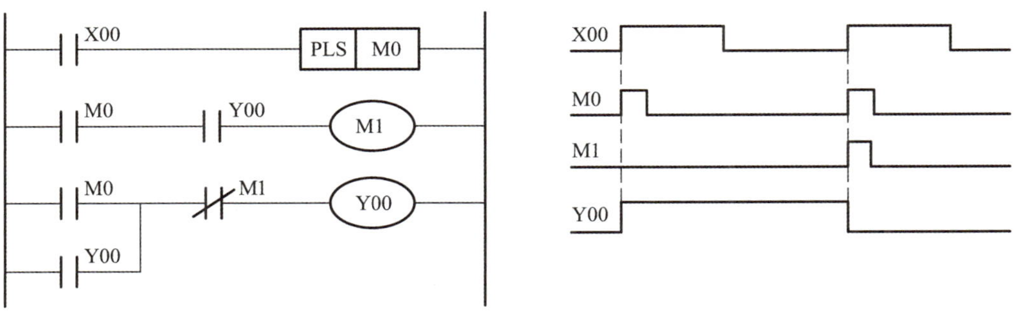

(a) 梯形图　　(b) 时序图

图 5-6　单按钮启停控制

(3) 将某些功能相同的输入合并

图 5-7 所示为分别在两处进行启停控制的 PLC 接线图和梯形图。将两处的启动按钮 SB1、SB2 并联后接到 X00 端子，两处的停止按钮 SB3、SB4 串联后接到 X01 端子。这样启停控制就只各占一个输入点。另外 SB3、SB4 采用动断触点输入，图 5-7(b)的梯形图中就可以用 X01 的动断触点编程，这样与习惯相符。

动画　多地控制电路

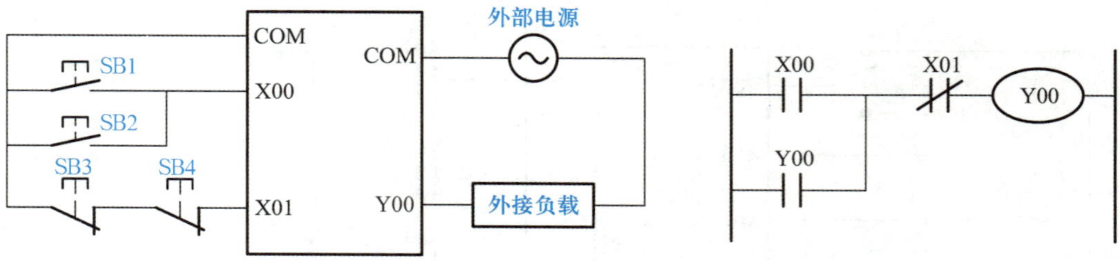

(a) 接线图　　　　(b) 梯形图

图 5-7　功能相同的输入合并

(4) 将系统某些输入信号设置在 PLC 外部

系统中某些功能简单、涉及面窄的输入信号，如某些手动操作按钮、电动机热继电器的动断触点等，没有必要作为 PLC 的输入信号，可以直接将其设置在 PLC 外部的硬件电路中，如图 5-8 所示。若手动按钮还需串接一些安全联锁触点，而外部联锁电路又过于复杂时，则应考虑将有关信号输入给 PLC，用梯形图程序实现联锁。

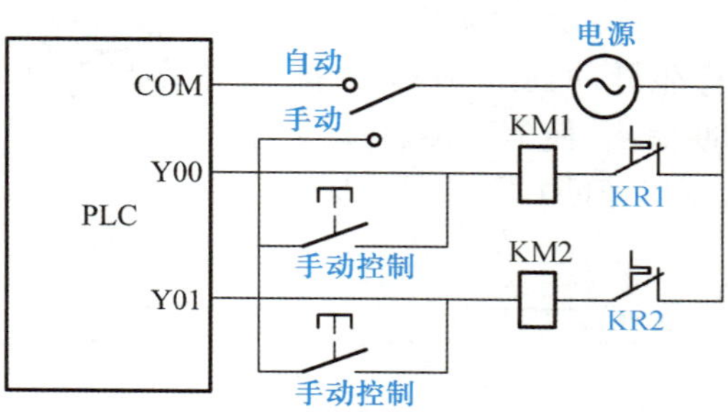

图 5-8　输入信号设计在 PLC 外部

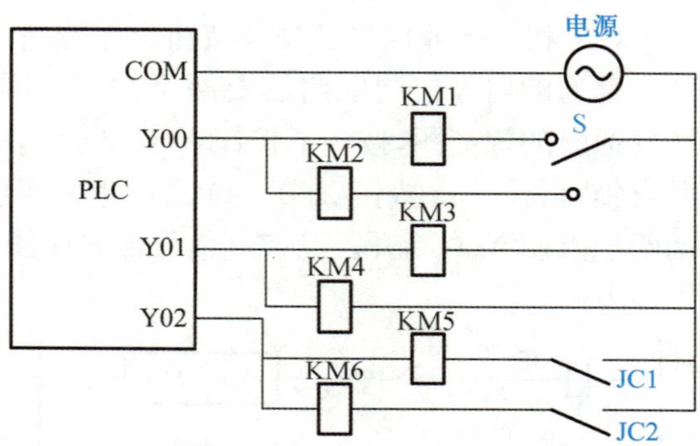

图 5-9　减少输出点接线

2. 减少 PLC 输出点的方法

在设计 PLC 控制系统时，为了系统地减少 PLC 输出点，常采取将两个通断状态完全相同的负载并联后，共用 PLC 的一个输出点输出，如图 5-9 所示。通过外部或由 PLC 控制的转换开关 S 的切换，实现 PLC 每个输出点可以控制两个不同时工作的负载；也可使用外部元件的触点实现一个输出点控制两个或多个不同要求的负载。但是，在使用时应注意校验 PLC 同时带动多个负载，是否满足输出点的负载能力。

5.4　PLC 系统安装的基本要求

PLC 是专为工业生产环境而设计的电气控制装置，一般不需要采取什么特殊措施，便可直接在工业生产环境中使用。但是，如果环境过于恶劣或安装使用不当，仍然会影响 PLC 的正常安全运行。因此，在安装使用时，应注意以下问题。

1. PLC 工作环境

在设计 PLC 电气控制柜操作平台时，应根据 PLC 实际安装环境，重点关注以下几个因素的影响：

① 温度。PLC 使用的环境温度在 0～55 ℃。安装时应远离发热量大的元件，且四周要有足够的散热空间。控制柜上部和下部应有通风的百叶窗。

② 湿度。为了保证 PLC 的绝缘性能，PLC 使用环境的相对湿度一般应小于 85%，且其无凝露现象。

③ 振动。PLC 安装地点应尽量远离强烈振动源，否则应采取相应的减振措施。

④ 空气。如果 PLC 安装地点空气中含有大量的铁屑和灰尘，或者存在有腐蚀性、易燃性的气体，则应在温度允许的条件下，将 PLC 实行封闭安装，或者将 PLC 安装在环境较好的控制室内。

2. PLC 安装布线

① 电源线远离高压电源。安装 PLC 的电源线时，应远离变压器电源线和高压设备，不能将变压器安装在同一个控制柜内，保持 PLC 与动力线之间的间距应不少于 0.2 m。

微视频

电气控制柜安装与布线

② 单独安装 I/O 电缆。PLC 的 I/O 线与其他控制线路应分开布线，并保持一定的距离。例如，不得已要在同一线槽中布线，则应选择使用屏蔽电缆。交流线与直流线、输入线与输出线也应分开布线，开关量和模拟量的 I/O 线要分开敷设，后者最好用屏蔽线。

③ 单独敷设低压信号电缆。PLC 基本单元与扩展单元之间的传送信号电压低，频率变化很容易受到干扰，所以不能将它们之间的传送电缆与其他电缆敷设在同一管道内。

3. PLC 正确接线

(1) 电源

图片

电源连接1

PLC 本身具有足够的抗干扰能力。PLC 供电电源一般为(220±22)V、50 Hz 的交流电，供电环境相对较差，在电源干扰特别严重或对可靠性要求很高的场合，可以安装带屏蔽层的隔离变压器。PLC 的基本单元和扩展单元必须共用一个电源开关，保证两者同时带电和同时断电，PLC 最好采用稳压电源供电且电源的种类及 I/O 电压等级要与产品说明书中相符。

(2) 接地

图片

电源连接2

良好的接地是保证 PLC 安全可靠运行的重要条件之一，基本单元与扩展单元的接地点应连在一起。PLC 最好采用专用接地，如图 5-10(a)所示，若达不到这种要求，也可与其他电气设备公共接地，如图 5-10(b)所示，但禁止与其他电气设备串联接地，如图 5-10(c)所示。接地线应尽可能短，截面积应大于 2 mm^2，接地电阻应小于 100 Ω。

(3) 输入输出接线及其处理

① 输入接线是指 PLC 输入端与外部传感器等输入设备的连接，如图 5-11 所示。

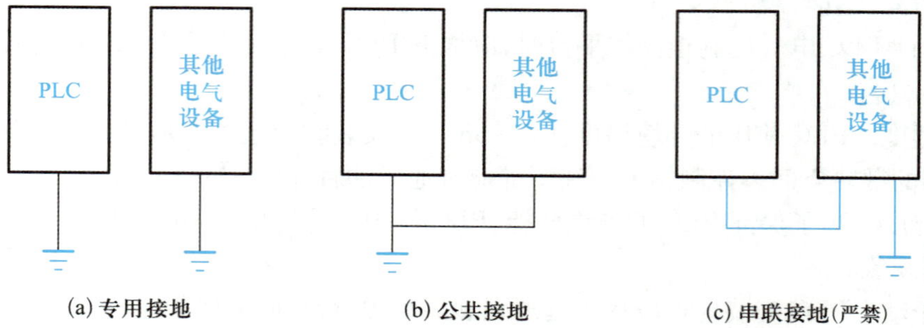

图 5-10　PLC 的接地保护方式

图片
开关量输入接线

PLC 输入设备一般为按钮、行程开关及传感器等，依靠它们的状态变化来产生 PLC 执行程序时所需的输入信号。当输入设备闭合时，相应端口的输入继电器闭合，PLC 面板上的输入指示灯亮；反之，相应端口的输入继电器断开，面板上的输入指示灯灭。输入接线一般不超过 30 m，且不能与输出线敷设在同一电缆槽中。

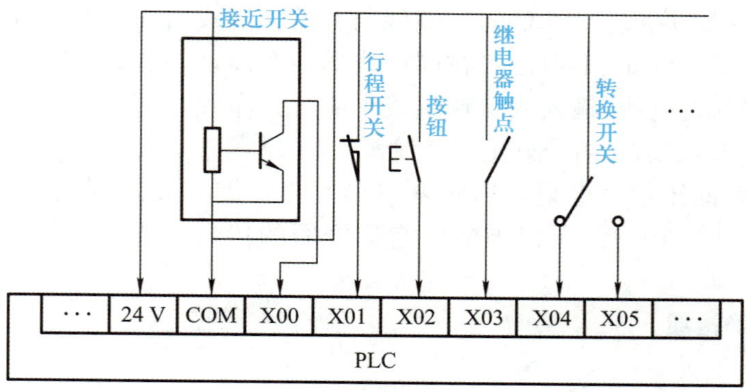

图 5-11　PLC 输入接线示意图

② 动断触点输入信号的处理。前面介绍梯形图的设计方法时，都是假设输入信号均由外部的动合触点提供，图 5-12 所示为 PLC 控制电动机启停接线示意图和梯形图，SB1、SB2 分别为启动、停止按钮。当输入端子 X01 接停止按钮 SB2 的动合触点时，梯形图中用 X01 的动合触点与 X00 串联。按下 SB2，X01 动合触点断开，Y00 断电，电动机停止，如图 5-12(a)所示。若 SB2 用动断触点作输入信号，则梯形图中要用 X01 的动断触点与 X00 串联，如图 5-12(b)所示，这与继电器控制图的习惯相反。所以建议，尽可能用动合触点作 PLC 的输入信号，但有些信号只能用动断触点输入(如热继电器 KR)，此时应注意将梯形图中相应元件的触点改为相反。

③ 输出接线是指 PLC 的输出端与输出设备的连接，如图 5-13 所示，PLC 的输出设备通常为继电器、接触器、电动机、电磁阀、信号灯和晶体管输出、晶闸管输出等，依靠它们执行 PLC 输出的控制信号。当 PLC 的输出继电器闭合时，面板上的输出指示灯亮，相应的输出回路接通；反之，面板上的输出指示灯灭，相应的输出回路断开。FX3U 型 PLC 的

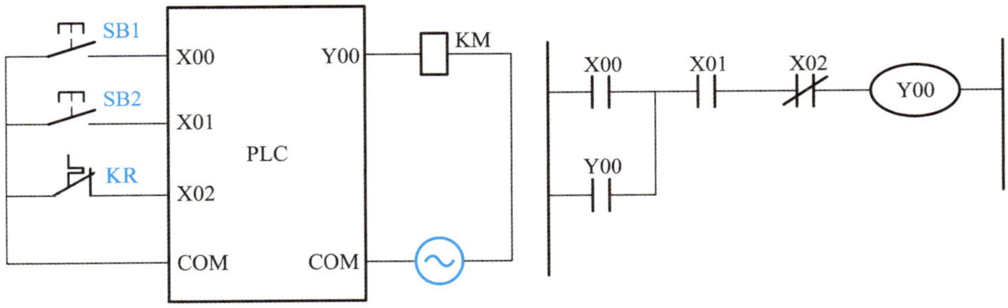

(a) 停止按钮接动合触点

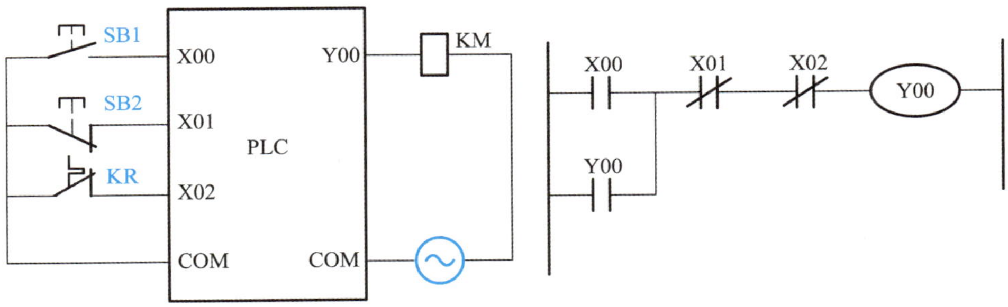

(b) 停止按钮接动断触点

图 5 - 12　PLC 控制电动机启停接线示意图和梯形图

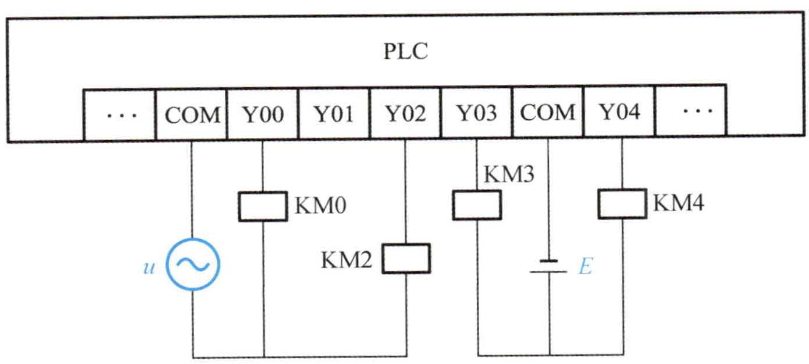

图 5 - 13　PLC 输出接线示意图

输出接线方式与其他 FX 系列 PLC 一样，有分隔式和分组式，分隔式输出回路可以采用单独的电源，分组式输出在同一组中只能是同一种类型、同一电压等级电源。

图片 开关量输出接线

④ 当 PLC 的输入端或输出端接有感性元件时，对于直流电路应在直流感性元件两端并联续流二极管，对于交流电路，则在交流感性元件两端并联阻容吸收电路，以抑制电路断开时电弧对 PLC 的影响，如图 5 - 14 所示。续流二极管可选额定电流 1 A，额定电压大于电源电压 3 倍的晶体管；阻容吸收电路的电阻取 51～120 Ω，电容取 0.1～0.47 μF，电容器的额定电压应大于电源峰值电压。

动画 手动控制

⑤ 若使用接近开关、光电开关作输入信号源，由于这类传感器的漏

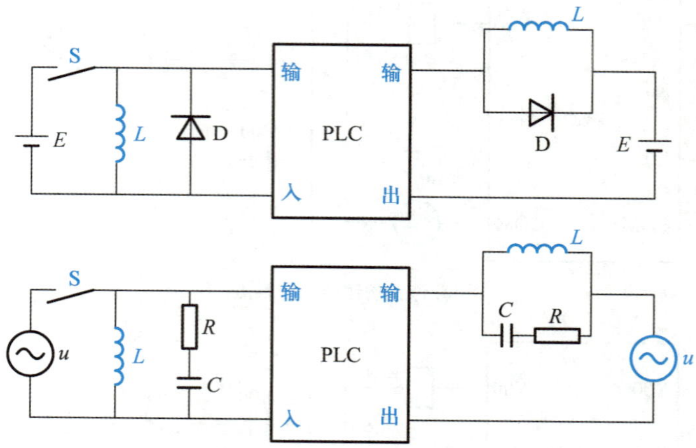

图 5-14 输入输出端有感性元件的处理

电流较大，可能出现错误的输入信号，可在输入端并联旁路电阻，以减少输入电阻，如图 5-15 所示。

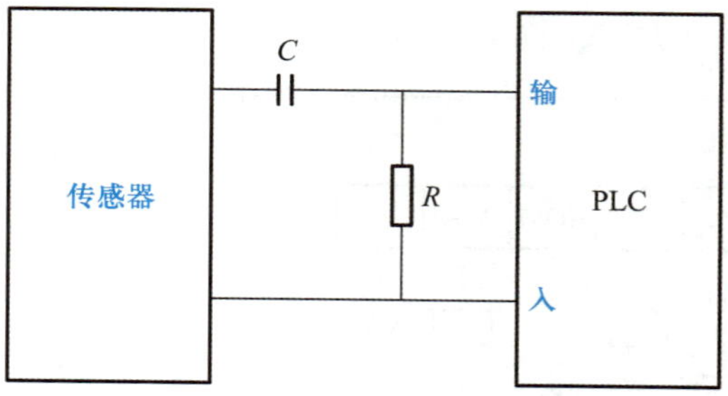

图 5-15 并联旁路电阻

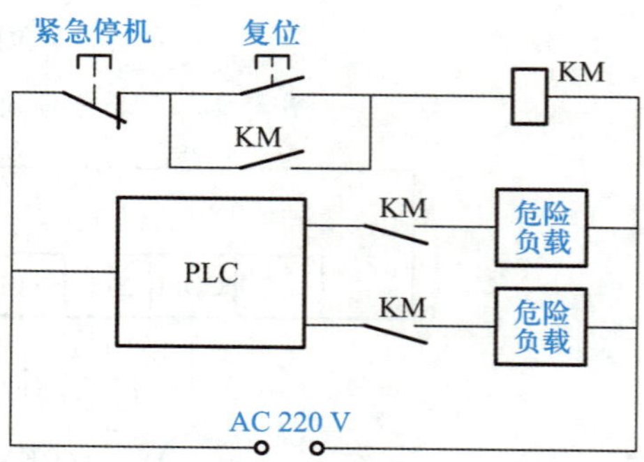

图 5-16 紧急停机电路

4. 防患 PLC 危险负载

除了在 PLC 的控制程序中应避免可能造成伤害的危险负载外，还应在 PLC 外部设计紧急停机电路，如图 5-16 所示。

上述是对所有 PLC 在安装接线中的通用注意事项。具体安装时，应严格按供货单位提供的用户手册的要求进行。

5.5 PLC 的维护和故障诊断

PLC 的可靠性很高，维护工作量极少，出现故障时，通过 PLC 的发光二极管(LED)和编程器都能迅速查明故障原因，更换工作单元或电路控制模块，一般可以迅速排除故障，保证生产控制系统转入正常运行。

1. 检查与维护

（1）定期检查

PLC 是由众多半导体集成电路组成的一种精密电子自动控制设备，在可靠性操作方面作了很多考虑，但使用环境对 PLC 的性能指标和工作状态影响也很大，通常每隔半年需要对 PLC 作定期检查和设备运行维护。

（2）日常维护

PLC 除了锂电池和继电器输出型触点外，没有经常性的损耗元器件。PLC 断电时，RAM 中的用户程序由锂电池保持，它的使用寿命为 2～5 年；当锂电池的电压降至规定值时，PLC 上电池电压跌落，指示灯亮，提醒操作人员更换锂电池。在更换时，RAM 中的内容利用 PLC 中电容充电加以保持，更换新电池应在说明书中规定的时间内完成，否则会造成 PLC 中源程序丢失。

文本　安全事故案例

2. 故障诊断

PLC 是一种微型工业控制计算机，它有很强的自诊断功能。在说明书上一般都给出了 PLC 故障诊断方法、诊断流程图和错误代码表，根据这些资料很容易检查出 PLC 的故障。然后采取相应措施，排除故障。

PLC 基本单元上常配有以下发光二极管（LED）：

① 电源指示灯。当接通 PLC 工作电源时，该指示灯亮，说明电源正常。

② 运行指示灯。当 PLC 处于监控状态时，该指示灯亮，表示控制系统运行正常。

③ 锂电池电压指示灯。当 PLC 编程或运行正常时，该指示灯不亮。当锂电池电压跌落时，该指示灯亮，表示锂电池的电压降至规定值，需要更换新电池。

④ 程序出错指示灯。当 PLC 运行正常时，该指示灯不亮，当程序出现运行错误时，该指示灯保持常亮不灭。

⑤ 输入指示灯。当输入正常时，输入端子对应指示灯亮；如果输入正常而输入指示灯不亮，或未输入而输入指示灯亮，则属于故障。

⑥ 输出指示灯。输出指示灯亮，则对应输出通道上输出继电器正常，否则属于故障。

思考与练习

5-1　PLC 控制系统设计的主要内容有哪些？

5-2　PLC 选型的主要依据是什么？

5-3　减少 PLC 输入输出点数有哪些方法？

5-4　PLC 在接线时应注意什么问题？

5-5　PLC 输入信号若是由动断触点（如热继电器 KR）提供的，则进行软件程序设计时应如何处理？

5-6　如果 PLC 的输入端或输出端接有感性元件，应采取什么措施来保证 PLC 的正常运行？

5-7　设计一个霓虹灯闪烁控制电路，要求控制三个霓虹灯，工作过程如下：

① 首先 A 灯亮；

② 5 s 后，A 灯灭，B 灯亮；

③ 再隔 5 s，B 灯灭，C 灯亮；

④ 再隔 5 s，C 灯灭；

⑤ 再隔 5 s，三灯全亮；

⑥ 再隔 5 s，三灯全灭；

⑦ 再隔 5 s，三灯全亮；

⑧ 再隔 5 s，三灯全灭。

⑨ 然后①～⑧继续循环。

要求用一个输入开关控制，当它闭合时，霓虹灯工作，断开时，停止工作。

要求：① 分析控制要求，正确选择 PLC 型号。

② 画出 PLC 连接电路图，分配 I/O 端子。

③ 画出功能图并设计梯形图。

④ 编写与功能图或梯形图相对应的指令表程序。

⑤ 上机调试程序。

第二部分

项目训练

项目 1　三菱 PLC 编程软件 GX Developer 安装与使用

目前流行的 PLC 编程软件主要来自三菱、西门子、欧姆龙和松下等商家。本项目主要以三菱公司主流的 FX 系列 PLC 为例，重点介绍 FX3U 产品和 GX Developer 编程软件的使用方法，供读者学习和参考，对于 FX2N 产品的应用与此相似，只是其 I/O 节点数多少、功能强弱上的变化。

文本
PLC（三菱）实验控制面板

一、GX Developer 编程软件安装

① 打开安装文件夹“GX Developer”，找到“EnvMEL”文件夹，如图 6-1 所示。

② 先安装“通用环境”。在“EnvMEL”文件夹中双击“SETUP”，进入等待程序安装阶段，如图 6-2 所示。

③ 按屏幕显示内容，选择“下一个”，直至屏幕显示如图 6-3 所示，单击“结束”按钮，完成通用环境安装。

文本
PLC（西门子）实验控制面板

图 6-1　找到“EnvMEL”文件夹

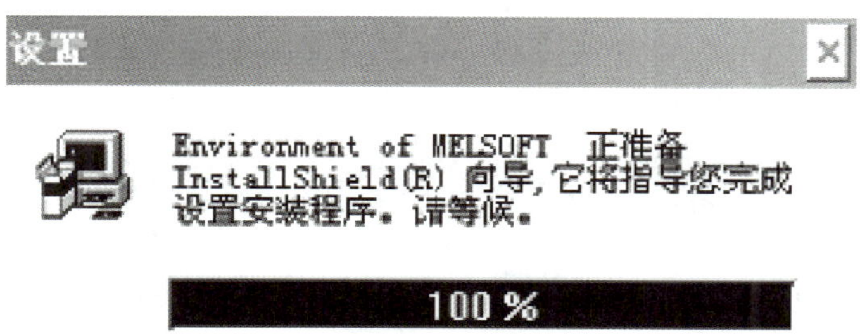

图 6-2　等待程序安装

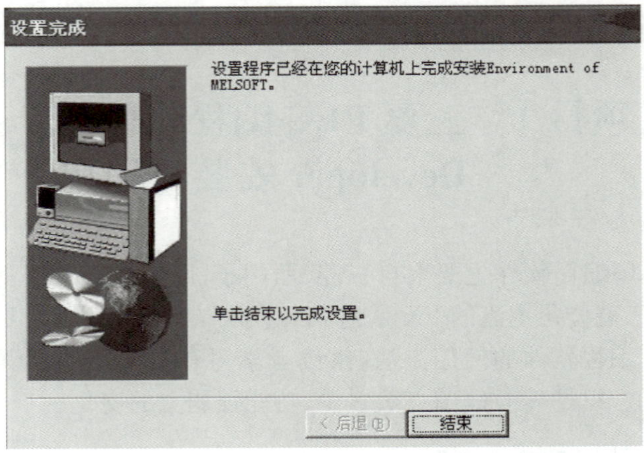

图 6-3　通用环境安装结束

④ 返回到“GX Developer”文件夹，开始安装编程软件。双击“SETUP”，如图 6-4 所示。开始“安装向导”，如图 6-5 所示。

图 6-4　双击“SETUP”安装编程软件

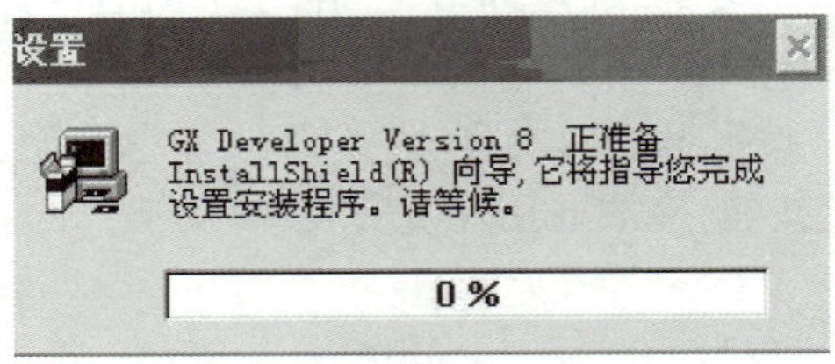

图 6-5　安装向导

要注意安装提示，安装时最好把其他应用程序关掉，包括杀毒软件、防火墙、浏览器、办公软件等，因为这些软件可能会调用系统的其他文件，影响安装的正常进行。

⑤ 关闭其他应用程序后，单击“确定”按钮，系统进入安装状态，弹出“欢迎”对话框，如图 6-6 所示。

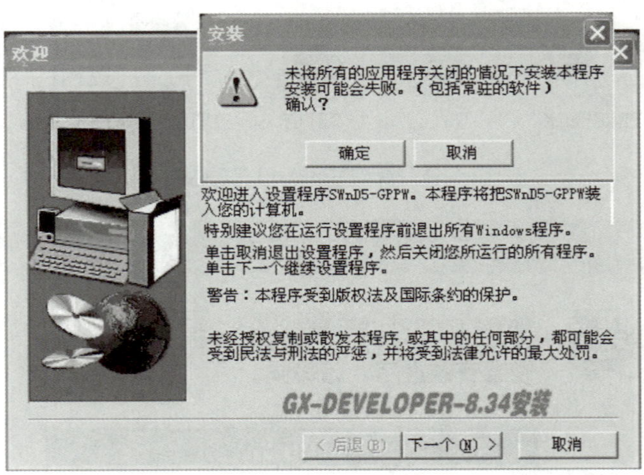

图 6-6　“欢迎”对话框

⑥ 按对话框提示，依次单击“下一个”和“是”按钮，屏幕弹出“输入产品序列号”和“选择部件”对话框，如图 6-7 所示。

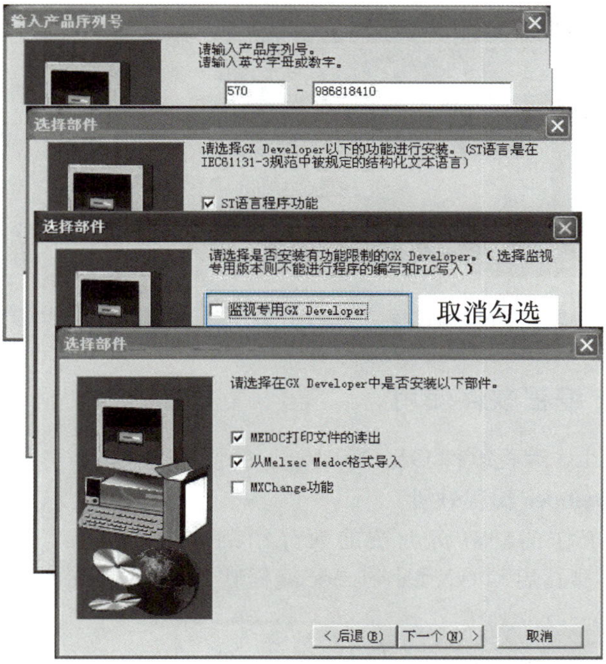

图 6-7　“输入产品序列号”和“选择部件”对话框

输入各种注册信息，选择“是”。在弹出的“输入产品序列号”文本框中输入产品序列号（注意：不同软件的产品序列号可能会不相同。产品序列号可从三菱官网下载中心下载的压缩包中得到）。单击“下一个”按钮，勾选“ST 语言程序功能”选项；单击“下一个”按钮，这里千万不能勾选“监视专用 GX Developer”选项（安装时每一个步骤都要仔细看，有的选项勾选反而不利）；单击“下一个”按钮，出现三个选项，这里可勾选；单击“下一个”按钮，弹出“选择目标位置”对话框，如图 6-8 所示。单击“下一个”按钮，开始安装。

微视频
其他PLC编程软件的安装

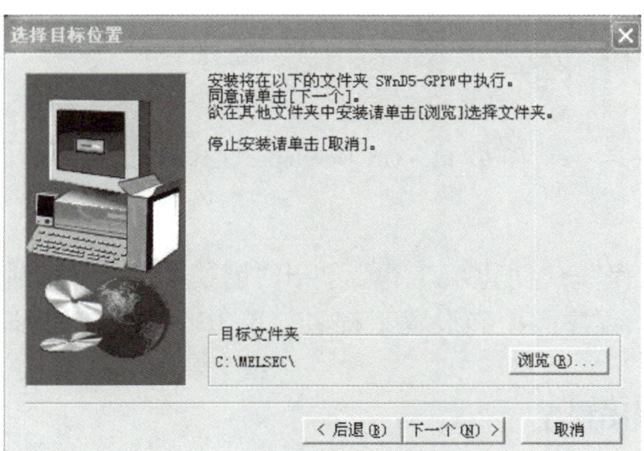

图 6-8　“选择目标位置”对话框

⑦ 程序安装过程如图 6-9 所示，5～10 min 后安装完成，系统弹出如图 6-10 所示“本产品安装完毕”对话框，单击“确定”按钮，程序安装结束。

图 6-9　程序安装过程

图 6-10　“本产品安装完毕”对话框

二、GX Developer 编程软件使用

下面简述三菱 PLC 编程软件 GX Developer 的使用方法。

1. 启动 GX Developer 编程软件

在一台能正常工作的计算机上按前面介绍的方法，安装三菱 PLC 编程软件 GX Developer。安装结束后，启动 GX Developer 编程软件，工作界面如图 6-11 所示。

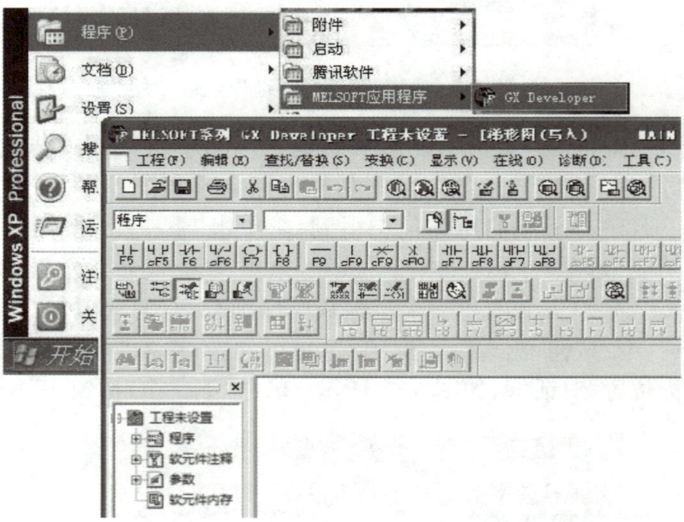

图 6-11　GX Developer 工作界面

2. 创建新工程

选择菜单命令“工程”→“创建新工程”，弹出“创建新工程”对话框，如图 6-12 所示。此时可选择 PLC 类型、程序类型和设置工程名。单击“确定”按钮，返回主界面，开始编写梯形图程序。

3. 编写 PLC 梯形图程序

主界面空白处用于编写 PLC 梯形图程序，在工具栏中找到相应的输入输出等符号

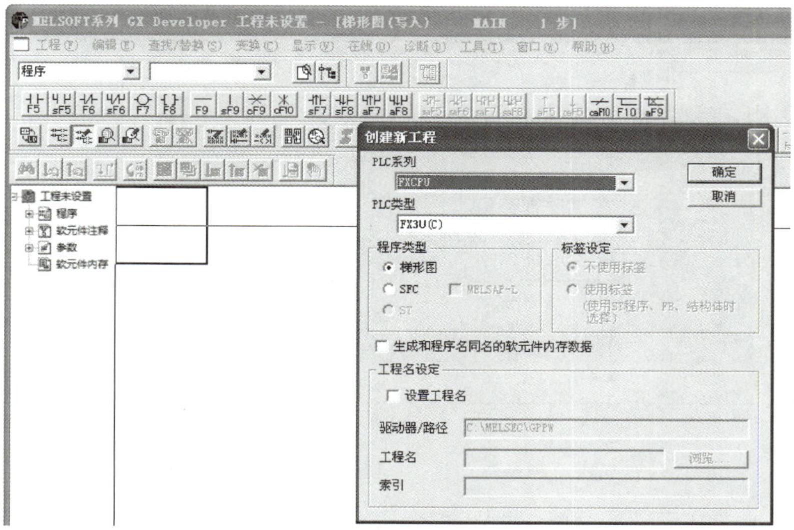

图 6-12　“创建新工程”对话框

后，单击就可以添加到程序编辑器中，也可以在编辑器中双击，输入相应的符号，如图 6-13 所示。

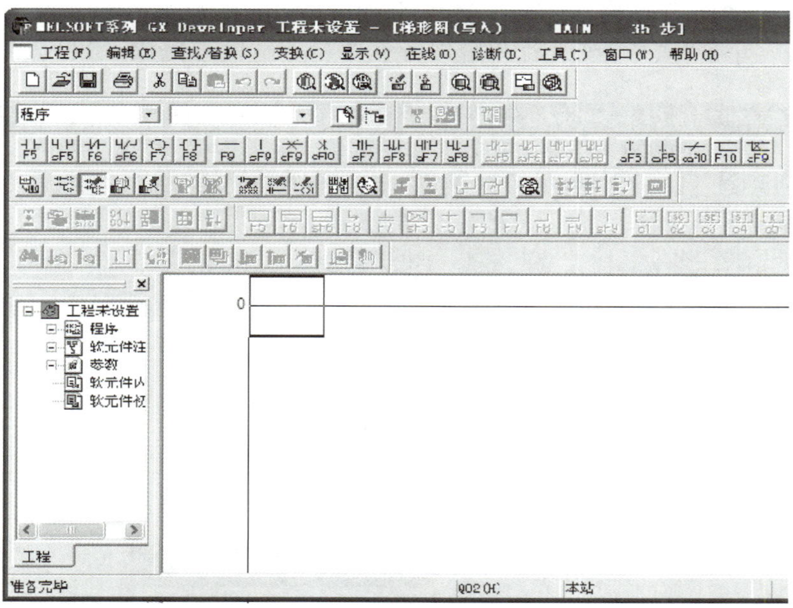

图 6-13　编写 PLC 梯形图程序

编写完一个简单程序之后，选择菜单命令“变换”→“变换”，或在编辑器中右击，选择快捷菜单中的“变换”命令，如图 6-14 所示。

微视频
指令输入

4. 程序自检查

编写完一个程序之后，单击“变换”，如果程序中有错误，变换时会弹出

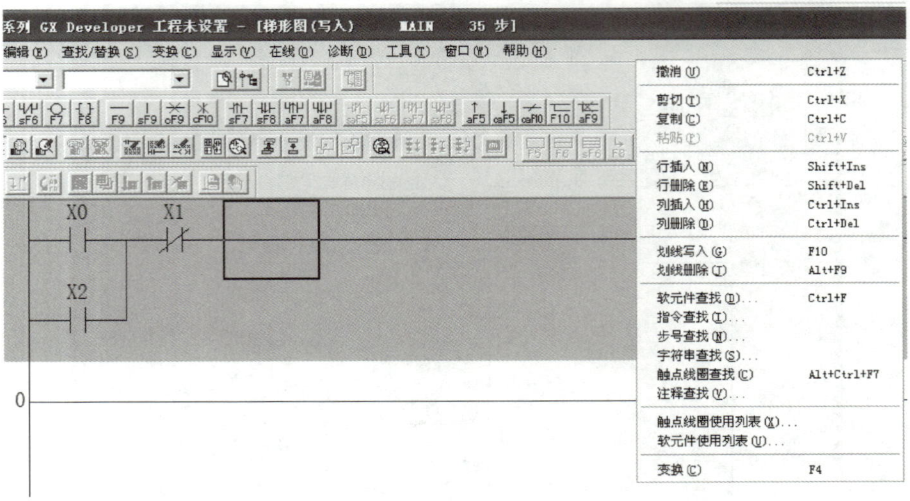

图 6-14 “变换”操作界面

微视频

指令参数输入

窗口，提示“有不能变换的梯形图。请修正光标位置的梯形图”，如图 6-15 所示。

程序修改确认无误后，选择菜单命令“工具”→“程序检查”，弹出“程序检查”对话框，集中对“指令、双线圈、梯形图、软元件和一致性”进行检查，单击“执行”按钮后开始进行程序检查。检查完成无误后，给出提示，如

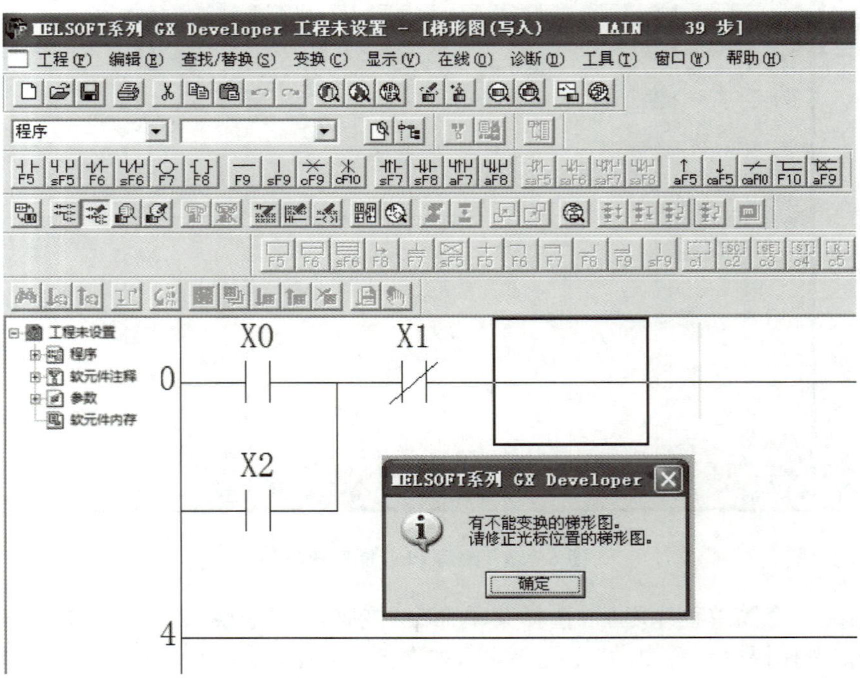

图 6-15 错误提示窗口

图 6-16 所示。

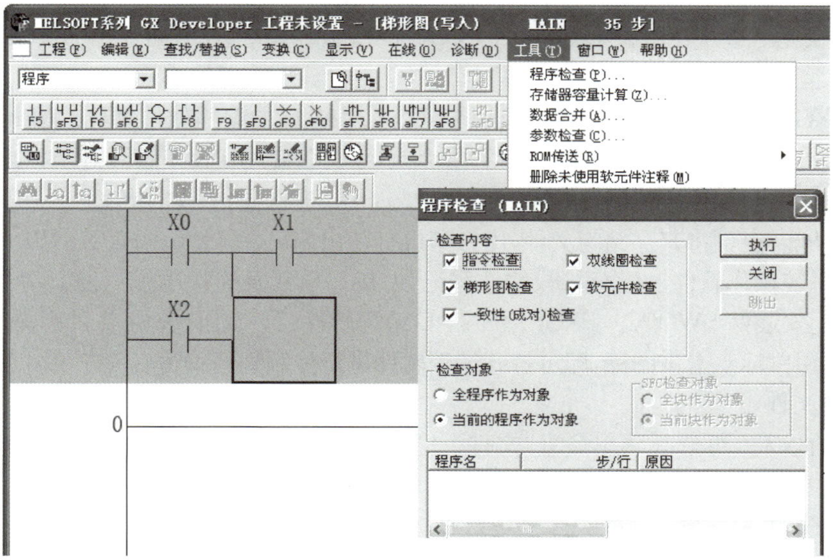

微视频　程序修改

图 6-16　“程序检查”对话框

5. 程序写入操作

程序检查完成并没有错误后，选择菜单命令“在线”→“PLC 写入”，进行 PLC 联机调试，如图 6-17 所示。

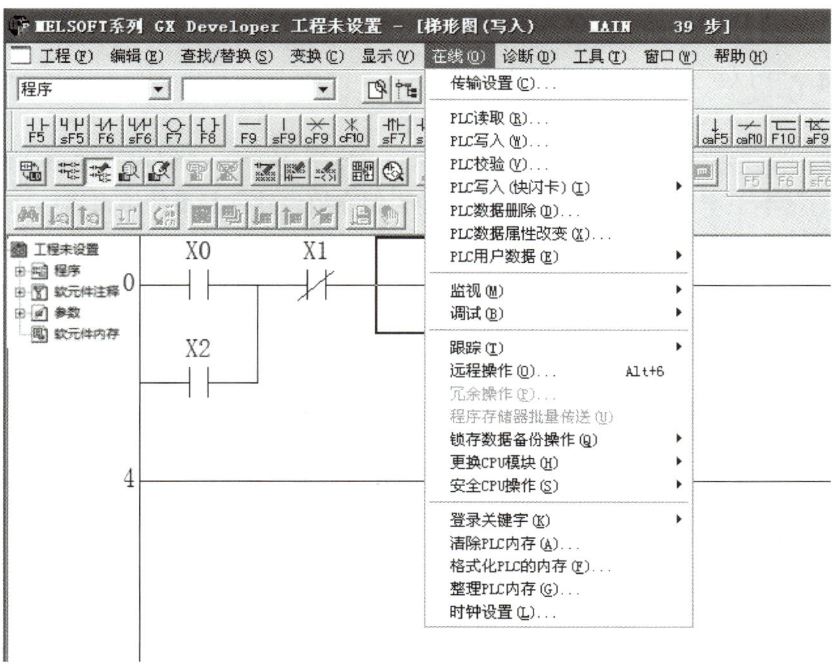

微视频　程序保存

图 6-17　PLC 联机调试

三、SWOPC－FXGP/WIN－C编程软件使用

上述步骤仅仅是三菱PLC编程软件GX Developer的简单应用，下面介绍SWOPC－FXGP/WIN－C编程软件使用方法。

SWOPC－FXGP/WIN－C编程软件是应用于FX系列PLC的编程软件，可在Windows操作系统下运行。在该软件中，可通过梯形图、指令表及SFC编写PLC程序，建立注释数据，设置寄存器数据等。创建的程序可在串行系统中与PLC进行通信、文件传送、操作监控和完成各种测试功能；也可将其存储为文件，用打印机打印出来。SWOPC－FXGP/WIN－C编程软件主要由系统操作软件、操作手册、软件登记卡、接口单元及连接电缆（任选）等部分构成。在计算机上安装好SWOPC－FXGP/WIN－C编程软件后，将在计算机桌面上自动创建软件快捷图标，用鼠标双击该图标，即可打开编程软件进行控制程序编写。

1. 新建程序文件

建立一个程序文件，可选择菜单命令“文件”→“新建”，在主界面程序区中新建程序文件，也可用工具栏中的按钮完成。新建程序文件名可根据实际需要设置。

2. 打开已有文件

打开一个磁盘中已有的程序文件，可选择菜单命令“文件”→“打开”，选择“打开”对话框中的程序文件，也可用工具栏中的按钮完成。

微视频
程序上传与下载

3. 程序上传

在与PLC建立通信的前提下，若要将程序文件上传到PLC的存储器中，选择菜单命令“PLC”→“传送”→“读出”。

4. 程序下载

在与PLC建立通信的前提下，若要将某程序下载到PLC的存储器文件中，选择菜单命令“PLC”→“传送”→“写出”。

5. 编辑程序

编辑和修改控制程序是程序员利用三菱SWOPC－FXGP/WIN－C编程软件在实训台或工作台上完成的基本工作，下面以梯形图编辑程序为例介绍该软件基本的编辑操作功能。

（1）编程元件

梯形图编程元件主要有线圈、触点、指令盒、标号及连接线，其输入方法有以下三种：

一是功能图输入。首先，在编辑窗口光标所在处定位，在功能图中选择元件类型、输入编号等；其次，按下“确定”按钮，则完成某一元件的输入；最后，检查元件输入是否符合规定，若输入正确，则在对话框中提示输入下一个元件，否则说明元件输入有错误，例如：元件编号错误或违反梯形图的编程规则，系统软件自动提示拒绝下一个元件输入，等待程序员进行更改。

二是利用功能键直接进行输入操作，其方法与上面相同。

三是顺序输入。顺序输入是在一个逻辑行中，只有编程元件的串联连接，无分支输入。该方法非常简单，只需要从逻辑行的开始位置处依次输入各元件，每输入一个元件，光标都会自动往下移动一列。若要在任意位置添加输入时，则在添加编程元件的任意位置单击，光标自动移动到此处，然后再输入需要编程的元件。

（2）插入和删除

在编程过程中经常会用到插入和删除某一行或某一列或某一逻辑行等操作，可执行以下操作：

① 插入。将光标移动到要插入的位置，选择“编辑”菜单，单击“行插入”命令，即可实现逻辑行中所有元件的输入。

② 删除。通过鼠标选择要删除的逻辑行，选择“编辑”菜单，单击“行删除”命令，即可删除该逻辑行中的所有元件。

6. 注释

对于需要给出注释的元件，双击该元件，在弹出的对话框中输入文字注释。

7. 语言转换

利用软件可以实现编程语言（编辑器）之间任意切换，选择菜单命令“视图”→“STL”或“LAD”命令，可进入相应编程环境。STL 和 LAD 之间互相转换是使用得最多的。

8. 转换

程序编辑完成后，选择菜单命令“编辑”→“转换”，将编辑窗口中创建的电路图转换格式存入计算机内存储器中。反之，若退出编辑界面，则不保存程序。

9. 测试/运行

三菱 SWOPC－FXGP/WIN－C 编程软件提供了一系列的工具，便于直接在软件环境下进行调试和监控用户程序的执行情况。

10. 监控/测试

图片 进入监控方式

（1）元件监控（X、Y、M）

选择菜单命令“监控/测试”→“进入元件监控（X、Y、M）”，弹出“元件监控”对话框，输入要监控元件的起始编号和元件数量，单击“确定”按钮，屏幕上显示元件的状态。

（2）元件监控（T、C、D）

选择菜单命令“监控/测试”→“进入元件监控（T、C、D）”，弹出“元件监控”对话框，输入要监控元件的起始编号和元件数量，单击“确定”按钮，屏幕上显示以十六进制或以十进制的形式表示所监控元件的当前值。

（3）元件监控（光标）

选择菜单命令“监控/测试”→“元件监控（光标）”，直接进入程序界面，观察元件的状态和数值。

11. 强制

微视频 强迫设置与复位

用户用强制命令对变量进行赋值，所有强制改变的值都存在主机固定的 ROM 中。

12. 置位/复位

利用“强制输出”实现指定元件的 ON/OFF 状态。选择菜单命令“监控/测试”→“强制输出”，则系统对元件 X、Y、M 以及特殊 M、S、T、C 等类型元件进行置位操作，也可以对 X、Y、M 以及 M、S、T、C、D、V、Z 等类型元件进行复位操作。

13. 改变设定值

利用“改变设定值”命令改变指定元件设定值。选择菜单命令“监控/测试”→“改变设定值”，则系统对字元件 T、C、D 以及特殊字符 D、V、Z 等进行设定值的改变。

素质拓展

根据自己的爱好和现有实训室的条件，在实训教师的指导下，反复多次练习 PLC 编程软件的安装和使用，熟悉 PLC 实训台的面板布局结构，为后期学习和编程训练打下基础。

项目 2　PLC 安装、接线和编程器使用

一、项目目标

1. 掌握 PLC 的基本组成模块，熟悉安装、接线方法。
2. 掌握 FX-20P-E 编程器的接线和使用方法。
3. 学习 PLC 实训台的使用。

二、相关知识

1. PLC 实训台的功能分布(图 6 - 18)。

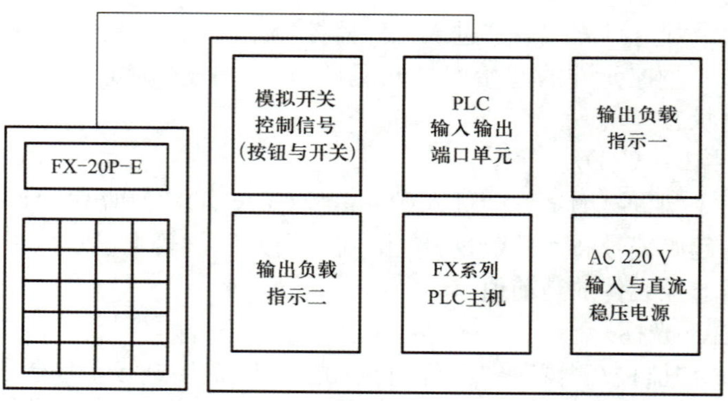

图 6 - 18　PLC 实训台的功能分布

2. PLC 实训台面的结构布局。
3. FX-20P-E 编程器的使用方法。
4. 编程器电缆的连接。
5. 连接导线的选取。

三、项目实施

1. PLC 的安装

PLC 虽然直接应用于工业生产环境，但良好的工作环境对提高它的工作可靠性和使

用寿命是有利的。一般小型 PLC 均配置有固定的机箱，在机壳的四角处留有安装孔，目前常见的有两种安装方法：一种是用紧定螺钉固定，不同的单元采用不同的安装尺寸；另一种是 DIN 轨道固定，在轨道左右两侧先放好夹板，装上 PLC，然后拧紧紧定螺钉。在安装时，应留足通风空间，基本单元与扩展单元之间、PLC 与高压设备和电源线之间留足技术指标要求的间距。PLC 的安装，生产厂商一般会根据用户的机型、模块及相关位置按要求给用户安装，调试合格后交付使用。

2. PLC 的接线

FX2N 系列、FX3U 系列 PLC 输入输出端子分布示意图如图 6-19 所示，输入输出设备接线示意图如图 6-20 所示。

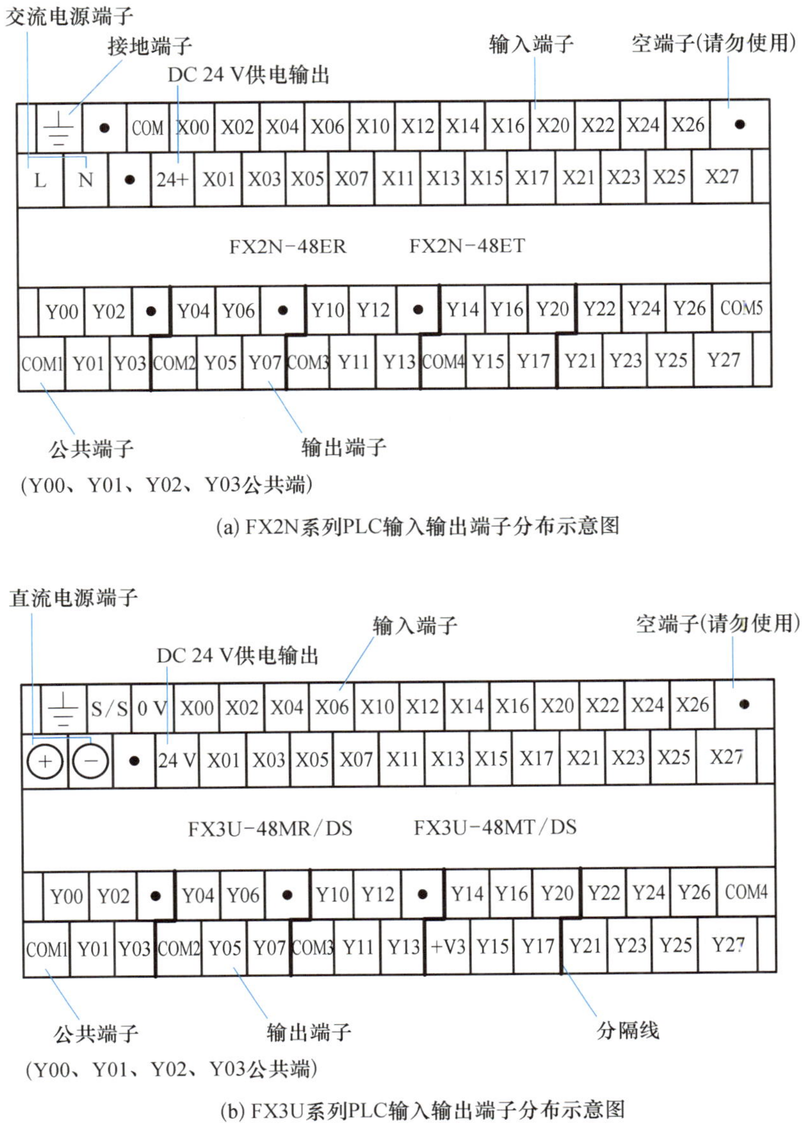

图 6-19　FX2N 系列、FX3U 系列 PLC 输入输出端子分布示意图

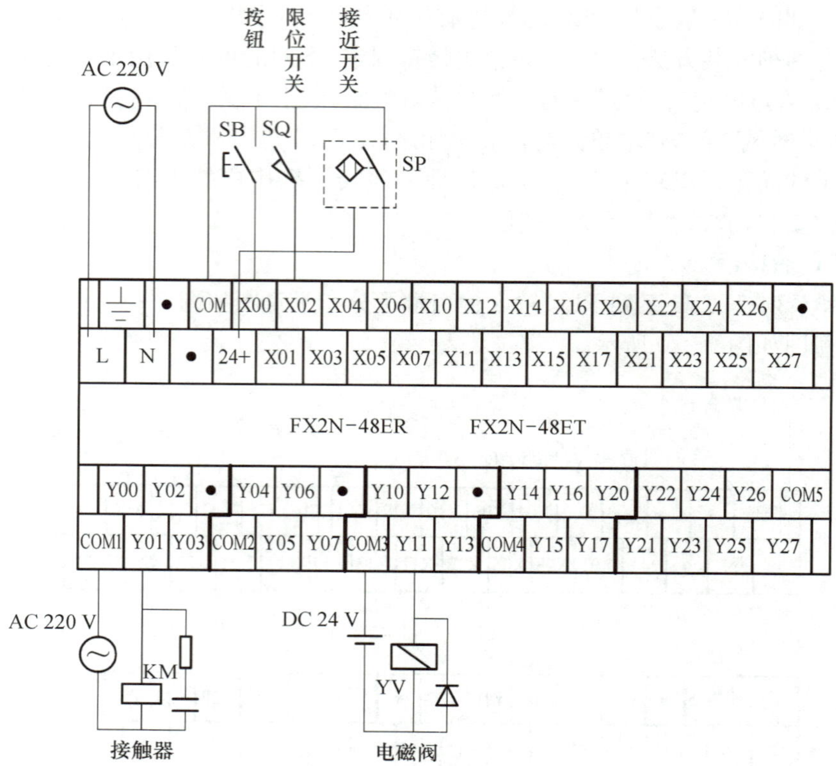

(a) FX2N系列PLC输入输出设备接线示意图

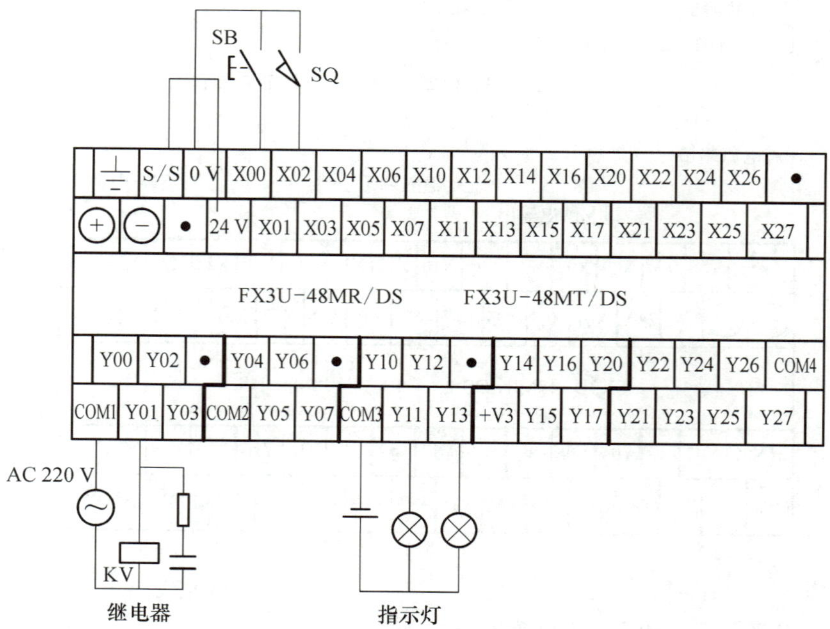

(b) FX3U系列PLC输入输出设备接线示意图

图 6-20　FX2N 系列、FX3U 系列 PLC 输入输出设备接线示意图

（1）电源

FX2N 系列、FX3U 系列 PLC 的基本接线方法如图 6-21 所示。其中，图 6-21(a)为 PLC 交流电源接线示意图，图 6-21(b)为 PLC 输入端接线示意图。

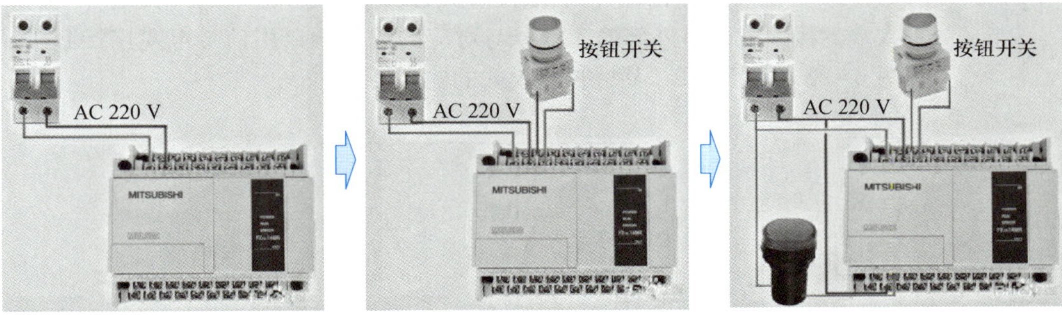

① 电源接线：电源火线L端接PLC的L端，电源零线N端接PLC的N端

② 输入端接线：开关一端接PLC的COM端，另一端接PLC的X00端

③ 输出端接线：指示灯或蜂鸣器一端接电源火线L端，另一端接PLC的Y00端，电源零线N端接PLC的COM端

(a) PLC交流电源接线示意图

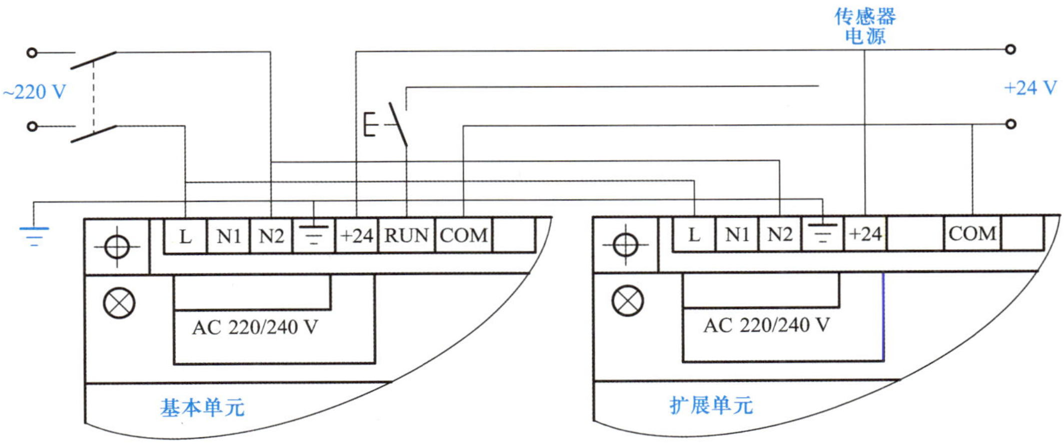

(b) PLC输入端接线示意图

图 6-21 FX2N 系列、FX3U 系列 PLC 的基本接线方法

说明：基本单元和扩展单元的通断电必须同时进行，即两者共用一个电源开关；PLC DC 24 V 接线端，可为光电开关、接近开关等输入传感器提供 DC 24 V 电源。

（2）接地

PLC 的接地线一般与机器的接地端相连接，基本单元必须接地，扩展单元与基本单元的接地点可连接在一起。接地线应尽可能短，在满足接地电阻小于 100 Ω，接地线截面积大于 2 mm^2 的条件下，采取单点接地方式，严禁与其他设备串联接地。

（3）RUN/STOP 方式切换

在 RUN 和 COM 之间接入一个输入信号开关，当 COM 与 RUN 接通后，PLC 开始执行程序，此时利用监控功能，便可对 PLC 的运行状态进行监控。在 STOP 和 COM 之

图片
开关量输入接线

间接入一个开关，当 STOP 接通后，PLC 停止一切操作，全部输出切断，此时程序员可以编程或进行程序修改工作。

（4）输入接线

PLC 一般接受行程开关、限位开关、接近开关等输入的开关信号，各输入端的接线就是将外部输入信号与对应的输入端口用信号电缆连接起来。图 6-22 所示为 PLC 某一控制模式的输入接线。

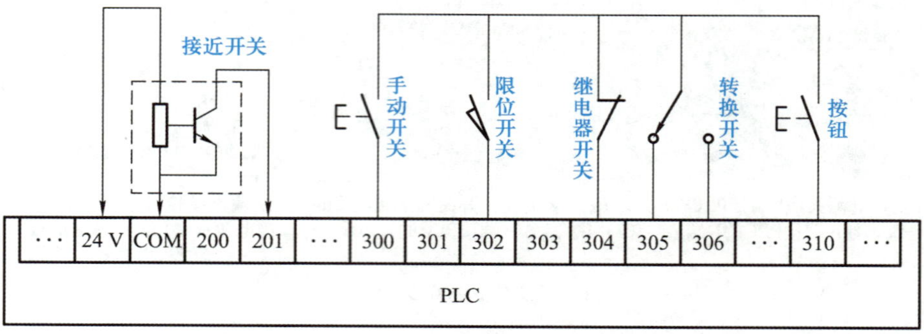

(a) FX2N系列PLC输入端接线示意图

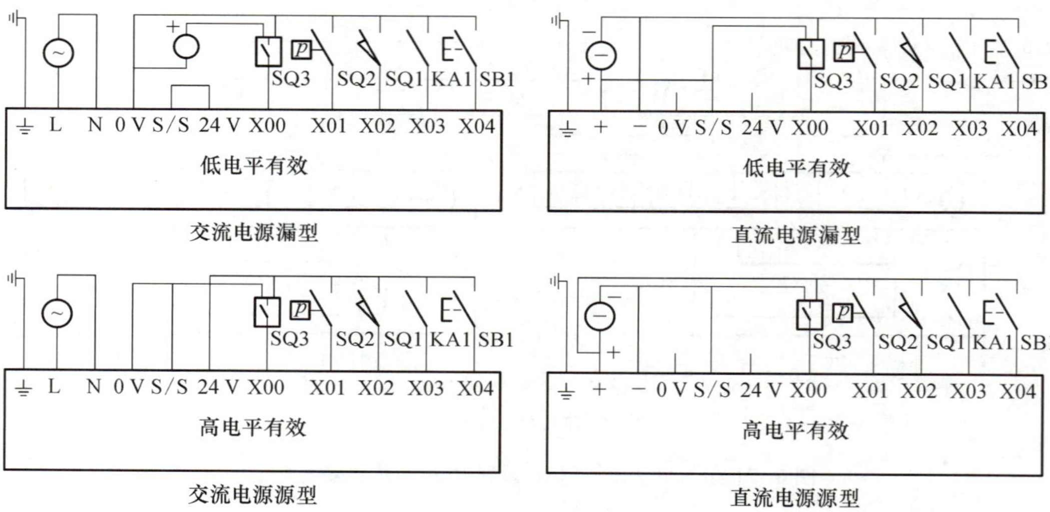

(b) FX3U系列PLC输入端接线示意图

图 6-22　PLC 某一控制模式的输入接线

图片
开关量输出接线

（5）输出接线

PLC 的输出元件一般封装在内部印制电路板上，输出接线就是将各输出端口与对应的输出控制负载用输出控制电缆连接起来。图 6-23 所示为 PLC 某一控制模式的输出接线。

目前，市场上出现的 PLC 机型、规格有许多种，每一种型号的 PLC 都有自己独立的输入端口、输出端口所对应的功能约定。因此，PLC 使用者

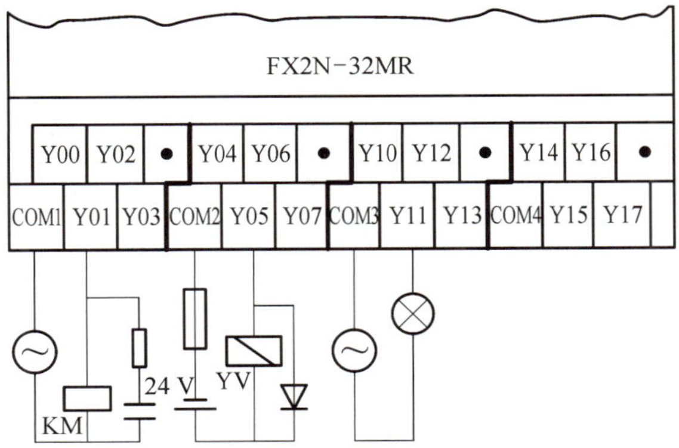

(a) FX2N系列PLC输出端接线示意图

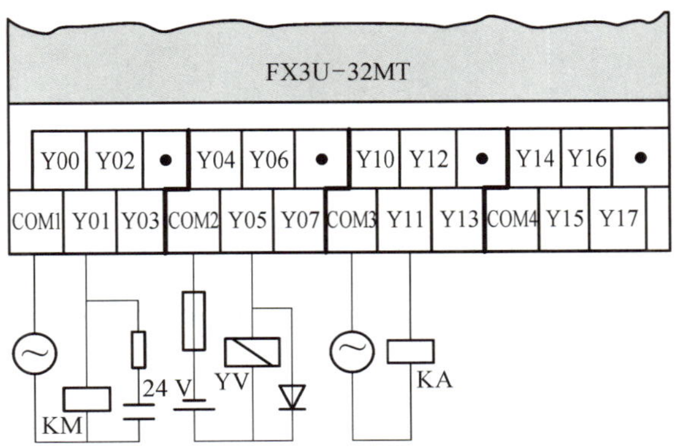

(b) FX3U系列PLC输出端接线示意图

图 6 - 23　PLC 某一控制模式的输出接线

在正式操作使用前应该仔细阅读随机器配套的使用说明书或在技术人员指导下进行操作，以免造成不必要的损失。

3. 运行程序及查看结果

① 按实训要求，在实训教师指导下，正确接线，经检查无误后方可进行编程输入、调试。

② 通过编程器，将以下程序段输入可编程控制器中，并检查输入结果。

0	LD	M8002	8	OUT	T1	16	OUT	T3
1	SET	S20	9	SP	K20	17	SP	K20
2	STL	S20	10	LD	T1	18	LD	T3
3	OUT	Y00	11	OUT	Y02	19	OUT	Y04
4	OUT	T0	12	OUT	T2	20	OUT	T4
5	SP	K20	13	SP	K20	21	SP	K20
6	LD	T0	14	LD	T2	22	LD	T4
7	OUT	Y01	15	OUT	Y03	23	OUT	Y05

```
24  OUT  T5      33  SP   K20     42  LD   T9
25  SP   K20     34  LD   T7      43  SET  S21
26  LD   T5      35  OUT  Y08     44  STL  S21
27  OUT  Y06     36  OUT  T8      45  OUT  T30
28  OUT  T6      37  SP   K20     46  SP   K30
29  SP   K20     38  LD   T8      47  LD   T30
30  LD   T6      39  OUT  Y09     48  SET  S21
31  OUT  Y07     40  OUT  T9      49  RET
32  OUT  T7      41  SP   K20     50  END
```

③ 按上述程序设计思路将输出 Y00～Y09 依次与 PLC 实训台的指示灯相连，在 PLC 中运行上述程序，观察并记录运行结果，指出其功能。

素质拓展

根据运行结果和功能，画出其流程图和功能图。

项目 3　三菱 PLC 编程软件 GX Works2 安装与使用

GX Works2 编程软件是三菱公司 2011 年后推出的另一款综合编程专业软件，是集编程软件、仿真软件、模块设置软件为一体的综合性 PLC 编程软件，支持梯形图、指令表、SFC、ST 和结构化梯形图（FBD，又称功能框图）等编程语言，集成了程序仿真软件 GX Simulator2，具备程序编辑、参数设定、网络设定、监控、仿真调试、在线更改、智能功能模块设置等功能，适用于三菱 Q 系列、FX 系列 PLC 的设计、调试、维护等编程，可实现 PLC 与 HMI、运动控制器的数据共享。

该软件有简单工程和结构工程两种编程方式，与传统 GX Developer 编程软件相比，提高了功能性及操作性，使用范围广、适用性强、功能强大，具备程序编辑、参数设定、网络设定、监控、仿真调试、在线更改、智能功能模块设置等功能，还具有实现 PLC 与 HMI、运动控制器等数据共享功能。

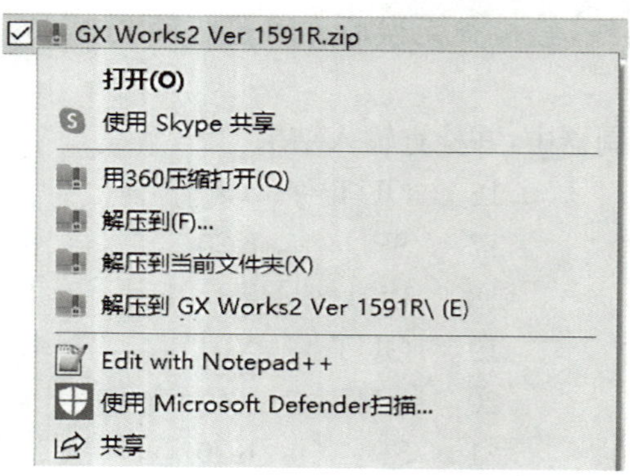

图 6-24　解压缩下载的 GX Works2 编程软件安装包

一、GX Works2 编程软件安装

具体界面操作过程和安装步骤如下：

（1）下载软件安装包

下载 GX Works2 编程软件安装包，右击软件安装包（如图 6-24 中的“GX Works2

Ver 1591R. zip”)，在弹出的快捷菜单中，选择合适的解压缩命令，对软件安装包进行解压缩(解压缩后的文件建议存放在一个能够方便找到的非 C 盘位置上)。

(2) 启动安装向导

打开已解压缩的文件夹，找到安装程序“setup. exe”，如图 6－25 所示，双击“setup. exe”，系统弹出安全提示对话框(图 6－26)要求用户关闭其他程序，此时也可不关闭其他程序，但建议根据系统提示进行操作，以免出现意外。

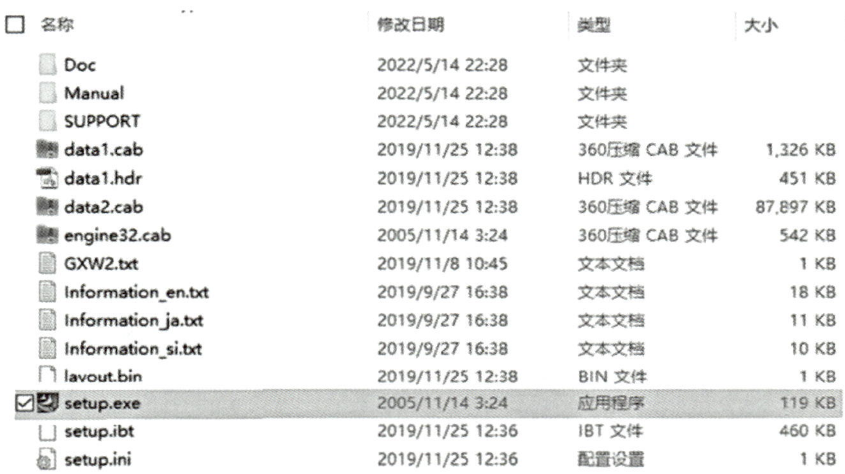

图 6－25　找到安装程序“setup. exe”

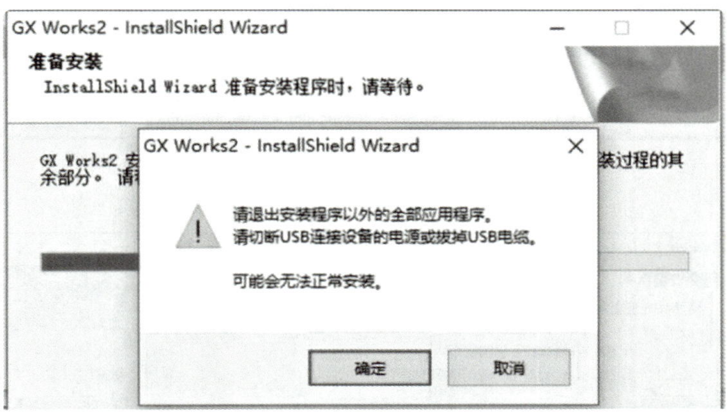

图 6－26　安全提示对话框

在弹出安装向导对话框(图 6－27)中，单击“下一步”按钮。

(3) 注册用户信息

在弹出的“用户信息”对话框(图 6－28)中，按要求输入用户相关信息，单击“下一步”按钮。

(4) 选择安装路径

在弹出的“选择安装目标”对话框(图 6－29)中，单击“更改”按钮，选择 GX Works2 编

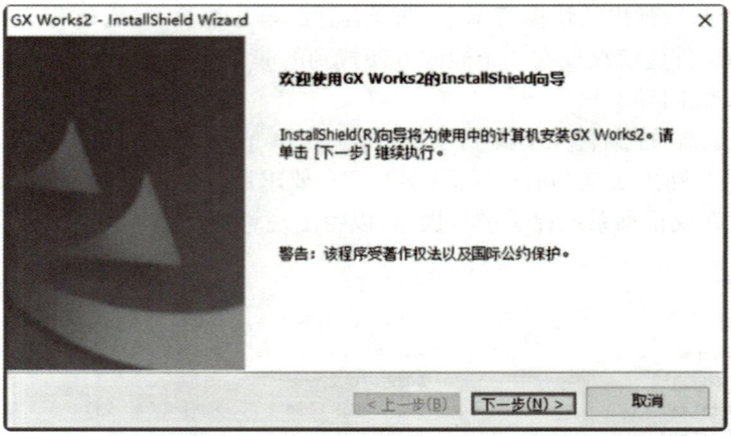

图 6-27　安装向导对话框

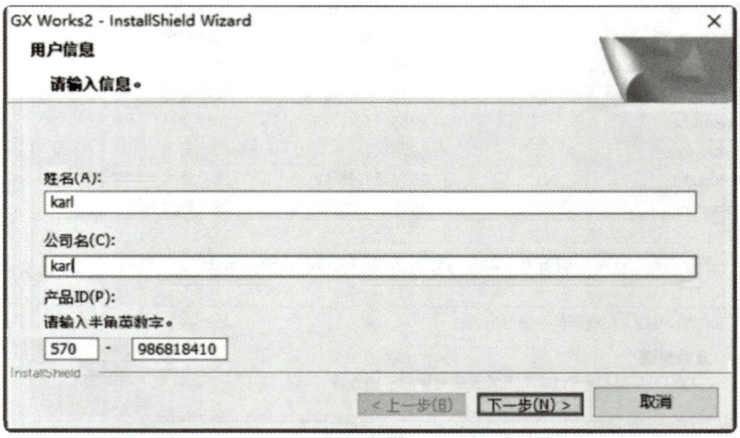

图 6-28　“用户信息”对话框

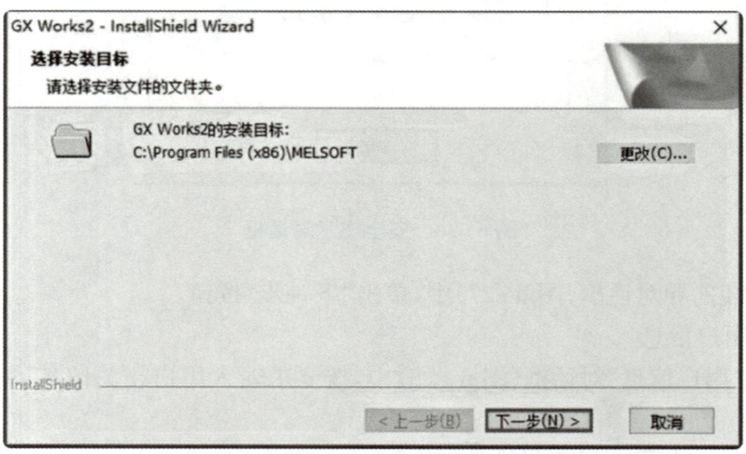

图 6-29　“选择安装目标”对话框

程软件的安装路径,这里选择默认安装路径(建议安装在空间比较大的磁盘中),单击“下一步”按钮。

(5) 配置文件

在弹出的“开始复制文件”对话框(图 6-30)中,确认“当前设置”是否正确,若正确,则单击“下一步”按钮。开始配置文件复制过程,如图 6-31 所示(配置文件复制过程时间稍长,须耐心等待)。

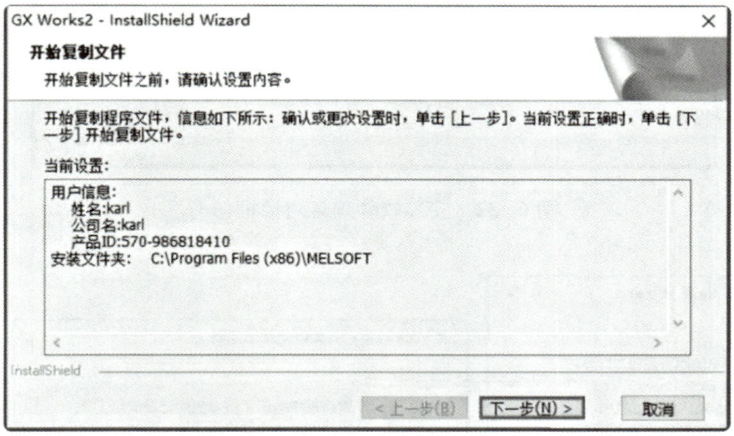

图 6-30　“开始复制文件”对话框

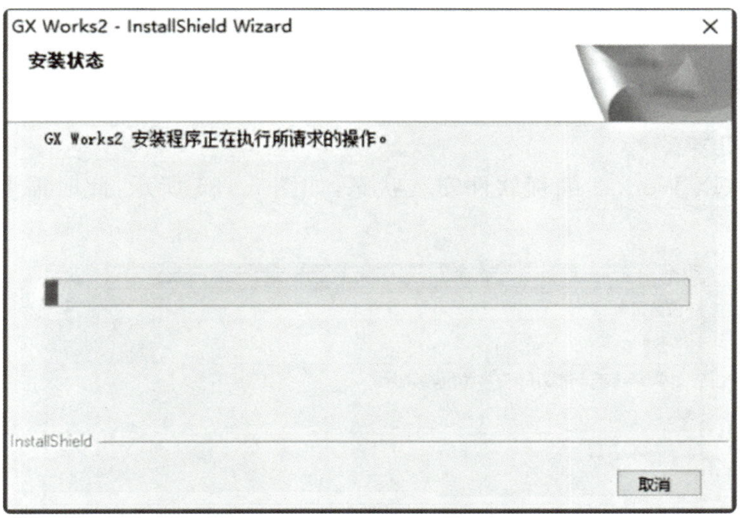

图 6-31　配置文件复制过程

(6) 选择安装软件

当弹出如图 6-32 所示对话框时,说明配置文件完成,单击“确定”按钮,弹出如图 6-33 所示对话框,单击“确定”按钮,弹出安装手册查看提示对话框(图 6-34)。若需要安装手册,则单击“是”按钮;否则,单击“否”按钮。

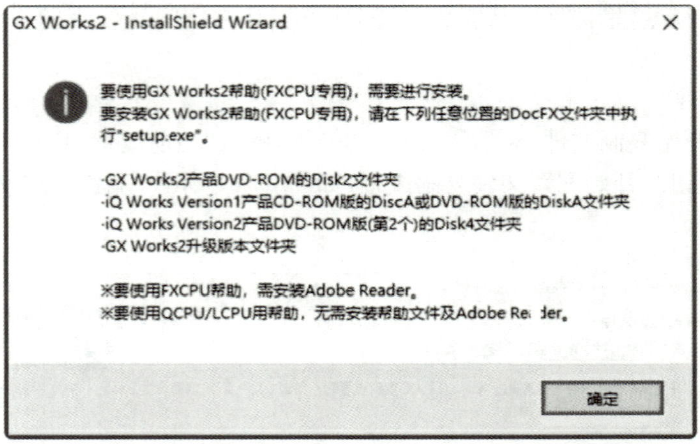

图 6-32　安装软件确认对话框(一)

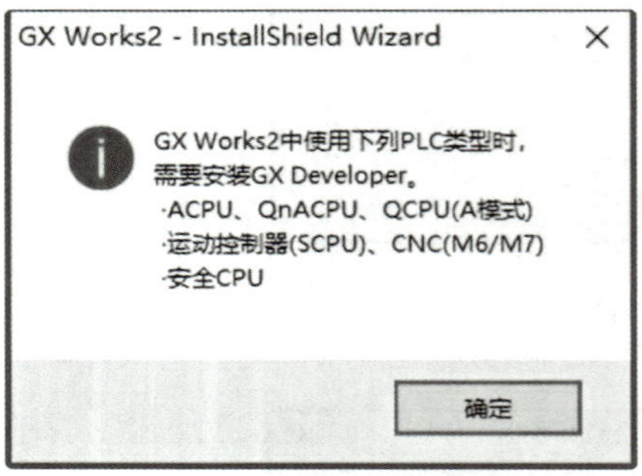

图 6-33　安装软件确认对话框(二)

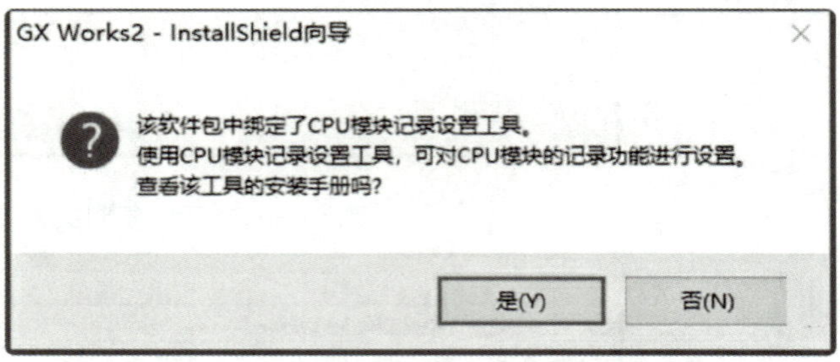

图 6-34　安装手册查看提示对话框

（7）软件安装

系统进入 GX Works2 编程软件安装状态，如图 6-35 所示，此时需要一定的安装时间。

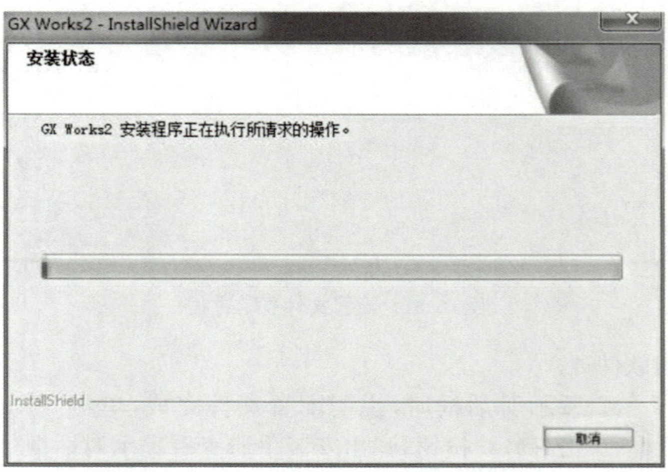

图 6-35　GX Works2 编程软件安装状态

（8）安装完成

GX Works2 编程软件安装完成时，会弹出如图 6-36 所示对话框，单击“完成”按钮，进入 GX Works2 编程软件界面。

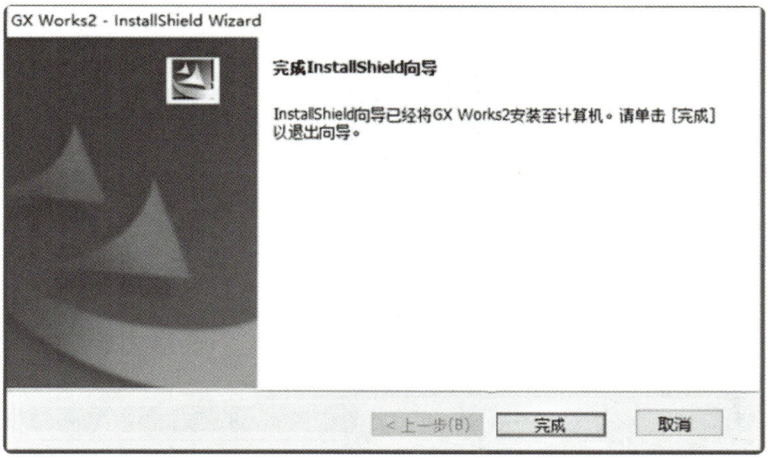

图 6-36　安装完成对话框

二、GX Works2 编程软件使用

1. GX Works2 编程软件说明

（1）编程方式

GX Works2 编程软件有简单工程和结构工程两种编程方式。

① 简单工程是使用触头（触点）、线圈和功能指令进行编程，用于 FX 系列 PLC 使用梯形图和 SFC 编程，也适用 Q 系列梯形图、SFC 和 ST 语言（屏幕勾选标签）编程。

② 结构工程是将工程细分化和程序的通用执行部分部件化，使程序容易阅读与引用，用于 FX 系列 PLC 使用功能块图（FBD）和 ST 语言（屏幕勾选标签）编程，也适用 Q 系列梯形图、ST 语言、SFC 编程。

（2）ST 语言

ST（结构化文本）语言与 C 语言相类似，可使用条件语句选择分支、使用循环语句重复执行指令等，ST 语言编程是由语句、运算符、函数、功能指令、功能块指令、软元件、标签等组成。

标签（标识）是在 ST 语言编程中为用户定义的内存变量，且规定了类型与使用范围。标签分为用于全部工程的全局变量和用于定义标签子程序的局部变量。

2. GX Works2 编程软件使用方法与步骤

（1）启动编程软件

在开始菜单中单击“GX Works2”（图 6-37）或双击“GX Works2”桌面快捷图标（图 6-38），打开 GX Works2 编程软件界面，如图 6-39 所示。

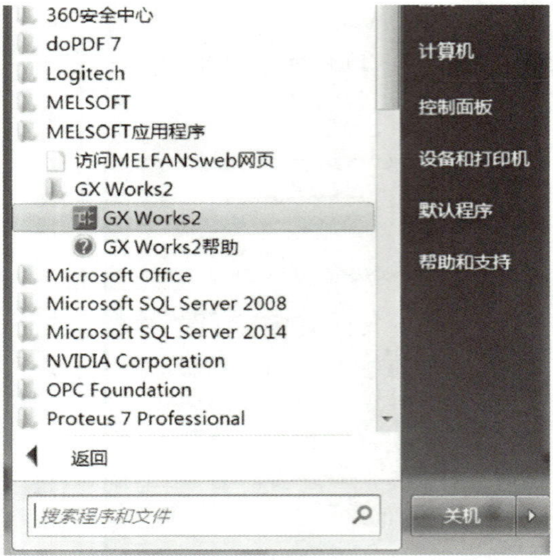

图 6-37　单击“GX Works2”

图 6-38　双击“GX Works2”桌面快捷图标

图 6-39　GX Works2 编程软件界面

(2) 创建新工程

在 GX Works2 编程软件中，创建一个新工程，有三种方法可供选用：一是单击工具栏中的“新建”按钮；二是执行“工程”→“新建工程”菜单命令；三是按“Ctrl＋N”组合键。

(3) 选择编程机型与语言

执行“工程”→“新建工程”菜单命令，在弹出的“新建工程”对话框中，依次完成“工程类型”“PLC 系列”“PLC 类型”“程序语言”的选择，如图 6－40 所示，单击“确定”按钮，则系统进入梯形图编程状态。若使用 ST 语言编程，则需要勾选“使用标签”复选框。

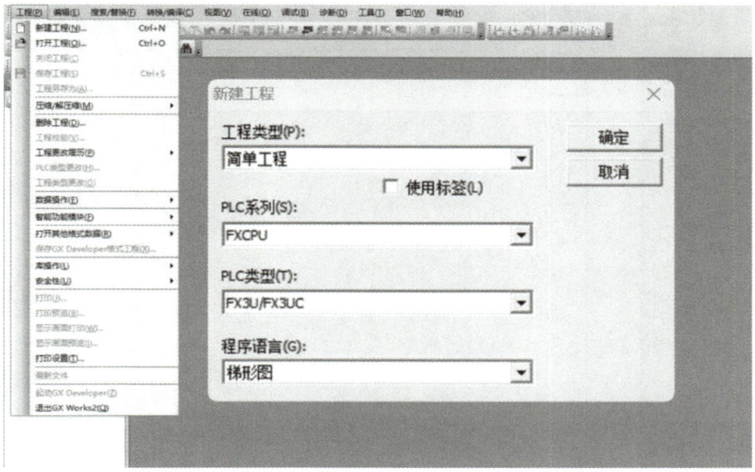

图 6－40　梯形图编程状态选项

若分别选择“简单工程”“FXCPU”“FX3U/FX3UC”“SFC”，如图 6－41 所示，则系统进入 SFC 编程状态。

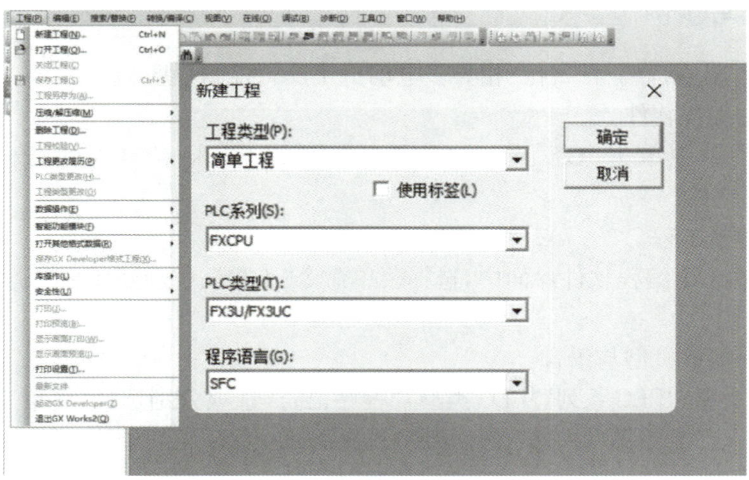

图 6－41　SFC 编程状态选项

在如图 6－40、图 6－41 所示对话框中，所选择 PLC 类型须与实际使用的 PLC 类型一致，否则程序编写后，会无法写入 PLC 或写入出错。

（4）编写程序

创建新工程后，进入编程界面，如图 6－42 所示，此时读者就可以按自己的工作任务要求编写程序。

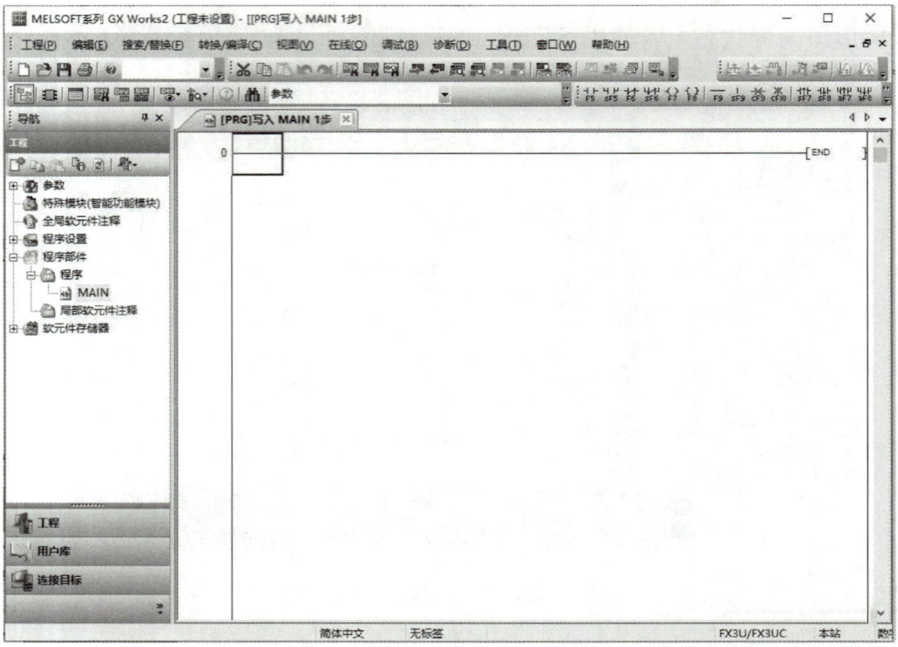

图 6－42　编程界面

三、程序编写示例

试用梯形图语言编写一台三相异步电动机正反转控制程序。

（1）启动编程软件

在开始菜单中单击“GX Works2”或双击“GX Works2”桌面快捷图标，启动 GX Works2 编程软件。

（2）创建新工程

在 GX Works 编程软件界面中，选择菜单命令“工程”→“新建工程”，弹出“新建工程”对话框。

（3）选择编程机型与语言。

对“工程类型”“PLC 系列”“PLC 类型”“程序语言”选项分别选择“简单工程”“FXCPU”“FX3U/FX3UC”“梯形图”，勾选“使用标签”复选框，使用 ST 语言编程，单击“确定”按钮。

（4）编写程序

按一台三相异步电动机正反转控制要求，依次编写完成控制程序，如图 6－43 所示。

程序编写完成后，单击“参数”选项，再单击展开“程序部件”选项，选择菜单命令“工具”→“程序检查”，系统开始对程序进行检查，若程序正确，弹出如图 6－44 所示对话框，否则重新修改程序，直到程序正确。

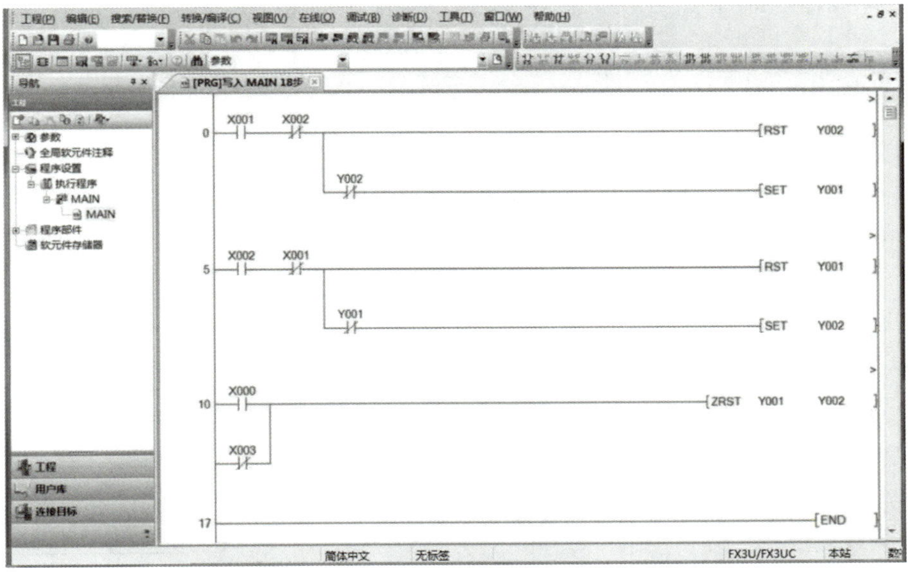

图 6-43　程序编写

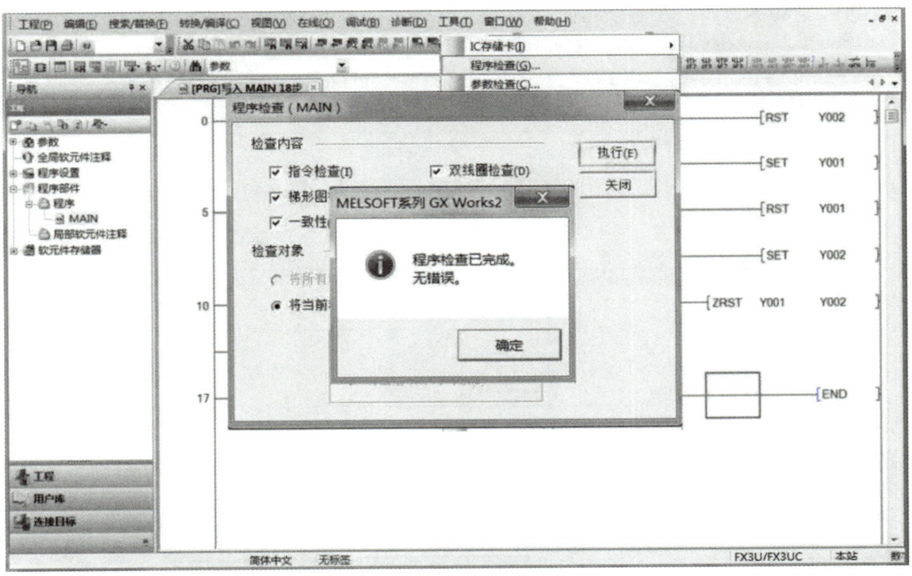

图 6-44　程序检查完成

(5) 软元件注释

选择菜单命令“编辑”→“文档创建”→“软元件注释编辑”，如图 6-45 所示。

依次对三相异步电动机正反转梯形图控制程序中的软元件进行注释，如图 6-46 所示。

(6) 程序仿真调试

程序仿真调试有两种方法：一是选择菜单命令“调试”→“模拟开始/停止”；二是单击

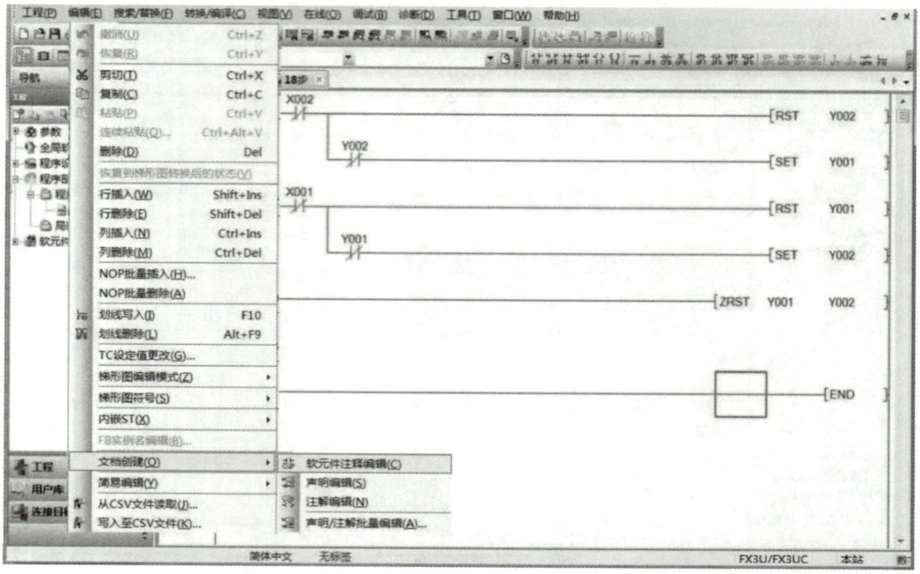

图 6-45　执行"软元件注释编辑"菜单命令

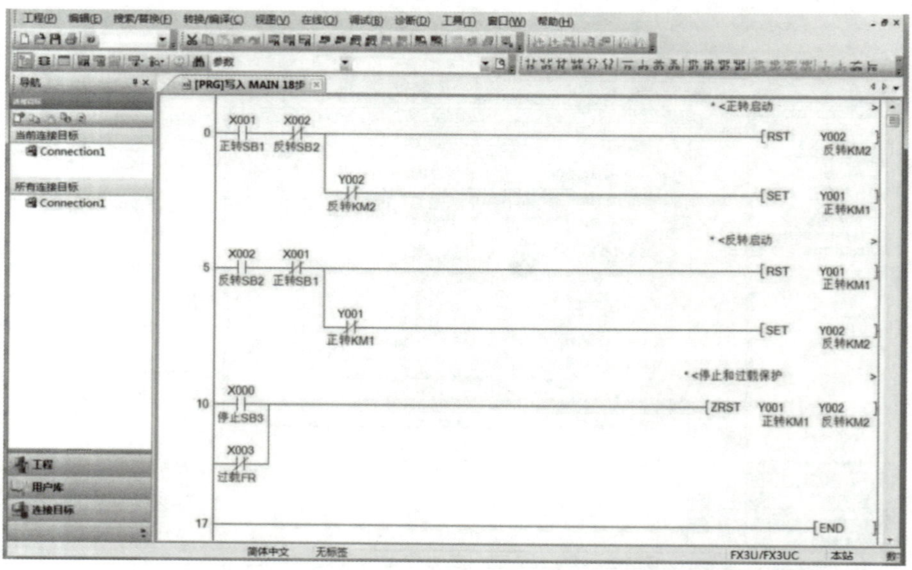

图 6-46　软元件注释

工具栏中的"模拟开始/停止"按钮。

程序仿真调试方法与步骤如下：

① 当完成一段程序编写后，单击工具栏中的"模拟开始/停止"按钮，或选择菜单命令"调试"→"模拟开始/停止"，如图 6-47 所示。

② 当模拟运行开始后，根据弹出的窗口信息，进行相关操作：一是调用"当前值更改"对话框，如图 6-48 所示，输入要改变的软元件，更改软元件的存储值，观察程序运行效

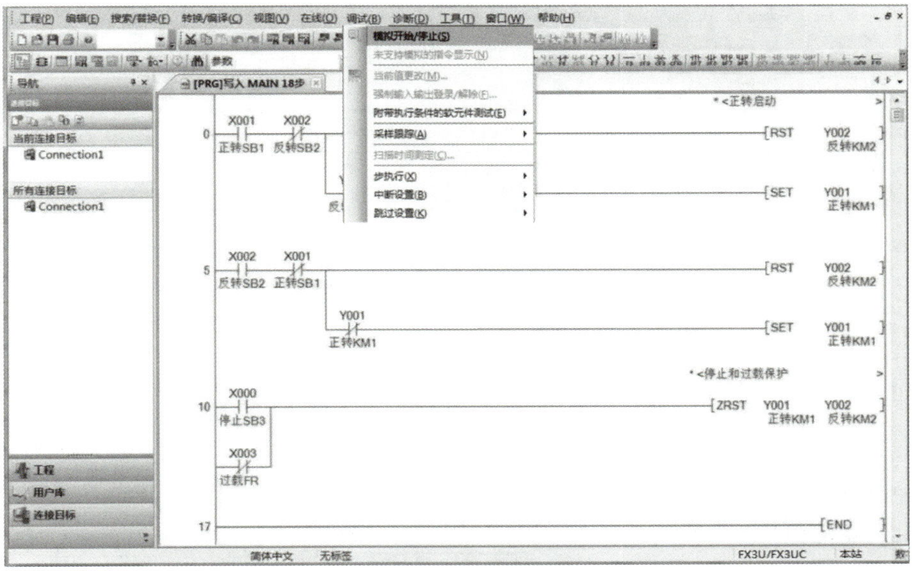

图 6-47　执行“模拟开始/停止”菜单命令

果，例如，在“当前值更改”对话框“软元件/标签”栏中输入“X1”，先单击“ON”按钮，再单击“OFF”按钮，等效于 X1 端口外接按钮按下后松开，相当于图 6-49 中 X001=**1**(X1 端口外接按钮按下)，此时 Y001=ON，然后依次操作 X2、X3 端口，观察输出是否符合控制要求；二是更改位元件、字元件的存储值；三是能实现开关量、模拟量(缓冲存储器)的仿真；四是仿真结束后，须将编辑状态从读取模式改为写入模式，如图 6-50 所示，才能修改和完善控制程序，直到符合控制要求。

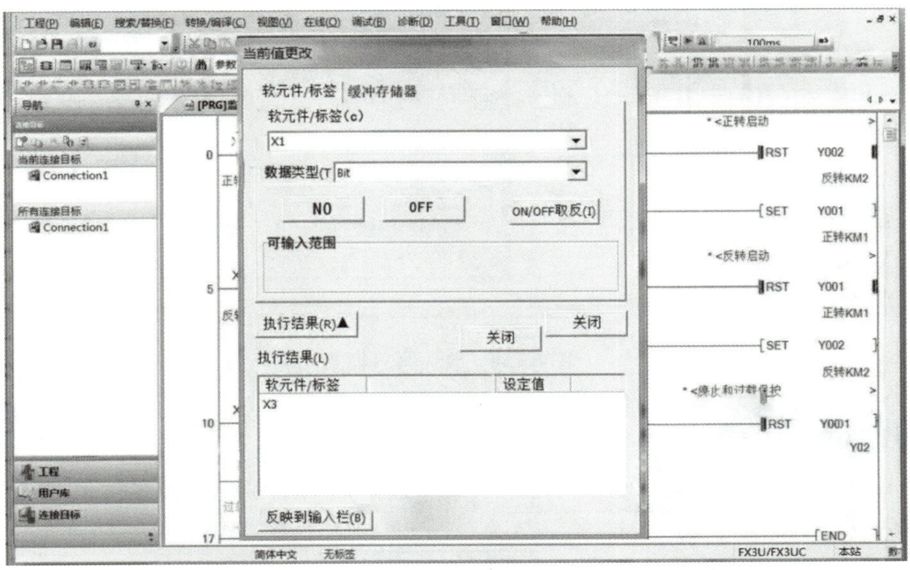

图 6-48　“当前值更改”对话框

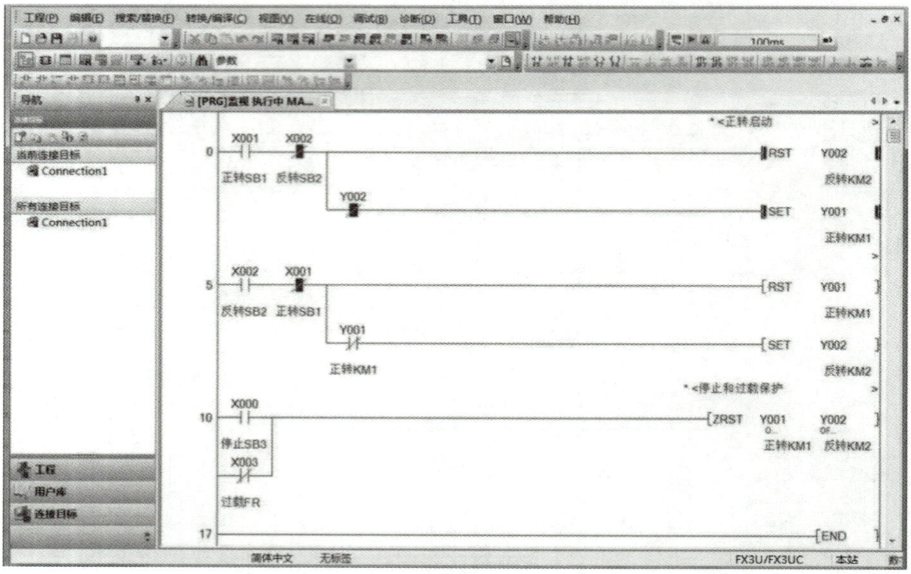

图 6-49　观察程序运行效果

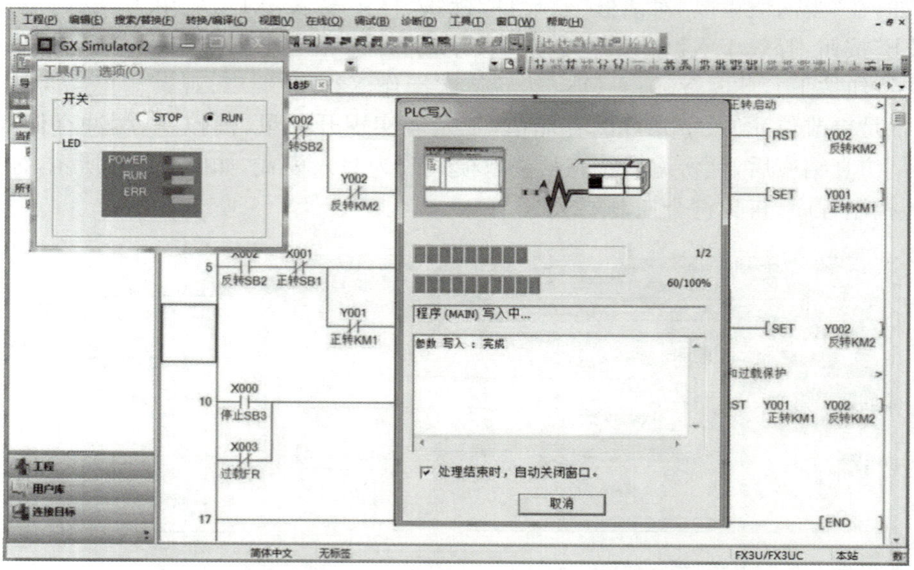

图 6-50　改为写入模式

素质拓展

1. 利用实训室设备从官方网站下载某一版本的 GX Works 编程软件，练习软件的安装步骤、操作过程。

2. 比较自己下载软件与本书介绍软件的异同点。

3. 在 GX Works 编程软件的编程平台上编写一个自己熟悉的控制程序，仿真调试通过后，记录该控制程序。

项目 4　与、或、非基本逻辑处理

一、项目目标

1. 掌握常用基本指令的使用方法。
2. 熟悉编程器的使用方法。
3. 学会 PLC 实训台的使用方法。

二、相关知识

1. PLC 实训台面的结构布局。
2. FX-20P-E 编程器的使用方法。
3. 编程器电缆的连接。
4. 连接导线的选取。
5. PLC 实训台的正确使用。

PLC 实训台的功能分布如图 6-18 所示。

① 实训台的组成包括：

- 交流电源：AC 220 V。
- 直流稳压电源：5 V、1 A/24 V、2 A。
- PLC 主机：FX 系列 PLC。
- 模拟开关(按钮与开关)。
- PLC 输入输出端口。
- 输出负载指示：LED、指示灯、数码管、蜂鸣器、直流电动机、继电器。

② PLC 主机的输入输出均已引到面板上，输入可以接模拟输入开关、行程开关或光电开关等；输出可以接面板上的指示灯、数码管、继电器、直流电动机和蜂鸣器，也可以与演示装置相连接，还可以直接应用于实际的工业控制。

③ 其他应用装置相连。5 V 电源可供给执行机构的外围电路所用。PLC 实训台与演示装置之间的连接均采用自锁紧接插件，连接方便，接触可靠。

说明：在每一个实训的连线过程中，PLC 的输出端口的公共端 COM0、COM1、COM2、COM3、COM4 与 COM5 接 24 V 电源的正极，必须连接，否则 Y 端将没有输出。

三、项目实施

1. 基本指令实训

① 运算开始、线圈、定时器梯形图如图 6-51 所示。

程序：

0	LD	X00	与母线连接
1	OUT	Y00	驱动指令
2	LD	Y00	与母线连接
3	OUT	M100	驱动指令
4	OUT	T0	驱动定时器指令
5		K19	设定常数
6	LD	T0	
7	OUT	Y01	
8	END		

输入以上程序，运行程序，观察并记录结果。

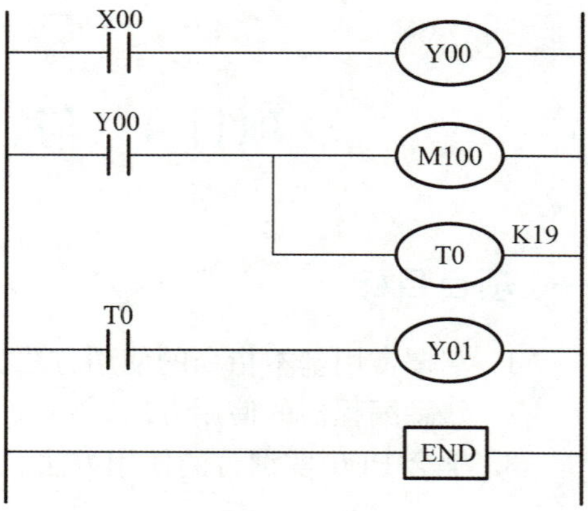

图 6-51　运算开始、线圈、定时器梯形图

② 触点串联梯形图如图 6-52 所示。

程序：

0	LD	X00
1	AND	X01
2	OUT	Y01
3	LD	X02
4	ANI	X03
5	OUT	Y02
6	OUT	Y03
7	END	

输入以上程序，运行程序，观察并记录结果。

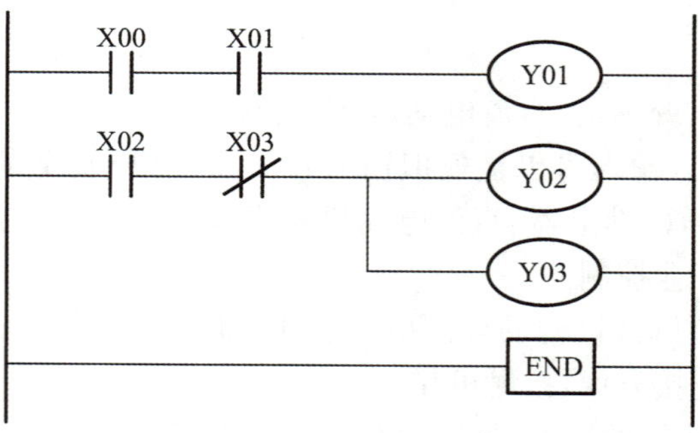

图 6-52　触点串联梯形图

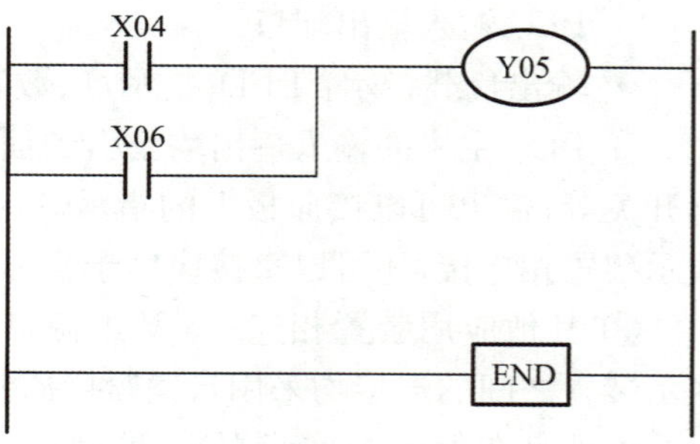

图 6-53　触点并联梯形图

③ 触点并联梯形图如图 6-53 所示。

程序：

```
0	LD	X04
1	OR	X06
2	OUT	Y05
3	END
```

输入以上程序，运行程序，观察并记录结果。

④ 串联电路块的并联梯形图如图 6-54 所示。

程序：

```
0	LD	X00
1	AND	X01
2	LD	X02
3	AND	X03
4	ORB
5	LDI	X04
6	AND	X05
7	ORB
8	OUT	Y06
9	END
```

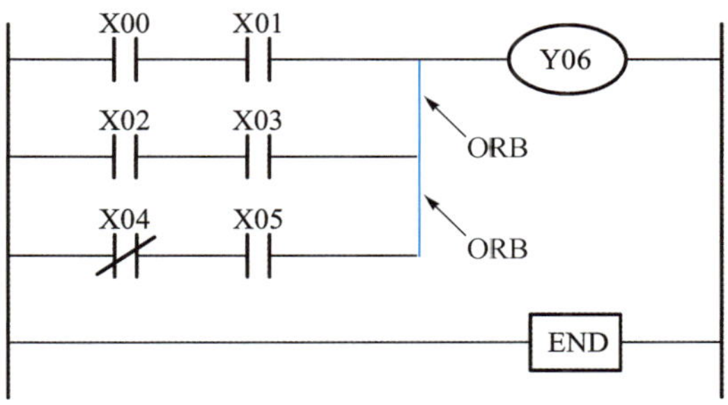

图 6-54　串联电路块的并联梯形图

输入以上程序，运行程序，观察并记录结果。

⑤ 并联电路块的串联梯形图如图 6-55 所示。

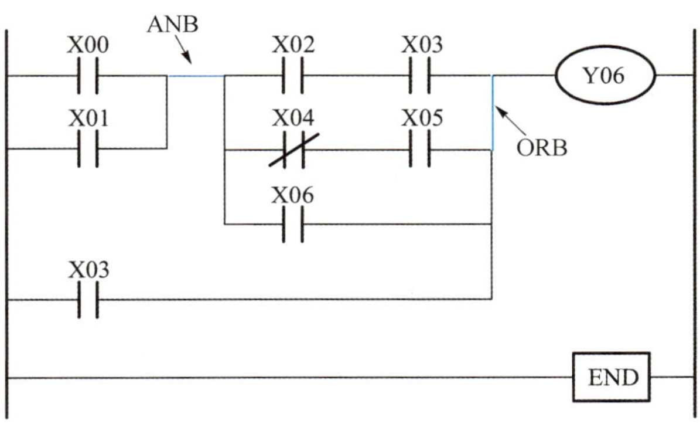

图 6-55　并联电路块的串联梯形图

程序：

```
0	LD	X00
1	OR	X01
2	LD	X02
3	AND	X03
4	LDI	X04
5	AND	X05
6	ORB
```

```
7    OR     X06
8    ANB
9    OR     X03
10   OUT    Y06
11   END
```

输入以上程序，运行程序，观察并记录结果。

2. 编程实现下列组合电路的梯形图和程序

① 组合电路 1 的逻辑方程式为

$$Y00 = X00 \cdot \overline{X02} \cdot (X05 + X06) + (X03 \cdot X04)$$

组合电路 1 梯形图如图 6-56 所示。

程序：

```
0    LD     X05
1    OR     X06
2    AND    X00
3    ANI    X02
4    LD     X03
5    AND    X04
6    ORB
7    OUT    Y00
8    END
```

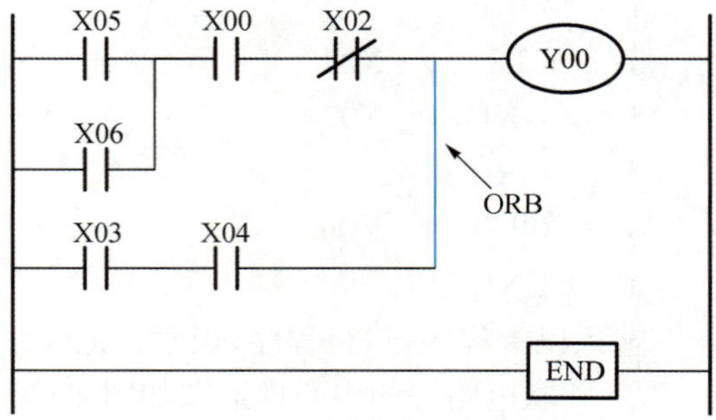

图 6-56　组合电路 1 梯形图

② 组合电路 2 的逻辑方程式为

$$Y00 = X00 \cdot (X02 + \overline{X05}) \cdot (X03 + \overline{X04})$$

组合电路 2 梯形图如图 6-57 所示。

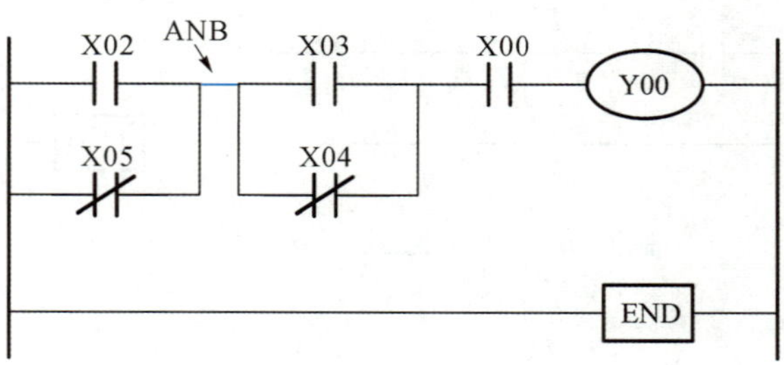

图 6-57　组合电路 2 梯形图

程序：

```
0    LD     X02
1    ORI    X05
2    LD     X03
3    ORI    X04
```

4　ANB
5　AND　X00
6　OUT　Y00
7　END

以上实训的输入信号接实训台上开关或按钮，输出接 LED。

素质拓展

将上述实训的输出换成其他设备，能否正常反映实训结果？

项目 5　置位、复位及脉冲指令

一、项目目标

1. 理解 SET（动作保持）、RST（消除动作保持、寄存器清零）指令的功能及含义。
2. 掌握 SET（置位）、RST（复位）、PLS（上升沿脉冲）和 PLF（下降沿脉冲）指令的使用方法。
3. 熟悉编程器的使用方法。
4. 掌握 PLC 实训台的输入控制信号、输出负载的使用方法。

二、相关知识

1. PLC 实训台面的结构布局。
2. FX-20P-E 编程器的使用方法。
3. 编程器电缆的连接。
4. 连接导线的选取。
5. 脉冲信号选取及其上升/下降沿操作技巧。

三、项目实施

1. 观察自保持和消除（SET、RST）输出波形

输入如图 6－58(a)所示的梯形图，观察输出 Y00 是否和图 6－58(b)所示的时序图一致。

程序：

0　LD　X00
1　SET　Y00
2　LD　X01
3　RST　Y00

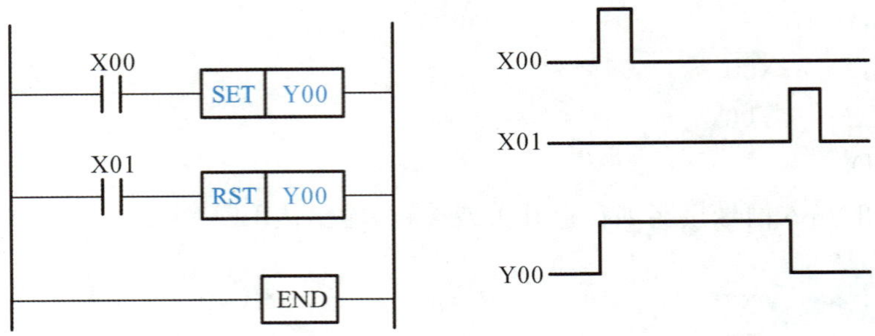

(a) 梯形图　　(b) 时序图

图 6-58　SET、RST 的梯形图和时序图

4　　END

说明：当 X00 一旦接通后，即使它再次为 OFF，Y00 依然被驱动（Y00 为 ON）并保持状态不变；当 X01 一旦接通后，即使它再次为 OFF，Y00 依然不被驱动（Y00 为 OFF）。

输入以上程序，观察运行结果是否同上面波形图一致。

2. 观察脉冲输出（PLS、PLF）波形

输入如图 6-59(a)所示的梯形图，观察输出 Y00 是否和图 6-59(b)所示的时序图一致。

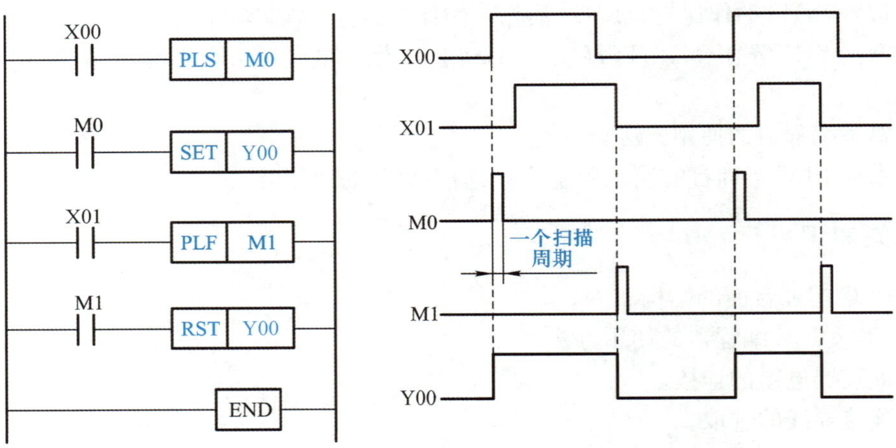

(a) 梯形图　　(b) 时序图

图 6-59　PLS、PLF 的梯形图和时序图

程序：

0	LD	X00
1	PLS	M0
2	LD	M0
3	SET	Y00
4	LD	X01
5	PLF	M1
6	LD	M1

```
7    RST    Y00
8    END
```

控制信号X00、X01的状态时序图如图6-59(b)所示，观察Y00的状态，把X00、X01接实训台上任意两个开关，Y00接实训台上LED、指示灯、蜂鸣器或直流电动机。下面以直流电动机为例，接线方式如图6-60所示。

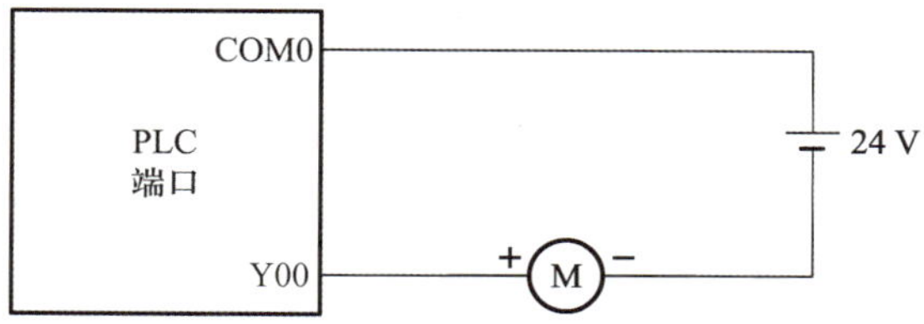

图6-60　PLC驱动直流电动机接线图

实训台PLC输出端Y00接直流电动机正极“+”，电动机另一端接DC 24 V电源负极，输出端COM0接DC 24 V电源正极，如图6-60所示。

确定接线正确无误后，运行程序，观察电动机运行情况是否和时序图一致。

3. 观察和绘制输出波形图

输入以下给定梯形图及其程序，观察运行结果，绘制时序图，其中控制信号分别与实训台上的开关信号相连接，输出Y00接LED，Y01接蜂鸣器的正端，另一端接COM端。

① X00接K0，输入如图6-61所示的梯形图及其程序，观察并记录运行结果。

梯形图：

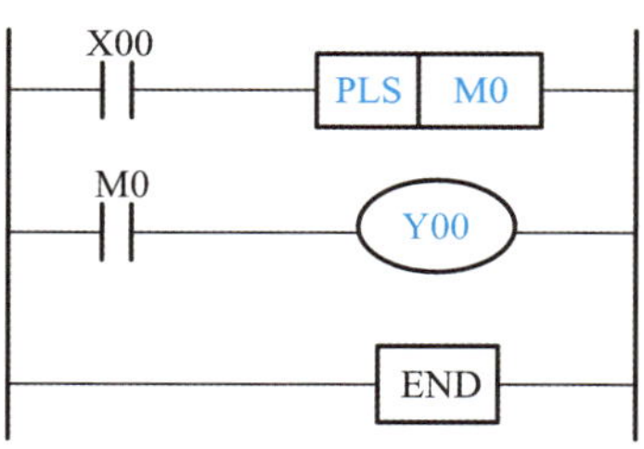

程序：

```
0  LD   X00
1  PLS  M0
3  LD   M0
4  OUT  Y00
5  END
```

图6-61　某梯形图及其程序(一)

梯形图：

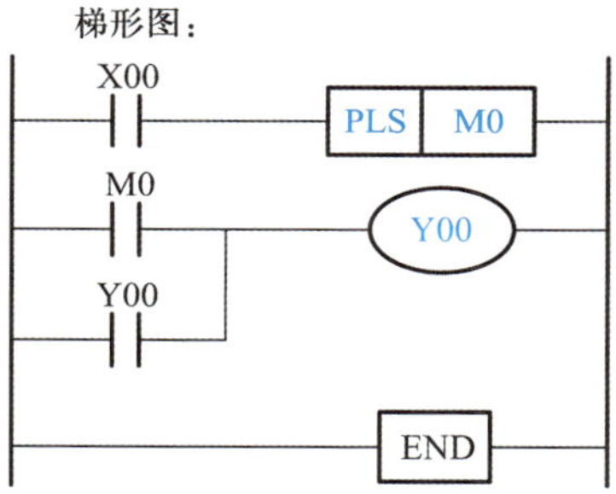

程序：

```
0  LD   X00
1  PLS  M0
3  LD   M0
4  OR   Y00
5  OUT  Y00
6  END
```

图6-62　某梯形图及其程序(二)

② X00接K0，输入如图6-62所示的梯形图及其程序，观察并记录运行结果。

③ X00接K1，输入如图6-63(a)所示的梯形图及其程序，观察并记录运行结果。

程序：

```
0    LD     X00        9     PLS    M0
1    ANI    T1         10    LD     M0
2    OUT    T0         11    SET    Y01
3           K20        12    LD     T0
4    LD     T0         13    PLF    M1
5    OUT    T1         14    LD     M1
6           K10        15    RST    Y01
7    OUT    Y00        16    END
8    LD     T0
```

文本

用SET、RST指令控制电动机连续运行

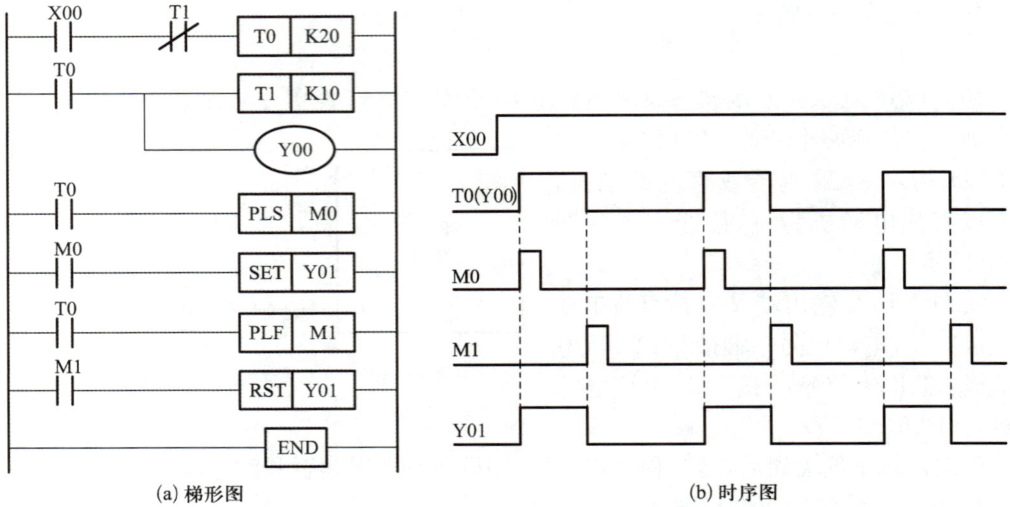

图 6-63　某梯形图和输出时序图

输出 Y00 接 LED，Y01 接实训台蜂鸣器正端，另一端接 COM 端。观察输出是否和图 6-63(b)所示的时序图一致。

素质拓展

在输入信号源不变的条件下，改变输出负载的性质，观察和比较输出时序图有无变化，如何变化，并绘制出来。

项目 6　栈及主控指令

一、项目目标

1. 理解和掌握进栈 MPS、读栈 MRD、出栈 MPP 指令的含义。
2. 掌握主控 MC、主控复位 MCR 指令的使用方法。
3. 熟悉编程器的使用方法。
4. 运用 PLC 实训台，编写和调试应用程序，熟练掌握上述各指令的使用方法。

二、相关知识

1. PLC 实训台面的结构布局。
2. FX-20P-E 编程器的使用方法。
3. 编程器电缆的连接。
4. 连接导线的选取。
5. MPS、MRD、MPP、MC、MCR 指令的含义及应用。

三、项目实施

1. 进栈 MPS、读栈 MRD、出栈 MPP 指令复习

栈存储器是可编程控制器中的存储器，主要用来存储数据处理和运算的中间结果。

使用 MPS 指令，将当前运算结果送入堆栈的第一段，并将原先存入的数据依次移到堆栈的下一段去。

使用 MPP 指令，将数据顺次从堆栈中向上移动一段，最上段的数据被读出，同时该数据从堆栈内消失。

MRD 指令读出最上段所存的最新数据，堆栈内的数据不发生移动。

这三条栈指令都是不带软元件地址号的单独指令。

2. 一段堆栈指令实训

一段堆栈指令梯形图如图 6-64 所示。

程序：

```
0   LD    X00
1   MPS
2   AND   X01
3   OUT   Y00
4   MPP
5   AND   X02
6   OUT   Y01
7   LD    X03
8   MPS
9   AND   X04
10  OUT   Y02
11  MRD
12  AND   X05
13  OUT   Y03
14  MRD
15  AND   X06
16  OUT   Y04
17  MPP
18  AND   X07
19  OUT   Y05
20  END
```

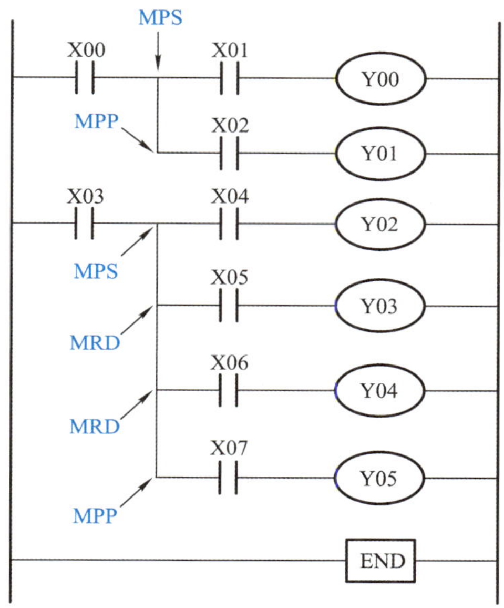

图 6-64　一段堆栈指令梯形图

要求：

① 输入上述程序。

② 检查程序输入是否正确。

③ X00～X07 接 K0～K7，Y00～Y05 接 L0～L5。

④ 运行程序，观察并记录输出 Y00～Y05 的状态。当 X00、X03 为 ON 时：

Y00 的状态取决于 X01 ______________，______________；

Y01 的状态取决于 X02 ______________，______________；

Y02 的状态取决于 X04 ______________，______________；

Y03 的状态取决于 X05 ______________，______________；

Y04 的状态取决于 X06 ______________，______________；

Y05 的状态取决于 X07 ______________，______________。

⑤ 置 X00 和 X03 为 OFF 时，在上述条件下观察并记录 Y00～Y05 的状态。

文本　用堆栈指令控制电动机正反转

3. 四段堆栈指令实训

四段堆栈指令梯形图如图 6-65 所示。

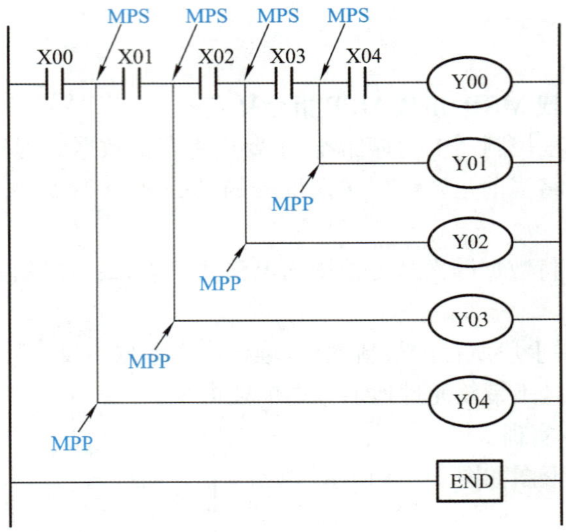

图 6-65　四段堆栈指令梯形图

程序：

0　LD　X00
1　MPS
2　AND　X01
3　MPS
4　AND　X02
5　MPS
6　AND　X03
7　MPS
8　AND　X04
9　OUT　Y00
10　MPP
11　OUT　Y01
12　MPP
13　OUT　Y02
14　MPP
15　OUT　Y03
16　MPP
17　OUT　Y04
18　END

要求：

① 输入上述程序。

② 检查程序输入是否正确。

③ 将 X00～X04 接 K0～K4，将 Y00～Y04 接 L0～L4。

④ 运行程序，观察并记录输出 Y00～Y04 的状态（表 6-1）。

表 6-1　四段堆栈指令实训记录表

输入状态					输出状态				
					Y00	Y01	Y02	Y03	Y04
X00=ON	X01	X02	X03	X04					
	1	**1**	**1**	**1**					

续 表

输入状态					输出状态				
					Y00	Y01	Y02	Y03	Y04
X00=ON	**1**	**1**	**1**	**0**					
	1	**1**	**0**	**0**					
	1	**0**	**0**	**0**					
	0	**0**	**0**	**0**					
	0	**1**	**1**	**1**					
	0	**0**	**1**	**1**					
	0	**0**	**0**	**1**					
X00=OFF									

注：状态“**1**”开关信号为“ON”，LED为“亮”；状态“**0**”开关信号为“OFF”，LED为“灭”。

4. 主控MC、主控复位MCR指令实训

文本

用主控指令控制电动机星-三角启动

主控MC、主控复位MCR指令梯形图如图6-66所示。

程序：

```
0   LD    X00
1   MC    N0
          M100
4   LD    X01
5   OUT   Y00
6   LD    X02
7   OUT   Y01
8   MCR   N0
9   END
```

① 当输入X00为ON或输入X00为OFF时，观察并记录指令执行从MC～MCR的输出状态。

当输入X00为OFF时，有如下形式：保持当前的状态，积算定时器、计数器用SET、RST指令驱动软元件变为OFF；非积算定时器用OUT指令驱动软元件。

② 使用MC指令后，母线移到MC触点之后(图6-66中虚线框)，MCR为返回原来母线的指令；使用MC指令后必须用MCR指令。

③ 通过更改软元件地址号Y、M，可多次使用MC指令，但使用同一软元件地址号时，就和使用OUT指令一样，造成双线圈输出错误。

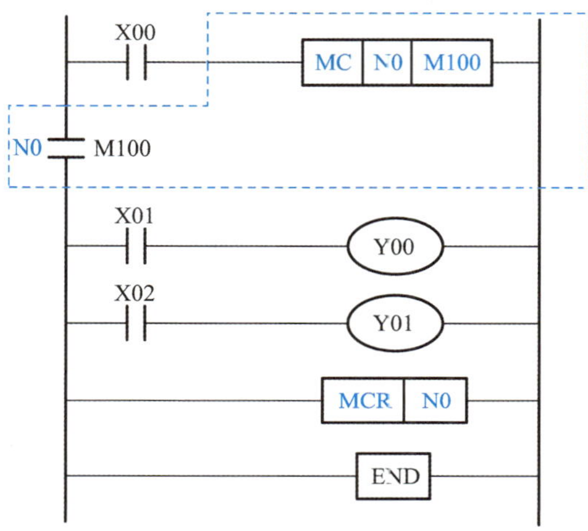

图6-66 MC、MCR指令梯形图

④ 在 MC 指令内再次使用 MC 指令时，构成嵌套级 N 的编号依次增大(即由小到大的顺序)，返回时要用等同次 MCR 指令，从大嵌套级开始(即由大到小的顺序)。

素质拓展

根据上述分析思路，试用 MC、MCR 指令设计一个三层嵌套程序，并上机调试运行程序，当输入开关量依次为 ON→OFF→ON 时，分别观察并记录输出状态。

项目 7 定时器、计数器

一、项目目标

1. 复习和掌握计数器指令的含义。
2. 熟悉和掌握定时器指令的应用。
3. 掌握计数器、定时器内部时基脉冲参数的设置方法。

二、相关知识

1. PLC 实训台面的结构布局。
2. PLC 编程软件的使用方法。
3. 个人计算机与 PLC 的电缆连接方法。
4. 连接导线的选取。

三、项目实施

1. 计数器指令(OUT 输出、RST 复位)实训

计数器指令(OUT 输出、RST 复位)实训的梯形图如图 6-67(a)所示。

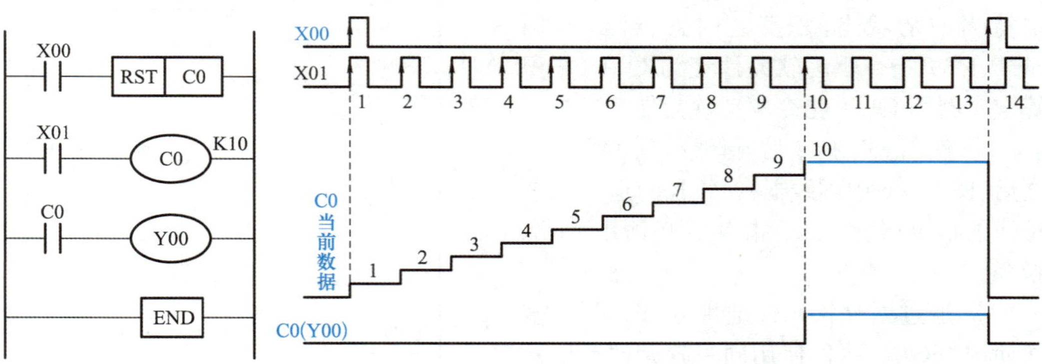

(a) 梯形图 (b) 时序图

图 6-67 计数器指令梯形图和时序图

程序：

0	LD	X00	5		K10
2	RST	C0	6	LD	C0
3	LD	X01	7	OUT	Y00
4	OUT	C0	8	END	

在实训台上，按下列要求操作：

① 当 X00 为 C0 复位信号时，接实训台上 P0 按钮，按下 P0 按钮，C0 复位。

② 当 X01 为 C0 的计数脉冲输入时，接实训台上 P1 按钮，按下 P1 按钮，C0 开始计数，待计数结束时，计数器 C0 输出高电平，驱动 Y00 动作。

③ 当 Y00 为 C0 的输出信号时，接实训台上 L0 发光。

④ 实训所得时序波形图如图 6-67(b)所示。

试输入和运行以上程序，观察运行结果是否与所给时序图一致。

文本　计数电路

2. 定时器指令(OUT 输出、RST 复位)实训

定时器指令(OUT 输出、RST 复位)实训的梯形图如图 6-68 所示。

程序：

0	LD	X00	6	OUT	T1
1	ANI	T1	7		K10
2	OR	X01	8	LD	T0
3	OUT	T0	9	OUT	Y00
4		K10	10	END	
5	LD	T0			

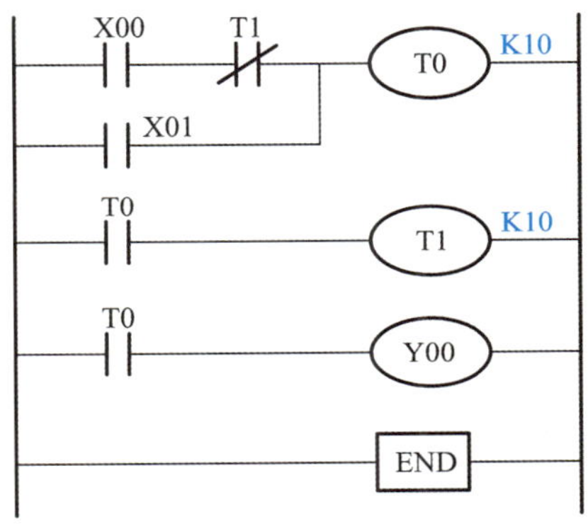

图 6-68　定时器指令梯形图

在实训台上，按下列要求操作：

① 输入源程序，检查输入是否正确。

② 当 X00 接 K0，Y00 接 L0，合上 X00，Y00 为 1 s 闪亮一次，T0、T1 定时器的时基脉冲为 100 ms(0.1 s)，运行程序并观察实训结果。

③ 当 X01 接 K1，Y00 接 L0，合上 X01，再关闭 X01，观察 Y00 有何变化。

3. 定时器、计数器实训

根据如图 6-69 所示梯形图，在实训台上输入给定的程序，观察输出结果。

程序：

0	LD	X00	8	LD	X01
1	ANI	T1	9	RST	C0
2	OUT	T0	10	LD	T0
3		K10	11	OUT	C0
4	LD	T0	12		K10
5	OUT	T1	13	LD	C0
6		K10	14	OUT	Y01
7	OUT	Y00	15	END	

文本
用计数器设计一个5昼夜计时器

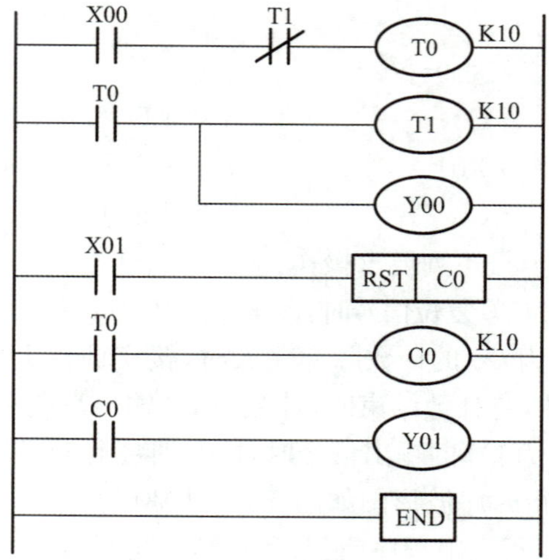

图 6-69　定时器/计数器梯形图

在实训台上，按下列要求操作：

① 当 X00 为启动信号时，接 K0，Y00 为 1 s 脉冲发生器，输出显示接 L0，X01 为 C0（Y01）复位信号，接 P0，Y01 输出接 L15。

② 输入源程序，并检查输入是否正确。

③ 运行程序：当 X00＝ON 时，Y00 每间隔 1 s 闪亮一次；C0 对 Y00 进行计数，当计数到 10 次时，Y01 有输出；当改变计数次数分别为 15、20、30 时，重复上述操作，观察并记录输出 Y01 的变化情况。

素质拓展

根据已经掌握的知识，自行设计一个 60 s 闪亮一次的计数器，编写程序并调试。

项目 8　步进顺序控制指令

一、项目目标

1. 掌握步进顺序控制指令 STL 的含义及使用方法。
2. 掌握状态软元件 S 在步进顺序控制程序中的应用。
3. 熟悉前面介绍的各种指令在编程过程中的使用方法与应用技巧。

二、相关知识

1. PLC 实训台面的结构布局。
2. PLC 编程软件的使用方法。

3. 个人计算机与 PLC 的电缆连接方法。
4. 连接导线的选取。
5. 步进顺序控制指令 STL 的含义及正确书写格式。
6. 状态寄存器的功能与作用。

三、项目实施

1. 步进顺序控制指令实训(一)

步进顺序控制指令实训的功能图和时序图如图 6-70 所示。

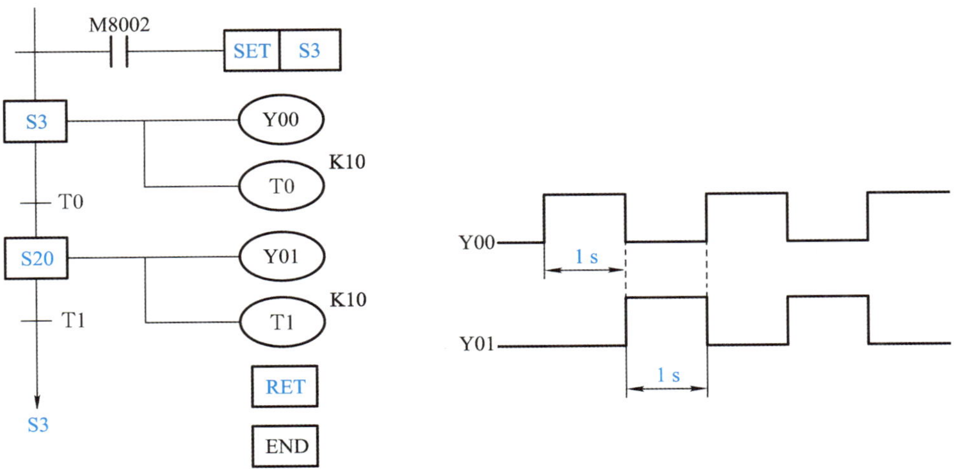

(a) 功能图　　(b) 时序图

图 6-70　步进顺序控制指令实训的功能图和时序图

程序：

0	LD	M8002	9	STL	S20
1	SET	S3	10	OUT	Y01
3	STL	S3	11	OUT	T1
4	OUT	Y00	12		K10
5	OUT	T0	13	LD	T1
6		K10	14	OUT	S3
7	LD	T0	15	RET	
8	SET	S20	16	END	

2. 步进顺序控制指令实训(二)

在充分理解图 6-70(a)所示功能图的基础上，按 Y00、Y01、Y02、Y03 间隔 1 s 进行顺序输出，循环往复，输出时序图如图 6-71 所示。

按图 6-71 所示时序图，重新设计如图 6-72 所示功能图并编制程序，按下列要求操作：

程序：

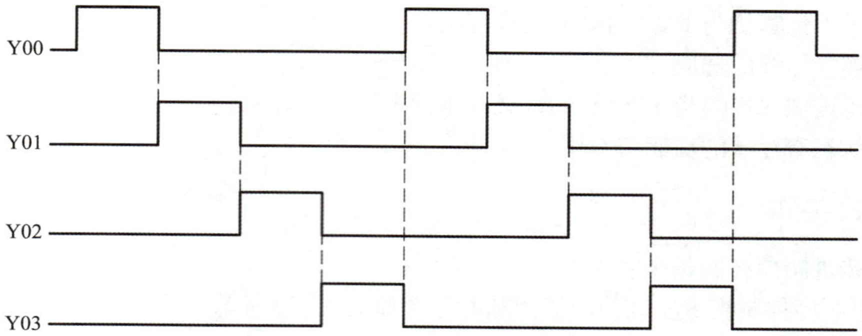

图 6-71　Y00、Y01、Y02、Y03 输出时序图

```
0    LD     M8002
1    SET    S3
3    STL    S3
4    OUT    Y00
5    OUT    T0
6           K10
7    LD     T0
8    SET    S20
9    STL    S20
10   OUT    Y01
11   OUT    T1
12          K10
13   LD     T1
14   SET    S21
15   STL    S21
16   OUT    Y02
```

动画
卷帘门自动控制

动画
动作顺序与状态关系

文本
定时步进控制

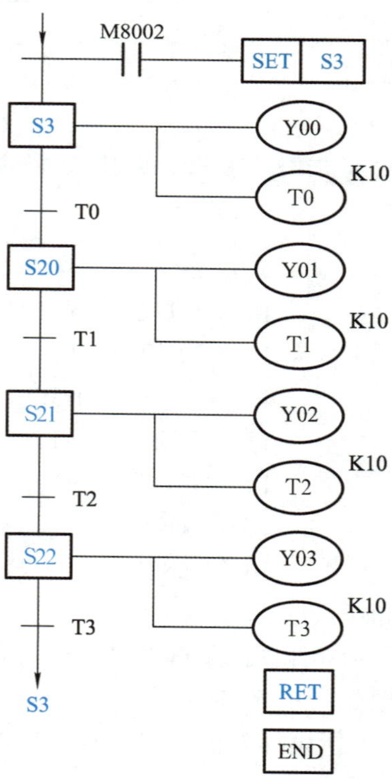

图 6-72　步进顺序控制指令实训(二)功能图

```
17  OUT   T2
18        K10
19  LD    T2
20  SET   S22
21  STL   S22
22  OUT   Y03
23  OUT   T3
24        K10
25  LD    T3
26  OUT   S3
27  RET
28  END
```

动画
步进电机工作原理

① 按功能图，输入源程序。

② 上机调试程序是否正确。

③ 待程序调试通过后，将 Y00～Y03 分别接实训台上 L0～L3，运行程序，观察并记录输出结果于图 6-73 中，将其与图 6-71 所示时序图进行比较。

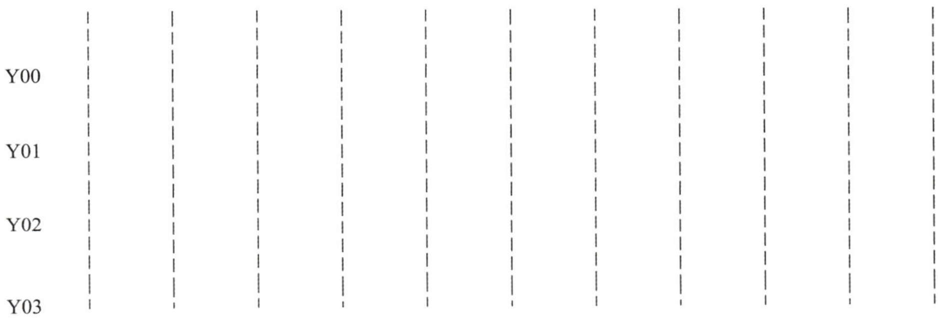

图 6-73　记录输出结果

素质拓展

试自行设计一个时间间隔为 2 s 的循环闪光灯(8 盏灯)的功能图，并编制和调试程序。

项目 9　分支汇合编程

一、项目目标

1. 理解和掌握 PLC 选择性分支与汇合流程的使用方法及使用条件。
2. 理解和掌握 PLC 并行性分支与汇合流程的使用方法及使用条件。
3. 掌握跳转处理程序的编程方法。

二、相关知识

1. PLC 实训台面的结构布局。
2. PLC 编程软件的使用方法。

3. 个人计算机与 PLC 的电缆连接方法。
4. 连接导线的选取。
5. 选择性和并行性分支与汇合流程的使用条件及具体应用。

三、项目实施

1. 选择性分支与汇合流程编程实训

选择性分支与汇合流程功能图如图 6-74 所示。

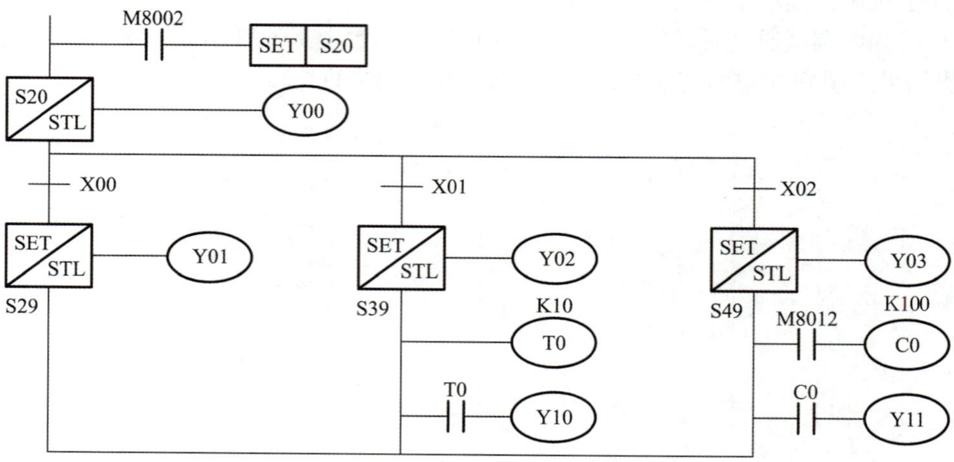

图 6-74　选择性分支与汇合流程功能图

根据图 6-74 所示功能图，设计如图 6-75 所示梯形图并编制程序，按下列操作要求完成实训任务。

程序：

```
0    LD     M8002
1    SET    S20
3    STL    S20
4    OUT    Y00
5    LD     X00
6    SET    S29
7    LD     X01
8    SET    S39
9    LD     X02
10   SET    S49
11   STL    S29
12   OUT    Y01
13   STL    S39
14   OUT    Y02
15   OUT    T0
16          K10
17   LD     T0
18   OUT    Y10
19   STL    S49
20   OUT    Y03
21   LD     M8012
22   OUT    C0
23          K100
24   LD     C0
25   OUT    Y11
26   RET
27   END
```

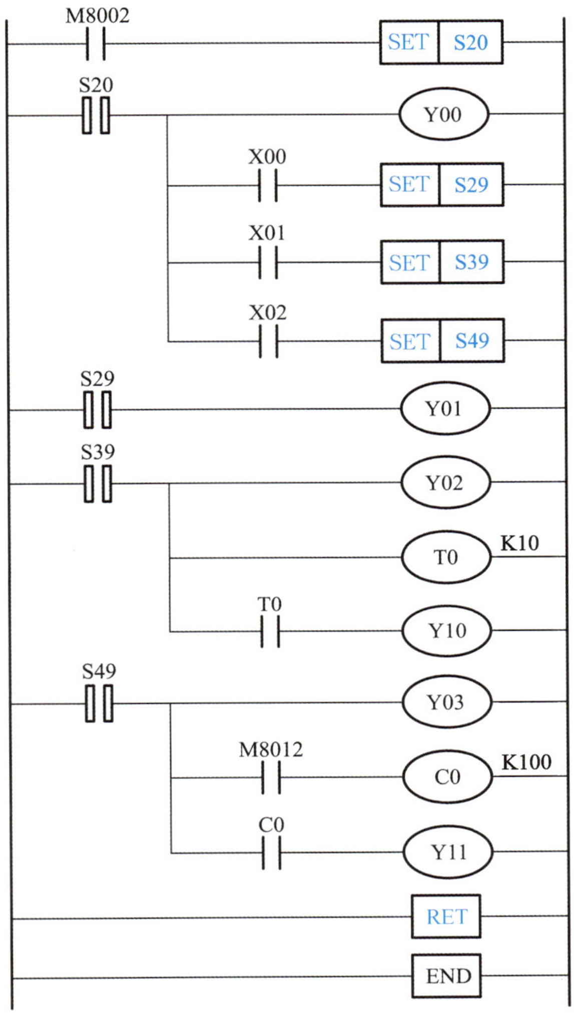

图 6-75 选择性分支与汇合流程梯形图

① 输入给定程序，检查程序是否正确。

② 待调试通过后，运行程序，观察并记录运行结果，将它与给定结果进行比较：

a. 当 X00、X01、X02 均断开时，运行程序，Y00=**1**；

b. 当 X00 接通时，运行程序，则 Y01=**1**；

c. 当 X01 接通时，运行程序，则 Y02=**1**，Y10 隔 1 s 后变为 **1**；

d. 当 X02 接通时，运行程序，则 Y03=**1**，Y11 隔 10 s 后变为 **1**；

e. 当 X00、X01、X02 一起接通时，则 Y01、Y02、Y03 均为 **1**，Y10 隔 1 s 后变为 **1**，Y11 隔 10 s 后变为 **1**；

f. 当 X01、X02 一起接通时，则 Y02、Y03 均为 **1**，Y10 隔 1 s 后变为 **1**，Y11 隔 10 s 后变为 **1**。

文本

选择顺序控制

2. 并行性分支与汇合流程编程实训

① 输入给定程序，检查程序是否正确。

② 当 PLC 开始运行，且初始状态 S0 开始动作时，观察并记录运行结果。

③ 根据运行结果，完成其功能图，并指出其功能。

程序：

```
0   LD    M8002
1   SET   S0
2   STL   S0
3   OUT   Y02
4   OUT   Y03
5   LD    X00
6   OR    X01
7   SET   S21
8   SET   S31
9   STL   S21
10  OUT   Y02
11  OUT   T0
12        K300
13  LD    T0
14  SET   S22
15  STL   S22
16  OUT   Y01
17  OUT   T1
18        K100
19  LD    T1
20  SET   S23
21  STL   S23
22  OUT   Y00
23  OUT   T2
24        K50
25  STL   S31
26  OUT   Y03
27  LD    T2
28  SET   S32
29  STL   S32
30  OUT   Y04
31  OUT   T3
32        K150
33  LD    T3
34  SET   S33
35  STL   S33
36  OUT   T4
37        K5
38  LD    T4
39  SET   S34
40  STL   S34
41  OUT   Y04
42  OUT   C0
43        K5
44  OUT   T5
45        K5
46  LD    C0
47  AND   T5
48  SET   S35
49  LDI   C0
50  AND   T5
51  OUT   S32
52  STL   S35
53  OUT   Y03
54  RST   C0
55  OUT   T6
56        K50
57  STL   S23
58  STL   S35
59  LD    T6
60  OUT   S0
61  RET
62  END
```

素质拓展

分别用选择性和并行性分支与汇合流程，编制手动式过街人行道路的红绿灯控制功能图、梯形图和程序。

项目 10 移位指令

一、项目目标

1. 掌握位右移 SFTR、位左移 SFTL 指令的含义、功能，阅读和编写使用程序。

2. 学会应用移位指令实现多种功能控制。

文本 移位指令实验要求

二、相关知识

1. PLC实训台面的结构布局。
2. PLC编程软件的使用方法。
3. 个人计算机与PLC的电缆连接方法。
4. 连接导线的选取。
5. 位右移SFTR、位左移SFTL指令的含义，移位指令的使用条件及具体应用。

图片 移位指令实验原理

三、项目实施

1. 位右移指令SFTR实训

SFTR指令把以源操作数(又称初始数据)S为首址的 $n2$ 位位元件的内容存放到长度为 $n1$ 的位栈中，位栈右移 $n2$ 位，最低 $n2$ 位溢出。

微视频 寄存器数据修改

每运行一次SFTR指令，执行上述位右移操作，为了防止SFTR指令运行一次，上述位右移操作多次的情况，故采用脉冲触发指令或互锁编程。

用位右移指令实现的位右移功能如图6-76所示。位右移指令实训梯形图如图6-77所示，实训操作如下：

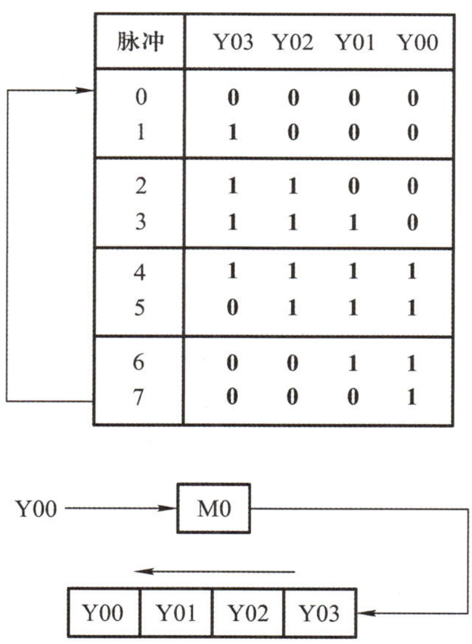

图6-76 用位右移指令实现的位右移功能

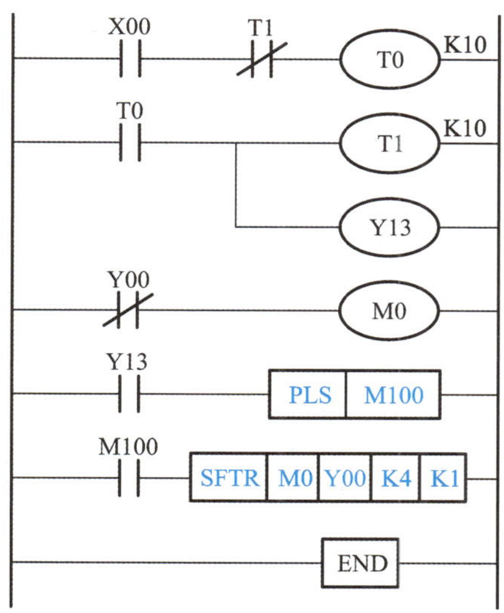

图6-77 位右移指令实训梯形图

① 按梯形图要求，编写和输入程序，并检查是否正确。

② Y00～Y03分别与L0～L3相连，Y13与L13相连接线。

③ 运行程序并记录实训结果，当X00合上时，Y13有脉冲输出，每间隔2 s，Y03向前移一位。

④ 将 K4 改成 K8，则输出结果为 Y07～Y00 循环移位，验证实训结果是否正确。

程序：

```
0   LD     X00
1   ANI    T1
2   OUT    T0
3          K10
4   LD     T0
5   OUT    T1
6          K10
7   OUT    Y13
8   LDI    Y00
9   OUT    M0
10  LD     Y13
11  PLS    M100
12  SFTR   M0
13         Y00
14         K4
15         K1
16  END
```

2. 位左移指令 SFTL 实训

位左移指令基本书写格式和位右移指令一样，只是移动方向相反，是从左向右移位。

用位左移指令实现的位左移功能如图 6-78 所示。位左移指令实训梯形图如图 6-79 所示，实训操作如下：

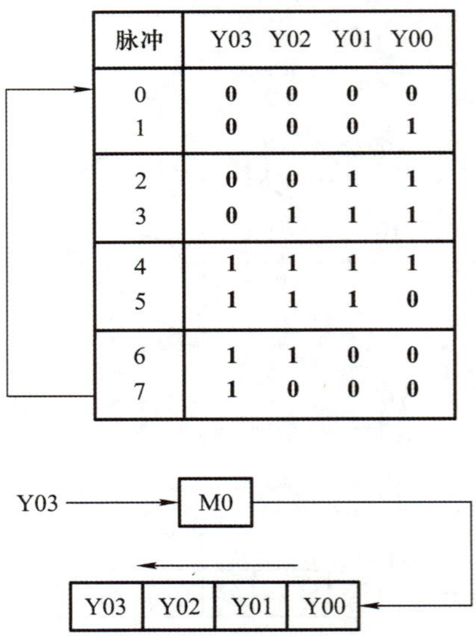

图 6-78　用位左移指令实现的位左移功能

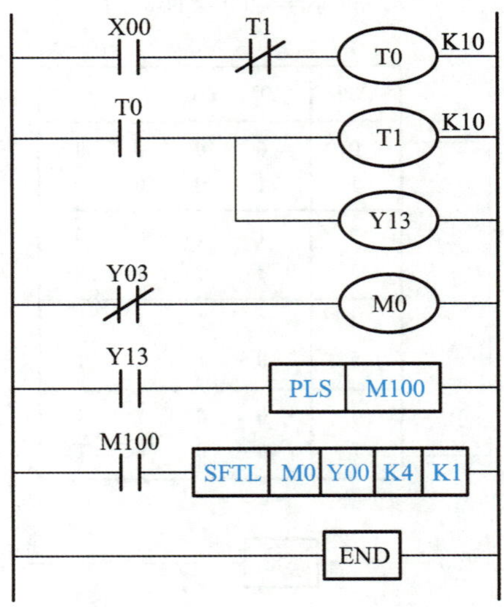

图 6-79　位左移指令实训梯形图

① 按梯形图要求，编写和输入程序，并检查是否正确。

② 实训接线同位右移指令实训。

③ 运行程序并记录实训结果，当 X00 合上时，Y13 有脉冲输出，每间隔 2 s，Y00 向前移一位。

④ 将 K1 改成 K2，观察输出变化。

程序：

```
0   LD     X00
1   ANI    T1
2   OUT    T0
3          K10
4   LD     T0
5   OUT    T1
6          K10
7   OUT    Y13
8   LDI    Y03
9   OUT    M0
10  LD     Y13
11  PLS    M100
12  SFTL   M0
13         Y00
14         K4
15         K1
16  END
```

素质拓展

试自行设计 10 个彩灯的梯形图，并编写其控制程序，实现手动、自动两种方式，控制彩灯的左右循环闪烁。

项目 11　三相电动机全压启动、制动控制

一、项目目标

1. 三相电动机全压启动、制动控制电路适用于小型三相交流异步电动机，其启动、制动可以直接用按钮实现控制，也可以用按钮控制接触器实现控制。

2. 绘制三相电动机全压启动、制动控制电路，选定 PLC 所对应的输入输出设备及其型号。

3. 用给定的实训台将各种控制设备连接起来，输入所编写的程序，进行调试运行。

微视频 三相电动机结构

二、相关知识

1. 三相电动机全压启动、制动控制电路图，如图 6-80 所示。其中：SB1、SB2 分别为启动和制动按钮，KM 为接触器，KR 为热继电器，用于过载保护，FU 为熔断器，用于过电流保护。

2. PLC 的 I/O 接线图如图 6-81 所示。

3. PLC 实训台面的结构布局。

4. PLC 编程软件的使用方法。

5. 连接导线的选取。

6. 个人计算机与 PLC 的电缆连接方法。

动画 直流电动机工作原理

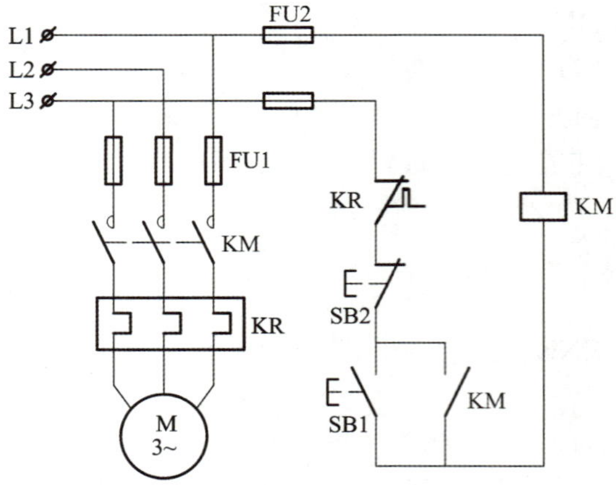

图 6-80　三相电动机全压启动、制动控制电路图

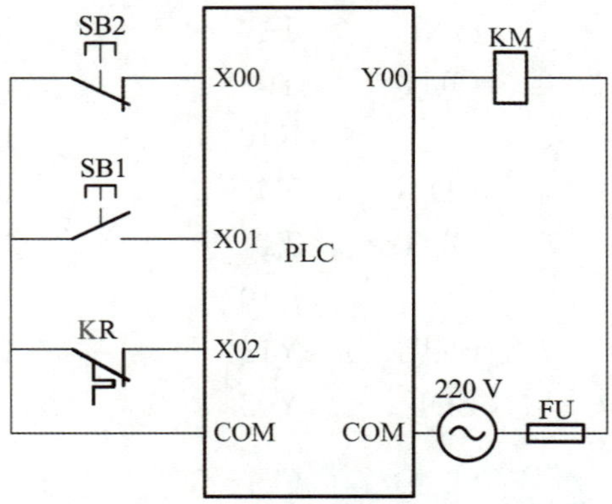

图 6-81　PLC 的 I/O 接线图

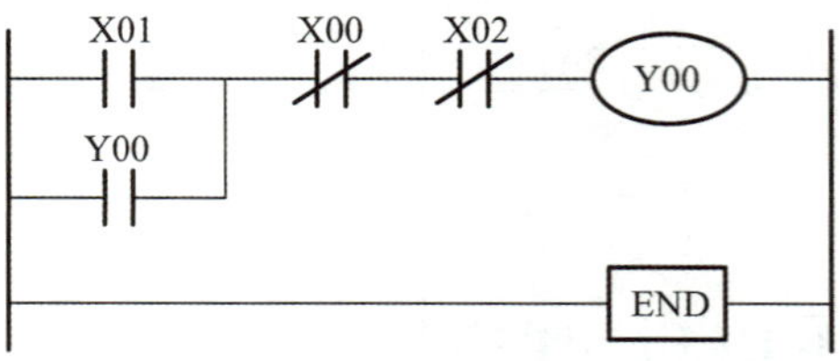

图 6-82　电动机全压启动、制动控制梯形图

三、项目实施

1. 绘制电动机全压启动、制动控制梯形图

根据图 6-80 所示三相电动机全压启动、制动控制电路图，可绘制电动机全压启动、制动控制梯形图，如图 6-82 所示。当启动时，按下 SB1(X01)按钮，输出继电器 KM(Y00)带电动作并自保持，其动合触点闭合，负载 M 带电全压启动运行。当制动停车时，按下 SB2(X00)按钮，输出继电器 KM(Y00)失电，动合触点返回断开，负载 M 失电停车。

2. 编写电动机全压启动、制动控制程序

根据电动机全压启动、制动控制梯形图，编写电动机全压启动、制动控制程序，根据选用的语句不同，可以有多种程序形式，以下介绍两种程序：

动画
星-三角启动控制

程序 1：

0	LD	X01
1	OR	Y00
2	ANI	X00
3	ANI	X02
4	OUT	Y00
5	END	

程序 2：

0	LD	X01
1	SET	Y00
2	LD	X02
3	AND	X00
04	RST	Y00
5	END	

3. 完成电动机全压启动、制动控制实训

按下列操作要求，完成电动机全压启动、制动控制实训：

① 按图 6-81 接线。

② 输入编写好的程序，调试程序，并观察运行结果。

微视频
防止电动机频繁启停

说明：若实训结果与控制要求不符，则先检查 PLC 的输入输出信号端子上相应的信号指示正确与否；若信号指示正确，说明程序正确，则需要检查外部接线、负载电源是否正确；若输入输出信号指示不正确，则需要检查和修改程序。

素质拓展

1. 绘制与程序 2 相对应的梯形图。

2. 若选用制动停车按钮 SB2 的动合触点作为 PLC 的输入信号，其他条件不变，绘制 PLC 的 I/O 接线图和对应的梯形图。

项目 12　三相电动机正反转运行控制

一、项目目标

1. 三相电动机正反转运行控制电路适用于中小型三相交流异步电动机运行控制，可以直接用按钮实现互锁控制，也可以用接触器实现互锁控制。

2. 绘制三相电动机正反转运行的继电器-接触器控制电路，选定 PLC 所对应的输入输出设备及其型号。

3. 用给定的实训台将各种控制设备连接起来，输入所编写的程序，进行调试运行。

二、相关知识

1. 三相电动机正反转运行的继电器-接触器控制电路图如图 6-83 所示。其中：SB1、SB2 和 SB3 分别为停止、正转和反转按钮，KM1、KM2 为正转、反转控制接触器，KR 为热继电器，用于过载保护，FU 为熔断器，用于过电流保护。

微视频　机床头往返运动

2. PLC 的 I/O 接线图如图 6-84 所示。

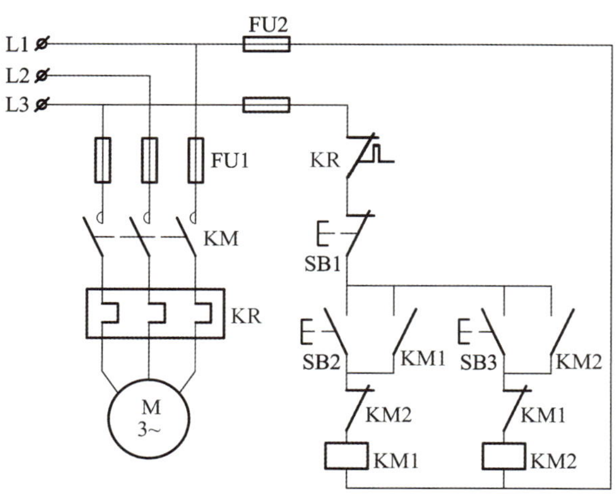

图 6-83　三相电动机正反转运行的继电器-接触器控制电路图

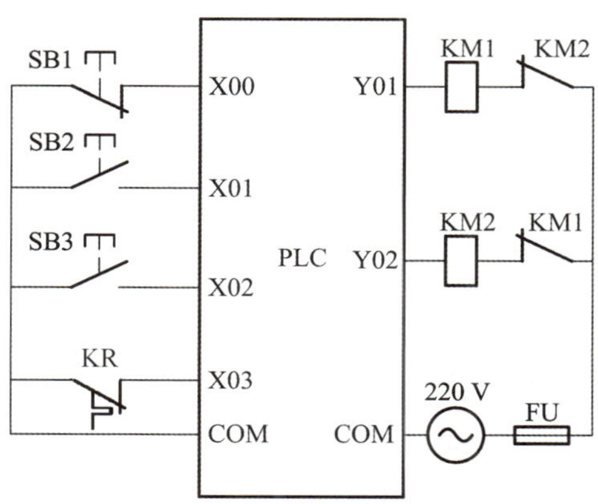

图 6-84　PLC 的 I/O 接线图

3. PLC 实训台面的结构布局。
4. PLC 编程软件的使用方法。
5. 连接导线的选取。
6. 个人计算机与 PLC 的电缆连接方法。

三、项目实施

1. 绘制电动机正反转运行控制梯形图

文本　单向顺序控制

根据图 6-83 所示三相电动机正反转运行的继电器-接触器控制电路，可绘制如图 6-85 所示的电动机正反转运行控制梯形图。在图 6-85(b)中，当正转启动时，按下 SB2(X01)按钮，输出继电器 KM1(Y01)带电动作并自保持，其动合触点闭合，负载 M 带电正转全压启动运行。当制动停车时，按下 SB1(X00)按钮，输出继电器 KM1(Y01)失电，动合触点返回断开，负载 M 失电正转停车。当反转启动时，按下 SB3(X02)按钮，输出继电器 KM2(Y02)带电动作并自保持，其动合触点闭合，负载 M 带电反转全压启动运行。当制动停车时，按下 SB1(X00)按钮，输出继电器 KM2(Y02)失电，动合触点返回断开，负载 M 失电反转停车。当电动机运行过载时，热继电器 KR(X03)过载发热动作，输出继电器 KM1(Y01)或输出继电器 KM2(Y02)失电，动合触点返回断开，负载 M 失电停车。

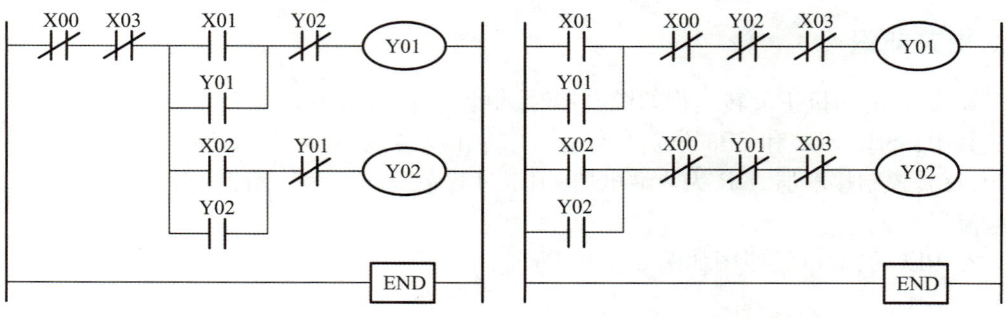

(a) 电路块串并联结构　　(b) 顺序控制结构

图 6-85　电动机正反转运行控制梯形图

2. 编制电动机正反转运行控制程序

根据电动机正反转运行控制梯形图，可以对应地编制两种电动机正反转运行控制程序，以下只介绍电路块串并联结构对应的控制程序。

程序：

动画　正反转运行控制

```
0  LDI  X00        6  ORB
1  ANI  X03        7  LD   X02
2  LD   X01        8  OR   Y02
3  OR   Y01        9  ANI  Y01
4  ANI  Y02        10 OUT  Y02
5  OUT  Y01        11 END
```

3. 完成电动机正反转运行控制实训

按以下操作要求，完成电动机正反转运行控制实训：

① 按图 6-84 接线。

② 输入编写好的程序，调试程序，观察并记录运行结果。

说明：若实训结果与控制要求不符，则先检查 PLC 的输入输出信号端子上相应的信号指示正确与否；若信号指示正确，说明程序正确，则需要检查外部接线、负载电源是否正确；若输入输出信号指示不正确，则需要检查和修改程序。

素质拓展

1. 编写如图 6-85(b)所对应的程序，并调试和运行，观察运行结果是否正确。

2. 用堆栈操作指令(MPS、MRD、MPP)编写如图 6-85(a)所示梯形图程序，并调试运行结果。

项目 13　三相电动机延时启动控制

一、项目目标

1. 三相电动机延时启动控制电路适用于中小型三相交流异步电动机，可以直接用按钮和延时继电器实现控制，也可以用 PLC 的定时器实现延时启动控制。

2. 绘制三相电动机延时启动控制电路，选定 PLC 所对应的输入输出设备及其型号。

3. 用给定的实训台将各种控制设备连接起来，输入所编写的程序，进行调试运行。

二、相关知识

1. 三相电动机延时启动控制电路如图 6-86 所示，其中：SB1、SB2 分别为启动和制动按钮，KM 为接触器，KT 为时间继电器，用于延时启动控制，KR 为热继电器，用于过载保护，FU 为熔断器，用于过电流保护。

2. PLC 的 I/O 接线图如图 6-87 所示。

3. PLC 实训台面的结构布局。

4. PLC 编程软件的使用方法。

5. 实训台的正确接线方法。

三、项目实施

1. 编制电动机延时启动控制梯形图

根据图 6-86 所示三相电动机延时启动控制电路图，可编制电动机延时启动控制梯形图，如图 6-88 所示。当启动时，按下 SB1(X01)按钮，延时继电器 KT(Y01) 带电，其触

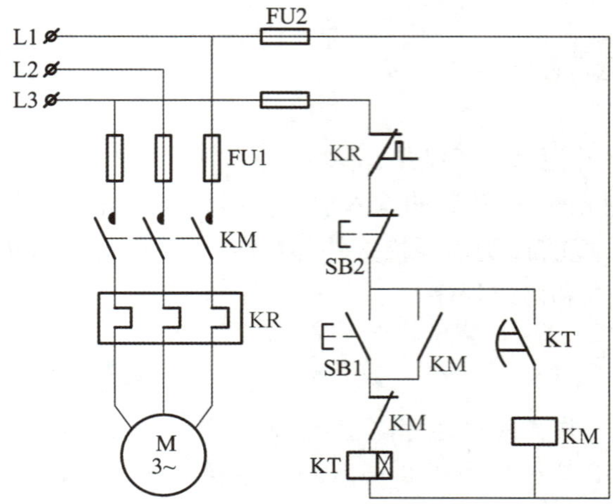

图 6-86　三相电动机延时启动控制电路图

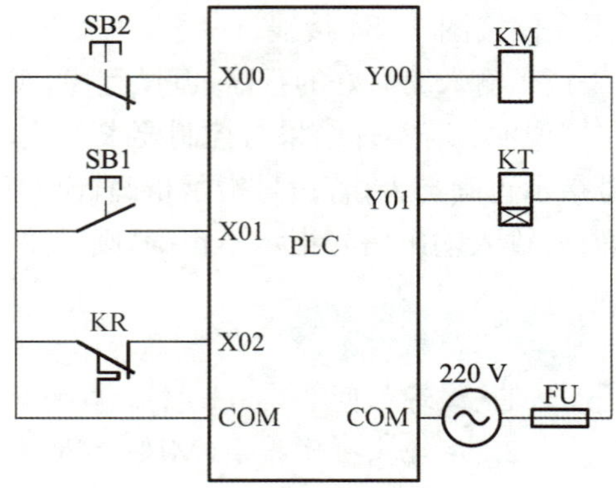

图 6-87　PLC 的 I/O 接线图

点延时 15 s 后闭合，输出继电器 KM(Y00)带电动作并自保持，其动合触点闭合，负载 M 带电全压启动运行。当制动停车时，按下 SB2(X00) 按钮，输出继电器 KM(Y00)失电，动合触点返回断开，负载 M 失电停车，其输入输出时序图如图 6-89 所示。

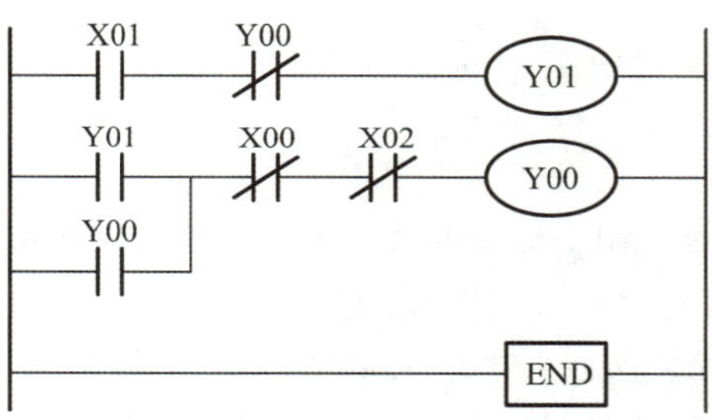

图 6-88　电动机延时启动控制梯形图

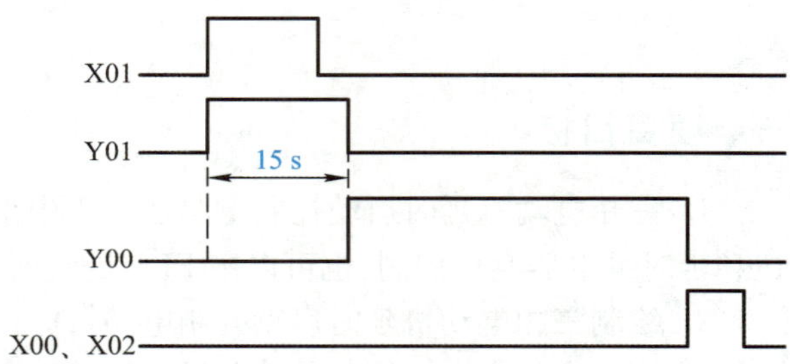

图 6-89　输入输出时序图

2. 编制电动机延时启动控制程序

根据电动机延时启动控制梯形图，编写程序。根据选用的语句不同，可以有多种程序形式，以下只介绍对应图 6-88 的程序。

程序：

文本

两台电动机延时启动控制

```
0  LD   X01        5  ANI  X00
1  ANI  Y00        6  ANI  X02
2  OUT  Y01        7  OUT  Y00
3  LD   Y01        8  END
4  OR   Y00
```

3. 完成电动机延时启动控制实训

按下列操作要求，完成电动机延时启动控制实训：

① 按图 6-87 接线。

② 输入编写好的程序，调试程序，观察并记录运行结果。

说明：若实训结果与控制要求不符，则先检查 PLC 的输入输出信号端子上相应的信号指示正确与否；若信号指示正确，说明程序正确，则需要检查外部接线、负载电源是否正确；若输入输出信号指示不正确，需要检查和修改程序。

素质拓展

1. 运用 PLC 内部定时器，编写与图 6-88 所示梯形图对应的程序。

2. 运用已经掌握的知识，利用 PLC 设计每一次点亮 30 s 的路灯控制电路，并绘制 PLC 的 I/O 接线图、梯形图和对应的程序。

项目 14　机械手的控制系统设计

一、项目目标

1. 熟悉机械手的机械结构和运动过程。

2. 了解机械手控制要求，即有手动操作方式和单步、单周期和连续运行三种自动操作方式。

3. 机械手操作控制是步进顺序控制，应选取相应的指令设计程序并掌握调试方法。

二、相关知识

1. 机械手的机械结构和运动过程。

2. 机械手设计的控制要求。

3. 根据控制设计要求，布置机械手操作台面板。

以上相关知识可参见本书 4.4 节中的介绍。

4. PLC 编程软件的使用方法。

5. 程序的编制、输入与调试方法。

6. 个人计算机与 PLC 的电缆连接方法。

三、项目实施

1. 分配 PLC 输入输出(I/O)编号及接线

I/O 端口的分配与编号如图 4-36 所示。

2. 控制程序设计

机械手控制系统的程序设计可分为程序整体结构框图设计、手动操作程序设计、自动操作程序设计。相关设计要点和用步进指令编写的程序参见本书 4.4 节中的介绍。

按下列实训顺序控制程序运行，并观察运行结果是否符合控制要求。

① 当选择单周期时，X11 接通，机械手按连续运行的过程循环一次后返回初始步 S0

并停止在原位，若需继续工作，需再一次启动按钮。

② 当选择单步时，X10 接通，M8040 接通，禁止状态步的自动转换，每按一次启动按钮（X00 接通一次），M8040 解除禁止一次，机械手顺序完成一个动作后停止。

③ 停止按钮 X06 接通，状态 S101～S108 全部复位，机械手就地停止，但若不是在原位，指示灯不亮，X13 接通，机械手完成最后一个循环后返回初始步停下。

素质拓展

1. 运用移位寄存器绘制机械手自动操作程序梯形图。
2. 编写对应的程序。
3. 在实训台上运行程序，观察运行结果。

项目 15 按钮式人行横道信号灯控制

一、项目目标

1. 按钮式人行横道信号灯一般设立于闹市区过街人行横道或中小学校门口两侧的过街人行横道，当有人过街时，按下手动按钮（SB1 或 SB2）启动信号灯，控制道路上车辆禁止通行，保证行人安全通过道路。

2. 考虑车辆正常通行转为停车运行和行人通过街道都需要一定时间，其控制要求按车辆正常通行控制（红-绿-黄-红）和行人自然通行控制（红-绿-红）。

3. 实现上述控制要求有多种途径和方法，本书采用并行分支步进顺序控制编程。

二、相关知识

1. 人行横道和交通车道的路况图如图 6-90 所示。

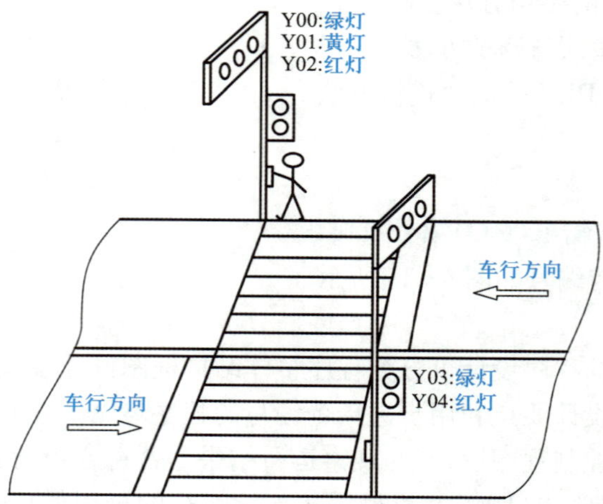

图 6-90 人行横道和交通车道的路况图

2. 分配车道与人行横道的控制时段。交通时段车辆正常行驶，指示信号绿灯亮，人行横道红灯亮，只有当过街按钮按下后，车道指示信号黄灯闪烁，10 s后转为红灯亮，同时人行横道指示信号绿灯亮，30 s 后人行横道指示信号灯由绿灯亮转为红灯亮，并使车道指示信号绿灯亮，恢复正常交通运行状态，交通控制时段分配如图 6-91 所示。

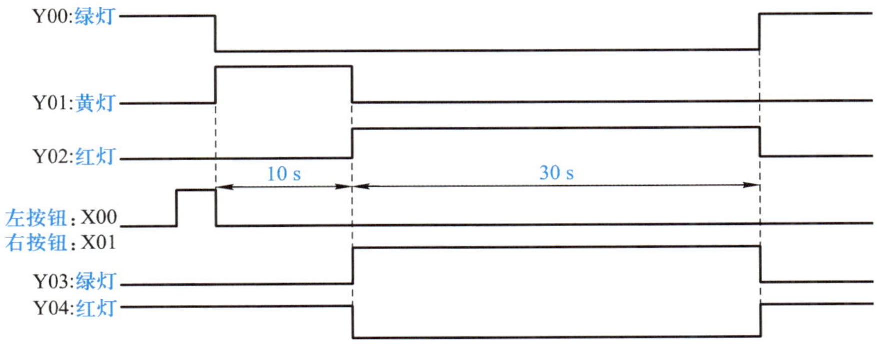

图 6-91　交通控制时段分配

三、项目实施

1. 分配 I/O 地址编号，绘制输入输出接线图

由于车道和人行横道需要同时控制，因此，在道路两侧分别设置两个按钮 SB1、SB2（X00、X01）控制过街人行横道红灯（Y04）和绿灯（Y03），通过 PLC 内部定时器和串联特殊辅助继电器（M8012）实现延时功能，实现车道上红（Y02）、绿（Y00）、黄（Y01）信号灯控制，故可绘制 PLC 的 I/O 接线图，如图 6-92 所示。

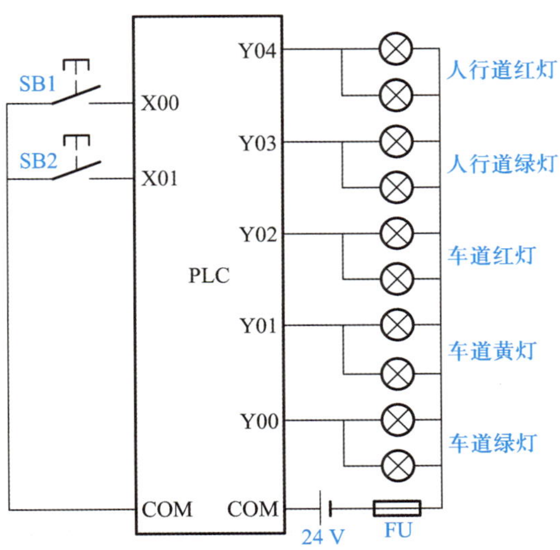

图 6-92　PLC 的 I/O 接线图

2. 绘制按钮式人行横道信号灯控制功能图

根据选取并行分支结构的步进顺序控制设计方法，可绘制按钮式人行横道信号灯控制功能图，如图 6-93 所示。

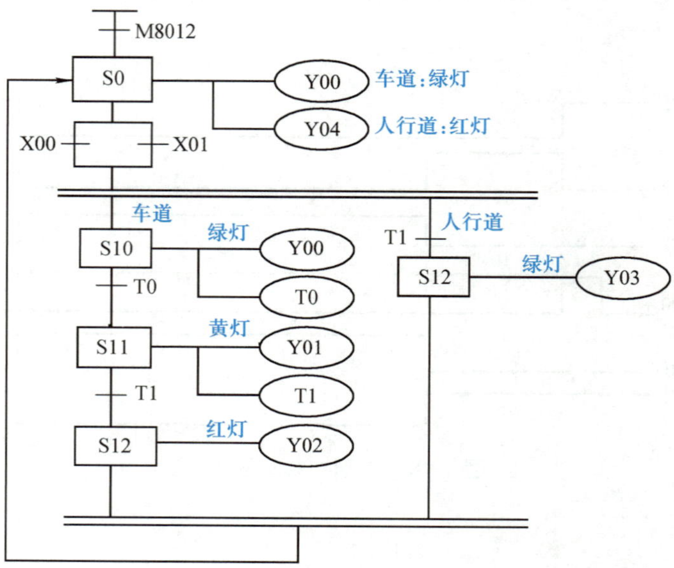

图 6-93　按钮式人行横道信号灯控制功能图

3. 绘制按钮式人行横道信号灯步进梯形图

根据按钮式人行横道信号灯控制功能图，选用定时器串联特殊辅助继电器（M8012）实现延时控制功能，从而可绘制按钮式人行横道信号灯步进顺序控制梯形图，如图 6-94 所示。

4. 编写按钮式人行横道信号灯控制程序

程序：

0	LD	M8012	9	STL	S10	18	OUT	Y02
1	SET	S0	10	LD	M8012	19	OUT	Y03
2	STL	S0	11	OUT	Y01	20	OUT	T1
3	OR	S12	12	OUT	T0	21		K300
4	OUT	Y00	13		K100	22	LD	T1
5	OUT	Y04	14	LD	T0	23	SET	S12
6	LD	X00	15	SET	S11	24	STL	S12
7	OR	X01	16	STL	S11	25	RET	
8	SET	S10	17	LDI	T1	26	END	

5. 调试程序

输入按钮式人行横道信号灯控制程序，在实训台上运行，观察其运行结果是否符合控制要求，若不符，则修改程序直至符合控制要求。

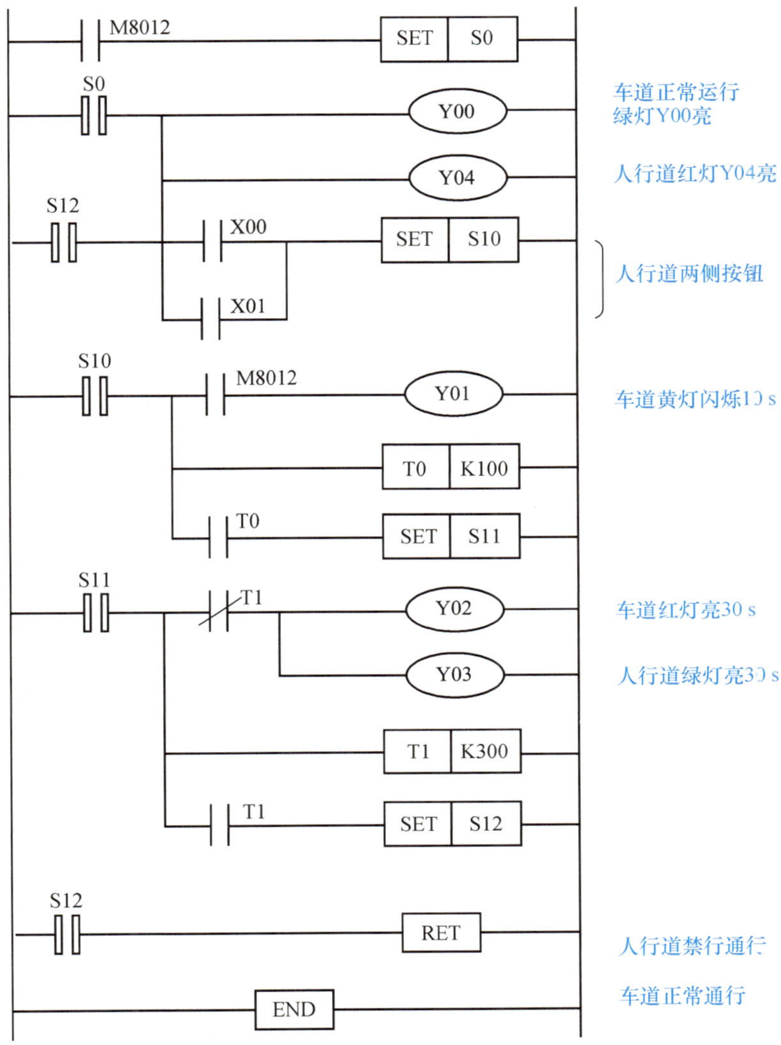

图 6-94　按钮式人行横道信号灯步进顺序控制梯形图

素质拓展

为防止车道正常行驶车辆因绿灯突然变红灯，造成急刹现象，常在信号转换时，设计绿灯闪烁 3～5 次(取绿灯闪烁 5 s)后转为红灯，或人行横道方向绿灯亮至最后几秒时，提醒行人快速通过，往往绿灯也闪烁 3～5 次(取绿灯闪烁 5 s)后转为红灯，试完成：

① 在图 6-94 所示梯形图的基础上，绘制符合上述要求的梯形图。

② 编写和运行符合控制要求的程序。

项目 16　交通信号灯控制系统设计

一、项目目标

1. 交通信号灯一般设立于闹市区十字交叉路口，控制东西方向和南北方向道路上正常行驶车辆的通行，保证车辆安全有序地通过。

2. 考虑车辆正常通行转为停车运行需要一定缓冲时间，一般绿灯闪烁 3～5 s(取绿灯闪烁 5 s)后转为黄灯，黄灯闪烁 3～5 s(取黄灯闪烁 5 s)转为红灯，此方向车辆停止前行，其控制要求按“红→绿→黄→红”循环控制，且东南西北四个方向依次交替通行，每次车辆放行时间均为 55 s，一个循环周期为 240 s。

3. 实现上述控制要求有多种途径和方法，本书采用并行分支步进顺序控制编程。

动画
十字路口红绿灯控制

微视频
北斗卫星导航系统

二、相关知识

1. 十字交叉路口的交通路况如图 6－95 所示，按“东→南→西→北→东”次序循环控制放行车辆，人行横道放行按右转方向顺边放行，即南向车辆放行时，开通东向人行横道。

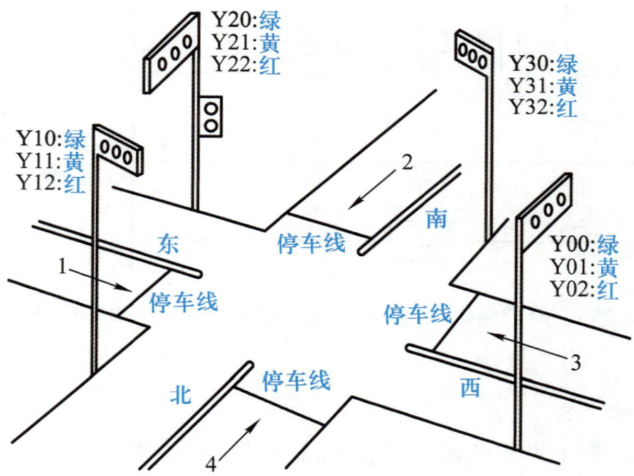

图 6－95　十字交叉路口的交通路况

2. 分配十字交叉路口的控制时段。十字交叉路口在白天车辆正常行驶时，某一方向指示信号绿灯亮，其他三个方向道路指示信号红灯都亮，任何一个车道都按“绿灯亮 50 s 后，绿灯闪烁 5 s，转为黄灯亮 5 s，熄灭后转红灯亮”时间段控制；夜晚 23:00—次日 6:00，四个方向均黄灯闪烁，早晨 6:00 恢复正常交通运行状态。十字交叉路口在白天的控制时段分配如图 6－96 所示。

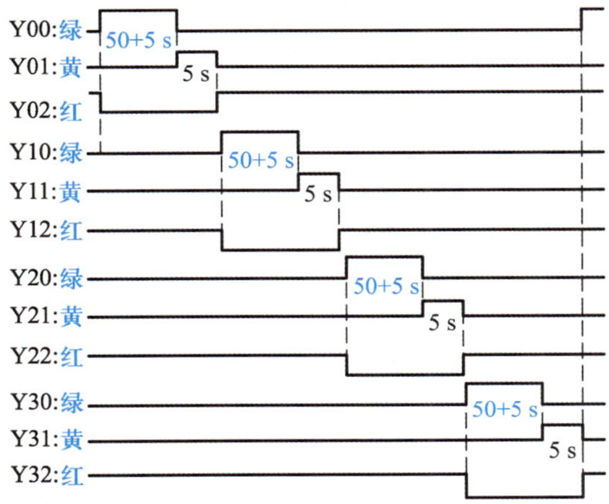

图 6-96　十字交叉路口在白天的控制时段分配

三、项目实施

1. 分配 I/O 地址编号，绘制输入输出接线图

用 SB1 和 SB2 按钮分别控制十字交叉路口信号灯系统的启动与停止，对四个方向车道的绿、黄、红灯和过街人行横道红灯和绿灯实现顺向同时控制，绿灯由亮转为熄灭之前 5 s 为闪烁提醒状态，选用 PLC 内部定时器(M8002)实现系统的时间控制，用串联特殊辅助继电器(M8012)实现延时闪烁功能，用 PLC 内部定时器实现车行道上红、绿、黄灯控制，故可绘制十字交叉路口信号灯 PLC 的 I/O 接线图，如图 6-97 所示。

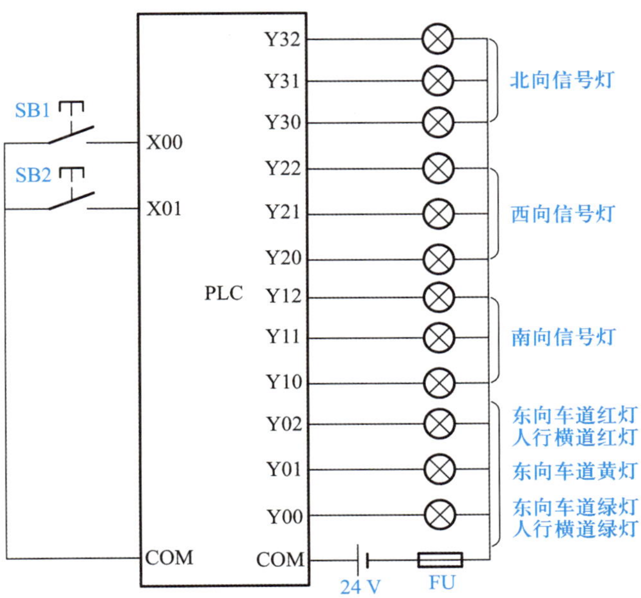

图 6-97　十字交叉路口信号灯 PLC 的 I/O 接线图

2. 绘制十字交叉路口信号灯控制功能图

根据步进顺序分支结构的控制设计方法，绘制十字交叉路口信号灯控制功能图，如图 6-98 所示。

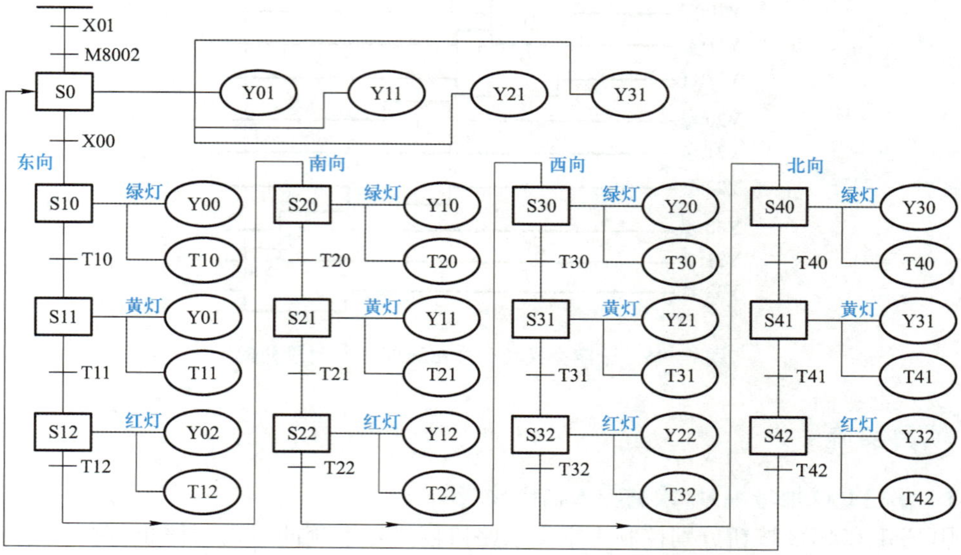

图 6-98　十字交叉路口信号灯控制功能图

文本

十字路口交通灯并行顺序控制

3. 绘制十字交叉路口信号灯步进控制梯形图

根据十字交叉路口信号灯控制功能图，绘制十字交叉路口信号灯步进控制梯形图，如图 6-99 所示。

4. 编写十字交叉路口信号灯控制程序

程序：

```
0   LDI   X01
1   AND   M8002
2   SET   S0
3   STL   S0
4   LD    M8012
5   ANI   T12
6   ANI   T22
7   ANI   T32
8   ANI   T42
9   OUT   Y01
10  OUT   Y11
11  OUT   Y21
12  OUT   Y31
13  STL   S0
14  OR    X00
15  ADI   X01
16  SET   S10
17  STL   S10
18  LD    T42
19  ORB
20  LDI   T1
21  OUT   Y00
22  OUT   T10
23        K500
24  LD    T10
25  SET   S1
26  STL   S1
27  OUT   T1
28        K50
29  LD    M8012
30  OUT   Y00
31  LD    T1
32  SET   S11
33  STL   S11
34  LDI   T11
35  AND   M8012
36  OUT   Y01
37  OUT   T11
38        K50
39  LD    T11
40  SET   S12
41  STL   S12
```

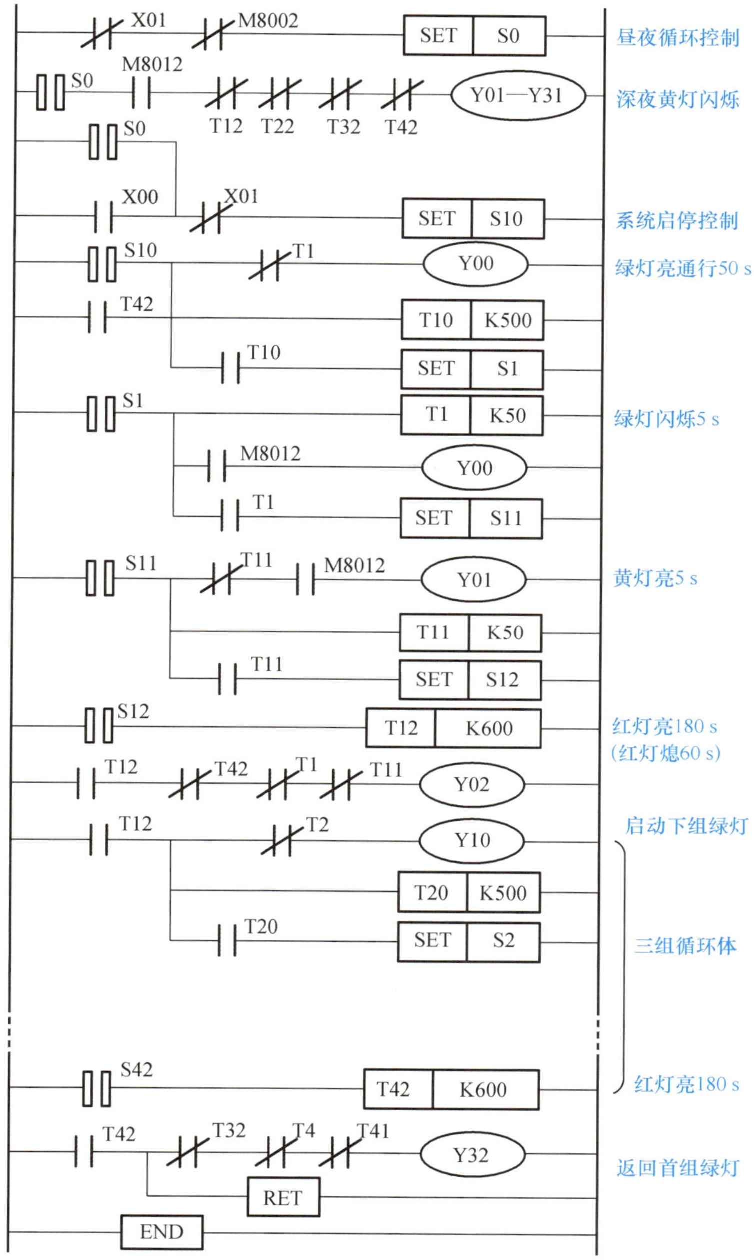

图 6-99　十字交叉路口信号灯步进控制梯形图

42	OUT	T12	47	ANI	T11	52	OUT	T20
43		K600	48	OUT	Y02	53		K500
44	LD	T12	49	LD	T12	54	LD	T20
45	ANI	T42	50	LDI	T2	55	SET	S2
46	ANI	T1	51	OUT	Y10	56	STL	S2

```
57   OUT   T2
58         K50
59   LD    M8012
60   OUT   Y10
61   LD    T2
62   SET   S21
63   STL   S21
64   LDI   T21
65   AND   M8012
66   OUT   Y11
67   OUT   T21
68         K50
69   LD    T21
70   SET   S22
71   STL   S22
72   OUT   T22
73         K600
74   LD    T22
75   ANI   T12
76   ANI   T2
77   ANI   T21
78   OUT   Y12
79   LD    T22
80   LDI   T3
81   OUT   Y20
82   OUT   T30
83         K500
84   LD    T30
85   SET   S3
86   STL   S3
87   OUT   T3
88         K50
89   LD    M8012
90   OUT   Y20
91   LD    T3
92   SET   S31
93   STL   S31
94   LDI   T31
95   AND   M8012
96   OUT   Y21
97   OUT   T31
98         K50
99   LD    T31
100  SET   S32
101  STL   S32
102  OUT   T32
103        K600
104  LD    T32
105  ANI   T22
106  ANI   T3
107  ANI   T31
108  OUT   Y22
109  LD    T32
110  LDI   T4
111  OUT   Y30
112  OUT   T40
113        K500
114  LD    T40
115  SET   S4
116  STL   S4
117  OUT   T4
118        K50
119  LD    M8012
120  OUT   Y30
121  LD    T4
122  SET   S41
123  STL   S41
124  LDI   T41
125  AND   M8012
126  OUT   Y31
127  OUT   T41
128        K50
129  LD    T41
130  SET   S42
131  STL   S42
132  OUT   T42
133        K600
134  LD    T42
135  ANI   T32
136  ANI   T4
137  ANI   T41
138  OUT   Y32
139  RET
140  END
```

5. 调试程序

输入所编写的十字交叉路口信号灯控制程序，在实训台上运行，观察其运行结果是否符合控制要求，若不符，则修改程序直至符合控制要求。

素质拓展

根据实际路口交通状况，需要调整不同方向的通车时间，保证各方向车辆滞留时间最短，试按东南西北每一个方向通车时间分别为 30 s、20 s、50 s 和 40 s 设计控制程序，观察并记录运行结果。

项目 17　彩灯控制系统设计

一、项目目标

1. 在现实生活中，彩灯被广泛地运用于灯箱广告、舞台布景、霓虹灯带等，根据不同需求，设计有左循环、右循环、流水线型、波纹状等各种模式，本项目以四灯循环为例介绍设计方法。

2. 在控制要求上，分别用两个按钮控制左循环、右循环，用一个按钮控制系统的启停。

3. 选用适合 PLC 控制器和具有一定效果的彩灯。

二、相关知识

1. 循环控制可以采用循环左移位指令 ROL(P)和右移位指令 ROR(P)使数据寄存器中数据移动相应位数，选用 M8022 作为左移最高位移出状态和右移最低位移出状态的进位标志，移位指令执行操作一次后内部数据移动情况如图 6-100 所示。

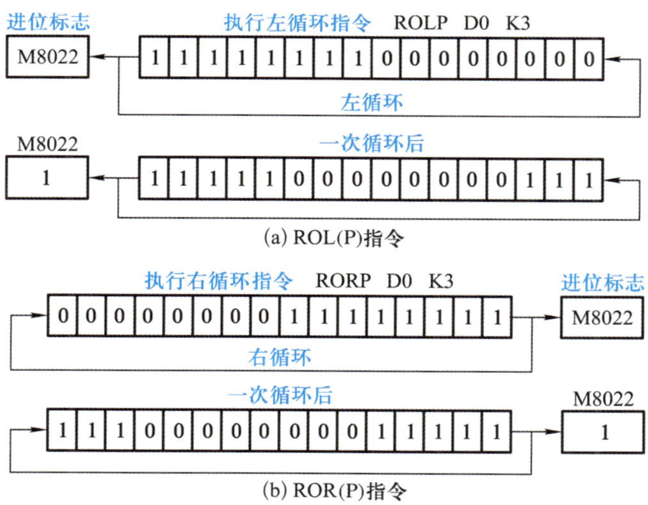

图 6-100　移位指令执行操作一次后内部数据移动情况

2. 彩灯每一组以 0.1 s 的速度点亮左循环(或右循环)彩灯，然后每间隔 1 s 再左移动(或右移动)一位，选用 PLC 内部 0.1 s 脉冲周期的定时器，按步进顺序控制也可构成自然地闪烁流动现象。

3. 选择 SB1、SB2 两个按钮分别控制左循环、右循环彩灯运行，选取 SB3 按钮的动合触点控制彩灯系统启动，动断触点控制彩灯系统停止。

三、项目实施

1. 分配 I/O 地址编号，绘制输入输出接线图

用 SB1 和 SB2 按钮分别控制左、右循环彩灯，SB3 控制系统的启停，四路输出彩灯，故确定 PLC 的 3 个输入端和 4 个输出端，PLC 的 I/O 接线图如图 6－101 所示。

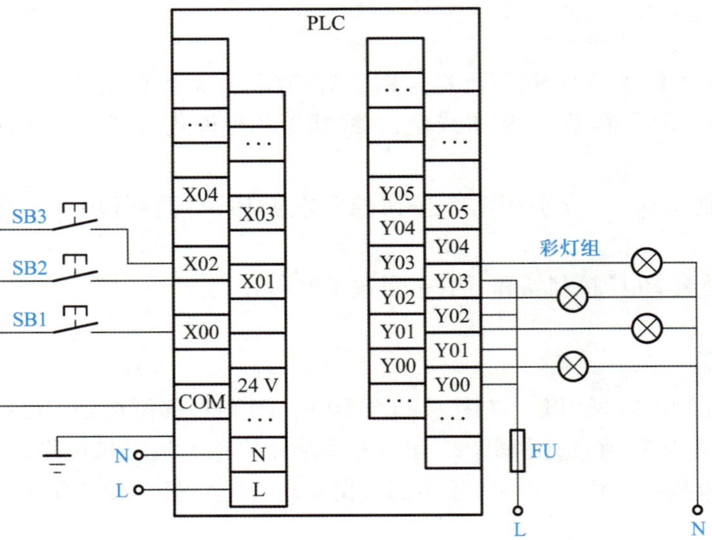

图 6－101　PLC 的 I/O 接线图

2. 绘制循环彩灯控制功能图

循环彩灯采取步进顺序控制，循环彩灯控制功能图如图 6－102 所示。

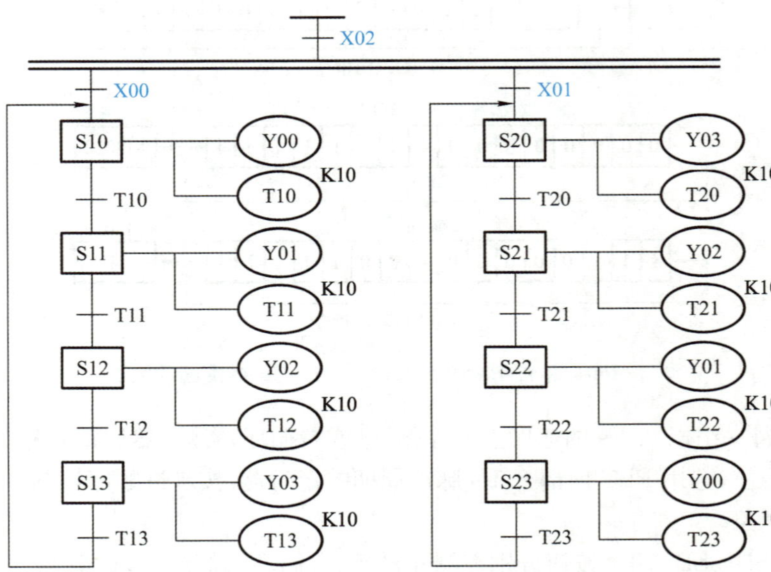

图 6－102　循环彩灯控制功能图

3. 绘制循环彩灯梯形图

循环彩灯步进顺序控制梯形图如图 6-103 所示。

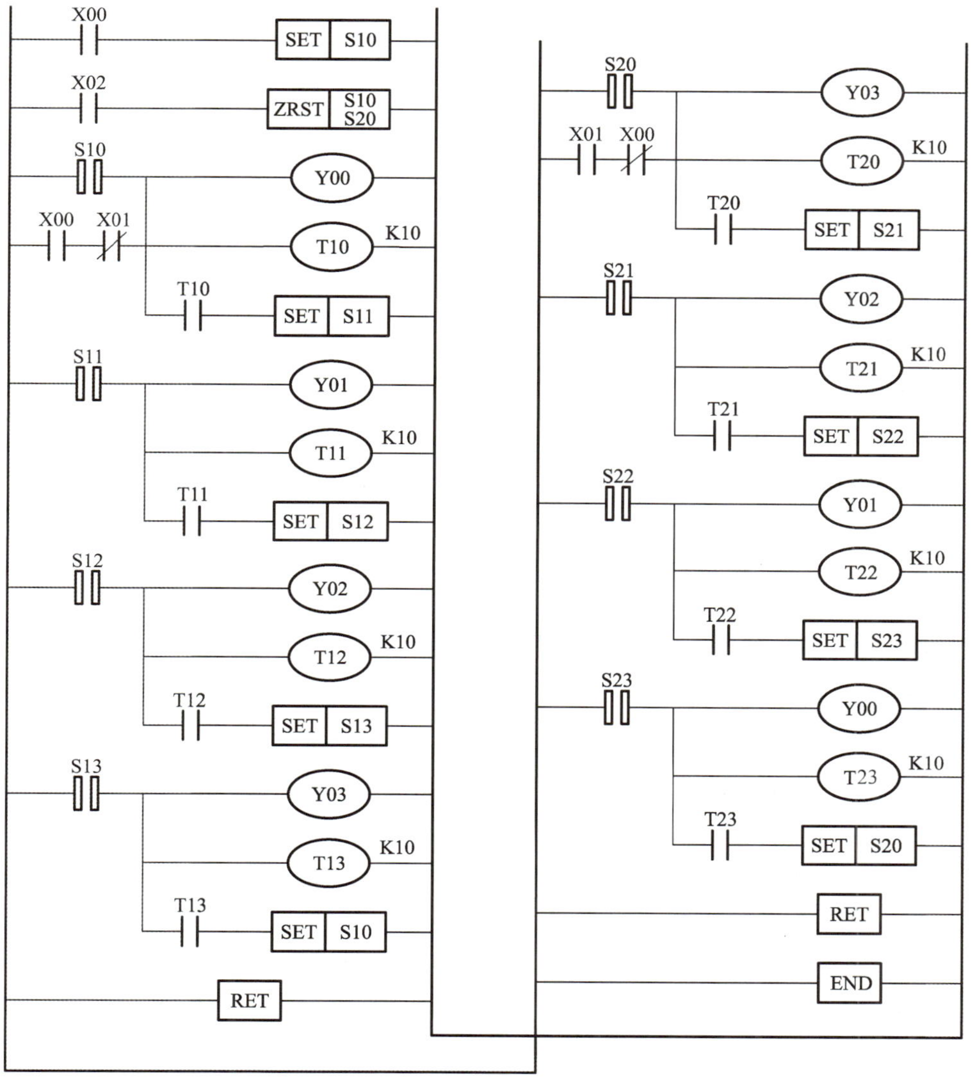

图 6-103　循环彩灯步进顺序控制梯形图

4. 编写循环彩灯程序

程序：

0	LD	X00	5	STL	S10	10	OUT	T10
1	SET	S10	6	OR	X00	11		K10
2	LD	X02	7	AND	X01	12	LD	T10
3	ZRST	S10	8	ANB		13	SET	S11
4		S20	9	OUT	Y00	14	STL	S11

步序	指令	元件
15	OUT	Y01
16	OUT	T11
17		K10
18	LD	T11
19	SET	S12
20	STL	S12
21	OUT	Y02
22	OUT	T12
23		K10
24	LD	T12
25	SET	S13
26	STL	S13
27	OUT	Y03
28	OUT	T13
29		K10
30	LD	T13
31	SET	S10
32	RET	
33	STL	S20
34	OR	X01
35	AND	X00
36	ANB	
37	OUT	Y03
38	OUT	T20
39		K10
40	LD	T20
41	SET	S21
42	STL	S21
43	OUT	Y02
44	OUT	T21
45		K10
46	LD	T21
47	SET	S22
48	STL	S22
49	OUT	Y01
50	OUT	T22
51		K10
52	LD	T22
53	SET	S23
54	STL	S23
55	OUT	Y00
56	OUT	T23
57		K10
58	LD	T23
59	SET	S20
60	RET	
61	END	

5. 调试程序

调试循环彩灯控制程序，观察运行结果，直到符合控制要求。

素质拓展

1. 用移位寄存器实现上述循环彩灯控制，编写并调试控制程序。

2. 通过改变 K 的数值，实现控制循环彩灯的循环速度；将若干路彩灯按圆盘形状设计，可实现内收缩或外扩展的波纹彩灯。根据自己喜好选择其中的一种彩灯控制方式，编写控制程序，观察运行效果。

3. 利用移位寄存器，采取移位顺序控制方式设计一个 8 路彩灯组成环形造型演示板或用 A、B、C、D、E、F、G、H 8 路 LED 模拟彩灯，如图 6-104 所示。8 路彩灯组成环形造型的控制要求：8 路彩灯依次点亮，每 1 s 移位一次，然后全亮，5 s 后全熄，再 1 s 后重复循环，8 路彩灯循环控制梯形图如图 6-105 所示。试编制和输入程序，按下启动按钮，观察运行结果。若有错，则分析原因和进行修改，直至程序运行正常。

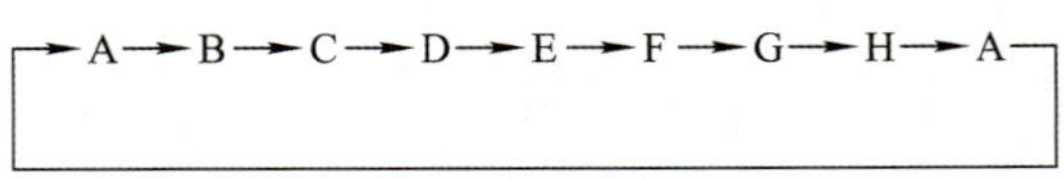

图 6-104　8 路 LED 模拟彩灯

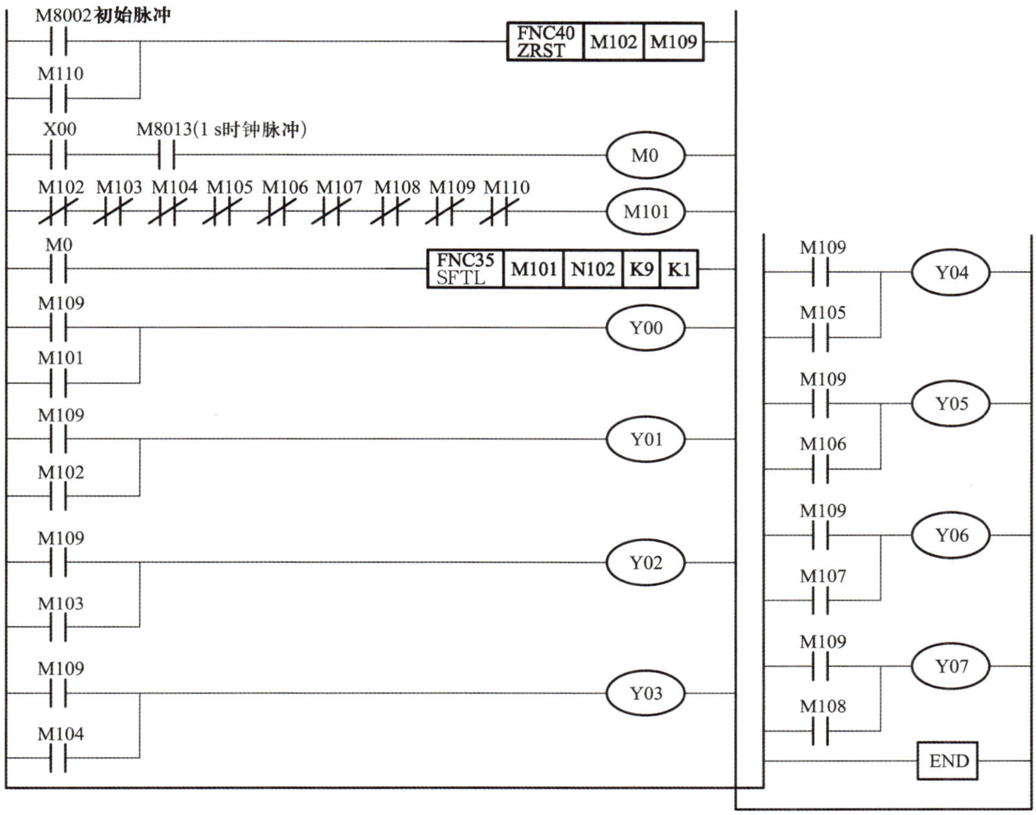

图 6-105　8 路彩灯循环控制梯形图

项目 18　自动送料系统控制电路

一、项目目标

1. 自动送料系统控制是一个典型的步进顺序控制设计，需要对整个生产过程中的每一步设计出控制元件及其状态、开关控制量。若一步出错，则可能导致系统达不到要求。

2. 步进顺序控制设计的关键是绘制功能图，也是系统设计流程图，它能全面动态地描述控制系统的控制过程、功能和特征，故功能图亦称状态转移图。

二、相关知识

1. 自动送料小车运行过程如图 4-22 所示。确定各关键环节控制开关量及参数，根据生产过程存在单循环、自动循环工作方式(图 4－23),小车自动循环运行和侧翻门自动开、关操作,说明小车拖动电动机和侧翻门开启、关闭驱动为正反可逆运行控制方式。选用 PLC 内部状态寄存器 S、辅助继电器 M 控制转换条件与各步的控制元件,绘制功能图,实现顺序接通和断开控制操作。

2. 自动送料小车运行过程可参见本书技能训练 9 中的介绍。

三、项目实施

1. 分配 I/O 地址编号,绘制输入输出接线图

选择 PLC 的 I/O 点数,分配 I/O 控制点,绘制 PLC 的 I/O 接线图,如图 6－106 所示。选用启动按钮 SB1、停止按钮 SB2 分别为 X00、X01 的输入信号,后限位开关 SQ2、前限位开关 SQ1 分别为 X02、X03 的输入信号,小车前进、返回分别由 Y00、Y01 控制正转、反转接触器。

微视频
物流周转箱全自动整理控制系统

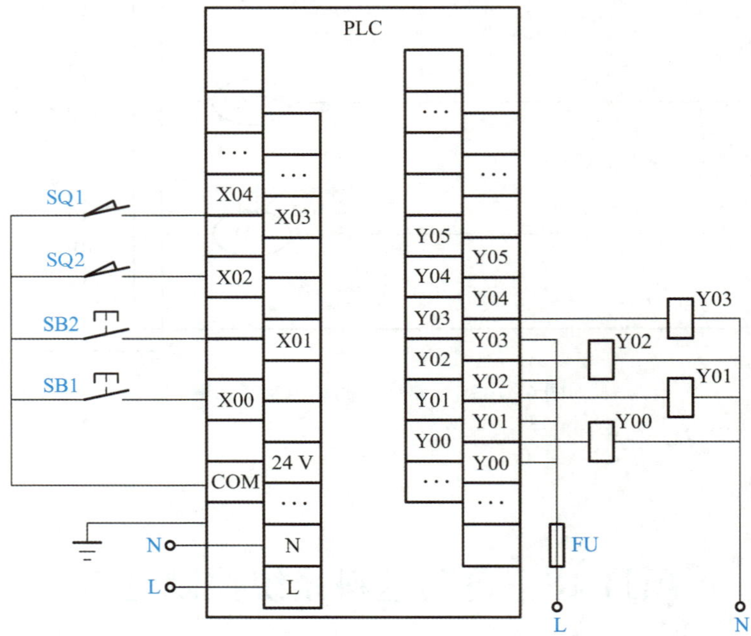

图 6－106　PLC 的 I/O 接线图

2. 绘制自动送料小车运行控制功能图

根据生产工艺控制要求和自动运行过程转换控制条件,编写自动送料小车运行控制功能图,如图 4－24 所示。

3. 绘制自动送料小车运行控制梯形图

根据自动送料小车运行控制功能图和生产过程控制要求及转换条件,绘制自动送料小车运行控制梯形图,如图 4－25 所示。

4. 编写自动送料小车运行控制程序

自动送料小车运行控制程序可参见本书技能训练 9 中的介绍。

5. 调试程序

调试自动送料小车运行控制程序，观察运行结果，直到符合控制要求。

素质拓展

1. 如果将图 4-24 所示功能图中状态寄存器 S 换成辅助继电器 M，即用 M0 代替 S0，M501～M504 代替 S501～S504，编写另一种形式的梯形图及其对应的程序。

2. 将本项目自动送料小车运行控制过程改为：送料小车在两地自动往返运行控制。当按下启动按钮时，小车自动向前运动，当前进到终点自动停下，等待 10 s 后自动返回，回到起点再自动停下，在起点等待 5 s 后，又自动向前运行，如此周而复始地自动运行下去，直到按下停止按钮后，小车才能停下。试编写符合此控制要求的梯形图和程序，观察并记录运行结果。

项目 19　运用 PLC 实现 C6140 普通车床的技术改造

一、项目目标

1. 熟悉普通车床的电气控制电路和运行情况。
2. 掌握 PLC 的正确使用方法。
3. 掌握运用 PLC 对 C6140 普通车床进行技术改造的基本方法、基本步骤及其编程方法。

二、项目设备及器材

序　号	设 备 及 器 材	数　量
1	PLC 实验台	1 台
2	个人计算机	1 台
3	交流接触器	3 只
4	通信电缆	1 根
5	连接导线	若干

三、项目实施

分析 C6140 普通车床的基本结构、控制电路及其控制要求，选择 PLC 的型号，绘制 PLC 控制改造电路的接线图，编写车床改造电路梯形图和指令表程序，并上机调试控制程序和撰写实训报告。

1. 分析车床控制要求

本书以国产 C6140 普通车床为例，阐述用 PLC 进行技术改造的基本方法与步骤。

① C1640 普通车床是金属材料切削加工的普通机床，共有 3 台电动机，其中，D1(7.2 kW)为主轴电动机，带动主轴旋转与刀架进给；D2(90 W)为冷却电动机，为机床切削加工时提供冷却液，对刀具进行冷却；D3(250 W)为刀架快速移动电动机，可使刀具快速地接近或离开加工部件。

② 按正常启动顺序是“D1→D2→D3”，停车顺序是“D3→D2→D1”，进行单台电动机“启保停”控制。

③ 设计有必要的保护装置和加工所需照明设备。

2. 分配输入输出元件的 I/O 地址

根据控制要求，PLC 控制系统应配置如下元件：6 个按钮、1 个旋钮、3 只接触器、4 盏指示灯和 1 盏照明灯。D1、D3 设计的过载保护、主电路和控制电路保护不占用 I/O 地址。I/O 地址分配及所接设备名称与作用见表 6-2。

表 6-2　I/O 地址分配及所接设备名称与作用

输　入　端				输　出　端			
元件代号	元件名称	地址	用　途	元件代号	元件名称	地址	用　途
SB1	按钮	X01	电源启动	XD1	指示灯 1	Y00	电源指示灯
SB2	按钮	X02	电源停止	KM1	接触器 1	Y01	主轴电动机供电
SB3	按钮	X03	主轴电动机启动	KM2	接触器 2	Y02	冷却电动机供电
SB4	按钮	X04	主轴电动机停止	KM3	接触器 3	Y03	快速移动电动机供电
SB5	按钮	X05	冷却电动机启动	XD2	指示灯 2	Y04	主轴指示灯
SB6	按钮	X06	快速移动电动机点动	XD3	指示灯 3	Y05	快速移动指示灯
SA	旋钮	X07	照明控制	XD4	指示灯 4	Y06	冷却指示灯
				EL	照明灯	Y07	机床指示灯

3. 选择 PLC 型号

C6140 普通车床工作电源为 100～240 V 交流电，负载电源也为交流电源，故预选 PLC 应有输入、输出端子数各 16 个，继电器或晶闸管输出，供电电源为 AC 220 V；考虑车床安装空间和选取的 PLC 满足适用、够用、经济及性价比高等因素，经查表后选取三菱 FX3U-32MS/ES 型 PLC，它为 AC 工作电源，DC 24V 漏型、源型输入通用型 PLC。

4. 绘制车床改造主电路和 PLC 控制电路接线图

C6140 普通车床改造主电路和 PLC 控制电路接线图如图 6-107 所示。

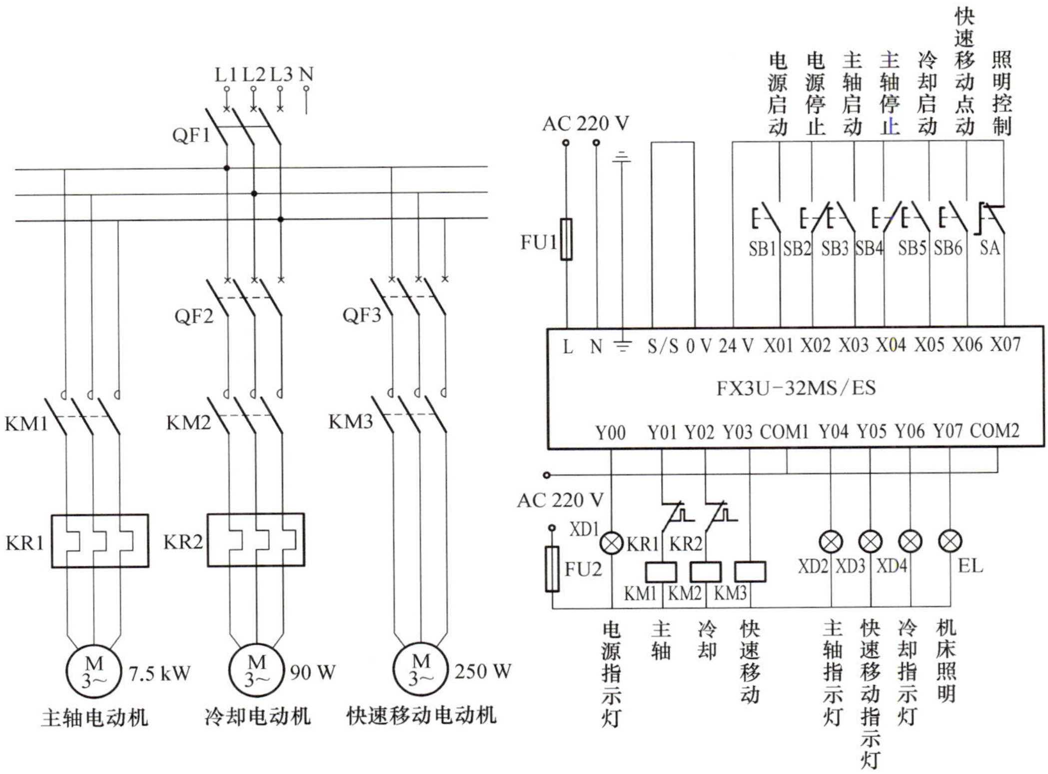

图 6-107　C6140 普通车床改造主电路和 PLC 控制电路接线图

5. 编制 PLC 梯形图和指令表程序

根据 C6140 普通车床改造主电路和 PLC 控制电路接线图，绘制如图 6-108 所示的 C6140 普通车床改造电路 PLC 梯形图和指令表程序。

6. 调试梯形图控制程序和编写指令表程序

按图 6-107 连接电路（可以选用三个不同颜色的灯泡代替三台电动机），经实训教师审核同意后，按下列顺序依次调试每一个单项控制功能。

① 按下 SB1（X01 闭合），内部继电器 M1 的线圈带电动作并自保，电源指示灯是________（亮或不亮）；按下 SB2（X02 闭合），M1 线圈失电，电源指示灯是________（亮或不亮）。

② 按下 SB3（X03 闭合），Y01 线圈带电，Y01 触点动作并自保，KM1 带电吸合，主轴电动机启动运行，主轴指示灯是________（亮或不亮）；按下 SB4（X04 闭合），Y01 和 KM1 线圈相继失电，主轴电动机失电停止，主轴指示灯是________（亮或不亮）。

③ 在主轴电动机启动运行后（Y01 闭合），按下 SB5（X05 闭合），Y02 线圈带电，Y02 触点动作并自保，KM2 带电吸合，冷却电动机启动运行有冷却液流出，冷却指示灯是________（亮或不亮）；主轴电动机需要停止运行时，按下 SB4，Y01、Y02 和 KM2 线圈相继失电，主轴电动机失电停止，主轴指示灯是________（亮或不亮），冷却指示灯是________（亮或不亮），冷却液停止流出。

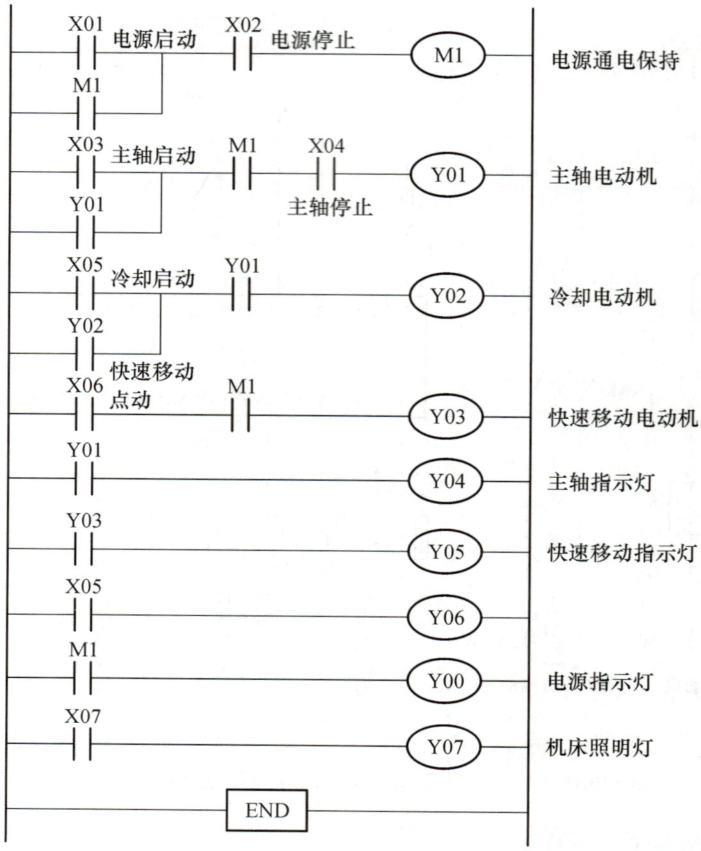

程序：

```
1   LD   X01
3   OR   M1
4   AND  X02
6   OUT  M1

8   LD   X03
10  OR   Y01
11  AND  M1
12  AND  X04
13  OUT  Y01

16  LD   X05
17  OR   Y02
18  AND  Y01
19  OUT  Y02

20  LD   X06
21  AND  M1
22  OUT  Y03

26  LD   Y01
27  OUT  Y04
30  LD   Y03
31  OUT  Y05

32  LD   X05
33  OUT  Y06
35  LD   M1
36  OUT  Y00
38  LD   X07
39  OUT  Y07
40  END
```

图 6-108　C6140 普通车床改造电路 PLC 梯形图和指令表程序

④ 按下快速移动按钮 SB6（X06 闭合），Y03 线圈带电吸合，KM3 线圈得电，KM3 触点闭合，快速移动电动机启动，快速移动指示灯是________（亮或不亮）；待工件到位后，松开 SB6 按钮，Y03、KM3 线圈相继失电，快速移动电动机失电停止，快速移动指示灯是________（亮或不亮）。

⑤ 旋转开关 SA 接通时，X07 闭合，机床照明灯是________（亮或不亮）；旋转开关 SA 断开时，X07 断开，机床照明灯是________（亮或不亮）。

⑥ 过载保护分别采用热继电器 KR1、KR2，动断触点 KR1、KR2 分别串联在主轴电动机和冷却电动机的主电路中，当过载时，动断触点 KR1、KR2 触动断开，KM1、KM2 失电，电动机失电停止。

最后，上机调试控制程序并撰写实训报告。

素质拓展

编制一个本人熟悉的运用 PLC 改造的项目控制系统方案。

附　录

附录 A　FX-20P-E 编程器的使用说明

一、概述

编程器是 PLC 的重要外围设备，通过电缆完成编程器与 PLC 的连接，利用编程器将用户程序送入 PLC 的存储器，进行程序的输入、编辑、修改和调试，还可以用编程器检查程序、修改程序和监视 PLC 的工作状态。PLC 可使用的编程器大致有简易编程器、图形编程器和智能编程器，而简易编程器是较常用的编程设备。

在 PLC 发展初期，使用专用编程器来编程，但是手持式专用编程器的使用范围受到厂家产品的限制。小型 PLC 的手持式编程器不能直接输入和编辑梯形图，只能输入和编辑指令，但其优点是体积小、便于现场携带调试且价格便宜。大中型 PLC 则使用 CRT 显示器的便携式编程器。目前 PLC 厂商利用计算机作为编程器，通过在计算机上添加适当硬件接口和软件包，再用计算机编程软件对 PLC 编程，直接编制并显示梯形图、存盘、打印、调试等。

PLC 编程器的工作过程一般分为 4 个扫描阶段。

① 一般扫描阶段。在此阶段 PLC 复位定时器，检查 I/O 总线和程序存储器。

② 执行外设命令扫描阶段。在此阶段 PLC 执行编程器、图形编程器等外设输入的命令。

③ 执行用户程序扫描阶段。

④ 数据输入输出扫描阶段。

本书以 FX-20P-E 手持式编程器为例，主要阐述 FX-20P-E 手持式编程器（handy programming panel，HPP）用于 FX 系列 PLC（如 FX2N、FX0 系列）完成程序输入、修改、调试的方法。若通过转换器 FX-20P-E-FKIT，还可以实现 FX1、FX2 系列 PLC 程序的输入和修改，FX3U 系列 PLC 编程，以及人-机对话系统程序输入和调试等。

二、HPP 的组成与操作面板

1. HPP 的组成

HPP 由液晶显示屏（16 字符×4 行，带后照明）及 5×7 键盘组成。HPP 配有专用于

FX、FX2、FX2N 系列 PLC 连接的电缆 FX-20P-CAB，还有系统存储器卡盒用于存放系统软件（在修改系统软件版本时，更换此系统存储器卡盒）。

2. HPP 的操作面板

HPP 的操作面板如图 A-1 所示。

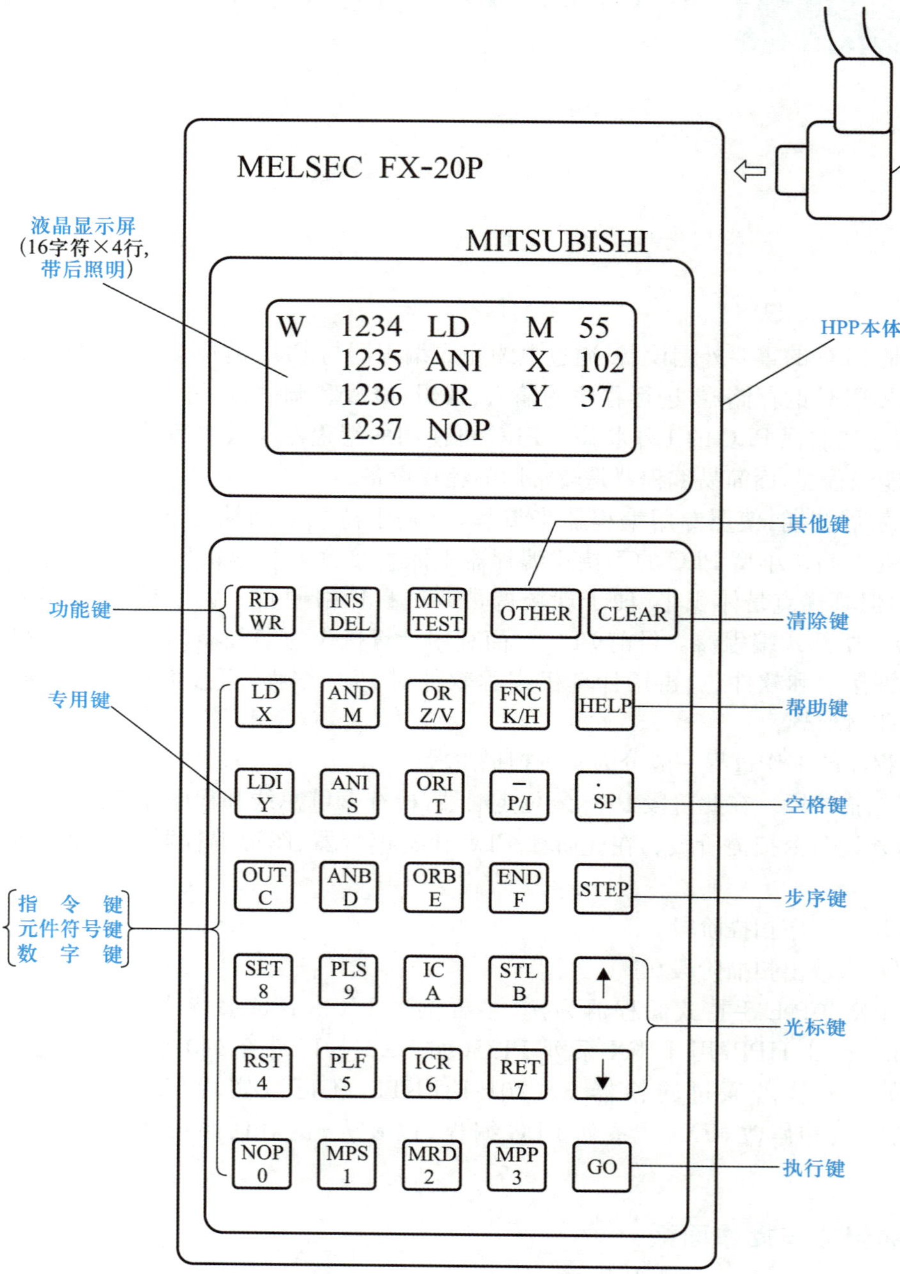

图 A-1　HPP 的操作面板

① 功能键：[RD/WR]，读出/写入；[INS/DEL]，插入/删除；[MNT/TEST]，监视/测试。各功能键交替起作用，按一次时选择第 1 个功能，再按一次时选择第 2 个功能。

② 其他键[OTHER]：在任何状态下按此键，均显示方式菜单(项目单)。安装 ROM 写入模块时，在脱机方式菜单上进行项目选择。

③ 清除键[CLEAR]：在按[GO]键前(即确认前)按此键，清除键入的数据。此键也可以用于清除显示屏上的出错信息或恢复原来的画面。

④ 帮助键[HELP]：显示应用指令一览表。在监视时，进行十进制数和十六进制数的转换。

⑤ 空格键[SP]：用此键输入指定元件号和常数。

⑥ 步序键[STEP]：用此键设定序号。

⑦ 光标键[↑]、[↓]：用此键移动光标和提示符，指定当前元件的前一个或后一个元件，执行滚动。

⑧ 执行键[GO]：此键用于指令的确认、执行，显示后面的画面(滚动)和再搜索。

⑨ 指令键、元件符号键、数字键：上部为指令，下部为元件符号或数字。上、下部的功能是根据当前所执行的操作自动进行切换。上部的元件符号[Z/V]、[K/H]、[P/I]交替起作用。

三、HPP 的主要功能

HPP 的主要功能汇总如图 A-2 所示。

四、操作过程

在介绍编程器的操作之前，先简要介绍一下完整的操作过程，它包括操作准备、方式选择、编程、监视和测试等。

1. 操作准备

打开 PLC 上部连接 HPP 用的插座盖板，用 HPP 自带的专用电缆 FX-20P-CAB 连接 HPP 和 PLC，接通 PLC 电源(由于 HPP 本身不带电源，通过电缆由 PLC 供电)。

2. 方式选择

用 HPP 的键操作进行联机/脱机方式和功能选择，连接 HPP 和 PLC，接通 PLC 的电源后，HPP 显示屏上部显示信息如图 A-3 所示。显示 2 s 后转入下一个画面，根据光标的指示选择联机/脱机方式，然后再进行功能选择。

3. 编程

将 PLC 内部用户存储器的程序全部清除(在指定的范围内成批写入 NOP 指令)，然后用编程器的编辑功能进行编程。

4. 监视

监视写入的程序是否正确，确认所指定元件的动作和控制状态。

5. 测试

对所指定元件进行强制 ON/OFF 以及常数修改。

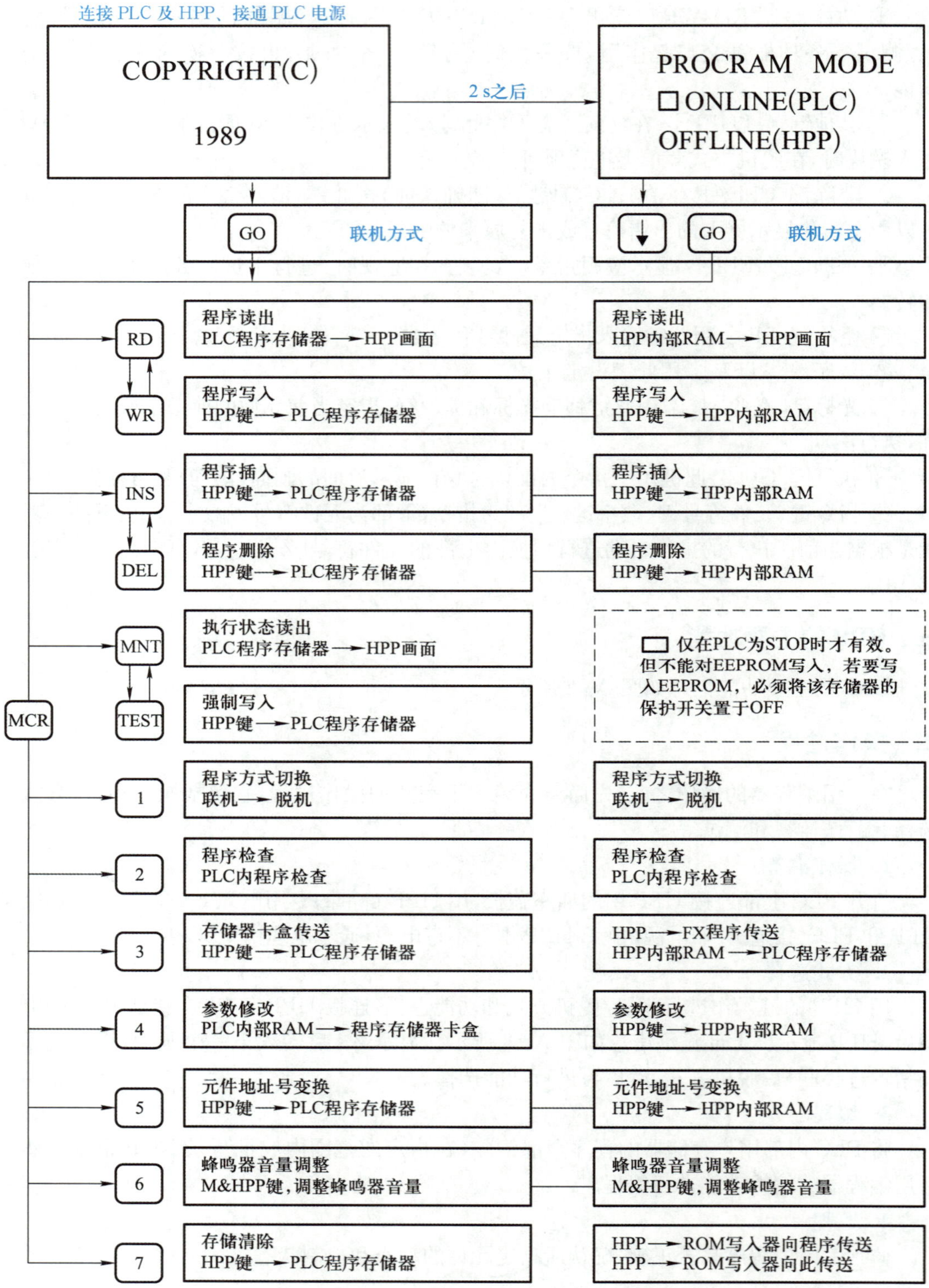

图 A-2 HPP 的主要功能汇总

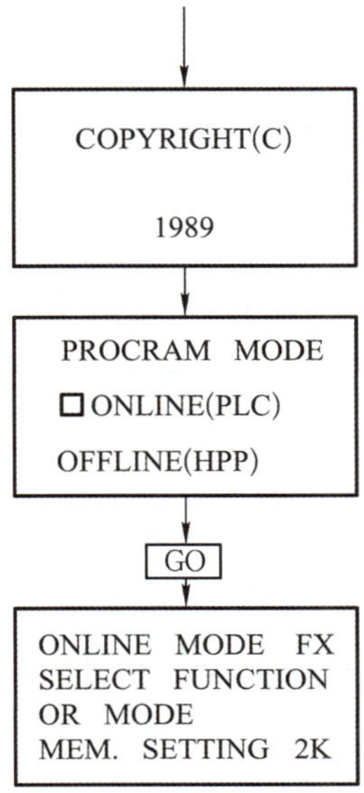

图 A-3　HPP 显示屏上部显示信息

五、编程操作方法

程序编制操作步骤如图 A-4 所示。编程操作时显示屏上的显示画面如图 A-5 所示。

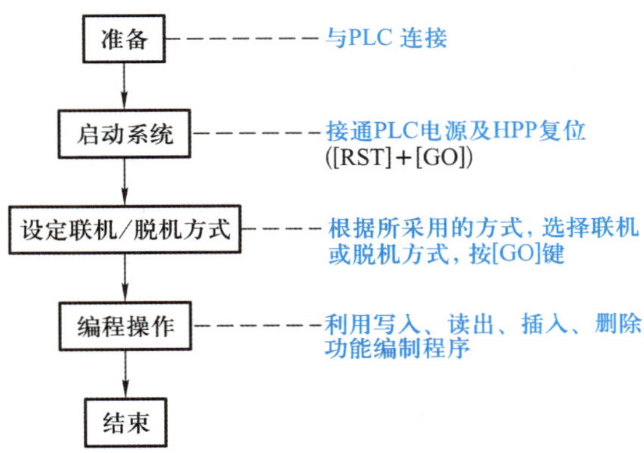

图 A-4　程序编制操作步骤

1. 读出

读出方式有根据步序号、指令、指针及元件 4 种。在联机方式中，若 PLC 状态为 RUN，需读出指令时，则根据步序号读出；若 PLC 状态为 STOP 时，则根据指令、指针以及元件进行读出。在脱机方式时，无论 PLC 状态为 RUN 还是 STOP，所有读出方式均有效。

（1）根据步序号读出

指定要读出程序语句的步序号，再从用户程序存储器读出并显示程序，基本操作如图 A-6 所示。

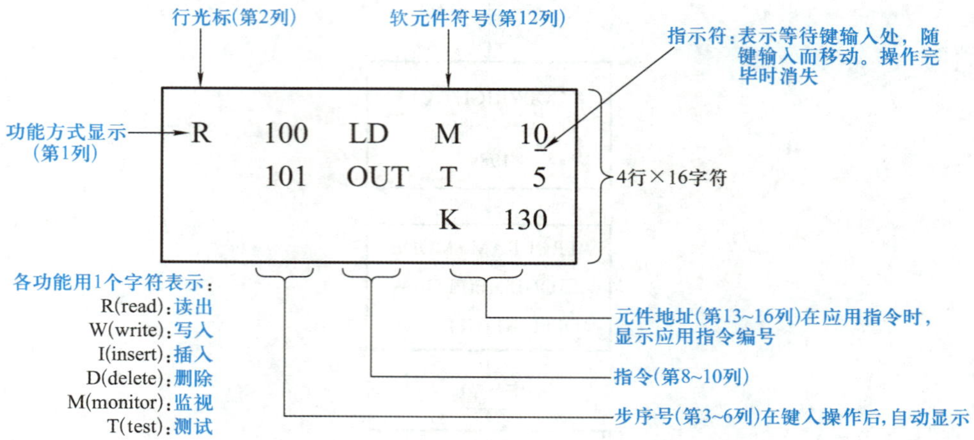

图 A-5 编程操作时显示屏上的显示画面

图 A-6 根据步序号读出

(2) 根据指令读出

指定要读出程序中的指令,再从用户程序存储器读出并显示程序(在联机方式下,PLC 处于 STOP 状态),基本操作如图 A-7 所示。

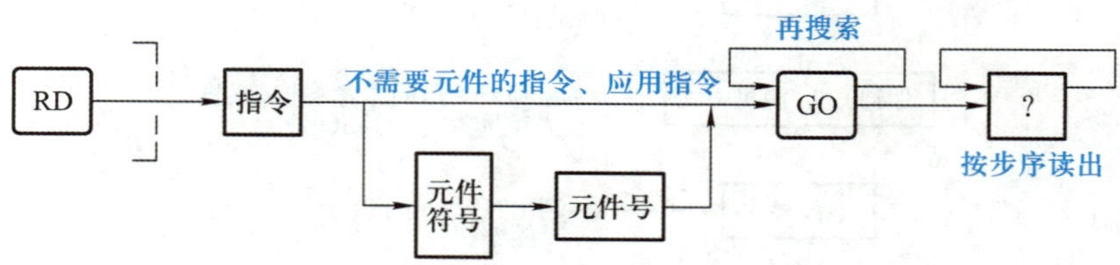

图 A-7 根据指令读出

(3) 根据指针读出

指定要读出程序中语句所对应的指针,再从用户程序存储器读出并显示程序(在联机方式下,PLC 处于 STOP 状态),基本操作如图 A-8 所示。

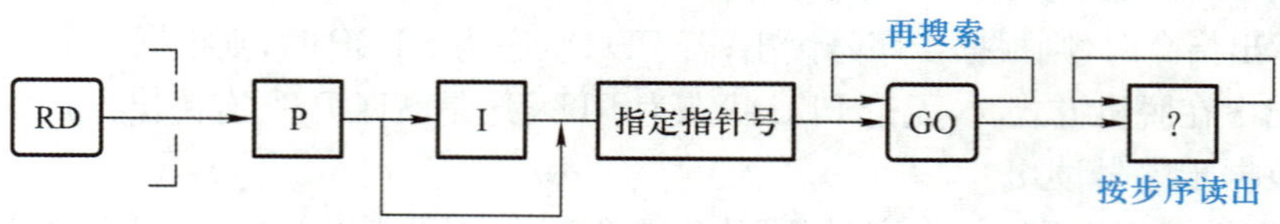

图 A-8 根据指针读出

(4) 根据元件读出

指定要读出程序中对应的元件符号和地址号，再从用户程序存储器读出并显示程序(在联机方式下，PLC 处于 STOP 状态)，基本操作如图 A-9 所示。

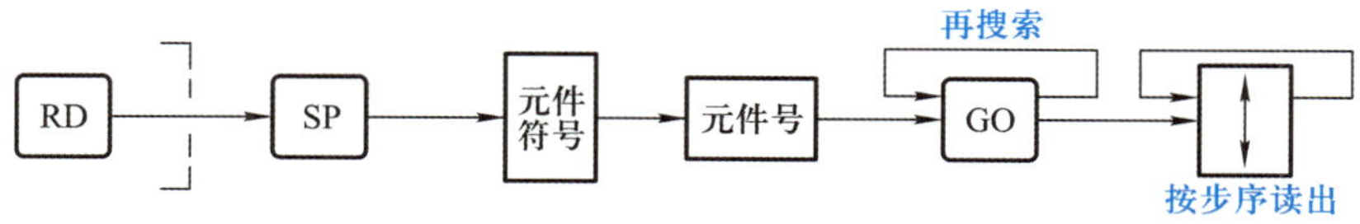

图 A-9　根据元件读出

2. 写入

PLC 在 RUN、STOP 状态下，写入操作有基本指令、应用指令、元件、标号等输入方式。基本指令(包括步进指令)的输入有 3 种情况，基本操作如图 A-10 所示。

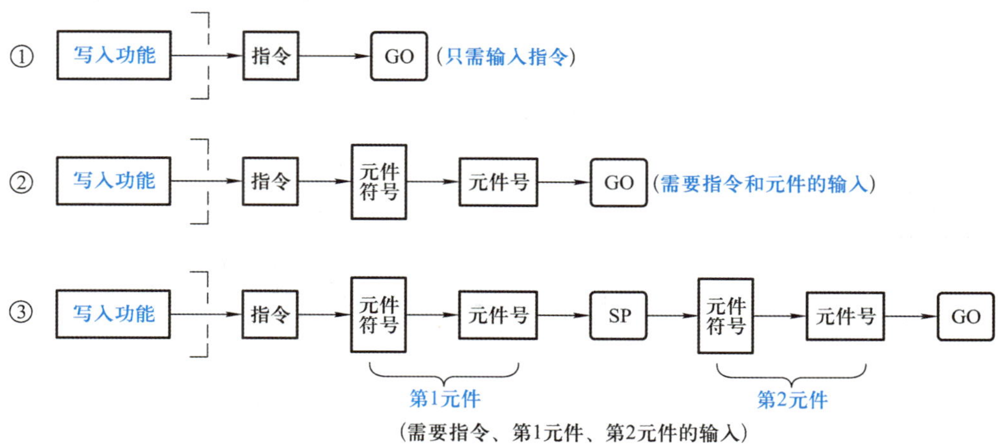

图 A-10　基本指令输入的基本操作

应用指令输入有两种方法：一是直接输入指令号；二是借助[HELP]键功能，在所示的指令一览表中检索指令编号，再输入。应用指令输入的基本操作如图 A-11 所示。

3. 插入

PLC 在 RUN、STOP 状态下，插入操作是根据步序号读出程序，在指定的位置上插入指令或指针，基本操作如图 A-12 所示。

例如，在 200 步前插入指令“AND　M5”，其操作步骤如下。

[读出第 200 步]→[INS]→[AND]→[M]→[5]→[GO]

① 根据步序号读出相应程序，按[INS]键，在行光标处进行指定步插入，无步序号的行不能插入。

② 键入指令、元件符号和元件号(或指针符号及其编号)。

③ 按[GO]键，则插入指令或指针。

4. 删除

PLC 在 RUN、STOP 状态下，删除分为逐条删除、指定范围删除和 NOP 成批删除共

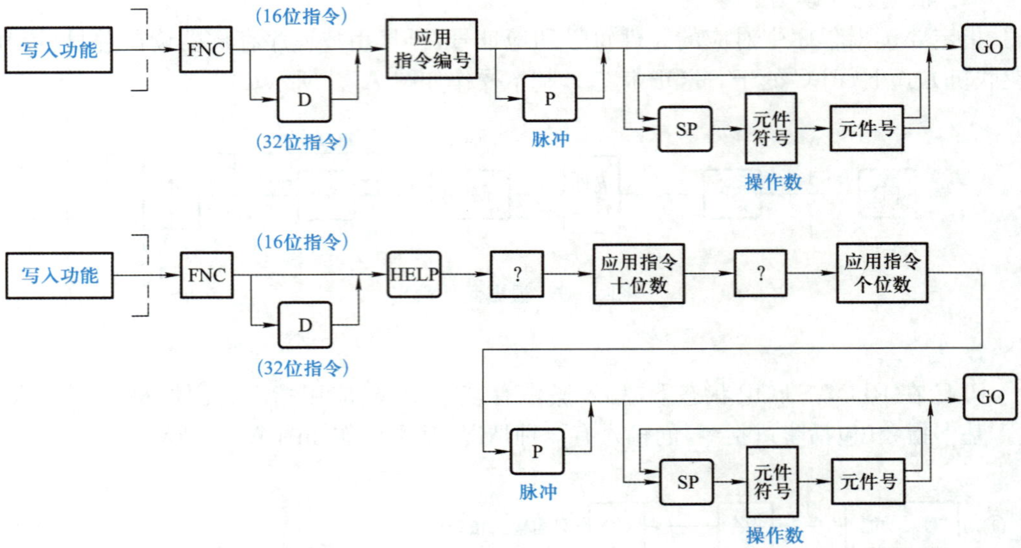

图 A-11　应用指令输入的基本操作

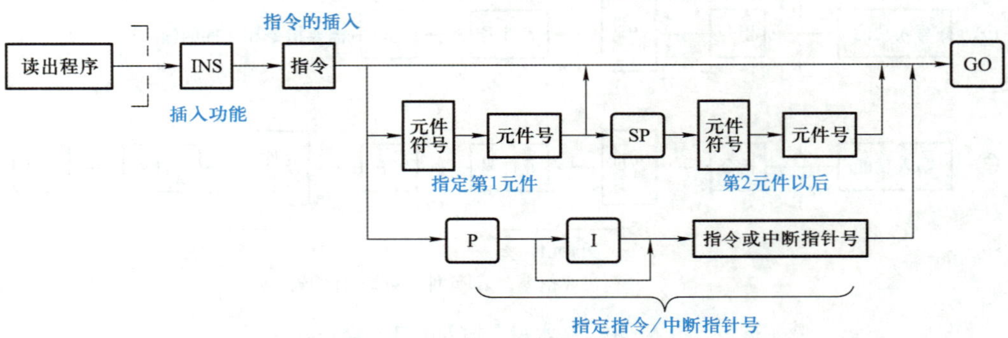

图 A-12　插入的基本操作

3 种形式。

(1) 逐条删除

读出程序，用光标指令或指针逐条删除，基本操作如图 A-13 所示。

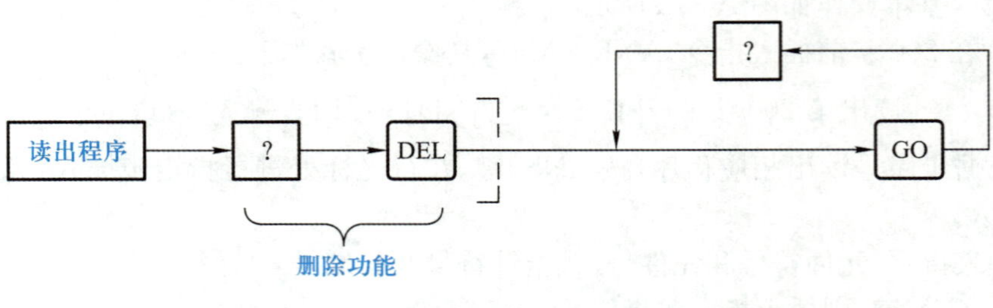

图 A-13　逐条删除基本操作

例如，删除第 100 步的 AND 指令，键操作和显示如下。

键操作：

[读出第 100 步] →[INS] →[DEL]→[GO]

显示(图 A-14)：

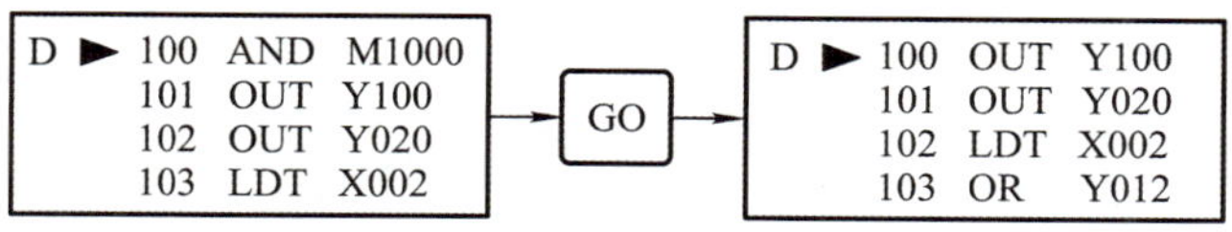

图 A-14　删除指令

① 根据步序号读出相应程序，按[INS/DEL]键。

② 按[GO]键，则删除光标所指定的指令或指针，并将之后各步的步序号自动向前提。

(2) 指定范围删除

将从指定的起始步序号到终止步序号之间的程序成批删除，基本操作如图 A-15 所示。

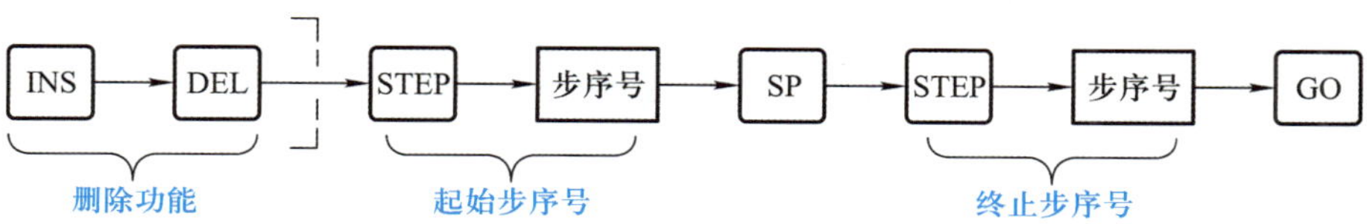

图 A-15　指定范围删除基本操作

(3) NOP 成批删除

将程序中所有 NOP 一起删除，其操作是：

[INS]→[DEL]→[NOP]→[GO]

六、监视/测试的操作

监视功能是通过 HHP 的显示屏和确认在联机方式下，监视 PLC 的动作和控制状态，包括元件监视、导通检查和动作状态监视等内容。

测试功能是由 HPP 对 PLC 位元件的触点和线圈进行强制 ON/OFF 及其常数的修改，包括强制 ON/OFF，修改 T、C、D、Z、V 当前值和 T、C 设定值，文件寄存器的写入等内容。

监视/测试操作步骤：准备→启动系统→设定联机方式→监视/测试操作，前三步与编程操作相同。

1. 元件监视

PLC 在 STOP 状态下，元件监视为监视指定元件的 ON/OFF 状态、设定值及当前值，基本操作如图 A-16 所示。

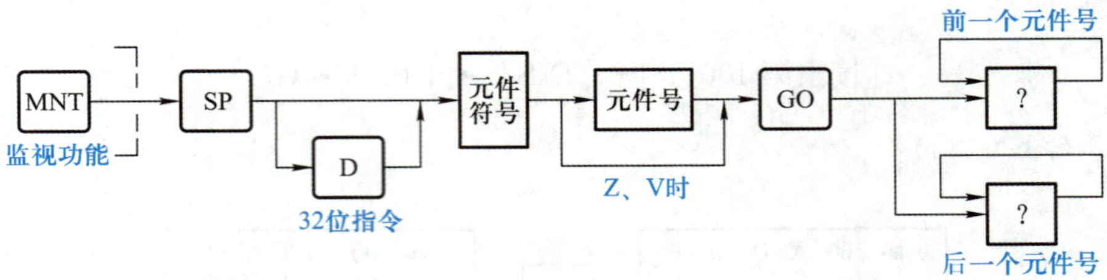

图 A-16 元件监视基本操作

2. 导通检查

PLC 在 RUN、STOP 状态下，根据步序号或指令读出程序，监视元件触点的导通及线圈动作，基本操作如图 A-17 所示。

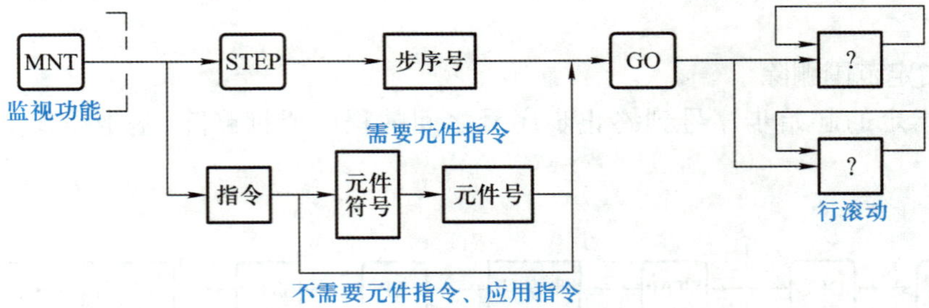

图 A-17 导通检查基本操作

3. 动作状态监视

PLC 在 STOP 状态下，利用步进指令，监视 S 的动作状态（状态元件号从小到大，最多为 8 点）。

键操作：

[MNT]→[STL]→[GO]

显示（图 A-18）：

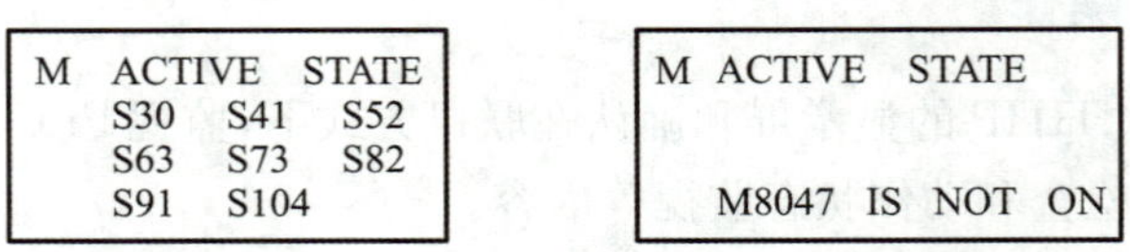

图 A-18 步进监视指令

说明：

① 先按[MNT]、[STL]键，再按[GO]键，显示出当前动作的状态元件号（从小到大，最多为 8 点）。

② S 状态改变，自动显示状态元件号，可知机械设备的动作过程。

③ 监视状态的范围：S0～S899（当 M8049 为 ON，可监视 S900～S999）。

④ 若 M8047 不处于 ON 时，则状态监视无效。

4. 强制 ON/OFF

PLC 在 RUN、STOP 状态下，元件强制 ON/OFF，先进行元件监视，而后进入测试功能，基本操作如图 A-19 所示。

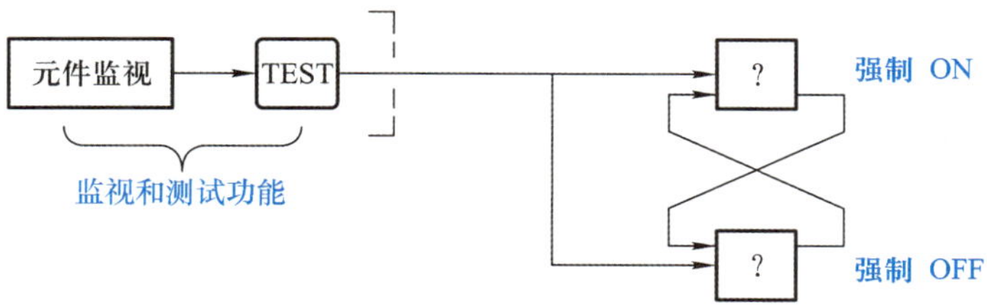

图 A-19　强制 ON/OFF 基本操作

5. 修改 T、C、D、Z、V 当前值

PLC 在 RUN、STOP 状态下，先进行元件监视，再进入测试功能，基本操作如图 A-20 所示。

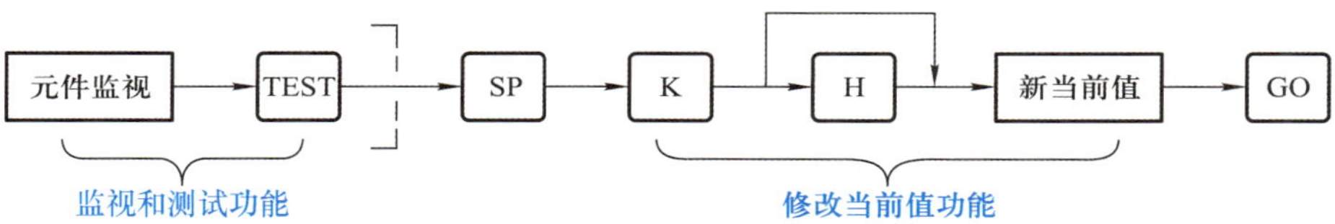

图 A-20　修改 T、C、D、Z、V 当前值基本操作

例如，将 32 位计数器的设定值寄存器(D1、D0)的当前值 K—12345 修改为 K10。

键操作：

[元件监视]→[TEST]→[SP]→[K]→[1]→[0]→[GO]

显示(图 A-21)：

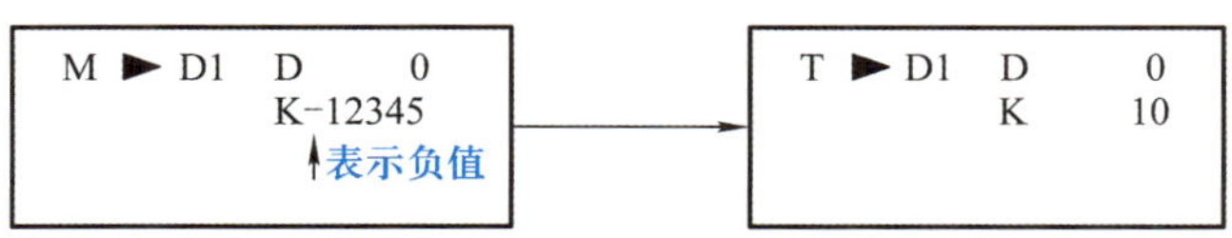

图 A-21　元件监视

说明：

① 应用监视功能，对元件进行监视。

② 按[TEST]、[SP]键后按[K](设定十进制数)或[H](设定十六进制数)，键入新的当前值。

③ 按[GO]键，当前值修改完成。

6. 修改 T、C 设定值

在一定条件下，PLC 工作在 RUN、STOP 状态下，元件监视或导通检查后，转到测试功能，可修改 T、C 的设定值，基本操作如图 A-22 所示。

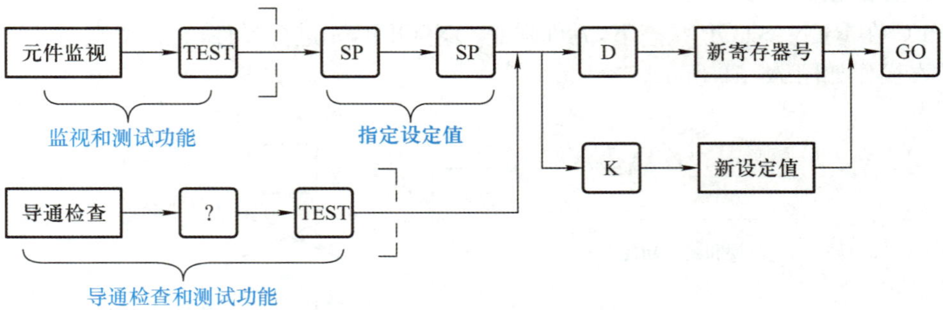

图 A-22 修改 T、C 设定值基本操作

例如，将 T5 的设定值 K300 修改为 K500。

键操作：

[T5 监视]→[TEST]→[SP]→[SP]→[K]→[5]→[0]→[0]→[GO]

说明：

① 利用监视功能，对 T5 进行监视。

② 按[TEST]键后，再按[SP]键，提示符出现在当前值的显示位置上。

③ 再按[SP]键，提示符移到设定值的显示位置上。

④ 键入新的设定值，按[GO]键，设定值修改完毕。

七、其他操作

其他操作是编程、监视/测试以外的各种操作，可根据方式菜单选择相应的操作。同编程操作一样，也分为联机方式和脱机方式。

1. 联机方式

操作步骤：

准备 → 启动系统 → 设定联机方式 → 方式菜单选择

前三步与编程操作一样。在联机方式下，只按[OTHER]键，即可显示方式菜单。

联机方式菜单有 7 个项目：方式切换、程序检查、存储器卡盒传送、参数设定、元件变换、蜂鸣器音量调整和锁存清除。在方式菜单上，将光标对准所要选择的项目，按[GO]键（或键入所选的项目号），即可进入所选择的项目。

(1) 方式切换

PLC 在 RUN、STOP 状态下，由联机方式切换到脱机方式。按[GO]键，进行联机→脱机方式切换。按[CLEAR]键，返回方式菜单。

(2) 程序检查

PLC 在 RUN、STOP 状态下。

说明：

① 程序检查时，分“无错”和“有错”2 种情况。

② 有错时，显示有错的步序号，出错信息和出错代码（在一次操作中只显示最先出现的 1 个错误情况）。

③ 有错或无错时，只要按[CLEAR]或[OTHER]键，就会显示方式菜单。

④ 改正错误后，再次进行 PLC 的 D8068 自动复位。若还存在其他错误，则保存下一个出错代码。

（3）存储器卡盒传送

PLC 在 STOP 状态下，PLC 内部 RAM 和装在 PLC 上的存储器卡盒之间会传送程序和参数。传送后，进一步校验双方的内容。

说明：

① 用[↑]、[↓]键，使光标对准所选的项目，然后按[GO]键。

② PLC 内部 RAM 和存储器卡盒之间的传送受存储器种类（RAM、EPROM、EEPROM）影响，种类不同时显示的项目也不同。

③ FXRAM→EEPROM 时，应将 EEPROM 卡盒内的保护开关置于 OFF。

④ 光标对准 FXRAM→EEPROM，并按[GO]键后，若按[CLEAR]键，则返回到上述三种显示之一，对于 4 096 步或 8 192 步的程序，不能从存储器卡盒传送到内部 RAM（显示“PLC PARA. ERROR”信息）；若传送正确时，则显示“COMPLETED”信息；若操作不能正常完成，则显示出错信息。

（4）参数设定

PLC 在 STOP 状态下，参数设定包括：默认值、存储容量、关键字登记、锁存范围、文件寄存器设定等，屏幕将有对应的显示。

设定默认值时，将光标对准“YES”，按[GO]键。若不设定时，则对准“NO”，按[GO]键。

改变存储容量时，将光标对准所选择的容量，按[GO]键。

用关键字登记时，将光标对准“ENTRY”，键入新的关键字，按[GO]键。不改变登记状态时，直接按[GO]键。

删除登记的关键字时，将光标对准“DELETE”，键入登记的关键字，按[GO]键。

改变锁存范围时，键入元件号，按[GO]键，屏幕上显示的是当前设定锁存范围。不改变锁存范围时，直接按[GO]键。各元件的锁存范围见表 A-1。

表 A-1　各元件的锁存范围

元　　件	锁 存 范 围
M	500～1 023
S	500～999
C(16 位)	500～199

续 表

元 件	锁 存 范 围
C(32 位)	200～250
D	200～511

文件寄存器设定：根据分配给文件寄存器的存储器块数(0～4 块)，按[0]～[4]键，再按[GO]键，最大块编号是 4。

参数设定完毕时，将光标对准“YES”，按[GO]键，显示方式菜单参数设定未完成，光标对准“NO”，按[GO]键，回到参数设定的初始显示。

按[CLEAR]键，回到前一个设定。

(5) 元件变换

PLC 在 STOP 状态下，此操作在同一类元件内进行元件号变换。执行此操作时，程序中该元件号全部被置换(包括在 END 指令后的该元件号)。在变换元件号确认之前，按[CLEAR]键取消指定的元件符号和元件号(置换的或被置换的)。

(6) 蜂鸣器音量调整

PLC 在 STOP 状态下，蜂鸣器音量调整的操作，先将显示屏调到规定的显示内容，然后利用[↑]、[↓]键调整显示条的长度。条越长，音量越大，音量分为 10 级。可用无条状态设定无声，可用[OTHER]或[CLEAR]键返回方式菜单。

(7) 锁存清除

PLC 在 STOP 状态下，用[↑]、[↓]键选择要清除的锁存元件，按[GO]键完成锁存清除。

说明：

① 程序存储器为 EPROM 时，此操作不能用来进行文件寄存器的清除。程序存储器为 EEPROM 时，存储器保护开关处于 OFF 位置，才能进行文件寄存器的清除。

② 文件寄存器以外的元件，存储器的形式为 RAM、EPROM、EEPROM 中任何一种时，其锁存清除均有效。

2. 脱机方式

HPP 的内部存储器在脱机方式下进行存取时，若需要写入 HPP 内部 RAM 的程序，可以成批地传送到 PLC 内部 RAM 或装在 PLC 内的存储器卡盒中。向 ROM 写入传送，也可以在脱机方式下进行。HPP 内部 RAM 的存取操作如图 A-23 所示。

说明：

① 在脱机方式下用 HPP 编程，是在其内部 RAM 上进行的，与 PLC 的存储器形式及 RUN/STOP 状态无关。

② 向 PLC 成批传送操作时，其条件见表 A-2(此时存储器保护开关置 OFF)。

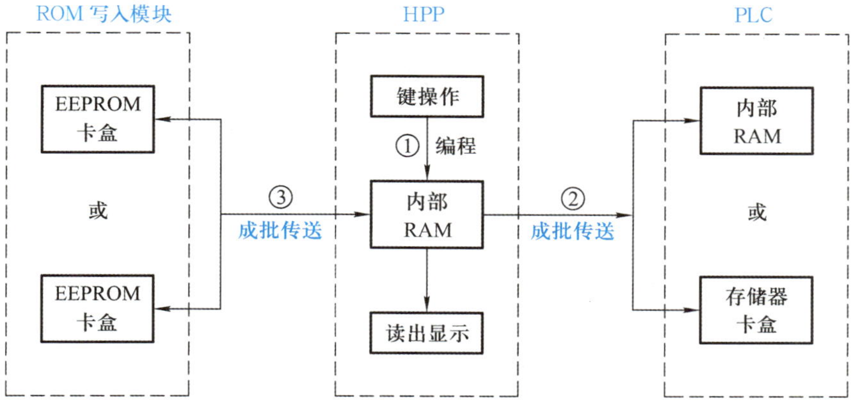

图 A-23　HPP 内部 RAM 的存取操作

表 A-2　向 PLC 成批传送操作条件

操　　作	PLC 状态	PLC 程序存储器
HHP→PLC(写入)	STOP	RAM、EEPROM
HHP←PLC(读出)	RUN/STOP	RAM、EEPROM EEPROM
HHP：PLC(校验)		

③ 向 ROM 写入模块成批传送操作时，其条件见表 A-3：

表 A-3　向 ROM 写入模块成批传送操作条件

操　　作	PLC 状态	PLC 程序存储器
HHP→模块(写入)	RUN/STOP 与存储器 形式无关	EEPROM*1 EEPROM*2
HHP←模块(读出)		EEPROM　EEPROM*3
HHP：模块(校验)		EEPROM　EEPROM

注：1—存储器保护开关为 OFF；
　　2—EPROM 清除完毕；
　　3—EPROM 写入完毕。

脱机方式下编程操作与联机方式下编程操作是完全相同的，脱机方式编制的程序会写入 HPP 的内部 RAM。若需要传送到 PLC，则 PLC 内存储器中原有的程序将消失。

脱机方式其他操作的操作步骤与联机方式类似。

准备 → 启动系统 → 设定脱机方式 → 方式菜单选择

设定方式后，只要按[OTHER]键，即可显示方式菜单。

脱机方式菜单也有 7 个项目：方式切换、程序检查、HPP—FX 间的传送、参数设定、元件替换、蜂鸣器音量调整和模块方式。其中程序检查、参数设定、元件替换和蜂鸣器音量调整与联机方式相同。利用光标键可在方式菜单上进行项目选择。

(1) 方式切换

PLC 在 RUN、STOP 状态下，从脱机方式切换到联机方式，按[GO]键，即完成脱机→联机的切换。按[CLEAR]键，显示方式菜单。

(2) HPP—FX 间的传送

PLC 在 RUN、STOP 状态下，在 HPP 和 PLC 之间成批传送程序和参数，若 PLC 上无存储器卡盒时，移动光标对准所需的操作，然后按[GO]键。

若 PLC 上装有存储器卡盒时，根据 PLC 上装的存储器卡盒种类，编程器显示的不同内容，进行相应的操作。若 PLC 上装有 EEPROM 卡盒，对 EEPROM 写入时，存储器保护开关置 OFF 位置，PLC 处于 STOP 状态。

若 HPP 和 PLC 之间的关键字或参数一致时，按[GO]键进行 HPP 和 PLC 之间数据传送；若出现关键字不一致时，为了能够成批传送，可在联机方式下删除 PLC 的关键字或在脱机方式下用与 PLC 相同的关键字登记在 HPP 中，使 HPP 和 PLC 间的关键字或参数一致，再按[GO]键，进行 HPP 和 PLC 间数据传送。

按[CLEAR]键，返回 HPP—FX 间传送菜单。正确传送时，显示“COMPLETED”。

(3) 模块方式

在 HPP 上安装特殊模块 FX-20P-RWM(ROM 写入器)时，可以在 HPP 和特殊模块之间传送数据和程序，这种方式称为模块方式。连接上 ROM 写入器，在脱机方式菜单中选择模块方式(按[7]键)，则显示 ROM 写入器菜单。HPP 能够自动识别 ROM 卡盒的种类，并进行相应的操作(写入、读出、校验或清除检查)。

ROM 卡盒的种类有：FX-EEPROM-4(4 096 步)、FX-EEPROM-8(8 192 步)和 FX-EPROM(8 192 步)。注意：ROM 写入器的“WRITE”灯亮时，不要插入或拔出存储器卡盒。

① 写入。将光标移至“HPP→ROM”位置上，执行写入功能。装在 ROM 写入器上的存储卡盒为 EEPROM 时，存储器内容必须完全清除才能写入。当卡盒为 EEPROM 时，必须将存储器保护开关置于 OFF。正确写入后，显示“COMPLETED”信息。

② 读出。将光标移到“HPP←ROM”位置上，执行读出功能。对读出的程序作修改(写入、插入或删除)时，使用[RD/WR]或[INS/DEL]键。EEPROM 的内容已被清除或关键字不一致时，不能读出。

③ 校验。将光标移到“HPP：ROM”位置上，执行校验功能。出现不一致时，显示“VERIFY ERROR”信息。

④ 清除检查。将光标移到“ERASE CHECK”位置上，执行清除检查功能。检查存储器卡盒是否完全清除。若未清除，则显示“ERASE ERROR”信息。若安装的存储器卡盒是 EEPROM 时，则显示“ROM MISCONNECTED”信息，表示不能执行。

按[OTHER]键，则回到脱机方式菜单。按[CLEAR]键，回到传送方向选择显示。在执行过程中，上述两个按键均不起作用。

以上只阐述了 FX-20P-E 编程器的主要操作使用方法，在实际使用时，要根据所使用的编程器规格、型号，认真阅读使用说明书，以免误操作。

附录 B FX3U 系列 PLC 基本单元的主要性能与技术指标

类型		技术指标
运算控制方式		反复扫描程序(监视定时器 D8000 的初始值为 200 ms)
输入输出控制方式		批处理方式(在 END 指令执行时成批刷新)
编程语言		梯形图、指令表也可以用步进梯形生成顺控指令
内置存储器容量		64 000 步 EEPRAM,由内置锂电池保存
运算速度	基本指令	0.065 μs/指令
	功能指令	0.642 μs/指令～数百微秒/指令
编程指令	基本指令	27 条
	步进梯形图指令	2 个
	功能指令	209 条
I/O 继电器	输入继电器	X00～X367,基本单元最大 64 点,带扩展可达 248 点
	输出继电器	Y00～Y367,基本单元最大 64 点,带扩展可达 248 点
辅助继电器	通用辅助继电器	M0～M499,共 500 点
	保持用辅助继电器(可变)	M500～M1023,共 524 点
	保持用辅助继电器(固定)	M1024～M7379,共 6 656 点
	特殊辅助继电器	M8000～M8511,共 512 点
状态继电器	初始化状态继电器	S0～S9,共 10 点
	通用状态继电器	S10～S499,共 490 点

续　表

类　　型		技　术　指　标
状态继电器	断电保持状态继电器(可变)	S500～S899,共 400 点
	报警状态继电器	S900～S999,共 100 点
	保持状态继电器(固定)	S1000～S4095,共 3 096 点
定时器	100 ms(非积算型)	T0～T191,共 192 点,0.1～3 276.7 s
	100 ms(非积算型,子程序用)	T192～T199,共 8 点,0.1～3 276.7 s
	10 ms(非积算型)	T200～T245,共 46 点,0.01～327.67 s
	1 ms(非积算型)	T256～T511,共 256 点,0.001～32.76 s
	1 ms(积算型)	T246～T249,共 4 点,0.001～32.76 s
	100 ms(积算型)	T250～T255,共 6 点,0.1～3 276.7 s
内部计数器	16 位通用加计数器	C0～C99,共 100 点
	16 位保存加计数器	C100～C199,共 100 点
	32 位通用加/减计数器	C200～C219,共 20 点
	32 位保存用加/减计数器	C220～C234,共 15 点
高速计数器	32 位单向单计数/减计数器	C235～C245,共 11 点
	32 位单向双计数/减计数器	C246～C250,共 5 点
	32 位双向双计数/减计数器	C251～C255,共 5 点
数据寄存器	16 位通用寄存器	D0～D199,共 200 点
	16 位保持用寄存器	D200～D511,共 312 点
	16 位保持用文件寄存器	D512～D7999,共 7 488 点
	16 位特殊寄存器	D8000～D8511,共 512 点
	16 位变址寄存器	V0～V7,共 8 点
		Z0～Z7,共 8 点
扩展寄存器	16 位普通扩展寄存器	R0～R32767,共 32 768 点,通过电池进行停电保持
	16 位文件扩展寄存器	ER0～ER32767,共 32 768 点,仅在安装存储盒时可用

续　表

类　型		技术指标
指针	分支用 其中,END指针跳转用	P0～P4095,共4 096点
		P63,共1点
	输入中断	I00□～I50□,共5点
	定时器中断	I6□□～I8□□,共3点
	计数器中断	I010～I060,共6点
嵌套层数	主控使用MC和MCR时用	N0～N7,共8点
常数	十进制(K)	16位：−32 768～+32 767
		32位：−2 147 483 648～+2 147 483 647
	十六进制(H)	16位：0～FFFF
		32位：0～FFFFFFFF
	实数(E)	32位：$\pm 1.75\times 10^{-38}\sim\pm 3.403\times 10^{38}$

附录C FX3U系列PLC常用特殊软元件的分类与功能

编号	名　称	功　能	编号	名　称	功　能
M8000	RUN监控a触点	RUN中一直为ON	D8000	监视定时器	初始值为200 mV
M8001	RUN监控b触点	RUN中一直为OFF	D8001	PLC类型及版本号	+5
M8002	初始脉冲a触点	RUN后一个扫描周期为ON	D8002	存储器容量	+6
M8003	初始脉冲b触点	RUN后一个扫描周期为OFF	D8003	存储器种类	+7
M8004	发生错误	检测到M8060～M8061、M8063～M8067	D8004	出借特殊继电器M编号	M8060～M8061、M8063～M8067
M8005	电池电压过低	锂电池电压过低	D8005	电池电压	0.1 V单位
M8006	电池电压过低锁存	保持电压低信号	D8006	BATT. V低电平值	3.0 V(0.1 V单位)
M8007	检测出瞬间停电		D8007	瞬间停电次数	电源断开时清除
M8008	检测出停电中		D8008	检测停电时间	
M8010			D8010	扫描的当前值	0.1 ms单位包括恒定扫描的等待时间
M8011	10 ms时钟	10 ms周期振荡	D8011	MIN扫描时间	
M8012	100 ms时钟	100 ms周期振荡	D8012	MAX扫描时间	
M8013	1 s时钟	1 s周期振荡	D8013	秒：0～59预转置值或当前值	时钟误差±45 s、月有闰年修正

续　表

编号	名　称	功　能	编号	名　称	功　能
M8014	1 min 时钟	1 min 周期振荡	D8014	分：0～59 预转置值或当前值	时钟误差±45 s、月有闰年修正
M8015	停止计时及预置		D8015	时：0～23 预转置值或当前值	
M8016	时间显示被停止		D8016	日：1～31 预转置值或当前值	
M8017	±30 s 补偿修正		D8017	月：1～12 预转置值或当前值	
M8018	检测出内置 RTC	一直为 ON	D8018	4 位公历显示 1980～2079	
M8019	内置 RTC 出错		D8019	星期：0～6 预转置值或当前值	
M8020	零位	应用指令用的运算标志位	D8020	输入滤波器调节的(X00～X07)，即 FX3U-16M(R/S/T) 应为(X00～X07)	
M8021	借位		D8021		
M8022	错位		D8022		
M8028	FROM/TO 指令执行过程中允许中断		D8028	Z0(Z)寄存器的内容	变址寄存器 Z 的内容
M8029	指令执行结束标志	应用指令用	D8029	V0(V)寄存器的内容	变址寄存器 V 的内容
M8030	电池 LED 灭灯指示	END 指令结束时面板灯不亮			
M8031	非保持存储区全部清除	END 指令结束时，软元件 ON/OFF 映像及当前值清除			
M8032	保持存储区全部清除				
M8033	内存保持停止	映像存储区保持			
M8034	禁止所有输出	END 指令结束时，所有外部输出 OFF			

续　表

编号	名　称	功　能	编号	名　称	功　能
M8035	强制RUN模式	RUN→STOP时清除			
M8036	强制RUN指令				
M8037	强制STOP模式				
M8040	禁止转移		D8040	END指令结束时ON状态编号1～8	M8047为ON时，S0～S999中正在动作的状态的最小编号保存到D8040中以下集中资源保存8个
M8041	RUN→STOP时清除转移开始		D8041		
M8042	启动脉冲		D8042		
M8043	RUN→STOP时清除原点回归结束		D8043		
M8044	RUN→STOP时清除原点条件		D8044		
M8045	所有输出复位禁止		D8045		
M8046	END指令结束时STL状态动作	S0～S999动作检测	D8046		
M8047	END指令结束时STL监控有效	D8040～8047有效化	D8047		
M8048	END指令结束时信号报警器动作	S990～999动作检测	D8048		
M8049	END指令结束时信号报警器有效	D8049有效化	D8049	END指令结束时ON状态最小编号1	S990～999中为ON状态的最小编号
M8060～8055	I00□～I50□禁止	输入中断禁止			
M8056～8058	I60□～I80□禁止	输出中断禁止			
M8059	I010～I060	计时器中断禁止			
M8060	I/O构成出错	PLC继续RUN	D8060	没有实际安装的I/O起始编号	

续 表

编号	名 称	功 能	编号	名 称	功 能
M8061	PC 硬件出错	PLC 可编程控制	D8061	PC 硬件出错的出错代码编号	
M8062	PC/PP 通信出错	PLC 继续 RUN	D8062	PC/PP 通信出错的出错代码编号	

附录 D FX 系列 PLC 功能应用指令表

类别	FNC 编号	指令助记符	功　能	对应的可编程控制器				备　注
				FX3U	FX3UC	FX2N	FX2NC	
程序流程	00	CJ	条件跳转	√	√	√	√	
	01	CALL	子程序调用	√	√	√	√	
	02	SRET	子程序返回	√	√	√	√	
	03	IRET	中断返回	√	√	√	√	
	04	EI	中断许可	√	√	√	√	
	05	DI	中断禁止	√	√	√	√	
	06	FEND	主程序结束	√	√	√	√	
	07	WDT	监控定时器	√	√	√	√	
	08	FOR	循环范围开始	√	√	√	√	
	09	NEXT	循环范围终结	√	√	√	√	
传送与比较	10	CMP	比较	√	√	√	√	
	11	ZCP	区域比较	√	√	√	√	
	12	MOV	传送	√	√	√	√	
	13	SMOV	移位传送	√	√	√	√	
	14	CML	倒转传送	√	√	√	√	
	15	BMOV	一并传送	√	√	√	√	

续 表

类别	FNC编号	指令助记符	功 能	对应的可编程控制器				备 注
				FX3U	FX3UC	FX2N	FX2NC	
传送与比较	16	RMOV	多点传送	√	√	√	√	
	17	XCH	交换	√	√	√	√	
	18	BCD	BCD 转换	√	√	√	√	BCD 码
	19	BIN	BIN 转换	√	√	√	√	BIN 码
四则逻辑运算	20	ADD	BIN 加法	√	√	√	√	
	21	SUB	BIN 减法	√	√	√	√	
	22	MUL	BIN 乘法	√	√	√	√	
	23	DIV	BIN 除法	√	√	√	√	
	24	INC	BIN 加 1	√	√	√	√	
	25	DEC	BIN 减 1	√	√	√	√	
	26	WAND	逻辑字与	√	√	√	√	
	27	WOR	逻辑字或	√	√	√	√	
	28	WXOR	逻辑字异或	√	√	√	√	
	29	NEG	求补码	√	√	√	√	
循环移位	30	ROR	循环右移	√	√	√	√	
	31	ROL	循环左移	√	√	√	√	
	32	RCR	带进位循环右移	√	√	√	√	
	33	RCL	带进位循环左移	√	√	√	√	
	34	SFTR	位右移	√	√	√	√	
	35	SFTL	位左移	√	√	√	√	
	36	WSPR	字右移	√	√	√	√	
	37	WSPL	字左移	√	√	√	√	
	38	SPWR	移位写入	√	√	√	√	
	39	SFRD	移位读出	√	√	√	√	

续　表

类别	FNC编号	指令助记符	功　能	对应的可编程控制器				备　注
				FX3U	FX3UC	FX2N	FX2NC	
数据处理	40	ZRST	批次处理	√	√	√	√	
	41	DECO	译码	√	√	√	√	
	42	ENCO	编码	√	√	√	√	
	43	SUM	ON位数	√	√	√	√	
	44	BON	ON位数判断	√	√	√	√	
	45	MEAN	平均值	√	√	√	√	
	46	ANS	信号报警器置位	√	√	√	√	
	47	ANR	信号报警器复位	√	√	√	√	
	48	SCR	BIN开方	√	√	√	√	
	49	FLT	BIN整数浮点数转换	√	√	√	√	
触点比较	224	LD=	(S1)=(S2)	√	√	√	√	
	225	LD>	(S1)>(S2)	√	√	√	√	
	226	LD<	(S1)<(S2)	√	√	√	√	
	228	LD<>	(S1)≠(S2)	√	√	√	√	
	229	LD<=	(S1)≤(S2)	√	√	√	√	
	230	LD>=	(S1)≥(S2)	√	√	√	√	
	232	AND=	(S1)=(S2)	√	√	√	√	
	233	AND>	(S1)>(S2)	√	√	√	√	
	234	AND<	(S1)<(S2)	√	√	√	√	
	236	AND<>	(S1)≠(S2)	√	√	√	√	
	237	AND<=	(S1)≤(S2)	√	√	√	√	
	238	AND>=	(S1)≥(S2)	√	√	√	√	
	240	OR=	(S1)=(S2)	√	√	√	√	
	241	OR>	(S1)>(S2)	√	√	√	√	

续　表

类别	FNC编号	指令助记符	功　　能	对应的可编程控制器				备　注
				FX3U	FX3UC	FX2N	FX2NC	
触点比较	242	OR＜	(S1)＜(S2)	√	√	√	√	
	244	OR＜＞	(S1)≠(S2)	√	√	√	√	
	245	OR＜＝	(S1)⩽(S2)	√	√	√	√	
	246	OR＞＝	(S1)⩾(S2)	√	√	√	√	
外围设备	70	TKY	数字键输入	√	√	√	√	
	72	DSW	数字式开关	√	√	√	√	
	73	SEGD	七段编码	√	√	√	√	
	75	ARWS	矢量开关	√	√	√	√	
	76	ASC	ASCII 码转换	√	√	√	√	
	77	PR	ASCII 码打印输出	√	√	√	√	
	80	RS	串行数据传送	√	√	√	√	
	84	CCD	校验码	√	√	√	√	
	85	VRRD	电位器读出	√	√	√	√	
	86	VRSC	电位器刻度	√	√	√	√	
	87	RS2	串行数据传送 2	√	√	√	√	
	88	PID	PID 运算	√	√	√	√	

主要参考文献

[1] 姜治臻，王红，赵珺蓉. PLC 技术及应用[M]. 3 版. 北京：高等教育出版社，2021.

[2] 张豪. 三菱 PLC 应用案例解析[M]. 北京：中国电力出版社，2012.

[3] 吕桃，金宝宁. 三菱 FX3U 可编程控制器应用技术[M]. 北京：电子工业出版社，2015.

[4] 张应龙. PLC 编程入门及工程实例[M]. 北京：化学工业出版社，2015.

[5] 张静之，刘建华，陈梅. 三菱 FX3U 系列 PLC 编程技术与应用[M]. 北京：机械工业出版社，2017.

[6] 胡学明. 三菱 FX3U PLC 编程一本通[M]. 北京：化学工业出版社，2019.

[7] 何瑞，吴丽. 电气控制与 PLC 应用技术：FX3U[M]. 4 版. 北京：机械工业出版社，2021.

[8] 罗庚兴. PLC 应用技术(FX3U 系列)项目化教程[M]. 2 版. 北京：化学工业出版社，2023.

[9] 侍寿永，史宜巧. FX3U 系列 PLC 技术及应用[M]. 北京：机械工业出版社，2021.